路易斯·康：在建筑的王国中（增补修订版）

Lousi I. Kahn: In the Realm of Architecture

[美]戴维·B·布朗宁　[美]戴维·G·德·龙 / 著　　马　琴 / 译

江苏凤凰科学技术出版社

南　京

导读：世人不识路易斯·康

金秋野

2004年春天，在《指环王3》吸引了全世界目光的那届奥斯卡颁奖典礼上，有一部默默无闻的小成本影片角逐最佳纪录片奖，最终抱憾而归，那就是路易斯·康（Louis Kahn）的儿子纳撒尼尔·康（Nathaniel Kahn）拍摄的纪录片《我的建筑师——寻父之旅》。

作为建筑师，路易斯康的一生可说是现代建筑史上的传奇。身为爱沙尼亚的犹太移民，他在美国宾夕法尼亚大学接受古典建筑教育，学生时代就目睹了现代建筑运动的狂飙突进。直到50岁，他还在为寻到一个过得去的设计项目而伤脑筋。20世纪50年代，特殊的人生际遇与战后的新观念，让康突然找到自己，十年之间成为全美乃至全世界令人景仰的设计师。建筑师的职业历程固然漫长，但天赋异秉的人往往在从业之初就傲视同侪。以50多岁的年纪猛然从小角色成长为大宗师，不能不说是一个时代的奇迹。

路易斯·康是谁？纳撒尼尔就是带着这样的疑问，开始了他的寻父之旅。不要以为这是再正常不过的事情。私生子，作为一个身份的烙印，一直是纳撒尼尔挥之不去的阴影。从未真正体验过父爱的纳撒尼尔，在法律上已经没有父亲，在精神上却连个私生子也还不如。关于父亲的记忆是痛苦的，所以在访谈中他疑虑地问：“父亲是谁？一个中年的男人提出孩子气的问题，这多么令人困扰。”也许正是父爱的缺失，让纳撒尼尔有勇气面对“父亲是谁”这个旁人不曾注意到的，或者不愿面对的、人生的基本问题。你对自己的父亲了解多少？他是否是你心目中的样子？寻找父亲的过程，其实就是寻找身份、自我塑造、自我认同的过程。

纳撒尼尔似乎是想拍出一部温情的片子。在这部长达两个小时的影片中，他奔走于世界各个角落，追寻父亲的蛛丝马迹。接受采访的对象，有康的朋友、业主、同事、对手、学生、妻子、情人，以及自己同父异母的姐姐们。当然，少不了那些闻名于世的建筑物少不了其同辈人的追忆和赞美，也少不了后代建筑师的景仰和钦佩。在漫长的追寻之后，纳撒尼尔抱着“凡事皆有始终”的心态，在影片的末尾、在孟加拉达卡政府中心的远景之外，道出了如下的话：“在这样的旅程中，父亲的形象渐渐清晰。他是一个凡人，而不是一个神话。我越了解他，就越想念他。我希望现实并非如此，但父亲已经选择了他所钟爱的生活。我真的舍不得离开。时光荏苒，多年之后，我想我终于找到合适的时间和地点，道声再见。”在事后的采访中，纳撒尼尔描述了拍摄达卡政府中心的情形。他是蒙上双眼被向导带进建筑群的。不忍逼视，这是在酝酿情绪的高潮吗？眼罩摘下之后，望着建筑群灰色的和红色的静穆，他不禁潸然泪下。是情感的迸发，而不是理智的熔炼，最终引导纳撒尼尔看到答案。

无论是从影片还是从其他媒介，我们都可以读到如下事实：路易斯康形而上学，他是一个工作狂，一个执着的布道者，一个无限追求完美的柏拉图主义者，一个用玄思掩盖简单事实的演说家，一个刚愎自用和家长作风的人。他爱自己的理念胜过一切。他有一位妻子和两位秘密女友，每个家庭都有一个孩子。他真的爱他们么？他睡在工作室的地板上，毯子。他四处旅行，从不拒绝任何项目委托和讲座邀请。他在深夜拜访某个家庭，然后匆匆离开。小纳撒尼尔在等待中度过童年。康的妻子苦恼地说，只有领带和书常在他身边。好友文森特·斯科利（Vincent Scully）谈到他晚年的境况："他真实的方法周围除了烟幕之外什么都没有……有时候，他那些可怕而含糊的话，那些有些虚伪的说辞让人感到难堪"；马歇尔 · 梅耶（Marshall Meyers）说："在后来的几年中，办公室里留下了很多把他神化的人，这令情况变得非常糟糕。"随着暮年的来临，康变得愈发孤独。他说："只有工作让人觉得可靠。"古稀之年，他屡次只身往返于美国与南亚次大陆之间。在世界上最贫穷的国家，康反而获得强烈的归属感。他以最大程度的热情和虔诚投入印度和东巴基斯坦的项目中。康并不富有，但他似乎并不在乎某个项目的利益得失，康去世时已经破产。

当纳撒尼尔第一次前往印度的时候，在混乱一如往昔的街巷中间，他不禁疑惑地问，是什么力量，让一个古稀老人离开温暖的家，孤身一人屡次前往这样的地方。作为一个父亲，康是个彻头彻尾的失败者，但他对待建筑和城市却表现出远远超越常人的热情。建筑并不完全是艺术，建筑师不能像艺术家一样摆脱一切羁绊，自由地表达自己。与文艺作品中运筹帷幄、踌躇满志的形象大相径庭，尘世中的建筑师往往在关键时刻表现出难以想象的谦卑，是"全能和无能的混合物（库哈斯）"。设计永无止境，即便倾力投入，仍会留下较大缺憾。追求完美如路易斯 · 康者，将事业和家庭作如此不公平的分配，也就不难理解了。

早在经济大萧条的 20 世纪 30 年代，康就领导了一个非营利性的"建筑研究小组（ARG）"，成员大多数是费城的年轻失业建筑师，他们租便宜的房子，从学校借来绘图工具，尽管条件艰苦，他们却关心严肃的问题，如社会责任和大量需求的平民住宅。康全身心地投入这个小组的工作。20 世纪 30 年代后期，由于政府停止对贫困住宅区的改造，促使康成为一位激进主义者，积极地参与政治。除了对贫困住宅的关注，康像勒 · 柯布西耶一样，关心现代城市的发展方向。对他来说，住宅并不只是个建筑问题。40 年代康参与设计工人住宅，解决战争年代社会的基本问题。战后，康非常关注建筑平民思想的普及。这段漫长的时期，可以称作康设计生涯的"平民建筑时代"。

是什么促使康从一位现实取向的、坚持实践理性的社会工作者演变为一位充满理想的、坚持形而上学的建筑思想家，迄今尚未可知。《寻父之旅》认为是 1951 年的欧洲旅行，让康真正找到属于自己的精神乐土。事实上，第二次世界大战所造成的巨大影响，让此前社会所坚持的一切价值受到普遍质疑。在美国，这种思维具体表现为：现代建筑如何体现公共或社会价值，提高整个人类社会对它的期望值？这是一个伦理设问，表面上与康此前所思考的问题迥异，但本质上只是同一个问题在不同时代的变形。不约而同地，欧陆和美国建筑界都开始反思现代主义对功能的过分强调和技术理性。当勒·柯布西耶完成他惊世骇俗的朗香教堂的时候，康也完成了一篇旁征博引的文章《纪念性》。至此，康已经从一个社会公德的积极支持者，发展成一位经典形式和永恒智慧的探索者。

在康的心目中，建筑，或世界上的万事万物，都有其存在的愿望。受叔本华哲学的影响，康一直在追问空间的本质问题。通过简化而接近本质，是康的第一认识论。他说："因此我相信建筑师在某种程度上必须回过头去聆听最初的声音。"这最初的声音，就是建筑及其空间得以生成的源头，是人们第一次搭起棚屋时的朦胧认知。引用他最著名的学校理论："学校之初，是一个人坐在一株大树下，当时他不知道自己是教师，他与一些人讨论他的知识，而他们也不知道自己是学生……一些空间设立起来，这就是最早的学校"。康试图说明，学校的"存在意愿"，早在"人坐在树下"这样的空间——行为关系存在之前就已经存在了。学校精神的本体是我们需要在设计中挖掘、表达的东西。

康以他的神性建筑观重新审视世界，发现用建筑解决社会问题，实属痴人说梦。第二次世界大战之后，很多现代主义大师不约而同地认识到了这一点。在康那里，形式具有更深层的含义，等同于建筑意愿的本质，设计的目的就是体现它。1961年，他把内在的形式和外在的设计称之为"规律"和"规则"；1963年称之为"信仰"和"手段"；1967年称之为"存在"和"表现"；最后，他找到了最钟爱的称谓："静谧"与"光明"。以一种近乎宗教的虔诚，康抨击他曾热烈支持的社会责任派建筑师，用工具理性泯灭人类精神价值。在一个讲求实际的社会里，这样的康显然是不可理喻的，当他会见耶鲁校长的时候，他的朋友不得不"扮演他和他们之间媒介之类的角色，努力让他们相信这个家伙不是个疯狂的诗人"。

追随大师多年的印度建筑师多西（B.V.Doshi）说："我觉得路易斯是一个神秘的人，因为他具有发现'永恒价值—真理—生命本源—灵魂'的高度自觉。"在建筑这个功利性极强的行业，在追名逐利的建筑师中间，这一切不合时宜。然而，建筑师是什么？他的最高存在形式，不应是深知进退取舍的明智的隐士，也不应是锐意求新的社会改革家，而应是与人类生存的基本真理相濡以沫的哲人。在这一点上，路易斯·康给后世留下榜样。

康对宗教做出如下定义："一种超越了你自私的自我意识——是人们聚集起来形成一个清真寺或立法机构的东西……因为建筑是围合的，当人们进入其中的时候，会产生类似于血缘关系的感觉。"很难理解，对亲情如此淡漠的康，如何对人类具有如此深沉的爱。纳撒尼尔不断地追问，当康走到人生终点的时候，是否想起他，想起他的妈妈，想起他曾许诺的家。在影片的末尾，纳撒尼尔若有所悟。他是否觉察到父亲对人类的爱也曾惠及自身？可是，这样的爱，对一个儿子来说，却显得那么吝啬、那么稀缺。他背叛了很多人，可是人们仍然爱他。康的事业先后受益于两位情人，安妮·唐（Anne Tyng）和哈利特·派特森（Harriet Pattison）。影片中，年逾八旬的安妮带着淡然的伤感谈起陈年旧事，说她依旧深爱康，怀念他的亲切和韧性。哈利特 · 派特森回忆与康一道工作的情形，说跟他在一起让人充满灵感、精神振奋，完全被他的观点所吸引。在空旷的火车站，镜头对准远处垂垂老矣的安妮，纳撒尼尔独白："我看着她，想到自己的母亲。她们都终生未嫁，甘愿做单身妈妈，忍受流言蜚语，仍旧对康完全信任。"这到底是怎么样的一种感情呢？文森特 · 斯科利面对镜头谈起康就像是谈起一位古代英雄，他说："跟一个改变了一切的人生活在一起，是多么奇妙的经历。"作为一位蔑视规范的人，康的神秘天分让他充满魅力，这份魅力让人折服，从而忽略了他的道德缺陷。

生命的最后几年，康来到印度，来到孟加拉，在这里，有足够的信任让他完成他的城市梦想。30年后，在晨光熹微的达卡孟加拉首府的共享空间，建筑师沙姆斯 · 瓦莱索（Shamsul Waresl）眼含热泪，感慨道："他不在乎这个国家是否富有，也不在乎工程最终是否能实现。世界上最贫穷的国度，从此保有了他最后的作品，他为此付出了他的生命。这就是他之所以伟大的原因……我们为此永远铭记他。"也许正是对永恒和普遍的热爱，让康忽视了纳撒尼尔的存在，并永远与他同在。

现代社会的职业分工已经让"君子不器"的全才成为一种想象。然而，无论通过什么样的行业，都能对世界进行超越的认识和宏观的体验，都能对人类的永恒事业进行创造性的补充。当现代文明偏爱庸常而拒绝崇高的时候，似乎需要建立更细致的标准，才能既不牺牲规范，又不浪费天才。惜乎制度的运行总需要一定程度上的简化，每个时代的道德观念都难免局限，在我们的社会里尤其如此。也许纳撒尼尔的电影迎合了多少人猎奇的心态：一个儿子轻轻地揭开了著名父亲的隐私。但是在这背后，我们应当看到一个自由时代对天才的宽容，一种社会制度对能力的肯定。

1974年初，斯坦利 · 泰格曼（Stanley Tigerman）在伦敦希思罗机场与路易斯 · 康偶遇。他回忆道："我在机场看到这位老人，他看上去像是视网膜脱落似的，真的非常狼狈……他说：'我对生活知道的是那么少，除了建筑之外我什么都不会做，因为它是我知道的全部内容'。"当天下午6点20分，康通过肯尼迪机场的海关，赶往宾夕法尼亚火车站乘坐前往费城的火车。一个小时之后，他在车站的卫生间里心脏病突发离开人世。

康的离去是突然和无征兆的，正如他在20世纪50年代的声名鹊起。这在他的传奇中成为最后的一笔。许多人都认为这部电影让已故大师走下神坛，还原为一个普通人。我却不这么认为：纳撒尼尔最终找到一个不负责任的父亲，我们最终找到了一位出类拔萃的建筑师，比我们想象中的更加出色。这不只是一个关于爱和艺术、背叛与宽恕的故事；这是个关于宗教感情与永恒认知的建筑传奇，当你发现了路易斯 · 康，你就找到了建筑最后的归宿。

（作者为北京建筑大学建筑与城市规划学院教授）

目录

PART 3 图集篇

绪论

文森特·斯科利

路易斯·康是一位伟大的建筑师，时间的流逝证明了这一点。他作品中的风采和氛围非今天其他的建筑师所能比拟，甚至远远超过了弗兰克·赖特、密斯·凡·德罗和勒·柯布西耶。他的作品充满思考，光辉而神秘。赖特的建筑充分利用节奏作用，密斯则将空间与材料精简到最少，柯布西耶则无所不为，首先是轻盈而文雅，最后是厚重、纯朴而粗野，体现了20世纪大多数人的姿态。路易斯·康的建筑，恰恰是20世纪后期的精髓，它们也是纯朴的，但却全无姿态，似乎是超越了，又或者是不同的种类。它们的粗野是隐藏且潜在的，这恰恰是由于它们并非一种姿态或者要与某种姿态做斗争。它们只是建筑物本身。它们的元素——总是最基本、最厚重的——聚集在庄严的承重体量中。它们的节点非常严格，就像希腊的男青年Kouroi的膝盖那样，但又不是以人体的形式连接在一起。它们的身体是柏拉图式的，是由圆形、方形和三角形这些基本形体组成的抽象几何形体转变而成的东西，就好像由无声的音乐逐渐凝固而成。它们大量用光来塑造空间，就像世界上的第一缕曙光一样，光的牵引，光的转变，日光和月光。它们是沉默的，我们能感受到它们沉默的力量。有的声音，鼓点的起伏，管风琴的鸣响，它们的共鸣震耳欲聋。它们在沉默中演奏，就如同和上帝站在一起。

我们试图思考那些同等的现代艺术作品也具有相同高度的严肃性：这一点与理想主义牢固地联系在一起，是种完全特别的一种特质。也许只有一些俄罗斯小说能满足我们的条件，尤其是托尔斯泰，或者是陀思妥耶夫斯基大多数的作品。我记得曾经一位学生1965年在列宁格勒说的话。那是在一次美国的建筑展览会上，当时我和路易斯·康在场，我为感兴趣的学生们举行一个小型的讨论会。讨论的是罗伯特·文丘里为凡娜·文丘里设计的住宅。一位学生，可能是考虑到苏联对住宅的大量需求之类的原因，问道："谁需要这个？"但马上有另外一个学生回答："每个人都需要一切。"我想，这就是本质所在，慷慨、极端的俄罗斯精神。毕竟，我们常常忽略了路易斯·康的苏俄血统。那些蓝色的鞑靼眼睛并非无处不在。在这里，我们要感谢戴维·布朗宁和戴维·德·龙找到了一张路易斯·康的父亲穿着制服的照片。这位贫穷的爱沙尼亚犹太人仅仅是一位军需官，而且从未被委任。尽管如此，他还是被视作为一个真正的俄罗斯帝国官员，就像由弗里德里克·马奇（Fredric March）扮演的渥伦斯基（《安娜·卡列尼娜》男主角，译者注）那样。康长得和他父亲很像，自信而骄傲。他从宾夕法尼亚大学毕业时，粗鲁地对着相机的镜头，就像学生时代的高尔基或者托尔斯泰那样。和他们一样，路易斯·康想得到"一切"。如果可能，他想把一切变得真实、正确、深奥、理想并且完整。我觉得他想拥有一切的欲望比我们这个时代任何一位建筑师都要狂热。这肯定就是为什么虽然在许多建筑的基本点，例如，当代感兴趣的文脉上不尽相同（破折号的使用是否连贯），但路易斯·康的作品仍能让我们感受到它们内在特质的原因。因此，它们是晚期现代主义建筑目标的完美体现：再造现实，使之焕然一新。

然而，还不仅如此。它们开创了一些东西。它们成功终止了被盲目推崇的国际化设计风格，并且开创了一条更加纯正的现代主义道路，一条建筑的地方主义和古典传统开始复兴的道路，这必然地引发了大规模的历史保护运动，最终变得举足轻重，路易斯·康早期最出色的助手——罗伯特·文丘里，发起了城市传统的复兴并且把建筑带向与路易斯·康相反的温和的文脉主义方向，而意大利的阿尔多·罗西走的是一条与康相似的路，他在意大利地方性和古典传统中提炼出的城市类型充满令人难以忘怀的诗意，这与康 1950 至 1951 年在意大利广场的彩色蜡笔画，以及他后来的伟大建筑中所体现出来的非常相似。事实上，康在各个方面都在促使建筑往好的方向转变，无意中在很大程度上改变了整个现状，从而使我们能再一次体会到传统城市肌理的价值。

值得关注的是路易斯·康是如何转变的。这里我们必须像康本人那样专业。这种转变是因为，一辈子为这种事情操碎了心，康在晚年发现了如何把古罗马的废墟转变成现代建筑。这种关系表面上看似完全不可能，但是康在萨尔克生物研究所之后的所有建筑作品中，成功地实现了这种转变。在这之前，康已经花了很多年的时间试图回归历史。20 世纪 30 年代国际化的设计风格广受欢迎，康中断了他在宾夕法尼亚接受的现代古典主义风格。1947 年，他开始在耶鲁大学执教的时候，又重新回归对历史的尊重。1950 至 1951 年康以美国学术团体成员的身份重返罗马，在那里他独自研究了罗马的古迹，并且在伟大的古典学者弗兰克·布朗（Frank E. Brown）的公司中工作，还去了希腊和埃及旅行。很快，他在许多地方利用了吉萨金字塔和卡纳克的阿蒙神庙。这一点我在其他的地方提到过。正是他在理查德医学研究所的采光问题上采用了他早期在圣·吉米尼亚诺（San Gimignano）画的水彩，这个作品才开始显现出更加纯粹的罗马形式，通过与文丘里的对话来实现这一点，因为文丘里也在罗马待过一年。这一点在萨尔克生物研究所，特别是在社区中心的设计中，显得更加醒目。“废墟环绕在建筑的周围”，路易斯·康这样形容最后生成的那个没有玻璃、通道弯成弓形、开着热气孔的罗马形式。

巧的是，那些暴露在空气中的废墟，被证实正好适合于印度次大陆气候和砖砌技术的。它们形成了艾哈迈达巴德（Ahmedabad）的印度管理学院和孟加拉国达卡国民议会大厦，那里的暗廊可以和奥斯蒂亚的祭祀神庙（Thermopolium ）相媲美，而艾哈迈达巴德的主要房间几乎重复了哈德良（Hadrian's）市场的砖和混凝土的巴西利卡，达卡的国民议会大厦则将奥斯蒂亚广场上的朱庇特（Jupiter）神庙和来自于英国城堡平面的形式结合起来。最重要的是，路易斯·康在艾哈迈达巴德和达卡中的“砖的秩序”来自从皮拉内西（Piranesi）的版画中提炼出来的罗马的砖和混凝土结构[2]，而达卡诊所门诊病人的门廊外形类似于列柱（Ledoux，描绘建筑师全视野的画。历史的延续在这里一目了然：就像皮拉内西和列杜一样，路易斯·康是一个浪漫的古典主义建筑师。和皮拉内西期望庄严的效果一样。和那些建筑师以及他们在现代主义之初的许多同事一样， 路易斯·康想要通过专注于古代的遗迹并且从那里重新开始，来实现建筑的新生。我想，这恰恰是路易斯·康为什么最终能够在建筑走向国际化风格的晚期时使之重新充满活力的原因。他像18世纪现代建筑的开始一样，重新开始了现代建筑：他采用厚重、坚实的结构形式，而不是20世纪建筑师那种试图与抽象画中的自由相匹敌的构图。因此，除了他的旅行速写之外，路易斯·康的作品从来都不用图画表示。它们是原始的建筑，形成于图画之前。这就是为什么路易斯·康和绘画中的塞尚（Ceazanne）一样，是真正原生的，他总是说他喜欢“开始”以及“一个好的问题比完美的答案更重要”。毫无疑问，他的建筑充满古代的力量。虽然他开创了当代古典主义复兴之路，但他始终拒绝使用古典建筑的细部，他把自己限定在现代主义者的道路上，在废墟中进行抽象。正因为如此，在他职业生涯最后的伟大岁月，他几乎不用玻璃。在埃克塞特，他只是把他在印度不需要的玻璃塞进一个废墟的框架中，而不让四面墙联合成一个整体。在金贝尔，康仅仅使用了罗马的拱来直接体现废墟特有的装置，无论内外，这就是全部。再没有别的办法可以实现比它更加纯粹的罗马古典主义。

路易斯·康在耶鲁大学英国艺术中心取得的成就更加令人惊讶。在那里，在他最后的建筑中，路易斯·康在时间和现代建筑自身的发展上跨出了一大步。事实上，他从18世纪皮拉内西和列杜的浪漫古典主义跨到了19世纪拉布鲁斯特（Labrouste）的理想主义。1843—1850年在圣吉纳维美图书馆（Bibliotheque Sainte-Genevieve），拉布鲁斯特自问如何才能真正把古希腊和古罗马的废墟合理地转变成现代街道上的现代建筑，他设计出了一套由基础、石块、框架柱以及实心的和玻璃的填充板组成的体系，这一套体系成为从理查德森和沙利文到密斯·凡·德·罗到现在一贯的城市建筑的标准解决方法。路易斯·康在耶鲁大学就采用了这一套体系，在这里，玻璃第一次以不可思议的反射效果走进了路易斯·康的设计。

因此，他去世时，好像仍然“工作的一个新起点上”。不难了解他本可能对他的追随者——那些再造了建筑学这个专业，并且治愈了现代主义那段岁月给我们的城市造成的创伤的人们——影响更加深刻。他大概也不会很喜欢他们的作品。因为毕竟，他是一个孤独的英雄，追寻着一个孤独的目标。然而，他确实是开创了通往迦南（《圣经》故事中称其为上帝赐给以色列人祖先的“应许之地”，是巴勒斯坦、叙利亚和黎巴嫩等地的古称，译者注）的路，他自己没有能够完全实现把他自己的王国从“应许之地”中划分出来。

自从路易斯·康的画和办公文件可供研究以后，这个目录展现了康在生活和工作中渊博的学识。感谢戴维·布朗宁、戴维·德·龙和他们的学生，感谢他们赋予这些材料价值，感谢他们辛勤处理了所有康最重要的建筑和设计文件。

（作者为耶鲁大学艺术史名誉教授）

PART 1 人物篇

1. 未知领域的探险

定义一种哲学，1901—1951 年

2. 开放的认知精神

设想一种新建筑，1951—1961 年

3. 集会建筑

一个卓越的空间

4. 灵感之家

学校设计

5. 可用性论坛

对设计的选择

6. 光，存在的给予者

努力献给人类的设计

1. 未知领域的探险

定义一种哲学，1901—1951 年

当路易斯·康声名鹊起的时候，他已经是 50 多岁并且做了 20 多年的建筑师了。但是他出名前 50 多年的生活，与他后来的工作，不仅不矛盾而且还有着必然的因果关系。在那段经历了大萧条和第二次世界大战的日子里，他是青年人圈子里的成功建筑师。他学习、设计、教书，专心于他那一代建筑师的中心问题：研究现代建筑语言和贫困社会对住宅的挑战。但是在他的后半生，他对这些问题有了新的看法，对建筑的本质有了新的理解。通过这么做，他建立起了更加严格的成功的标准。依照那些标准，他又一次成功了。

成长中的建筑师

路易斯·康 1901 年出生于俄罗斯帝国波罗的海东岸爱沙尼亚一个名叫奥赛（Osel）的岛上（现在的萨列马岛）。他的父亲里奥波德·康（Leopold Kahn，图 1-1）是爱沙尼亚人，他的母亲贝尔莎·门德尔松（Bertha Mendelsohn，图 1-2），来自拉脱维亚的里加（Riga），她在那里遇到了她的丈夫，正在休假的俄国军队军需官。里奥波德服完兵役之后，就与贝尔莎在萨拉岛定居下来。他们生活在欧洲德语国家和俄语国家交界的地方，也都是从小受着多种语言文化熏陶的犹

图 1-1 身着俄国军服的里奥波德·康，1900 年

图 1-2 贝尔莎·门德尔松，1900 年

太人。夫妻二人生活穷苦，1904 年里奥波德先移民到了美国，在费城找到了一份工作。1906 年贝尔莎带着当时只有 5 岁的小路易斯·康和他的妹妹莎拉、弟弟奥斯卡也来到了美国。

费城当时正处于工业时期的顶峰年代。纺织业风生水起，整个城市以工厂里大量的新移民而著名。路易斯·康一家住在利伯蒂斯（Liberties）北部，一个市中心边缘的贫民窟里。刚到这个国家的时候，他们不断地搬迁，[1] 里奥波德是一个天才的设计师和玻璃画家，但他找不到需要这些技能的工作，后背的伤病又迫使他放弃了劳工的工作。虽然他开了一段时间的小店，但是家里主要还是靠贝尔莎为当地的制造商制作羊毛衫花样的收入来维持。在贫穷而且有点凌乱的家里，贝尔莎依然保持着一些欧洲的文化传统，包括使用德语和意第绪语，学习音乐以及文学。这个家庭没有继承之前的信仰。

路易斯·康的脸上有一个幼年时期留下的伤疤，那是由于他太过关注炭火明亮的色彩而烧伤的。在去费城之后不久他又得了猩红热，这使得他发声音调变高，不能按计划去上学。由于这些缺陷，他在同学面前非常腼腆，但他很快凭着自己的绘画才能得到了老师的赞许，费城守旧而慷慨的艺术委员会给予了康极大的鼓励。

上小学的时候，小路易斯·康常穿过费城网格状平面的几个街区，去公立工艺美术学校学习绘画和雕塑，来自普通学校的天才学生在那里受到了额外的训练。在那里，路易斯·康得到了教学主任 J·里波蒂·泰德（J. Liberty Tadd，1854—1917 年）的帮助，他是一位强调在黑板上画大幅尺寸的画，并倡导亲自接触雕塑材质的教育理论家。[2] 在康考进费城教育系统淘汰率很高的中央高中后，他仍然利用周六自由活动课的时间去图案速写俱乐部继续他的艺术学习。这个俱乐部后来为了纪念它的赞助人更名为塞缪尔·S·弗莱舍（Samuel S . Fleisher）艺术纪念馆。他的画赢得了全市一等奖。同时，他表现出了极大的音乐天赋，他用照看邻居女儿赚来的钱去学习钢琴，至今他还对一个熟人送他的那架旧钢琴记忆犹新。这个大家伙占据了家里许多空间，他经常抱怨说他不得不睡在钢琴上，因为它占据了床的位置。[3] 路易斯·康获得了一项音乐奖学金，但他听从泰德的建议拒绝了它，而集中精力去学习视觉艺术。不过，他的确用到了他的音乐天赋，十几岁就靠在剧院弹琴来贴补家用。

在中央高中的最后两年（1919—1920 年），路易斯·康听到了威廉·F·格雷（William F. Gray）讲的建筑历史课。这门课要求将讲演和绘画作业结合在一起，康常常帮助班里成绩不太好的同学。这门新的课程使他入了迷，“建筑令我目瞪口呆”——他曾经这样对采访他的人说。于是，他决定放弃毕业后去宾夕法尼亚美术学院学习绘画的计划，[4] 而选择了去宾夕法尼亚大学学习建筑学。费城对待这个年轻的移民非常慷慨，康总是记得这个城市对他的好处。他喜欢说：“一个小男孩在这个城市里，可以知道他这一生要做什么。”[5]

路易斯·康的建筑生涯开始于宾夕法尼亚大学，那里拥有当时美国最优秀的建筑课程，充满着巴黎美术学院的严格气息。和当时许多美国的大学一样，宾夕法尼亚大学邀请了一位受过法国训练的建筑师来主持课程设计，他们非常幸运地请到了保罗·菲利普·克雷特（Paul Philippe Cret，1876—1945年）。克雷特热爱邀请他的这座城市和这个国家，而后者也用爱来回报他。作为一名教师，他是缄默的，但他和他的工作人员（在康的那个时代，他们中的许多人曾经是克雷特早期的学生）成功传达了建筑的严肃性和其作为文化中心的地位。在巴黎美术学院，克雷特接受了他画室的赞助人让·路易斯·帕斯卡（Jean-Louis Pascal）和理论教授朱丽·瓜迪特（Julirn Guadet）理性、渐进式的教育方法，他将美术学院的方法解释为一套科学体系。虽然他对古典主义的重要性有着不可动摇的信念，但对克雷特来说，建筑不仅与历史风格有关，还是一门解决问题的艺术，富有创造力的建筑师通过它把业主的需求转化为现实。新的要求必然产生新的建筑，克雷特还认为现代民主最终将在建筑上表现出来。1923年在费城建筑师的一次聚会上，他毫无偏见地说："我们的建筑只能是现代的，不可能是别的。"[6]

路易斯·康在宾夕法尼亚大学学习了4年，获得了建筑学学士的学位。他第一学年的导师是约翰·哈比森（John Harbeson，1881—1986年），他曾经是克雷特的学生，后来成为克雷特事务所的高级成员。哈比森也是《建筑设计研究》（纽约，1926）的作者，他优雅卓越，也是美院教学系统的带头人，其影响就像美院学生创立的国家美术设计学院在美国重建了巴黎美术学院的教学体系一样。学院设立了面向所有建筑院校和独立工作室学生的竞赛课程，获奖者可以赢得巴黎奖，并且有机会去该体系的发源地巴黎美术学院学习。哈比森的许多讲义中的案例都是从宾大学生的获奖作品中挑选出来的，在康的那个时代，那些学生的水平远远超过了其他学校的学生。[7] 在这样的环境中，康的表现非常出色。[8] 建筑学学生必修的水彩画、徒手画以及建筑史、绘画史和雕塑史等方面的课程，他都非常优秀。在设计课上，他的成绩不是很高，而到了高年级，当克雷特成为他的指导老师的时候，他两次获得了设计学院设立的A等设计银奖以及若干次提名，并且进入了巴黎奖竞赛的第二轮,最后晋级到第六轮，仅以一轮之差与最后的奖项失之交臂。[9]

在老师们的影响下，路易斯·康在学生作业中表现出了对有时候被称为"被剥开的古典主义"的朴素语汇的偏爱，偶尔使用一些类似于"装饰艺术"（Art Deco）的自由装饰式样，就像克雷特自己在20世纪二三十年代偶尔涉足的一样。然而这些装饰是平面的，并非美术学院教学中占据中心地位的立面装饰。在这一点上，路易斯·康所受到的教育，和当时欧洲人所阐述的现代建筑哲学观念并不矛盾。就像勒·柯布西耶（Le Corbusie）宣称的"平面是个发生器"（The plan is the generator.）的宣言不会被看作是离经叛道一样。实际上，在1927年费城T-Square俱乐部的一次会议上，克雷特对勒·柯布西耶刚刚被译成英文的《走向新建筑》做了一次全面赞扬的评论。[10]

路易斯·康学生时代设计的平面背离了过去，而且现在还被误认为是巴黎美术学院体系特点的轴对称性（axial symmetry）。实际上，美术学院的设计依靠"有规律的打断和掩饰轴线"来形成空间序列的新鲜感，哈比森在《建筑设计研究》中就鼓励提倡不对称的平面。康最后获奖的学生作业是他在四年级的春天设计的一个军用邮局，作品展现了他对这一类空间组织的热情（图 1-3）。康在巨大的阅兵场一端布置了三个营的兵舍，另一端则是一栋管理楼（严重阻碍了邮局入口的轴线）和两栋完全不对称的建筑——邮局医院和它的手术中心。尽管它不那么完美，但康的目的显然是要形成一种动态的平衡而不是对称。这一无轴线平面的设计经验为康建立了一种基础，在这种基础之上，他积累了 20 世纪三四十年代现代主义者作品的精华，而对整体平面的关注则一直贯穿他的建筑生涯。

在面对历史学家和批评家的质疑时，路易斯·康从来没有忘记他从宾大和克雷特那来学来的经验教训。甚至在他的迟暮之年——他的建筑从巴黎美术学院风格开始，经历了国际风格，最终以自己的语言重新建立起来的时候——康仍然可以在那些成熟的风格中追溯到当年他所受学校教育的影子。他强调，建筑师必须在所谓的"形式"被实用思想污染之前洞悉它的实质，这一点与巴黎美术学院所强调的基本、本能的草图有着密切的关系。正如他所说："在开始设计题目之前，典型的巴黎美术学院的训练是提供给学生一份没有任何教师评论的书面任务书。他有几个小时的时间来研究这个题目，然后在没有参考的情况下，在小屋里画一张草图。这张草图将作为最后设计的基础，最终的成图不能违背最初草图的本质……美术学院这种特殊的训练方法可能是最具争议的，因为在编制任务书的人和完成这个任务的建筑师之间没有交流，所以草图完全取决于创作者的直觉。然而直觉也许是我们最准确的感觉，草图就建立在我们适当的直觉认识之上。我所教的就是这种'适当'，而不是别的什么东西。"[11]

路易斯·康建立起了一种"被服务"空间与"服务"空间之间等级关系的概念，后者经常被安插到结构体系的空隙之中。他把自己这种概念的起源归于美术学院"在石头建筑上掏洞"的做法。他说他对光情有独钟，他把光看成是建筑环境的创造者的这种想法，来自美术学院教给他的光影渲染课[12]。

1924 年 6 月大学毕业后（图 1-4），

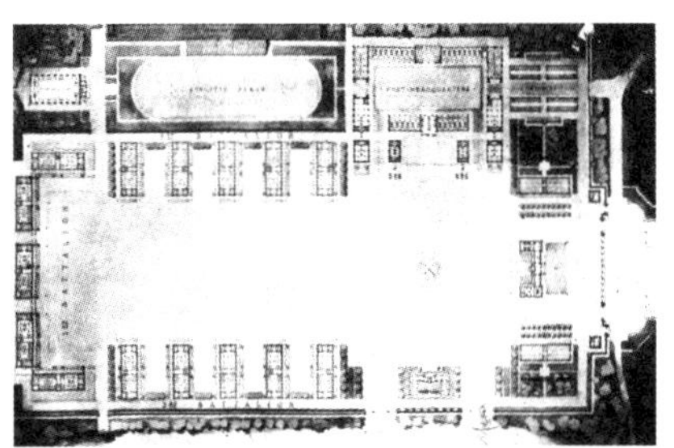
图 1-3 军用邮局平面，A 等方案，巴黎美术学院设计学院，1924 年春

图 1-4 路易斯·康的毕业照，左起：海曼·库宁（Hyman Cunin），路易斯·康，诺曼·莱斯（Norman Rice），摄于宾夕法尼亚大学海顿大厅台阶，1924 年 6 月

路易斯·康在费城城市建筑师约翰·莫里特（John Moliter，1872—1928 年）的事务所中找到了一份工作。莫里特接受过巴黎的训练，与城里的建筑和政治机构有着良好的关系。康在那里当了一年的绘图员，画一些详图，然后第二年作为设计主持人被派到莫里特成立的一间专门工作室，主持于 1926 年在费城举行的纪念独立宣言发表 150 周年的世界博览会这个项目。与其他国际活动相比，150 周年的庆典低调端庄，虽然在一个阴沉多雨的夏日举办，但是对于一名年轻的建筑师来说，设计并建造 6 座总面积近 14 万平方米，由钢结构外加木板和拉毛水泥构成的巨大建筑，是一件令人兴奋的事情。不到一年，这个项目就完成了。[13]

虽然莫里特派了两名助理建筑师，威廉·S·科伏尔（William S. Covell，1872—1956 年）和约翰·贺莱斯·弗兰克（John Horace Frank，1873—1957 年）参与这个项目，但路易斯·康一直声称是他领导了这个工程。不过，1925 年秋天，用引人注目的绘画作品向世人展示建筑的确出自康的手笔，当时恰好组委会开始怀疑莫里特事务所操作这个大型项目的能力，这个设计及时打消了他们的顾虑（图 1-5）。[14] 康的透视图中充满了由斜线构成的出色的明暗对比，那些尖锐的斜线使康后来的画面充满活力。建筑本身覆盖着色彩柔和的拉毛水泥（莫里特希望这个展览馆可以叫做“彩虹城”，就像 1893 年世博会哥伦比亚展览馆被称为“白雪城”一样），它们给这位年轻的建筑师提供了实现 18 世纪建筑师艾蒂安·路易·布雷（Etienne-Louis Boullee）和克劳德·尼古拉斯·勒杜（Claude-Nicolas Ledoux）梦想同尺寸建筑的机会，凭借着这个项目，康一下子在大学里出了名。就像他的一些学生作业一样，尽管很有限，但他还是在一个纯现代的经典形式上加上了波浪和锯齿形的艺术装饰。1925 年夏天在巴黎举行的“艺术与装饰”运动博览会上，这些母题引起了许多青年建筑师的注意。

图 1-5 文化艺术宫，纪念独立宣言发表 150 周年世界博览会，费城，宾夕法尼亚州，门廊透视图，1925 年秋（注：如无特别注明，本书收录手绘图都出自路易斯 · 康）

150 周年的纪念活动举办不久就结束了，场地被重新恢复成公园，路易斯·康也回到了城市建筑师事务所的日常生活轨道，主要设计一些消防站和操场。几个月后，他去了威廉·H·李（William H. Lee，1884—1971 年）的事务所，为费城的坦普尔大学设计一些建筑。这段时间，康和他的父母住在一起，一年后他在李的事务所里积攒了足够的钱去欧洲进行他作为建筑师企盼已久的一次长期旅行。1928 年 5 月 3 日，他到了英国的普利茅斯，在英国画了两个星期的速写——以一种单调而优雅的画家方式工作——然后继续穿过低地国家和德国北部。[15] 他于 6 月 29 日到达丹麦，10 天后，他前往爱沙尼亚的里加，他有一些亲戚住在那里。途中，他又快速穿过了瑞典、芬兰，抵达爱沙尼亚。从那里，他又去了他的出生地萨列马岛。他在波罗的海那个有着朦胧记忆的地方待了将近一个月，睡在他曾祖母只有一间卧室的房子里。[16] 8月中旬，康动身前往柏林，在那里他参观了新的住宅项目（Siedlungen）。[17] 这也许是他对现代主义运动的第一印象。在德国待了将近两个星期后，他往南行进，9月份的大多数时间都停留在奥地利和匈牙利，在那里他受多瑙河的风景触动再一次拿起了画笔。充满活力的多瑙河令这位在城市里长大的建筑师倍感新鲜。

1928年10月4日，路易斯·康来到了美术学院学生心目中的麦加城——意大利，他在那里度过了冬天的5个月。[18] 在这里，他走得很慢，在米兰、佛罗伦萨、圣·吉米尼亚诺、阿西尼城和罗马画水彩，他显然花了大量的时间在画苏莲托半岛的波西塔诺、阿马尔菲、拉韦洛和卡普里岛当地建筑的速写，另外参观了帕埃斯图姆古希腊风格的神庙（但是没有发现康在那里画的速写，也没有古罗马遗迹的速写）。康在意大利之行中，邂逅了老同学，也结交了新朋友，特别是建筑师路易斯·斯基德摩尔（Louis Skidmore)和爱德华·迪雷尔·斯东（Edward Durell Stone)，他和他们同行了一段时间。

在欧洲，路易斯·康在一定程度上形成了以美国当代艺术流派为基础的新的绘画风格。在风景画方面，他开始使用铺满整个画布的大写意的手法。他的水彩画的效果已经接近美国风景画家的成就，如果他不用色彩而用平版的话，可以说他的成就接近于查尔斯·德穆斯（Charles Demuth）和乔治亚·欧姬芙（Georgia O' Keeffe)。在建筑画上，康采用了多种表现手法，用彩色画平面或者用凿子形笔头的木匠铅笔在中世纪和文艺复兴初期的建筑表面上形成层状的效果（图1-6）。他在意大利的画充满自然的生机和建筑构造的力量感，展示了一种自信和独立。正如他在回来后不久发表的一篇关于绘画的文章中所说："我尽可能避免我的速写完全屈从于主体，但我尊重它，把它看作是实实在在的东西——有生命的东西——并且从中形成我自己的想法。我觉得根据我的喜好去移动山峦和树木，改变建筑或高塔是完全可行的。"[19]

图1-6 阿西尼城教堂，速写，1928年冬

1929年3月上旬，路易斯·康继续往北去了巴黎，他在巴黎停留了将近一个月，和他在宾夕法尼亚大学的同班同学诺曼·莱斯一起参观。康和诺曼·莱斯10岁的时候在工艺美术学校里就认识了，在进行费城世博会这一项目的时候还曾找过他。莱斯当时在柯布西耶的事务所里工作，但康并没有试图去看一看这位现代主义者的作品。[20] 令他印象深刻的是巴黎这座大都市以及它的古典建筑和城市规划

的完整和全面，后来他说他打算住在那里。他这么形容巴黎："这座城市纯粹的形式简直无懈可击。"[21]

4月，路易斯·康启程回家。很快，他在他所尊敬的老师克雷特的事务所里找到了一份工作，并且美丽的埃瑟·弗吉尼亚·伊思累莉（Esther Virginia Israeli，1905—1996年）答应了他的求婚，她是宾夕法尼亚大学神经外科系助理研究员。康是在去欧洲前的一次聚会上认识她的，通过谈论刚看到的一本关于罗丹的书而引起了她的注意，后来康把这本书作为礼物送给了她，他们很快坠入了爱河。[22] 当康在国外的时候并没有给她写信，而她在他旅行的时候与别人订了婚。康回国后，他们之间发生了争吵，但是当他们去音乐学院看费城歌剧团演出时又见到了对方，于是彼此和好如初。康在参观克雷特设计的罗丹博物馆时向她求婚，1930年8月14日，他们举行了婚礼（图1-7）。

图1-7　蜜月中的康夫妇，大西洋城，新泽西州，1930年8月

路易斯·康在克雷特事务所的职务是低级职员，所以他经常生活在高级职员约翰·哈比森、威廉·休（William Hough）、威廉·利文思顿（William Livingston）和罗伊·拉森（Roy Larson）的阴影之下。他参与了他们那段时间的大多数项目，风格上包括从克雷特日渐单一的古典主义——比如华盛顿的没有柱子的福尔杰（Folger）图书馆，到他设计的芝加哥建城100周年国际博览会主展馆上奔放的现代性。这份工作对于路易斯·康来说肯定是很刺激的，因为他发现他自己和许多当时聪明的青年建筑师一样，喜欢在过去所受的教育和现在的诱惑之间有所突破。在这里他注意到了自己的老师是如何明智地解决这个难题的。

路易斯·康刚刚回到美国时，前几个月的生活浪漫而美好，然而随着1929年爆发的经济危机，美国也发生了席卷全国的大萧条，康的美好生活也随之烟消云散了。康和他的新娘推迟了结婚后去欧洲度蜜月的计划，他深入学习沃尔特·格罗皮乌斯（Walter Gropius），而他的妻子学习弗洛伊德。接下来不到一年的时间，连克雷特事务所也没有项目接了，康在被辞退之前自己选择了离开。克雷特推荐康去他朋友克拉伦斯·赞辛格（Clarence Zantzinger）开设的事务所Zantzinger, Borie & Medary那里工作，这家公司刚接了大萧条时期的第一个大型公建项目——华盛顿财富大楼。财富大楼沿主干道而设，外立面沉静内敛，其他部分配有丰富的艺术装饰，使整栋建筑仿佛一只"变色龙"。这个项目康一直做到1932年2月，当时正处于经济大萧条的最低谷时期，康发现自己又失业了。

萧条的现代主义

接下来的四年里，路易斯·康经常处于失业状态，靠伊斯累莉挣的钱养家糊口，并且和他们结婚以来那样，一直和她的父母住在一起。然而，在历经种种经济困难的同时，一次意想不到的机会降临了，这让康得以停下来重新理解他的艺术在这个有着大量社会需求、创新的技术和美学潜力的年代的作用。费城是一座有利于休假的城市。在乔治·豪（George Howe）和威廉·利斯卡泽（William Lescaze）的费城储蓄基金大厦（1929—1932 年）影响下——这座建筑可谓美国对国际现代主义最可观的投资——这座城市四分之一的人都在满怀激情地讨论着建筑的未来。这些讨论大多是在由乔治·豪投资的一本新杂志《费城 T-Square 俱乐部杂志》上进行的，这本杂志于 1930 年创刊，延续了不到两年的时间。[23] 在那段不长的时间里，许多现代建筑的主流思想相互碰撞。最重要的是乔治·豪自己，他在中年转向现代主义之前，曾经在巴黎接受过训练，并且在受到英国科茨沃尔德丘陵非常低矮的村舍和法国农场高屋顶的共同影响下，成功地使自己成为费城独有的乡村石材住宅的主要设计师。其中，还包括来自宾夕法尼亚大学建筑系和克雷特事务所的哈里·斯特菲尔德（Harry Sterfield）、威廉·休、罗伊·拉森和约翰·哈比森以及克雷特本人，他们都属于 T-Square 俱乐部或者曾被提及。此外，还有“装饰艺术”运动的代表人物——纽约摩天大楼设计师拉尔夫沃克尔（Ralph Walker）、伊利雅克康（Ely Jacques Kahn）、雷蒙德·胡德（Raymond Hood）以及费城的豪威尔·刘易斯·西埃（Howell Lewis Shay）的文章。总之，读者可以充分了解现代主义者各个派别极端的观点：如弗兰克·劳埃德·赖特（Frank Lloyd Wright）、理查德·纽特拉(Richard Neutra），鲁道夫·辛德勒（Rudolph Schinlder）、诺曼·贝尔·格迪斯（Norman Bel Geddes）、勒·柯布西耶、菲利普·约翰逊（Philip Johnson）和理查德·巴克明斯特·富勒（Richard Buckminster Fuller, 最后三期他接管了这本杂志并把它更名为《庇护所》）。没有任何一本美国杂志能够提供这么开阔的先进观念。

路易斯·康的同班同学，从勒·柯布西耶事务所那里出来的诺曼·瑞斯是杂志的出资人之一，在他的文章《这座新建筑》中，提及了第一次由美国建造设计的博览会建筑，以及 1932 年 10 月现代中心博物馆的展览会，它被定义为“国际式风格”。康自己在 1931 年 5 月号的 T-Square 杂志上发表了《速写的价值和目标》，并以他在意大利的绘画作为插图。

路易斯·康在费城组织了另一个现代建筑讨论中心——建筑研究小组（ARG）。1931 年，当康还在赞辛格事务所工作的时候，他和一位失业的法国建筑师多明尼克·伯宁格（Dominique Berninger）组织了一个将近 30 人的青年设计师小组，小组中的大多数人都失业了。他们租了便宜的房子，从学校借来了绘图工具就开始了工作。当康失业后，他全身心投入到这个小组中，小组成员每周去埃塞尔餐厅饱餐一顿，那里是那些有幸还有工作的建筑师们喜欢日常就餐的地方。后来跟随康工作了很多年的戴维·P·威斯顿（David P. Wisdom）描述第一次在那里看到季情景：这个“在人群中滔滔不绝的小个子”站在他的一群崇拜者中间（图 1-8）。[24]

路易斯·康渐渐成长为一位现代主义建筑师。他对业内发生的国际大事进行了大量考察，第一次仔细阅读了柯布西耶的作品，在后来 20 年的时间里，他的建筑多次重复了许多国际式的设计风格。[25] 对他来说，最重要的是现代主义带来了新的组织方法，包括它倡导的开放平面，和建筑师重点关注的社会责任。他还参加了现代主义广泛的新建筑技术实验。

路易斯·康的建筑研究小组关注社会问题,同时参与如何解决住宅需求的讨论。这个问题在欧洲现代建筑的讨论中心已经很好地建立起来了，但是在美国只有很少一部分研究者。由于大萧条的原因，贫民窟的条件每况愈下，这个问题也逐渐被重视起来。费城是美国第一座建造现代住宅的城市。这栋住宅是由奥斯卡·斯东诺洛夫（Oscar Stonorov，1905—1970 年）和阿尔弗雷德·卡斯特纳（Alfred Kaustner，1900—1975 年）[26] 两位流亡建筑师为针织品工会工人设计的卡尔·马克雷（Carl Markley）住宅，他们曾经在 1931 年莫斯科的苏维埃宫竞赛中获得二等奖。卡尔·马克雷住宅最初的投资是由胡佛（Hoover）重建金融公司提供的贷款，1933 年夏天由罗斯福公共工程署作为一个更大项目的一期工程接管。

图 1-8 路易斯·康，约 1934 年

1932 年，费城现代艺术博物馆展览间歇，现代风格的建筑得以示人——4 栋狭长的、表面贴瓷砖的楼房将在 1933 年被重新设计，1934 年开工建造。这些高标准的设计和施工，以及招人喜爱的巨大车库和游泳池，使卡尔·马克雷住宅引起了全美国的注意。

路易斯·康和斯东诺洛夫与卡斯特纳一起工作了几年，同时他的研究小组也努力工作，并吸引了公众的注意。1933 年 4 月，他们在“更好的家”展览上展出了一个模型，展示了他们对费城南部贫民窟典型区域的重建方案。和卡尔·马克雷住宅一样，它由放在像停车场一样装置中的 4 栋长长的建筑组成。[27] 建筑研究小组的方案是美国化的，和斯东诺洛夫与卡斯特纳的设计一样，设计被加上了车库和娱乐设施。

之后，1933 年公共工程署开始它的住宅津贴项目时，建筑研究小组又提出一个方案 [28]。出于对费城东北部住宅公司的考虑，他们在约 22 万平方米的重要区域内，把建筑布置在一个微微弯曲、交通道路很有限的平面网络中。这些建筑包括长条形的公寓（就像为费城南部设计的一样）、底层住宅以及由路易斯·康设计的 4 个单元的风车形的建筑群（图 1-9）。通过角窗和飘浮的屋顶板，这座住宅体现了建筑师对现代主义一些标志性细部上处理的娴熟技巧。当时相对保守和平静的立面构成更像当代英国的作品，而不像更早期的先锋派建筑，康的不确定性体现于其过于精细的平面以及它狭窄、封闭的楼梯间。但由于对马克雷住宅的异议，公共工程署拒绝为1933年费城提出的12个方案提供资助，1934 年 5 月，建筑研究小组的成员各奔东西。

小组解散的部分原因，在于罗斯福新政的到来为建筑师提供了就业机会。路易斯·康自己担任了费城城市规划委员会管理的“研究班”负责人。在亨利·麦格金德（Henry Magazined）和维克特·艾伯哈德（Victor Eberhard）建立的公司（这个公司曾经赞助过建筑师研究小组）帮助下，康提出了费城东北部临近宾夕法尼亚州主要通信铁路的另一个基地的住宅建设方案。[29]

尽管还有点谨慎，路易斯·康还是心怀谦卑之心，同时开始为来自社会上和艺术进步组织中犹太社区的业主服务，他和他太太在那里有许多朋友。1934 年，拥有一家油漆公司的哈里·布特（Harry Buten），让路易斯·康把他在日尔曼敦的店铺进行了现代化改造。改造工作是康和海曼·库宁一起进行的，他是康在宾大时期的同班同学，后来也在克雷特那里工作，并且是建筑研究小组的成员。库宁已经拥有了康没有的注册建筑师资格。1935 年当康获得自己的证书时，阿赫伐斯·以色列（Ahavath Israel）圣会请他在城市北部边缘地带的一排二层住宅之间设计一座新的建筑。他为他们设计了一

图 1-9 费城东北一住宅公司方案，风车形住宅鸟瞰图，1933 年

个表面砌砖的简单方形建筑，中间穿插了一个工厂式的钢窗和一个引人注目、赏心悦目的小教堂。

大萧条时期，路易斯·康缓慢的工作节奏被在基础住宅公司一年多高强度的工作给打乱了。1935 年 12 月，康被卡斯特纳请到了华盛顿，卡斯特纳是一位在汉堡受训过的建筑师，也是马克雷住宅的设计人之一，他自己就是被从费城招募来做一个叫作泽西（Jersey）住宅的项目的。这个项目要重新部署新泽西州海兹顿附近一个基地上的 200 个来自纽约的犹太服装工人。[30] 本杰明·布朗（Benjamin Brown）是这个项目的带头人，他是一位出生于乌克兰的合作工业的支持者和“犹太复国运动”的领导者。这个项目共包括一座合作的服装工厂和一座农场。布朗相信这两个季节性企业的合并可以使这个社区自给自足；而且，每家都有足够的场地来从事大规模的园艺工作。在国际妇女服装工人联合会的支持和阿尔伯特·爱因斯坦（爱因斯坦曾是普林斯顿附近的住宅持有人）的认可下，这个项目在罗斯福新政的第一年进展神速。

在布朗的指导下，康在 1935 年上半年设计了马萨诸塞州鳄鱼角半岛（Cape Cod）的一个村舍方案并且开始施工。[31] 但是 1935 年 5 月基础住宅公司合并到住宅管理委员会，这个项目在那里受到了严格的审查。有解释说由于布朗还没有在细节方面和国际妇女服装工人联合会的主任戴维·杜宾斯基（David Dubinsky）达成协议，而且这个住宅造价很高。罗斯福指派到住宅管理委员会的智囊团成员雷克斯福特·塔格威尔（Rexford Tugwell），决定将这个项目直接交由联邦政府监督指导，并交给卡斯特纳和康来做，他们分别担任项目主持人和主持人助理的职务。

1935 年 12 月，这两位年轻的建筑师搬到了林荫大道上的一栋第一次世界大战时的“临时”建筑中的办公室，旨在推动项目顺利进行，并充分利用预制构件；同时，将新技术与欧洲现代主义设计语汇相结合，把泽西住宅转变为满足美国乡村要求的新型住宅。与其一起工作的罗伯特·W·诺伯（Robert W. Noble）后来说：“受混凝土建筑压抑的煤渣砌块住宅得到了前所未有的全面研究。”[32]

作为制图室的负责人，路易斯·康每周递交一份报告，并起着他通常所说的“合作设计人”的作用。[33] 事实上，虽然 1936 年的前几个月办公室里的初级建筑师们设计了 12 个户型中的 4 个，但是在不同户型的背后，可以清楚地看到它们是一脉相承的（图 1-10）。[34] 数量庞大、地位显著的单层住宅的平面设计允许单元之间有无数种组合方式。使用混凝土屋顶和楼板以及煤渣砌块墙的结构形式非常经济实用，这种结构形式提供了令人惊讶的灵活性，包括铺在混凝土板和车棚上的木地板。平面很宽敞，还有为大家庭设计的 3 至 4 个卧室的大户型。被拉出来的卧室形成了不规则的外轮廓，这样比现代欧洲的工人住宅更接近于美国乡村住宅风景如画的传统。这是一项非常艰巨的任务。这个住宅设计于 1936 年 6 月和 7 月在当代艺术博物馆举行的“政府住宅项目”展览上展出时，刘易斯·芒福德（Lewis Mumford）称之为展览中“最冒险、最刺激的项目”[35]，别人对这个被《费城调查者》叫做由“俄国小斯大林”（也就是

图 1-10 施工中的泽西住宅，罗斯福，新泽西州，1936 年 7 月

本杰明·布朗）设计的“公社”却不是很感兴趣。[36]

虽然最初的建设推迟了，但是泽西住宅的第一批住宅于 1936 年初就交付使用了，仅仅 6 个月后，卡斯特纳和路易斯·康就开始工作了。然而，8 月服装厂开工时，还是没有足够的房子给工人们住，尽管大多数的住宅在 1937 年 1 月就已经建好了。

1936 年秋天，他们开始设计学校部分，将其作为社区中心。路易斯·康研究了几个可能的对象。这些设计支撑在纤细底层架空柱上的楼板和曲墙（图 1-11）构成[37]，充分体现了结构体系的灵活性，表明了康对勒·柯布西耶的语汇已经运用自如。这座学校在 1937 年初康休假的时候还在研究之中，5 月卡斯特纳决定了最终的方案，不像康的草图那样锋芒毕露。[38] 画家本·沙恩（Ben Shahn）接到了他的第一项大任务，在学校的门厅里画一幅巨大的壁画，描绘移民和劳动者的历史，1938 年他搬到了泽西住宅。

回到费城后，路易斯·康发现自己又没有了固定的工作，虽然他现在是阿赫伐斯·以色列项目的负责人。他和在华盛顿工作时认识的曾任赖特助手的亨利·克拉姆（Henry Klumb）一起，用空闲时间研究预制钢结构住宅的可能性。[39] 他们得到了慈善家肥皂商塞缪尔·S·费尔斯（Samuel S. Fels）的支持，同时与路易斯·麦格金纳（Louis Magaziner）合作，他提供给康在核桃街街 1701 号的办公室，包括一个通讯地址和一张绘图桌。钢结构体系严重限制了建筑师的创作自由，一些坡屋顶的建筑设计得很保守。但康比大多数的建筑师都解决得好，尤其在一系列小住宅设计中，他在屋顶上为楼上的大厅和浴室提供了照明控制。

1937 年建筑业的不景气在国会通过《瓦格纳·斯特高尔法案》（Wagner-Steadgall Act）后得到了改善，一场历时 2 年的住宅斗争结束了，这项法案把住宅——还有现代建筑——放到了新政中一个全新而且更高的地位，并且许诺为建筑师创造更多的机会。由于一部分对公共工程署项目的消极评价（这个项目在泽西住宅之后仅在费城建了一个附属建筑），该法案成立了更加有权力的美国住宅局。[40]1937 年费城也成立了一个类似的机构——费城住宅局，以进行更有力的住宅建设。[41] 已经在住宅建设方面成为权威的路易斯·康同时受到美国住宅局和费城住宅局的聘任。

费城住宅局邀请路易斯·康参加 1938 年的建筑师选拔赛。[42] 由乔治·豪召

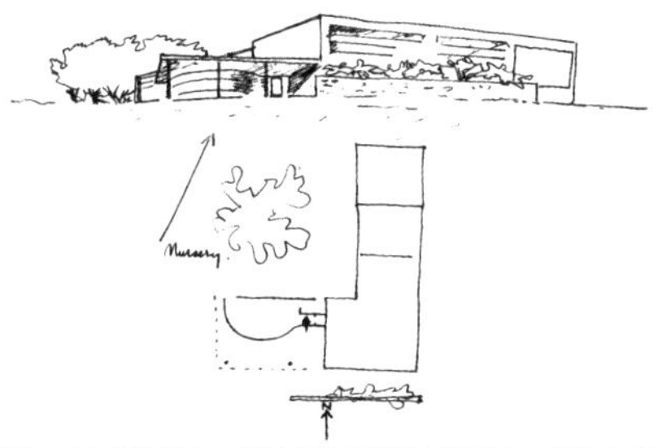

图 1-11 泽西住宅，学校部分透视图和平面图，1936 年秋

集，康和肯尼思·戴（Kenneth Day，1901?—1958年）担任设计师的小组获得了一个费城南部历史遗迹“荣耀堂”（Gloria Dei，即Old Swedes）附近的绍思沃尔科（Southwark）区的项目，改造那里居住密度很高的小巷。肯尼思·戴负责950个单元的平面，为了保持较高的居住密度，他将小户型安排在塔楼，而大户型安排在多层[43]。康自己在承接另外一个1500个单元的费城住宅局项目，这个项目开始于1939年，基地是费城西部归宾夕法尼亚州精神病医院所有的一块空地，以其创始人托马斯·柯克波德斯（Thomas Kirkbrides）的名字命名为。在那个种族隔离的年代，荣耀堂是为白人设计的，而柯克波德斯则是为黑人而建。

联邦政府对两个项目都给予了资助（荣耀堂约555万美元，柯克波德斯788万美元），但来自绍思沃尔科附近的意大利社区成员坚决反对，他们不想从他们那些狭小但整体维护尚好的房子中搬出去，建造商和房地产商也提出了抗议，不希望“政府过多地介入住宅市场”。[44] 在1940年5月30日联邦政府和市政府住宅官员的会议上，市长罗伯特·E·兰伯顿（Robert E.Lamberton）对这个项目提出反对的意见。他把公共住宅称为未经证实的实验，并且认为：“贫民区存在的原因是因为一部分人不学无术，好吃懒做，他们住在哪里，哪里就成了贫民窟，而另一部分人是由于过度贫困而不能搬到别的地方去住。”[45] 城市委员会拒绝再将这个项目进行下去。

这一次挫折促使了路易斯·康对政治的参与。他意识到住宅建筑不仅仅是一个建筑学的问题，接下来的10年，他成了一名激进主义者。1939年康和凯瑟琳·鲍尔（Catherine Bauer）、弗雷德里克·卡森（Frederick Cuthein）为一个公立教育学校工作了5个月，这个项目是美国住宅局提出来的，旨在缓解那些费城出现的担忧。美国住宅局发行了从总体上解释公共住宅任务和特点的手册，康首先为其准备了一些例证，然后又为美国住宅局在纽约现代艺术博物馆举行的“住宅与住宅建设”展览而工作。这次展览的部分原因是为了弥补那年夏天纽约世界展览会上所有面向未来的模型中公共住宅的缺乏。康提交的作品是题为“理性城市设计中的住宅”的大展板，其中分析了费城建筑的问题，提出了全面综合的解决方案，并纠正了各个方面的问题——从大面积地拆除市中心的住宅代之以一系列摩天大楼的建筑（就像勒·柯布西耶对巴黎提出来的极端方案），到高效实现普通住宅的分区组织。[46]

通过这次训练，路易斯·康全身心地投入到反对费城住宅局拒绝为普通住宅投资的战斗中去，但他和所有那些为了建立费城住宅局而斗争了几十年的人发现，他们的位置变得复杂起来，这一切因为1940年夏天的战争风云。一方面，费城在战争军工人数的增加已经使费城市民为了提供住宅而承受了过多的赋税，而且10月国会通过了旨在满足这种短缺的兰汉姆法案；另一方面，立法不承认像柯克波德斯和荣耀堂这样由费城住宅局设计、美国住宅局投资的项目。大多数由兰汉姆法案提供的钱只是拨给战时急需的避难所，并且由联邦工程局管理，所以人们完全有理由怀疑美国住宅局是否会永远以政府的姿态存在于住宅市场之上。

为充分利用战时经费，使其服务于社会公益项目，路易斯·康与费城住宅指导委员会结成了同盟，并且得到了费城住宅协会、美国建筑师学会、房客联盟和劳动联合会的支持。1940 年 12 月 10 日他帮忙组织了全市范围内的抗议会。[47] 康负责为会议制作海报，并担任教育展览宣传委员会的主席，而刚刚上任费城规划局执行官的埃德曼德·培根（Edmand Bacon）负责计划委员会，他在任期内成绩斐然。经过他们以及同道人的努力，第一笔兰汉姆法案的经费去向得以改变，使之投入到实际社区的建设中去。

战争时期的建筑

路易斯·康很快开始为战争而工作。1941 年和 1942 年他的大部分时间都花在 7 个工人社区上，其中 5 个总计 2200 多个单元都建成了。[48] 这些项目处于几方面的夹击之中，有的是像康这样希望得到国家住宅计划的人，也有的是仅仅因为战时急需才容忍政府介入住宅市场的批评家，还有的是那些想要这种复杂状况降至最低的人。尽管有这些烦恼，但这些工程给路易斯·康提供了大量机会以解决类似的基本问题。在这些实验的过程中，他开始对现代建筑的功能主义路线产生了怀疑。

由于战争一触即发，组织荣耀堂小组的乔治·豪提议和路易斯·康成立合伙公司来承接政府的项目。[49] 乔治·豪是一个理想的合作者，他拥有建筑设计资格证，人脉广泛。1941 年 4 月 5 日联邦工程局内部成立了住宅防卫部，它成立后没几天，乔治·豪和康就接到战争时期的第一个项目，为费城米德尔顿镇的帕恩·福特（Pine Ford）地产公司做设计。到那年仲夏，帕恩·福特地产公司的 500 个单元和费城东北部圣凯瑟琳村附近潘尼派克·伍德（Pennypack Wood）的 1000 个单元开始施工，秋天交付帕恩·福特地产公司使用。公司有时会聘请 20 多个设计师和绘图员，虽然他们没有官方头衔，但是弗雷德里克·萨维奇（Frederick Savage）、约瑟夫·N·雷西（Joseph N. Lacy）、查尔斯·艾比（Charles Abbe）和戴维·卫斯顿（David Wisdom）实际上在战争年代起着非正式“首席绘图员”的作用，卫斯顿在康独立执业的时候一直担任着这个职务。他们利用了乔治·豪在费城公报大厦顶层的办公室。1936 年，乔治·豪把这栋大厦的公共空间和一层的立面进行了现代化的处理。

尽管由于预算有限（这个项目平均每个单元的造价低于 3000 美元），但乔治·豪和路易斯·康还是积极开始建设示范社区，以期为战后住宅建设设立一个标准。和几乎所有的战时项目一样，他们的项目也是建在空地上而不是清理掉的贫民窟上，尽管独户住宅很缺乏，但是他们为农村的未来描绘了一幅美好的蓝图。不过，他们的作品最进步的特征——把住宅布置在超级街区的绿化带内，用小路来为它们服务——在战后美国的住宅建设中却被丢弃了。

从建筑上讲，除了像卡斯特纳和路易斯·康在泽西住宅中采用的充满活力（同时也很昂贵）的设计之外，战时住宅在设计界还掀起了一股“建筑外立面多元化”的浪潮。战时住宅必然是结构更加紧凑，建筑外形更加粗壮的。由于这些限制条件，乔治豪和康主要尝试了两种住宅类型：一种是类似于登山运动营房（Seilbauten）平屋顶条状包括 2 至 3 个卧室的两层联排住宅，另一种是布置在 4 个单元的室内只有一个卧室的公寓。在帕恩·福特和潘尼派克·伍德，联排住宅采用了康在 20 世纪 30 年代预制住宅中使用的狭长平面，以达到良好的通风效果（图 1-12）。只有一个卧室的公寓在两个项目中稍有不同，是同一主题的变异。

如图 1-13 所示建筑师使用了不同的色彩和两种不同宽度的木板来形成生动活泼的立面效果；在帕恩·福特，为了躲过保守的评论家挑剔的眼光，康使用了坡屋顶，以打破天际线。

在第一个项目进行之时，乔治·豪就开始在华盛顿从事大量的住宅咨询工作，他和路易斯·康把奥斯卡·斯东诺洛夫吸收为合伙人来帮忙分担工作[50]。斯东诺洛夫曾经是勒·柯布西耶的《作品全集》第一部的编辑之一，曾经和卡斯特纳一起为针织品工会设计马克雷住宅。20 世纪 30 年代他始终与劳动组织保持联系，与该组织中对住宅建设感兴趣的领导人，比如工会的约翰·埃德尔曼（John Edelman）关系密切，1934 年他建议埃德尔曼召开了费城工人住宅会议。[51] 正是斯东诺洛夫建议由雄辩的住宅运动宣传员凯瑟琳·鲍尔负责项目的具体执行工作。他在他的办公室为鲍尔和这个羽翼未丰的组织腾出了空间。人们并不认为斯东诺洛夫在他与康和乔治·豪合伙公司完成的设计中起到了关键的作用，尽管他的确在其朋友和老客户那里做了不少工作[52]。然而，他的行动主义和联合路线确实改变了实践的形式。

这家公司在已经建立起来的住宅类型中继续研究变化的可能性，到 1941 年底的珍珠港事件时，他们已经采用了多个新的卧室联排住宅的组织方式。这种组织方式首先出现在他们为宾夕法尼亚州考特斯威尔（Coatesville）外的黑人钢铁工人设计的 100 个单元的卡佛园中（图 1-14）。他们通过把所有的起居部放置在二层，而把一层平面解放出来，提供充足的储藏空间和一个可以转变成一个或多个卧室的车库。这个所谓的“潜在的空间”使工人阶级的业主们能够容忍这个投机者建造的“前脸很小”的住宅其他方面的不足，这也恰恰是政府建造的住宅所欠缺的。[53] 他们没有说明这种“底层自由空间”住宅的出处，这种形式的原型就是勒·柯布西耶底层架空住宅，许多前辈在美国的实践中都使用过这种形式，但卡佛园得到了很好的

图 1-12 四位家庭成员坐在联排住宅前，潘尼派克·伍德，费城，宾夕法尼亚州，约 1942 年

图 1-13 四单元住宅，潘尼派克·伍德，费城，宾夕法尼亚州，1942 年 1 月

宣传。这些建筑干净利索地站在树木葱茏的山脚下的盘山公路边，深受在现代艺术博物馆举行的“1932—1944 年美国建造”展览组织者的喜爱。从这个设计开始，康的设计备受关注。很快，康在施丹顿路住宅（华盛顿特区 300 个单元的工程）为修建林肯高速公路的白人工人设计的 150 个单元的考特斯威尔项目（完成于 1942 年春末）中再一次采用了这种把底层解放出来的形式。

然而，既要保证建筑艺术上的价值，还要保证这些作品能建顺利完工，在公共住宅的政治斗争上，路易斯·康几乎要投入和建筑设计相同的精力。这个问题上，老的战斗路线仍然受到保守派的挑战，他们不愿意政府用永久材料建造任何有长期社会效益的项目。反对势力导致了帕恩·福特和潘尼派克·伍德这两个相对孤立的社区中居民迫切需要的福利设施——社区建筑和商店施工遭到延期。考特斯威尔也是竭尽全力和当地利益做斗争，因为他们反对在那里建黑人住宅。在这些斗争中，斯东诺洛夫证明了自己是个出色的说客，例如，他说服工人朋友对考特斯威尔的发展“破口大骂”[54]。

最后，住宅和社区建筑都建成了，后者表现了路易斯·康和他的同事们在少一些限制的情况下能够达到怎样的成就（图 1-15）。在社区建筑中，美国乡村风景如画的传统被注入了有棱有角的新的几何元素。空间可以被独立的墙体，甚至是那些依次在参差的坡屋顶上反射出来且沿着非正交轨迹相互错动的矩形平面的单元，不断终止或者分隔。这些动态的建筑使建筑师暂时摆脱了战时住宅时期对创作自由的限制。

当这些建筑建成的时候，乔治·豪已经不在费城了，1942 年 2 月他离开了合伙公司，出任公共住宅管理局的顾问建筑师，这是联邦政府中地位最高的建筑师。同时，路易斯·康和斯东诺洛夫各自负责设计工作和政治工作的分工变得越来越明确。例如，斯东诺洛夫领导进行了战时住宅建设的戏剧化斗争——为亨利·福特在密歇根州伊普西兰蒂附近的威洛伦（Willow Run）飞机场的工人设计的“庞贝城”的施工引起的剧烈冲突。

战场是由福特选择的，他在 1941 年初的时候承诺在底特律的瓦什特瑙（Washtenaw）郡的韦恩（Wayne）县外面建一家工厂，显然他已经预料到保守的乡村政治家会帮助他对付汽车工人联合会（UAW）。[55]汽车工人联合会的沃尔特·鲁瑟（Walter Reuther）是斯东诺洛夫

图 1-14 架空底层和单层建筑，卡佛园，凯恩镇，宾夕法尼亚州，约 1942 年

图 1-15 社区建筑，佩恩 · 福特地产，米德尔顿，费城，1943 年

的一个朋友，很快他们一起策划了智取福特的方案：他们让政府在新工厂附近建一个大型工人城，将联合会的工人在瓦什特瑙郡注册登记，同时还为战后的规划做了一个模型。[56] 11 月，罗斯福总统批准了这个方案，12 月，乔治·豪、斯东诺洛夫和康已经建好了一个 2 万居民的社区模型。[57] 斯东诺洛夫已经开始草拟一份可以请来在建筑师埃罗·沙里宁的指导下共事的建筑师名单，沙里宁的工作地点就在密歇根州布卢姆菲尔德（Bloomfield）山附近。[58] 有了汽车工人联合会在华盛顿有力的游说，基地很快就选定了，并且在 1942 年 5 月底，一个由包括康和斯东诺洛夫在内的 5 位建筑师组成的小组被选来设计 5 个住宅区（现在已经减少到 6000 个单元），沙里宁和斯万森（Swanson）负责设计社区中心。6 月，亨利·福特宣布他将使用一切法律手段来阻止这个项目，受到福特操控手段的影响，工厂雇工数量无法弄清，战后就业局势持续混乱。联邦政府因此在 8 月份把这个项目减少为 3 个 1200 个单元的住宅区，并且告诉斯东诺洛夫和路易斯康一期只能建 900 个单元。[59]

同时，路易斯·康已经由于木材短缺而取消了为威洛·伦设计的 8 个住宅类型，包括一个有底层自由平面的模型（图 1-16）。[60] 他和斯东诺洛夫必须保护这些设计，使之免受来自奥迪斯·文（Otis Winn，原为住宅区的设计师，当他的住宅区被取消后就成为了政府的顾问）的猛烈的、本质上是反现代主义的批评。奥迪斯显然对斯东诺洛夫心怀嫉恨，他狡猾地把批评稿交给了汽车工人联合会的住宅委员会，这份批评的潜台词就是对传统独户住宅的偏爱。斯东诺洛夫反驳道，威洛·伦“将成为一个即将到来的事物的象征，一个关于住宅的预言，而非仿造品，也不是现在卖给工人的那些次品”[61]。然而，他的反抗毫无效果，尽管他和鲁瑟是好朋友，但是汽车工人联合会还是免除了他在联合会里担任的顾问职务。[62] 1942 年 10 月，整个项目都被取消了——取而代之的是沙里宁和斯万森设计的临时宿舍。这次的失败意味着联合会中支持该项目的人越来越少。

威洛·伦项目被废止时，华盛顿百合湖住宅区的 475 个单元刚刚开工，这个项目从一开始就被定义为“可拆卸”的住宅。这个项目全部由 4 套小公寓组成的单层建筑构成，浴室往彼此的反方向后退，形成一个仿佛海鸥翅膀的布局（图 1-17）。外墙局部采用粗糙的瓷砖，裸露的木质内墙和顶棚保持着未完的状态。乡土材料和反向销齿状（reverse pitch）屋顶的运用表现出路易斯·康与柯布西耶的近期作品 [包括他像六分仪（Sextant）别墅、1935 年在拉·帕米赫 - 利马特（La Palmyre-Les Mathes）为佩隆（Peyron）家设计的夏季

图 1-16 架空底层建筑，沃什特诺县，密歇根州，透视图，路易斯 · 康 1943 年绘

图 1-17 百合湖住宅，华盛顿特区，约 1943 年

小屋]在保持原生建筑方面的相似性。这一点在勒·柯布西耶的《作品全集》第三部（1939 年）里得到了很好的证明。

1944 至 1945 年，路易斯·康承担了另一个战时住宅的设计任务，重新对尚未建成的斯坦顿路住宅的整体规划。底层架空住宅所需的混凝土很难买到，因此他必须设计大量另外的其他形式，包括战时很少的砖砌联排住宅和 3 层公寓。他对基地的规划特别尽心，在建筑之间创造了许多小型半私密庭院。在华盛顿工作期间一直关注该项目的乔治·豪看了康的设计后表示了赞扬。但同时他也表达了的自己的疑虑，认为这个设计可能会被聪明的战时建筑师模仿：

“我不得不说……我对住宅设计的现状越来越不满意。城市对街道宽度、退红线距离等方面的要求如此严格、过分且令人难以忍受，以至于所有解决方案都被否定了。这就是城市规划的首要问题，我们应在种种限制之中努力创新，解放思想，只有这样，整体建筑设计水平才会不断提高。”

他还补充道，“记得常来看我。我一直都很想你[63]。”

20 世纪 40 年代的设计

虽然战争即将结束，但斯坦顿路的住宅还是没有建成。和平时期，乔治·豪的创作更加自由。由于 1943 至 1945 年间战时建设项目数量的锐减，斯东诺洛夫和路易斯·康发现他们越来越多地从事着战后建筑特征的设想工作。[64] 靠着杂志和建材制造商的赞助，他们设计了住宅、旅馆、商场、写字楼以及整个社区的发展项目。这些想法很有远见，在战后持续了好几年，并且随之开始涉足多个领域：住宅、城市规划、贸易联合主义以及建筑政治。因此，他们又承接了一些其他项目。

斯东诺洛夫和路易斯·康为战后设计的最复杂也是最为人所知的项目，是两本关于城市居住区规划的小册子，这是他们为李维·考伯（Revere Copper）和布拉斯（Brass）的广告竞赛准备的。正值费城城市规划局在更大的力量下获得了新生，这两本手册用了费城的居住区作为案例进行论述。这项工作主要由斯东诺洛夫负责，当然，康也是认同这两本小册子中的内容的，在一些插图中可以看到他的手迹。

这项工作开始于 1943 平 4 月，当时霍华德·梅耶（Howard Myers）把斯东诺洛夫介绍给了李维·考伯的广告代表，即《建筑论坛》的出版商。李维正在做一系列战后建筑的小册子，他们希望这些小册子宣传他们的材料产品，尽管在斯东诺洛夫和路易斯·康的作品中这种广告的信息量并不多。这一系列中还包括劳伦斯·科歇尔（Lawrence Kocher）的《丰富我国的居住标准》和舍奇·谢尔梅耶夫（Serger Chermayeff）的《儿童中心或幼儿园》。斯东诺洛夫和康的任务，是通过一个社区托儿所和活动场地，包括一个商场，把城市中 4 个现存的街区组合成一个区。[65] 最后选择了费城南部的一个区，斯东诺洛夫和康很快设计了新的设施，包括一小部分公共住宅。青少年和幼儿活动中心被设计成极富争议的构成派几何形体（图 1-18）。这可能是斯东诺洛夫的作品，因为他负责整个项目。[66] 然而这个设计潜在的假设是，邻里组织应该受到严格保护，而不应该被破坏和重建，这个观点体现了康在荣耀堂实践中的经验，在那里他惊奇地发现居民们都不愿意离开老房子。这本小册子呼吁“保护，而非直接拆掉”的声音，并且把学校、购物中心和开放空间称为“保护古老环境的保护甲”[67]。更重要的是，它提倡居民参与设计过程，邻里市民组织积极为专业人士提供意见或建议。这本小册子的名字叫《城市规划，匹夫有责》。

这本在1943年7月3日发行的手册取得了巨大的成功，在《星期六晚报》上有一整幅的广告，欢迎读者索取。它满足了战后对大量规划信息的渴求，在一个月内，李维·考伯就发行了11万册[68]。这个结果激发了斯东诺洛夫和路易斯·康对这类工作的兴趣。同年秋天，他们参加了费城另外一个类似项目的小组，设计表现费城南部的一个邻里单位是如何用这个“保护甲”来满足自己要求的教育模型。爱德蒙德培根是这个项目先头部队的负责人，模型由美国建筑师学会的当地分会和费城其他组织的建筑师共同完成。模型用可替换的部件表现了手册中描述的效果（图1-19）。1944年，路易斯·康和斯东诺洛夫在规划局、美国建筑师联合会费城分会、妇女选民团以及许多城市和邻里组织面前演示了这个模型。这个模型的照片被选入了当年在现代艺术博物馆举行的“邻里风貌”的展览。

图1-18 青少年和幼儿活动中心，《城市规划，匹夫有责》，轴测图，1943年5月30日

基于这个模型，斯东诺洛夫又雄心勃勃地为李维·考伯设计了第二本小册子《你和与你的邻居：邻里规划初级教材》。经过1943年秋天的讨论，1944年2月李维·考伯同意为一本城市规划的“入门书”支付5000美元。[69] 第二本小册子在10月完成，比第一本更加成熟，有许多案例（大多来自斯东诺洛夫）和生动的脚本。从一个家庭在餐桌边的对话开始，讲述了邻里组织的发展历程。它介绍了建立“邻里规划委员会”的创举及其发展，即如何将其提交给城市规划局（图1-20）。此外，它还介绍了如何在城市规划中关注每一个邻里组织，并以实例论证了“城市规划和住宅设计是相通的”（图1-21）。二者相辅相成，不可分割，在这一理念中，康成熟期建筑作品中的特点体现得淋漓尽致[70]。第二本小册子依然非常成功，它被连续发行了很多年。生动的叙事性

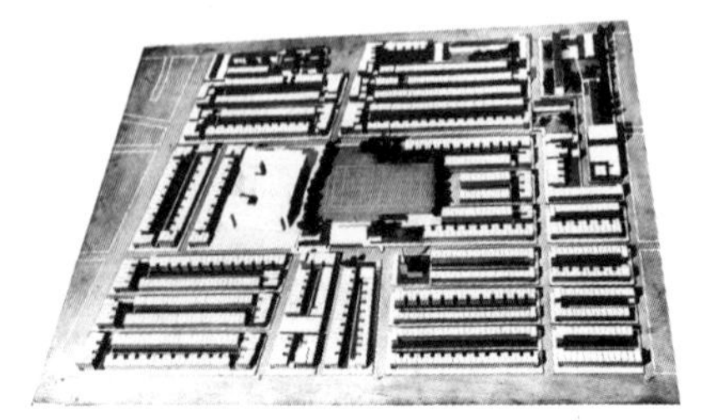

图1-19 项目模型，费城，宾夕法尼亚州

图 1-20 一次邻里组织的会议，《你和你的邻居：关于邻里规划的初级教材》插图，1944 年

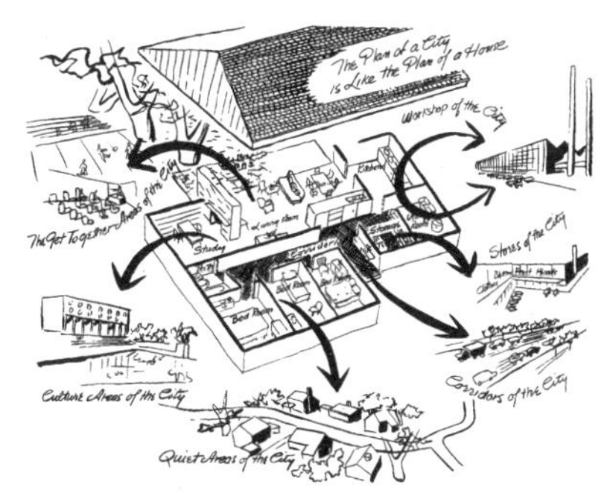

图 1-21 《你和你的邻居：关于邻里规划的初级教材》插图

结构，搭配戏剧化的表达方式，基于此，斯东诺洛夫想把它拍成一部电影。[71] 路易斯·康为剧本勾勒了一个大轮廓，题目叫做“邻里组织能生存下去吗？”但是，等到现代艺术博物馆和李维·考伯对它感兴趣时，这个计划却成了泡影。[72]

李维·考伯委托的项目很大程度上是斯东诺洛夫负责的，就像斯东诺洛夫在进行联合会那个项目时一样，他这个项目也深受路易斯·康的赏识，并且尽可能参与其中。实际上，康在战争刚刚结束的时候就非常积极地参加了许多政治和社会服务组织，包括艺术、科学和职业的独立市民委员会，一个致力于原子能、种族关系、充分就业以及全国健康和福利事业的自由议程的组织。[73] 1946 年康当选为城市规划委员会费城分部的成员，他尽职尽责地履行着自己的职务，尽管后来有许多传闻说他不愿意从政。1946 年，他还被指派到国家犹太人社会服务设施建筑局，这个部门负责检查犹太人生活区的公共服务设施。而且整个四五十年，路易斯·康一直都是福利部执行委员会的成员。[74]

至于与真实的建筑关系更密切的方面，路易斯·康在战争时期完成了一个更大的任务。1945 年 4 月，联邦公共住宅局（美国住宅局的接班人）成立了建筑顾问委员会，它包括 8 个区域的分部，路易斯·康是这个委员会的成员之一，并且被选为二区的主席，分管从纽约到华盛顿的地区。在这里，为了提高未来建设的标准，他又组织了一次对现存住宅项目的调查，[75] 并竭尽全力。他一直在这个 20 世纪 50 年代初曾经向公共住宅局提过建议的委员会中工作，直到 1951 年 11 月为了抗议联邦计划中的不足而参加集体辞职，离开了委员会。[76] 在一个相关的项目中，他担任了美国建筑师联合会费城分会委员会主席，1947 年提出了旨在促进政府更大程度参与的住宅报告。[77]

在美国规划和建筑师协会（ASPA）中，路易斯·康投入了最大的政治力量 [78]。他参加了这个协会 1944 年在纽约现代艺术博物馆和哈佛举行的预备会议，还参加了 1945 年 1 月 27 日的第一次全体会议，当时乔治·豪作了开场发言。[79] 美国规划和建筑师协会以国际现代建筑师协会（CIAM）为模本，旨在给美国现代建筑师提供一个对于美国建筑师联合会的行动主义的选择，并促使城市规划师与建筑师密切合作。这个协会把美国建筑界从来自德国的移民到本土的住宅倡导者的激进力量联合了起来，包括现代主义者乔治·豪、格罗皮乌斯和G·霍姆斯·帕金斯（G. Holmes Perkins）。这些人与耶鲁大学、哈佛大学和宾夕法尼亚大学建筑系关联密切。1946年路易斯·康当选为副会长[哈佛设计学员院长约瑟夫·哈德纳特(Joseph Hudnut)], 1947年当选为会长。帕金斯是任秘书及出纳员。康在美国规划和建筑师协会的工作集中在对联合国总部的选址及设计的争论上。[80] 美国规划和建筑师协会在美国的分部，一起为了一个开放和系统化的设计过程而做斗争，但是在由约翰·D·洛克菲勒把基地定在东河（East River）而引起的骚乱面前，这个斗争成功的可能性几乎为零。康也参加了这场为了把联合国带到费城而进行的斗争，他对这件事情的转折肯定备感受挫。

在康任期中的1947年9月20日，美国规划和建筑师协会在费城举行了年度例会：这个活动的重头戏是在斯东诺洛夫家里举行的招待会。从那一天起，协会基本上就结束了，这也许标志着现代建筑在美国已经不再需要一个专门的倡导者了。

那几年大量的社会和政治活动给建筑带来的一个切实的结果，就是一批不大的项目，大多是在战时住宅的狂潮消失之后进行的，许多设计是为劳动联合会做的。在这一点上斯东诺洛夫起到了很大的作用，尽管第一项这样的工作——1940年把一些联排住宅改造成巴特利（Battery）工会总部——是在斯东诺洛夫成为合伙人之前。其他联合会的项目还包括为国际妇女服装工人联合会修缮设计一个健康诊所（1943—1945年），新泽西州卡姆登（Camden）造船所工会的改造（1943—1945年，主要由斯东诺洛夫设计），建造动画制作者联合会总部（1944，未建成），费城国际妇女服装工人联合会成员在泼克诺（Pocono）山一个平原上的乡村住宅（1945—1947年）以及美国劳动者同盟在圣·路加（St. Luke）医院一个诊所的改造（1950—1951）。许多这些项目的业主联系人是纺织工人领袖伊西多尔·默拉姆德（Isidor Melamed），他后来请路易斯·康为他设计了他在费城的第一栋重要建筑物：凡恩街的美国劳工联合会医疗服务中心（1954—1957年）。

战后的另外一些委托项目是路易斯·康在犹太人社区服务活动的收获。这些活动包括纽黑文犹太社区中心（1948年讨论，1950年设计）和巴勒斯坦应急住房（1949年）。巴勒斯坦之行给了路易斯·康一个重游巴黎的机会，也使康能够重新回到预制住宅的问题上，自从与斯东诺洛夫合作之后，康就把这个问题叫给了他。康为以色列设计的住宅是用自负荷混凝土部件装配起来的，后来的大型建筑也沿用了这个特点，他劝诫新的移民者要“把建造应急住宅转变成一项主要的工业”，并把他们的家乡变成“近东预制装配住宅的中心”[81]（图1-22）。

在所有这些理想化的项目中，最能表现满怀希望的时代特征的是路易斯·康为西部儿童之家的设计。这是一座为一个孤儿院设计的游戏场，于1946至1947年建成（图1-23）。游戏场就位于图形速写俱乐部的拐角处，年轻时期的康在那里度过了无数个周末。他的设计包括了那个时代所有好玩的东西：游戏场的周边围绕着快乐的天使，一条弯弯曲曲的步行道环绕着它，还有一个用水平的屋顶板遮蔽起来的室外空间，在后面的角落里站着一个生物形态的混凝土制的趣味雕塑，形状与围墙和周围建筑上的壁画遥相呼应。这项工程完成得非常出色，喜出望外的主办人对路易斯·康说，他看到了“小孩子们在你的壁炉边欢呼雀跃”[82]。同时期，恰逢康刚刚做父亲不久，她的女儿苏安诞生了。

图 1-22 巴勒斯坦犹太人应急住房，透视图，1949 年

20 世纪 40 年代中期，除了与社区和社会相关的工作外，和许多美国建筑师一样，斯东诺洛夫和路易斯·康也参加了关于未来世俗建筑形式的讨论——各种可能影响战后美国建筑形态的实用建筑。他们极具想象力地创造了许多非常实用的类型，其中许多类型发表在了建筑杂志上。和每个人一样，他们希望这些设计赶快填满所有的页面，迅速摆脱乏善可陈的局面。

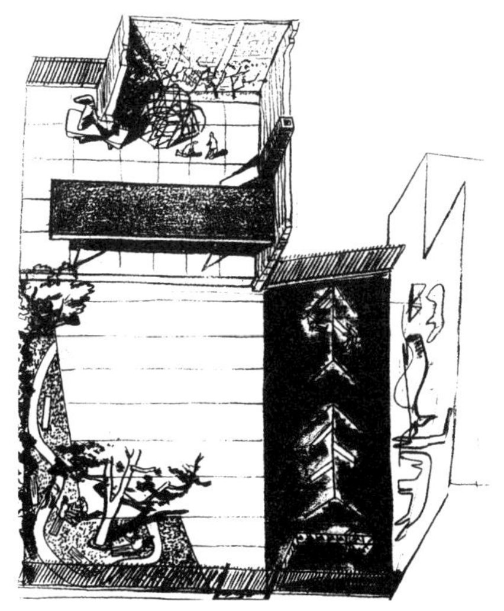

图 1-23 西部儿童之家纪念广场，费城，轴测图

一直密切关注路易斯·康住宅设计的《建筑论坛》邀请他为他们 1942 年 9 月号的“新住宅 194X”做一个设计。由于它的重点是强调预制，所以斯东诺洛夫和路易斯·康对它都很感兴趣，但是由于威洛·伦的项目，他们没有能够在截止日期之前完成这个设计[83]。但是他们幸运地把这个设计交给了《建筑论坛》1943 年发起的另外一个“194X”的项目，当时他们被邀请来为一个中等的战后城市做布置住宅的工作，他们的方案是一座有 200 间客房的旅馆，这个旅馆共 13 层，拥有铝质遮阳板、大理石饰面，其他表面则装有“塑料内饰”。[84] 室内的所有东西都是最新的：公共空间充满了看似不经意实则经过设计的曲墙和斜墙，客房装备了模具化的胶合板家具和有光滑曲线的预制洁具，他们在 1944 年为匹兹堡平板玻璃厂设计的玻璃饰面的家具店和鞋店中也运用到了这样的语汇（图 1-24）。[85]

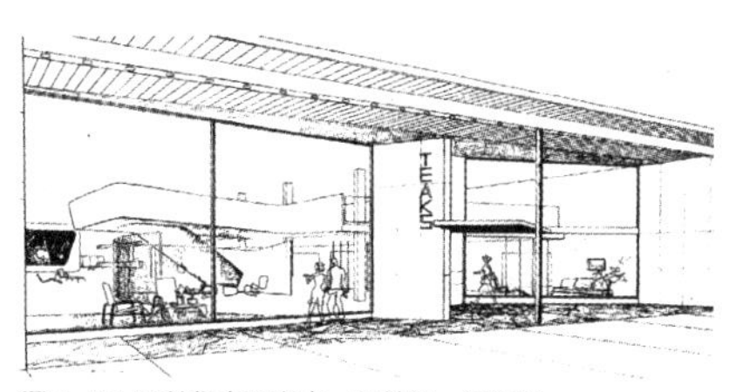

图 1-24 匹兹堡家具商店，匹兹堡，透视图

斯东诺洛夫和路易斯·康对预计会大批需要的住宅类型，即美国步兵战后住宅的设计投入了大量的精力。1943 年春天，斯东诺洛夫和康非常勤奋地投入到了由《加利福尼亚州的艺术和建筑》发起的“战后生活设计”竞赛中。他们的作品是直接从其设计发展而来的底层架空的独户住宅，但他们没能获奖。[86]

1944 年他们应家具制造商汉斯·诺尔（Hans Knoll）的要求而设计的帕拉索尔住宅表现出了更大的野心。他邀请他们和其他 6 家建筑师事务所参加一个用来研究当代家庭需要，从而为他的客户设计出“新的生活设备”——主要是家具和设备——的“规划单元”。[87] 这些要求后来都被放到了理想的建筑环境中。路易斯·康和斯东诺洛夫提交的设计包括一个模具化的胶合板橱柜、一个预制的楼梯、卫生间和厨房单元——包括他们 1942 至 1943 年为金贝尔斯（Gimbels）百货商店设计的蓄热冰箱 [88]。但是他们还是把大部分的精力放在了建筑上。他们设计的住宅以一个屋顶系统为特征，这个屋顶系统由支撑在细柱上的方形的楼板（显然是钢结构的）组成（图 1-25）。这些阳伞似的构件后来被用来建造两层的住宅或者一层住宅的顶棚（图 1-26）。在它的覆盖下，是一贯的理性的方格网，非承重墙布置在对比强烈、有时候甚至有点古怪的角度上，路易斯·康用这些角度作为表现他摆脱了战时住宅限制而重获自由的标志（图 1-27）。虽然已经有很多前辈使用过这种自由平面的形式，包括勒·柯布西耶的“多米诺住宅体系”和密斯·凡·德·罗的庭院住宅，尽管赖特在约翰逊制蜡公司管理大楼的荷叶柱早已使用了伞形的屋顶，但是这些元素的综合却并未因为它借鉴了别人而丧失新鲜感。不幸的是，建筑师的野心超过了诺尔能够接受的范围，他再也没有请他们来深化他们的想法。

最后一个战后住宅项目是 1945 年 8 月，第二次世界大战对日作战胜利日的 10 天后委托给他们的项目，当时利 - 欧文斯 - 福特（Libbey-Owens-Ford）玻璃公司通知斯东诺洛夫，告知他已经被评

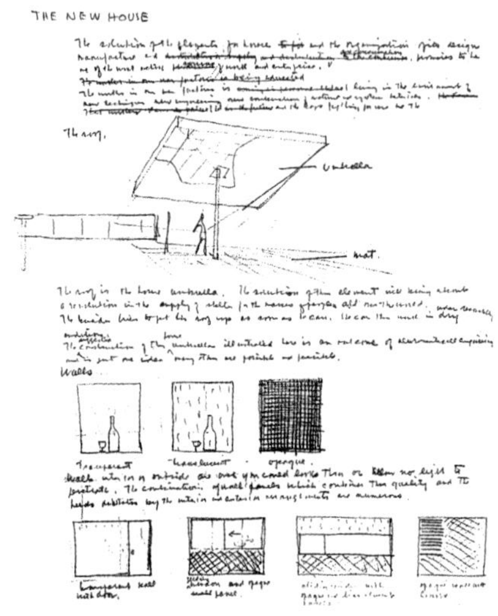

图 1-25 帕拉索尔住宅，模型草图

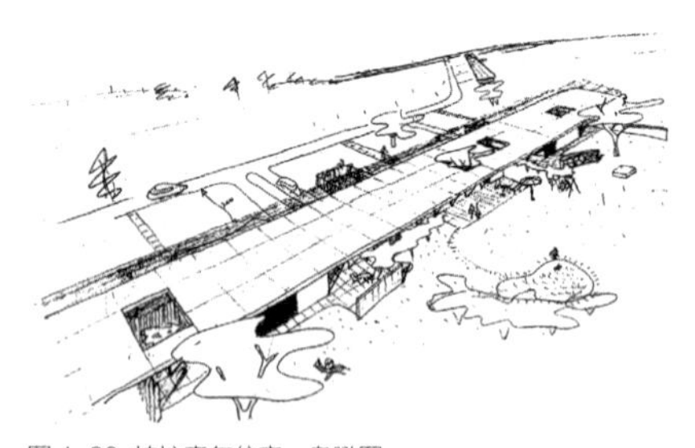

图 1-26 帕拉索尔住宅，鸟瞰图

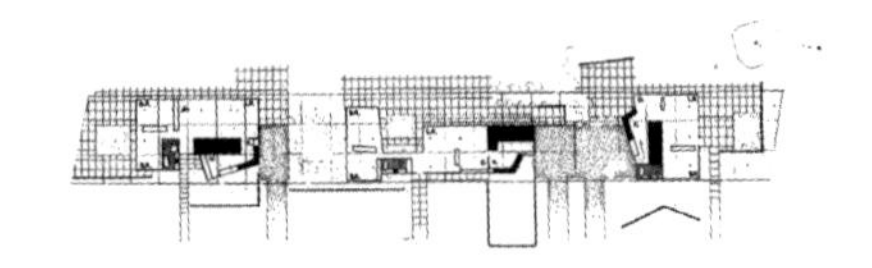

图 1-27 帕拉索尔住宅，平面图

判委员会选中来设计他们的48州阳光住宅计划中的费城住宅[89]。设计工作是由路易斯·康在安妮·格雷斯沃尔德·唐（1920—2011）的协助下进行的，安妮刚刚从格罗皮乌斯的哈佛课程中毕业来到这家事务所。[90] 其他设计师设计的大多是南向的传统住宅，但是康和安妮更加认真地处理了日光采暖的问题。在1946年春天，他们创新采用了一个三面向阳的梯形住宅平面设计（图1-28），这个形状是根据太阳在天空中轨迹而计算出来的。

比阳光住宅本身更重要的可能是这个设计导致了斯东诺洛夫和路易斯·康的合作的破裂。利贝-欧文斯-福特玻璃公司想在一本书中使用这个设计，1947年1月，当这本书快要出版的时候，他们发电报给斯东诺洛夫征求这个设计如何署名的意见。他要求在标题下署名栏里“写上我们两个人的名字”，这使得路易斯·康非常气愤，虽然康气冲冲地冲过来说：“我不同意斯东诺洛夫先生在电报中所说的事情”，但是结果还是一样的：共同署名。[91] 最后，宾夕法尼亚阳光住宅被以“建筑师：奥斯卡·斯东诺洛夫和路易斯·康”的名义发表，但是这个令人不愉快的基调在两个不同个性的人之间造成了隔阂和争吵[92]。随着住宅工作的越来越少，斯东诺洛夫小组的政治才干和路易斯·康日渐独立的设计感觉之间已经没有什么共同语言了。他们决定友好地分手，把手头正在进行的为数不多的项目分成两半，1947年5月4日，搬家公司的人把斯东诺洛夫的东西搬到了布劳德大街的车站大厦，而路易斯·康搬到了斯普鲁斯大街1728号的一间住宅里，那里还有乔治·豪的一间小办公室[93]。康开始独立开创事业，这一年他46岁。

图1-28 日光住宅，宾夕法尼亚州，西南角图

住宅设计

接下来的几年中，路易斯·康的主要业务是承接独户住宅，这在某种程度上兑现了“I94X”设计中的承诺。当他为他的老朋友耶西·奥瑟（Jesse Oser）和他的妻子鲁思（Ruth）设计一个小住宅的时候（图1-29，1-30），他们还改变了路

图1-29 奥瑟住宅，埃尔金斯公园，宾夕法尼亚州，正立面图，摄于1990年

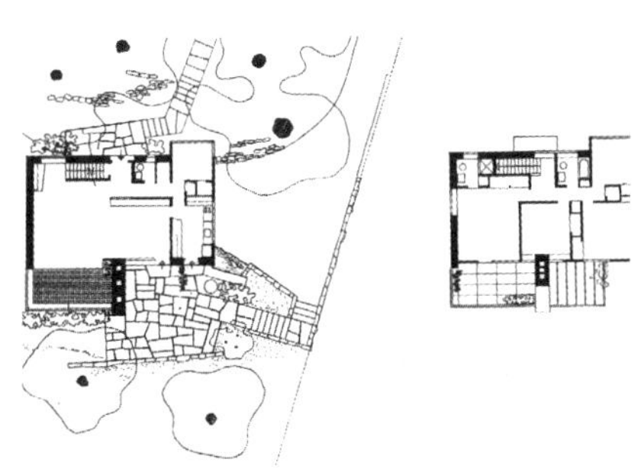

图1-30 奥瑟住宅，埃尔金斯公园，宾夕法尼亚州，一、二层平面图

易斯·康战前的实践路线[94]。虽然奥瑟住宅是他第一个独立设计的项目，但是它是一个充满自信的设计，表现了他自1924年从建筑学校毕业以来积累的大量实践经验。在设计过程中，可以很明显看出乔治·豪对康的巨大影响。康曾经一度想成为乔治·豪的合伙人，一起建造战时公共住宅。尽管奥瑟住宅的投资有限，路易斯康还是想在这个设计中模仿乔治·豪在1932至1934年间为威廉·史蒂克斯·瓦色尔曼（William Stix Wasserman）设计的大房子的效果，那个房子被冠以了令人产生联想的现代的名字：方形居所（图1-31）。在一直拉到立面角上的现代的钢窗、水平的屋面、交错的外墙面（尽管由于投资限制，平面非常紧凑，但还是达到了这样的效果）以及这些经过精心设计的前卫细节和当地传统的石头建筑并列中，都可以看出康对乔治·豪的敬意。室内，粗橡木的木制品和光滑的固定家具以一种现代的组合方式在壁炉前结合在一起，而壁炉本身，却为了表现相反的工艺概念而使用了不规则的默寒尔（Mercer）砖。这种多种意义的综合体是乔治·豪和许多美国转折时期的优秀建筑师们共有的特点。

珍珠港事件爆发的时候，奥瑟住宅已经开工了，尽管战争时期物资短缺，

图1-31 乔治·豪为瓦色尔曼设计的方形居所，怀特马什，马里兰州

不过这个住宅还是在1942年完工了。但是埃瑟·康父母的朋友，路易斯·布罗多（Louis Broudo）和他的妻子，就没有那么幸运了，路易斯·康为他们设计了一个与奥瑟住宅很类似的房子，但是屋顶是比较传统的坡屋顶。设计完成的时候正值1941年12月，珍珠港事件爆发，这个工程也因此不得不放弃了[95]。

除了一些路易斯·康不喜欢的翻新项目，和由杂志社与制造商发起的非实际的项目外，战争期间再也没有其他的独户住宅的工作了。而且战争期间的多个单元住宅，即使是像奥瑟住宅这样的项目，也都没有能够提供艺术创作的机会。但是在日本战败投降之后，路易斯·康的事业开始像他所期望的那样发展起来。在1945至1946年间，首先摆在他面前的是几个野心勃勃的乡村住宅扩建项目。斯东诺洛夫和路易斯·康在底层架空住宅模型的基础上，为B·A·伯纳德（B. A. Bernard）在巴克郡金伯顿（Kimberton）可以俯瞰弗伦奇河的漂亮住宅增加了一个两层的侧翼（这个项目可能是因为斯东诺洛夫才找到他们来做的，因为斯东诺洛夫的住宅就在那附近）。他们还为埃瑟15年前在宾夕法尼亚大学工作时认识的放射线学者李（Lea）和亚瑟·芬克尔斯汀（Arthur Finkelstein）在阿德巴马州阿德莫尔的住宅设计了一个新的单层的厢房。芬克尔斯汀夫妇是康夫妇一家的好朋友，连同雅各布（Jocab）和外号叫“小猫”的舍曼一起，两家在很长一段时间都在一起过暑假，还一起去了新斯科舍，并且一起在芬克尔斯汀夫妇在普莱西德湖租的一间房子过了很多长假。路易斯·康只能从繁忙的工作中抽出2个星期的时间，

但是埃瑟通常和这两对夫妇一起待上一个月。芬克尔斯汀家的项目经过了很长时间的讨论，包括 1948 年的重新设计，但是最后什么也没建成。同样的命运也降临在战后头一批住宅中最大的一个项目上，那就是路易斯·康 1946 年为亚瑟·霍泊（Arthur Hooper）夫妇在巴尔的摩的住宅设计的扩建工作，包括一个餐厅、游戏室、客房、车库和马棚在内（图 1-32）。康把这些新增的房间布置在后院的一个建筑尺的范围内，这个法则是赖特在他的赫伯特·雅各布斯（Herbert Jacob）住宅（威斯康星州，威斯特摩兰郡，1937 年）中建立的，理查德·纽切尔（Richard Neutra）在他战后的设计中也采用过。

这种断断续续的工作速度在斯东诺洛夫和路易斯·康 1947 年初终止了他们的合作后，很快得到了提高。在接下来的 18 个月里，康忙于设计 5 个重要的住宅项目，其中 3 个后来建成。这段时期他的员工队伍很小，由戴维·卫斯顿和安妮·唐担任他的主要助手。这些作品展现了艺术感，也是康与安妮日渐浪漫的一段见证。

这些住宅中第一个达到设计要求的是来自哈里（Harry）和埃米莉·埃赫里（Emily Ehle）的委托项目，这是由艾比·索伦森（Abel Sorensen）带到路易斯·康这里来的，他曾经在斯东诺洛夫和康的合伙公司中工作过，他参加了联合国对战后长岛整体规划的工作。1947 年 5 月，索伦森为埃赫里位于郊区哈佛福德（Haverford）的住宅画出了中间有一个大院子的平面草图。6 月份他把这个平面草图交给了路易斯·康，由他来研究立面，并且在其中加入相对比较传统的成分，路易斯·康在起居室蝴蝶形的屋顶上加了一个天窗，并且在石材与木龙骨墙这些元素之间建立了充满活力的互动关系[96]。这个设计对于埃赫里夫妇来说造价太高，因此 1948 年的前几个月中，路易斯·康去掉了车库和女佣的房间，并且减少了起居室的面积（图 1-33）。但是这还是超过了业主的预算。

1948 年初，正在进行埃赫里住宅的第二个版本的时候，路易斯·康和安妮·唐接到了其他两个住宅项目。这两个项目不像埃赫里住宅那样前途暗淡，很快就完成了，充分表现了路易斯·康和安妮·唐某些截然不同的观点。第一个是菲利普·罗希（Philip Roche）博士夫妇在费城西南部边缘康肖霍肯（Conshohocken）的住宅[97]。这个住宅的设计把所有的生活起居空间都布置在一个紧凑的矩形平

图 1-32 霍珀夫妇住宅，巴尔的摩，马里兰州，后方角度透视图，1946 年

图 1-33 埃赫里夫妇住宅，哈弗福德，宾夕法尼亚州，一层平面图

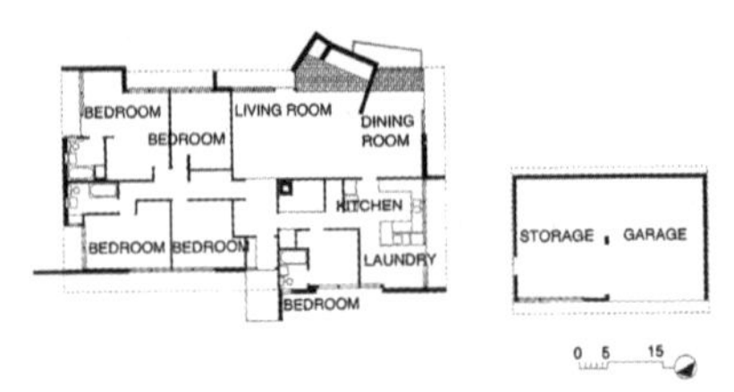

图1-34 罗希住宅，康肖霍肯，宾夕法尼亚州，一层平面图，1990年重绘

图1-35 威斯住宅，诺立顿镇东部，宾夕法尼亚州，正立面，约1950年

面内，一端划分为卧室，另一端则用作白天的活动场所（图1-34）。安妮·唐专注于她在哈佛学到的平面布置原则，并在设计中引进了3英尺9英寸的模数。而路易斯·康的斜线出现在斜穿过起居室墙面并且背部被打断的烟囱中[98]。

在几乎同时进行的费城西部诺里斯敦的威斯（Weiss）住宅中，这些不同观念之间的平衡开始更多地倾向于安妮·唐一边。它的平面更加明确地分成两部分，第一部分完成于1948年，在白天和晚上的活动之间具有两个明确的“核”，这个特征和马塞尔·布鲁伊尔（Marcel Breuer）的作品很相似，安妮·唐在哈佛学习的时候，布鲁伊尔是建筑系的领军人物之一。巨大的反坡屋顶也是布鲁伊尔的风格，尽管路易斯·康在这个时期也一直使用这种形式（图1-35）。完全是路易斯康自己特色的，是他独创的双向悬挂的窗户和百叶体系，它可以通过上下滑动来改变光线、私密性和不同的景观。在帕拉索尔住宅中，他画过类似的可以形成不同分隔效果的墙板系统的草图，但是现在他把它们的细部进行了深化，使之可行并且能够防风雨。这些工作标志着他开始了长期的自然光的处理。

路易斯·康坚持认为大量使用当地的石材和没有刷油漆的木头的威斯住宅是“当代的，但同时也没有打破传统”[100]。他用宾夕法尼亚的谷仓来证明这个观点，他说“过去的空间和现在的空间中的连续性，是每一位有思想的建筑师都必须考虑的问题”。他的许多当代作品都表现出了对过去的尊重，但是对于路易斯·康来说，这是一项非常严肃的工作。当他和安妮·唐在威斯住宅建成几年以后，为了在粗犷的石头壁炉边上画一幅壁画而重新来到这里时，他们从宾夕法尼亚简单的乡村建筑中借鉴到了许多母题。在壁画中还可以看到路易斯·康在1951年参观过的埃及金字塔的轮廓。他开始体会到这个伟大的建筑只能属于它自己的时代，并且深埋在人类成就的历史沉淀中。

20世纪40年代后期，路易斯·康设计了另外两个住宅，这两个项目都是在1948年夏初开始的，当时威斯住宅的设计刚刚做完。这些住宅都表现了路易斯·康的设计强有力的生命力。在为温斯洛·汤普金斯（Winslow Tompkins）博士夫妇设计但后来没有建成的住宅中，把起居室和餐厅放在了悬崖的边缘一直下降到费城的威沙海克（Wissahickon）河边的一个树木繁茂的斜坡上。餐厅被一堵厚重的蛇形石墙所环绕，6月份设计的睡眠区看上去像是第一个平面中的一个阻碍，当9月份整个设计完成的时候睡眠区分成两个交错的部分[101]。

同时路易斯·康和安妮·唐还在为塞缪尔·杰尼尔（Samuel Genel）在郊区威尼伍德（Wynnewwod）的住宅做设计。塞缪尔·杰尼尔曾经约会过埃瑟·康，他的妹妹是埃瑟的同班同学，也是她在宾夕法尼亚大学的女大学生联谊会的成员[102]。1948年完成的第一个平面是矮胖的T字形，它的主干向下指着一座坡度很缓的小山，这使得房内有不同高度的平面，而车库可以布置在卧室的下面[103]。在1949年开工的时候，平面变成了倾向于一边的双核心布置方法，车库被移到了山下一个独立的结构中，主体建筑的一层被一个游戏室取代了，设计中使用了斜坡的屋顶来强调地形的效果（图1-36）。这个设计中最吸引人的是在起居室和前厅之间升起的壁炉的尺度。这个重要的组成元素在立

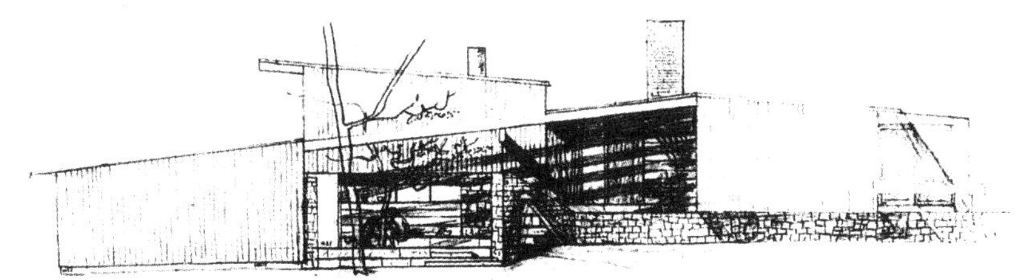

图1-36 杰尼尔住宅，威尼伍德，宾夕法尼亚州，东立面，路易斯·康绘，1949年初

面上也可以看到，大理石饰面的烟囱升起的位置正好可以与住宅中的砖和木头形成一种平衡（图 1-37）。即使是室内的石材也是粗糙的方形石头，表达着一种新的秩序感。路易斯·康对这种抽象的兴趣可以部分地归因于安妮·唐的影响和他在耶鲁看到的研究工作，他从 1947 年开始在那里执教。

路易斯·康给人以自由感觉的平面和安妮·唐的几何秩序感的碰撞还表现在 1948 至 1952 年他为费城精神病医院设计并建成的两栋建筑中。[104] 这是一个有着很长故事的项目。1937 至 1938 年，路易斯·康曾经研究过把费城西部基地上的几栋建筑转变成供精神病医院使用的房子的可能性。1939 年，他在另一个基地上设计了一个全新的方案，但是业主因为费用的问题拒绝了他，请了别的建筑师来设计，那位建筑师的方案得到了实施。[105] 1944 至 1946 年，路易斯·康和斯东诺洛夫又为那栋小建筑设计了一个巨大的扩建楼。

图 1-37 杰尼尔住宅，背后有壁炉的门厅，1951 年

这第三个设计，开始于战争的最后一年与和平到来后的第一年，铺垫工作完成于 1948 至 1952 年，但是它的开始却十分缓慢。业主对这个项目的态度很不肯定，而斯东诺洛夫和路易斯·康则开始忙于小住宅的设计工作，所有这些使得医院的设计顾问，为了这个项目，也是最后一个项目，而把他们组织起来的伊沙多尔·罗森菲尔德（Isadore Rosenfield）感到心灰意冷。路易斯·康试图改变这种受折磨的状态，在给罗森菲尔德的一封信中，他写到："我们快要被我们的这个小医院折磨疯了，篡改旧的建筑，应付我们自己的有精神病的医师，安抚那些反复无常、喜怒无常的人。这都是可以运用到医院中去的很好的经验，我们没有时间可以浪费了。"[106] 罗森菲尔德很不高兴，在他们的关系中，他一直在批评他们的"奇怪而且很不专业的行为"[107]。

这个完成于 1946 年春天的设计创造了许多新的病房单元，一个半隔离的康复区和一个锤形的入口平台，它的上面是胰岛素技术发展室和电击治疗室（图 1-38，图 1-39）。在医院独特的平面布置中，路易斯·康回想起了战时的社区中心，同时这个设计也表现出了对阿尔瓦·阿尔托著名的芬兰帕米欧肺病疗养院（1928—1933 年）中丛生在树木葱茏的山顶上的厚板的模仿。1938 年现代艺术博物馆举办的阿尔瓦·阿尔托作品展中，展出了这个疗养院，在那个展览上，路易斯·康还看到了阿尔瓦·阿尔托的维堡图书馆的报告厅，在李维·考伯的第二本小册子中，路易斯·康把这个报告厅作为理想的社区会议室的例子。但是，尽管这个设计很精

图1-38 新建侧翼，费城精神病院，费城，透视图，路易斯·康绘，1946年

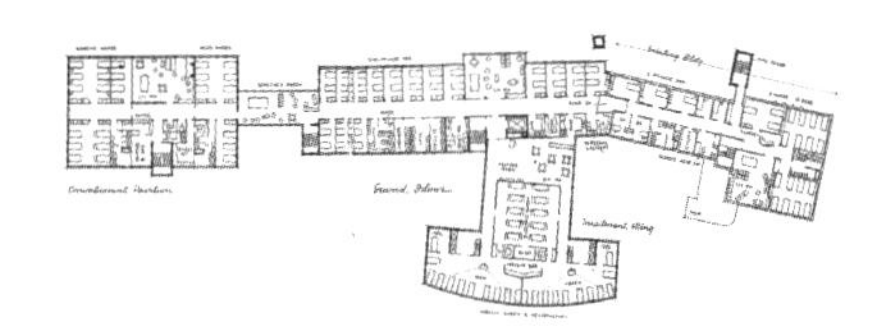

图1-39 新建侧翼，费城精神病院，二层平面图

致，但是还是因为造价的问题而被拒绝了。

费城精神病医院是犹太人慈善机构联合会的成员之一，路易斯·康长期以来的工作虽然历经坎坷，但还是帮他和那个圈子里的人建立了牢固的关系。而且他还跟医院的院长塞缪尔·拉德比尔（Samuel Radbill）建立了良好的战斗友谊。在1944至1946年的设计期间，路易斯·康还在从事着拉德比尔石油公司的办公室改造工程，他负责空调的安装以及改造拉德比尔在梅里奥（Merion）的住宅卫生间。后者由于路易斯·康越来越出名的完美和拖延作风而搁置，而失望的拉德比尔最后取消了部分的工作[108]。

由于路易斯·康和他的客户之间的良好关系，1948年他又被请回来主持医院最后的工作。这个设计于1949年的方案由一栋3层的、弯脖子的建筑——是由它的转弯的地方与原来的医院相接形成一个Y形的平面和一座独立的单层报告厅以及专门的治疗楼所组成。新的建筑被命名为拉德比尔楼，它的入口有一个由标准构件组成的、刷成深蓝灰色的水平层状遮阳板（图1-40）。这些遮阳板上打着规则的孔，看上去就像普通的打孔砖，但是这些赤陶插件实际上都是定做的。入口本身有一个三角形的雨篷——一幅由安妮·唐建议的抽象拼贴画[109]。专门的治疗楼为了纪念一位重要的捐赠人而被命名为平克斯（Pincus）楼，这座建筑的结构很简单，它的平屋顶就支撑在暴露的钢桁架上（图1-41）。这座建筑也使用了威斯住宅中的双向悬挂的窗户和百叶体系，可以根据需要调节光线和私密程度。

纪念性建筑

虽然精神病医院是路易斯·康到目前

图1-40 拉德尔比楼，费城精神病院，正立面，1954年（正面现已被移走）

图1-41 平克斯楼，费城精神病院，费城，宾夕法尼亚州

为止最大的项目而且有着公共建筑的外观，但是它实质上是私密的和居住性的。它不能够为路易斯·康在战争时期思考的面向未来的建筑提供一个最终的检测平台。路易斯·康思考的问题在于，战前在住宅上取得了巨大成功的现代建筑如何才能体现公共的或者是社会制度的价值，提高整个人类社会对它的期望值。用今天的话说，就是现代建筑如何才能具有“纪念性”？

路易斯·康自己的工作就是他思考的这个问题的一面镜子。从克雷特和赞辛格工作开始——从放弃他们现代化的古典语言开始——路易斯·康几乎把他所有的精力都投入到了住宅设计中。他花了很多年的时间在做或者尝试去做功能化的居住建筑，而且，就像乔治·豪一样，他开始认识到功能主义在艺术性方面的欠缺，它的建筑语言很难表达超凡脱俗的理念。因此，战争结束后，康把目光投向了像联合国总部那样需要特殊处理的建筑上，他开始思考改变现代建筑方向的可能性，战争时期这个问题一直萦绕在他脑海里。1943年，当建筑历史学家西格弗里德·吉迪恩（Sigfried Giedion，著作《空间、时间和建筑》1941年问世）、建筑师约瑟·路易斯·舍特（Jose Luis Sert）和画家费尔南德·莱杰（Fernand Leger）在纽约会面的时候，这个问题变成了灵感的激发点。他们都是被邀请来捐献一部由先锋的美国抽象艺术家安排的出版物，他们认为有必要一起提出现代主义在除了家庭建筑和私人艺术之外的所有领域内几乎一事无成的事实。他们认为现在需要的是一种“新的纪念性”，一种能够满足“人们把集体力量转变成永恒的象征的要求”的东西[110]。吉迪恩成为了这个理想不知疲倦的拥护者，在大西洋的两岸演讲这个题目，1946年他在伦敦的讲座鼓动了《建筑实录》去探讨这个题目，最后它举办了一次讨论会，并且成为现代设计往这个方向改变最坚定的倡导者[111]。

当美国抽象艺术家计划中的出版物破产的时候，吉迪恩把他的论文发表在了1944年由保尔·朱克（Paul Zucker）编辑的一本书里。这本书叫作《新的纪念性的问题》，路易斯·康也在这本书上发表了他的第一篇旁征博引的理论文章，题为“纪念性”。

吉迪恩和路易斯·康以不同的观点讨论了这个问题，而吉迪恩认为对“情感表达”的研究必须认识到“建筑并不是只关心结构”，路易斯·康则认为“建筑中的纪念性可以被定义为一种品质，一种贯穿于表现永恒性的结构之中的精神品质，这种品质是可以添加或者改变的[112]。”而且，当吉迪恩悲叹地说19世纪折中主义的泛滥侵害了许多很好的历史范例时，路易斯·康则倾向于接受历史中有用的东西。他写道：“过去的纪念性建筑具有伟大的特征这一点是我们未来的建筑必须依赖的[113]。

在路易斯·康对结构和历史的双重兴趣中，他又回到了他在宾夕法尼亚大学学到的原则上了。他的老师保尔·克雷特的哲学在崇尚理性主义结构的法国传统的美术学院中得到了发展，克雷特始终坚定不移地认为现代建筑不能够拒绝历史。路易斯康认为可以在历史中找到纪念性建筑的出发点，并且通过新技术来赋予它们现代性。他还特别提到了纪念性建筑所需要的“精神品质”。首先应该到哥特建筑的“结构骨架”和罗马的穹顶、拱顶和拱券这些已经在“建筑史上留下了深刻烙印”的形式中去寻找。[114] 这些形式现在可以通过钢结构来使之现代化。1942 年参加过钢船课程学习的路易斯·康认为“博韦教堂需要我们的钢材”，他特别关注管材焊接的结构，把它弯曲过来以模仿“通过重力分析所表现出来的优雅的形式”[115]。这样，“肋拱、拱顶、穹顶、飞扶壁才能够围合一个更大、更简单的空间，在我们当代的大师手中创造出一个更加激动人心的效果。”[116] 路易斯·康预言说新的材料将带着现代建筑走向“未知领域的探险”[117]。

尽管谈到了罗马建筑，但是路易斯·康采用的却是一种现代化的哥特式。在伊吉尼 - 伊曼纽尔·维奥列杜（Eugene-Emmanuel Viollet-le-Duc）的作品中明显地展现了这一点，在美术学院的克雷特的圈子里哥特式的理性主义备受推崇，而且它与克雷特的另一个追随者奥古斯特·楚瓦希（Auguste Choisy）发表的结构分析图也有关系。路易斯·康把霍伊斯对博韦（Beauvais）的分析图作为他的论址中的一个例证。路易斯·康用自己画的一个包括一个影剧院和一个博物馆的城市文化中心的速写来支持他的观点，这个城市文化中心就是由他所推荐的弯曲的钢龙骨构成的（图 1-42）。

这种坚强的中世纪精神看上去与有古典寓意的伟大的石头建筑无关，这种精神在路易斯·康成熟时期的建筑中占有着非常重要的位置。但是到这个时候他已经转变了：战后钢材的短缺使他重新回到了砖和混凝土上，在那段时期，他还直接地发现了古罗马的力量。但是尽管变形了，历史和结构还是一直留在路易斯·康的口号中。

战争刚结束的那几年，路易斯·康得到了一个重要的机会来发展这种新的纪念性建筑的语汇。1946 年 10 月，他和斯东诺洛夫一起被任命为由城市规划局管理的建筑师小组成员，在费城中心被称为“三角形”的广阔地带做一个整体规划。这个基地的三面是著名的“中国墙”（把费城铁路引进城市中心的高架铁路很快将被推倒）、斯凯克尔（Schuylkill）河（城市中心的西部边界）和费城城市美化林荫道——本杰明·富兰克林大道。路易斯·康为这个小组 1948 年提交的报告作了图解，并且还画了一些图指导那些为了 1947 年在金贝尔百货商店举行的“更好的费城”展览而做巨型费城模型的制造者。模型用可以翻动的巨大面板对比了规划实施前后的情况，展示了这座城市的末来（图 1-43）。这个模型是这次展览的重头戏，

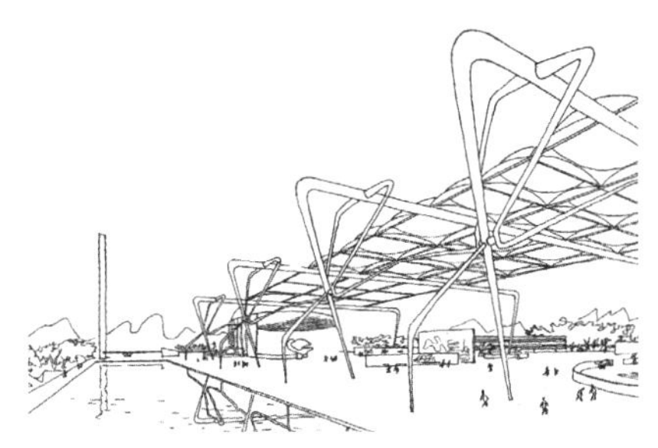

图 1-42 说明“纪念性”的市民中心模型，1944 年

图 1-43 “你掌握中的一个更好的费城”展览上的费城模型，金贝尔百货商店，费城，1947 年

受到了极大的欢迎，斯东诺洛夫（他已经为金贝尔做了大量的改造工作）为了表现他自己而把路易斯·康推到了一边，这件事最终导致了他们的决裂。路易斯·康做的大多数建筑——写字楼、公寓楼和低层的文化机构——都采用了当时大家很熟悉的勒·柯布西耶支撑在底层架空柱上的棱柱体的形式（图 1-44，1-45）。然而，在一个存在于 4 个抛物线拱券和几个体现路易斯·康 1944 年所说的“优雅的形式”生物形态的大型雕塑下面的运动场中，有一些钢的纪念件用法。

同一时期另一个具有明确的纪念性内容的项目是路易斯·康参加的第一轮杰弗逊国家西扩纪念碑（Jefferson National Expasion Memorial）的竞赛，

图 1-44　三角地在发展计划，费城，市政中心透视图，路易斯·康绘，1947 年

图 1-45　三角地在发展计划，斯凯克尔河公寓楼，费城，鸟瞰透视图，路易斯·康绘，1947 年

这个竞赛最终导致了圣路易斯的埃罗·沙里宁的“人拱门”的建造：路易斯·康 1947 年设计的用水平和垂直的板在顶上建立的一个精巧的火车和高速公路连接系统覆盖了密西西比河两岸。这里用到了 1944 年所预言的钢结构建筑，其中最引人注目的是一个包括美术展览馆和剧院在内的教育实验室，它由一个斜的钢结构屋面盖着的。但是路易斯·康没有被选中去继续参加第二轮竞赛，这实在是令人非常遗憾。幸运的是，在宣布竞赛结果的同一个星期里，路易斯·康开始了在耶鲁大学的执教生涯。

耶鲁岁月

实际上，路易斯·康已经执教很多年了：他一直在建筑研究小组讲课，还把泽西住宅和战时住宅项目的设计小组中年轻的艺术家们当作他的学生。但是在 1947 年秋天之前，路易斯·康当教师的天分一直没有得到正式的发挥机会。一年前，作为当时现代建筑的最好学校的哈佛大学曾经邀请他去教课，但是他拒绝很大程度上是因为他不能忍受离开他的家乡费城[118]。耶鲁的情况则有所不同，路易斯·康是作为访问学者——他们是耶鲁教育体系的中流砥柱——每周只需要负责两天的课。这就意味着他可以坐火车去纽黑文。他接受了这个邀请，耶鲁因此变成了他那些来不及转变成建筑的想法的讲坛。

1947 年的耶鲁是一个令人兴奋的地方（图 1-46）[119]。新校长查尔斯·索耶（Charles Sawyer）和在路易斯·康开始上课之前刚刚上任的建筑系主任哈罗德·豪夫（Harold Hauf）的工作是巩固

图 1-46 表现路易斯 · 康在耶鲁时光的圣诞卡，戴维 · 卫斯顿 1947 年绘

由1939至1942年主要的批评家华莱士哈里森（Wallace Harrison）引起的转向现代主义的决定性转折。这项工作现在又交到了担任同一职务的爱德华·丢勒·斯东手里。路易斯·康因为他那些大量出版的战时住宅和在美国规划和建筑师协会中的显著地位，自然而然 地引起了他们的注意。同时，索耶为另一位美国规划和建筑师协会重要成员霍姆斯·帕金斯提供了副校长的职位，但是帕金斯选择和格罗皮乌斯一起待在哈佛[120]。

路易斯·康原定于 1947 年 9 月上任的计划因为另外一位访问学者奥斯卡·尼迈耶（Oscar Niemeyer）的迟到而推后了。已经久负盛名的奥斯卡·尼迈耶是勒·柯布西耶的巴西弟子，他对共产主义的同情已经引起了移民局的怀疑。和许多兼职教学的从事实践活动的建筑师一样，路易斯康的许多课题都影射了他自己的作品，他的第一份作业是一个乡村购物中心，这和他在马里兰州格林贝尔特（Greenbelt）担任顾问的项目很接近[121]。虽然这个题目对战后情况的态度很适用，而且可能这对耶鲁的学生来说也并不是一个具有挑战性的题目，但是路易斯·康的教学天分得到了证实，哈罗德·豪夫又把他请了回来。1948 至 1949 年的每个学期他都教课，并且负责协调解决斯东的访问学者身份的事，那一年的访问学者是休·斯塔宾（Hugh Stubbing）、帕切罗·贝鲁斯基（Pietro Beliuschi）和埃罗·沙里宁。

在耶鲁的第二年，路易斯·康还开始负责落实索耶热衷的教学改革——“合作题目”，这个计划把学生建筑师、画家和雕塑家编到个小组里，合作在本质上也是格罗皮乌斯在哈佛教学的特点，1946 年他在那里把自己的个人实践组织成“建筑师合作社"。但是把画家和雕塑家联合起来在没有真正美术教程的哈佛没被尝试过。但是这样的合作在像匡溪（Cranbrook）这样的专门艺术学校取得了成功，耶鲁的体系是直接在大学教程中把各不相同的专业结合起来。

1948 年秋天的合作题目是为联合国教科文组织（UNESCO）假想的总部设计一个展览大厅[122]。路易斯·康把基地选在费城的费尔芒特（Fairmount）公园，2 年前他曾在这个基地上设计过整个联合国总部的方案 [同一个学期中，他提出了一个前卫的设计题目，这个题目更加直接地和他自己的实践有关——以杰尼尔（Genel）住宅为模型的一个乡村住宅，只不过去掉了业主的生平和地址。[123] 他给画家出的题目是联合国教科文组织的巨型壁画，而给雕塑系学生的任务是处理“垂直交通元素”（也就是楼梯），他让建筑师负责总平面图和展厅空间的工程技术——约 24 米高的 18 581 平方米没有隔断的巨型空间。这里可看到他饱含纪念性的概念，因为他专门强调展厅的骨架不做任何装饰。有几个小组的学生设计了悬挂在钢索上的结构体系，而其他小组在大厅上设计了悬臂桁架。这个题目也引起了全国的注意[124]。

路易斯·康在1949年春季学期的教学被他的以色列之行打断了。但是他的行政管理工作增加了，并且当哈罗德·豪夫辞职去当《建筑实录》编辑的时候，路易斯·康为他的老朋友乔治·豪争取了建筑系主任的职务。乔治·豪当时刚刚坠入爱河，正心满意足地居留在罗马的美国学院。索耶拍电报通知乔治·豪耶鲁的任命后，路易斯·康也写了一封非常有说服力的信给乔治·豪。路易斯·康恳求道："乔治，这个学校需要你的个性和你的领导才能"，他还向乔治·豪描述了耶鲁的吸引力：

"这个学校很进步，正处于不断地变化和发展之中。上头也没有什么命令。尽管没有什么特别的秩序或者意识形态，但似乎每个人都很喜欢这个结果。你可以把这个学校变成你希望的样子，跟你很熟的斯东、图纳德（Tunnard）和我感觉你能够用你的文化经验和智慧给它一些指导，你的建议将延续现有的自由精神，并且取得更好的成效。"[125]

乔治·豪接受了这个邀请，同意1950年1月担任这个新的职务。同时，路易斯·康和索耶说服了前任包豪斯画家，把许多包豪斯的理念传输到美国的约瑟夫·阿尔伯斯（Joseph Albers，1888—1976年）作为1949年秋季合作题目的访问学者。这次的题目是一个为工厂设计人员服务的"理想的塑料中心"[126]。阿尔伯斯很喜欢耶鲁，而索耶在路易斯·康的影响下，很喜欢他。

1950年秋天，他们安排他终身担任一个新组建的系的系主任，负责推进在绘画和雕塑方面的老的课程。虽然索耶没有能够彻底实现他的想法——创造一个广阔的合作环境，由乔治·豪负责建筑，阿尔伯斯负责设计，但是几乎同时，两位有着很高才能的艺术家来到了耶鲁——美国艺术的最前沿。

阿尔伯斯在第一次来耶鲁教书之前，曾经为他的"向方阵致敬"系列做过艰苦的色彩研究，路易斯·康对此留下了深刻的印象。画家的工作可能激发了阿尔伯斯他自己对隐藏在事物背后的秩序的研究，他的格言诗可能也影响了路易斯·康的语言构成。在一首典型的诗里阿尔伯斯写道：

"设计
就是去计划和组织，去命令，
去联系和去控制
简而言之
它包括了
所有相反的含义，无序和偶然
因此它重视
人的需要
并且限制人的
思想和行为。"[127]

当路易斯·康正在设计他在纽约罗彻斯特的第一个惟一神教派教堂的墙时，他向阿尔伯斯的妻子、著名编织家安妮（Anni）请教它的制作。

但是建筑系学生没有直接跟阿尔伯斯学习。乔治·豪为第一和第二学年的学生（他们正处于艺术学士和建筑学士的综合课程的第三、第四学年）设计了一门单独的基础设计课，由看上去很神秘的尤金·内利（Eugene Nalle）负责。尤金内利重视个人的发现和对材料的敏感，这让人想起早些年约翰·伊顿（Johannes Itten）在包豪斯的教学。在乔治·豪1952年创办的以耶鲁为基础的、作为一个建筑学讨论工具的期刊——《透视》的第一期中，尤金·内利用很晦涩的语言说明了他的哲学观点：

“建筑中的‘整体设计’，由于它的非理性的复杂性在个人的原则中还根深蒂固，要求一个非常开阔而又切实的视野。它必须包括对短期内可见的事物直觉的敏感性；这种敏感性必须（在语言能达到的 最大程度上）和一种超越利己主义感情生活之上‘精神活动’结合在 一起，这需要连续不断地用智慧和理论搏斗——一种研究事物内在和外在世界之间关系的哲学[128]。”

对蒙昧主义有自己看法的路易斯·康忍受了尤金·内利，但是他和乔治·豪把注意力集中在了这个课程的高级阶段，在那里耶鲁已经建立起来的访问学者模式得到了延续。菲利普·约翰逊和巴克明斯特富勒是非常重要的访问者，他们是由艺术历史系评审委员会成员，特别是对他们的职责非常严肃的文森特斯科利请来的。文森特·斯科利想让学生们了解各个艺术时期的作品表达意图的方式的愿望，起到了对抗许多年轻建筑师遗忘历史，认为现代建筑必须是创造出来的想法的作用。当然，这完全是在路易斯·康对历史的必要的信念下才保持下来的，他和文森特·斯科利成为了很好的朋友。在他们之前有这些想法的耶鲁学生，都看到了一个新的建筑时代的开始。

1953年秋季学期快结束的时候，乔治豪面临着退休，他可能考虑过让路易斯康来接替他的位置，但是系主任的位置传给了帕特·斯崴克（Pat Schweikher），一位给人印象深刻的访问学者。帕特·斯崴克缺乏乔治·豪那种保持一批稳定的访问学者的能力，虽然他能确保受到他那些有时有点偏心的学生的欢迎。路易斯·康在新的政体下感到很不舒服，1955年春天，他退出了。建筑任命部嗅到了不合的味道，作出了取消鉴定资格的威胁，并且在1955至1956年把耶鲁放到了考验的名单上。斯崴克和索耶被迫退休。

文森特·斯科利是1956年那些说服耶鲁校长惠特尼·格雷斯沃尔德（Whitney Griswold）请路易斯·康来当系主任的人之一，路易斯·康感受到了很大的诱惑[129]。但是他意识到这个决定至少会妨碍他扩展他的建筑实践，使他作为建筑师的名声远不如作为老师的名气大。虽然他在20世纪50年代后期耶鲁新的课程中重新以访问学者的身份回到了耶鲁，但是他拒绝了系主任的职务。在某种程度上，是耶鲁本身使他拒绝了这个现在给他的位置，因为耶鲁大学给了他职业生涯中的第一个大项目——耶鲁美术馆扩建（1951—1953年）。对他的由新美术馆竞赛开始的建设项目的热情，使得路易斯·康有勇气说不。

2. 开放的认知精神

设想一种新建筑，1951—1961 年

1951 年，当路易斯·康接到耶鲁大学美术馆这一任务时，他是一位颇受尊敬但并不出名的建筑师。除了那些和他一起工作的人之外，那个年代几乎没有人认为康未来会获得国际上的好评。然而在设计完耶鲁大学美术馆项目后的短短 10 年内，他就用一种独创的语言成为了那一代建筑师的代言人。而且在直到他 1974 年 3 月去世前的那些年里，他用这种语言重塑了建筑。

路易斯·康在当时渴望寻求改变的同代人中并非孤木难支。与之前的弗兰克·劳埃德·赖特一样，康似乎也是那一代人中第一个用建筑表达别人只能用语言表达的人，并且从而开创了一种新形式。在对建筑形式起源的执着研究中，康很快地放弃了视觉的愉悦。对场地和材料的考虑对于赖特来说最重要的问题——但对于康来说却是次要的，尽管他非常尊重材料的内在品质。在使用异常的几何形式和新颖的结构形式上，他不像赖特那样有魄力；当他决定追求伟大建筑的永恒之道时，发现和探索就变得比创造更重要了。康开始设计的这种建筑是否还能继续叫作现代建筑，还是应该根据它们的特点重新定义，这一点取决于它本身——实际上，在他的建筑中很难看到连贯性，康曾经说："根本就没有像现代这样的东西，因为属于建筑的一切都存在于建筑本身中，并且有它们自己的力量。"[1] 但是他还是进行了很多这样的思考。

当耶鲁大学美术馆的委任传来的时候，路易斯·康是罗马美国学院的常驻研究员，那里的大门向康与许多建筑师敞开，他们可以毫不犹豫地暂停建筑实践而重新思考工作方向。他在那里待的时间很短，只有 3 个月，但是看上去很有效果，因为后来他的工作方向开始有了决定性的改变。罗马真实存在的建筑显然是很难抗拒的，它们给康上了一堂历史基础课。一到罗马，康就给他在费城的同事写信说：

"我深刻地意识到，意大利的建筑将永远是今后建筑创作的灵感源泉，不这么想的人真的应该再来看一看。我们的东西跟它比起来是那么的脆弱，在这里，所有纯粹的形式都进行了不同的尝试。诠释意大利的建筑是非常必要的，因为它与我们对建筑的认识和需要直接相关。我不能充分地表达出来，但是在他们用建筑作为创造空间的出发点的手法中，我看到了伟大的个人魅力。"[2]

接下来的一月里，路易斯·康去了希腊和埃及。在他参观这些代表着纪念性建筑的起源地时，他的心情非常激动。[3] 当其他建筑师还对它们的价值心存怀疑的

时候，康就已经明确了他对历史的兴趣，他后来说："建筑师必须经常保持对过去最伟大建筑作品的关注。"[4]

关于对罗马的特别印象，路易斯·康并没有给我们留下太多线索。除了一两张比较明确的速写之外（图 2-1），没有更多关于罗马废墟的作品流传下来。在他的笔记本里，他只是写了"罗马人教会了我大理石饰面的砖的基本使用方法"[5]。对于特殊的纪念性建筑，他只提到了两个典型——万神庙和卡拉卡拉浴场[6]。虽然从他的话里可以了解到他画的最多的是万神庙，但是卡拉卡拉浴场才是他正式确认的最喜爱的建筑："当人类立志超越功能的时候，它就成了一个奇迹。在这里，人们的愿望是要建一座约 30 米高的穹顶，人们可以在里面洗澡。但其实 2 米多就足够实现这个功能了。现在的这里尽管是个废墟，但它仍然是一个奇迹。"[7] 虽然缺乏证据，但是康后来的作品足以说明他在罗马的所见令他受益匪浅。显然他对古罗马巨大的砖石表面的废墟非常欣赏，是它们使古城成为古城。失去装饰的罗马建筑，展示出了由强有力的墙和混凝土拱券构成的纯粹几何体量。长期以来对罗马建筑的观察，毫无疑问地坚定了路易斯·康的看法。其中，就像文森特·斯科利在他半专业的论述中所确定的，奥古斯特·楚瓦希（August Choisy）和乔凡尼·巴蒂斯塔·皮拉内西（Giovanni Battista Piraniesi）的画起到了很大的作用。[8] 楚瓦希的画把建筑的结构和体量还原到它们的本质，而皮拉内西对罗马的改造的视角进一步揭示了隐藏在古代废墟下面的神奇几何形体。

判断路易斯·康在罗马，或者说，在

图 2-1 路易斯 · 康在罗马的速写作品，1951 年

他以后的日子里，到底读了什么比判断他看到了什么更加困难。他总是声称自己没有读过什么，但是我们没有理由相信他。[9] 例如，他曾经对一群建筑系学生说过："我觉得我是那种非常有趣的学者，因为我不读书，也不写作。"[10] 而实际上他并没有间断阅读，而且时常参与讲座。在耶鲁，他时常去听斯科利的建筑历史课，据说在美国学院他同常驻历史学家和考古学家弗兰克·E·布朗（Frank E. Brown）进行了详细的交谈，他与康一样非常欣赏罗马的建筑。[11]

路易斯·康的旅行速写中，即使是那些罗马之外的主题，也同样表现出一种强烈的古代建筑的感觉，这一点在他后来的作品中也有所反映。1931 年他写过关于旅行速写的文章，他说如果这样的画"揭示了一个目的的话，那就是价值"，而且，遵循传统的透视规则或者组成原则，因为每一幅画都应该反映它主体的"设计的感情因素以及体量的节奏和对比"[12]。康在学院教学时期完成的数幅希腊柱式的作品中，被渲染上了一层活泼的生气，这种氛围在他早期的画中是看不到的，他在雅典卫城的速写中表现出了对这种大型体量和神圣地形的象征力量的欣赏。他在埃及金字塔和神庙的速写中更显著地表现了建筑形式抽象的几何力量。所有这些画都反映了他对古代建筑形式的探索，而这些形式仍然能够唤起世人对人性的最高渴望。

图 2-2 耶鲁大学美术馆，纽黑文，康涅狄格州，东南方向透视图，1951 年 6 月

对体量的重新重视

刚从罗马回来几个星期，路易斯·康就提出了第一个关于耶鲁大学美术馆的想法（图 2-2）。直到 1951 年 6 月，他的方案获得了批准；该方案基本上是一个阁楼建筑，它的全部墙体或装上玻璃，或完全封闭，这个方案一方面证明了康对现代主义的语言已经运用自如，以及跟自己 1950 年之前作品的密切相关程度。另一方面也说明了康第一次大胆地背离了那种语言，如沿着主立面砖墙上的微妙的线脚，以及在 1 米厚的混凝土楼板系统上更明显处理（图 2-3）。当然康不是这种做法的第一人——勒·柯布西耶是同代欧洲那些一直走着这条路的人之一，但是在美国，1953 年出现的美术馆还是极具冲击力的。

图 2-3 耶鲁大学美术馆，纽黑文，康涅狄格州，北部透视图，1953 年

路易斯·康经常被描述为坚持现代主义道路的人，没有记录说他反对过这种说法。相反，他通过处理建筑物的局部来重新思考现代主义，并且这么做最终促使了康整个地改变了它。从大型体量的问题开始，他后来又研究了空间划分、开敞空间、室内和室外的相互作用，这样直到最后所有的东西都不一样了。但是在他职业生涯的这个阶段，这些都还不明显。1953 年完成的耶鲁大学美术馆，就像 1950 年由建筑师菲利普约翰逊完成的玻璃屋一样，通过宣传得以让世人皆知；同期，1951 年密斯·凡·德·罗完成了滨湖公寓；1952 年戈登·邦夏（Gordon Bunshaf）完成了纽约利弗大厦；同年，勒·柯布西耶的马赛公寓也竣工完成，康还在建设期间参观过。那个年代的美国建筑师国际风格的表露，与弗兰克·劳埃德·赖特及他的追随者背道而驰。

路易斯·康设计的美术馆中坚固、开放的结构——这些结构富含开放的功能鲜明地背离了正统现代主义光滑无缝的体量。在英格兰，这个美术馆被看作是美国新粗野主义建筑的最好例子，这个简短时髦的词汇紧紧抓住了康建筑意图中的一个方面。[13] 菲利普·古德温（Philip

Goodwin）早先曾提出过一个关于美术馆的设计方案，他曾经和爱德华迪雷尔·斯东一起设计过被认为是现代主义标志的纽约现代艺术博物馆（完成于1939年）。他认为康的建筑是“优秀的作品，特别是室外部分。但我对他对于天花板的处理持保留意见”[14]。这表现了美国人对这个建筑的困惑。正像这些观点所表明的，康把20世纪50年代的建筑师们联合起来，试图把他们从国际范式的限制中解放出来，同时避免倾向于受到赖特手法的限制。在那个时候，埃罗·沙里宁在这个方面做得很成功；实际上耶鲁的学生因为他没有参与美术馆的项目而沮丧。[15] 与康一样，沙里宁也是在历史长河与新型技术中寻求灵感，但是他更多地把这些资源作为一种针对表面装饰和肤浅问题的综合手段，缺少了深刻的复杂性。由于没有能够触及现代主义的根本问题，埃罗·沙里宁和许多与他同时代不安分的人一样，仅仅把建筑浪漫化，而没有能够改变它。[16] 但是康做到了这一点。

曾困扰菲利普·古德温的天花板的处理，对路易斯·康来说，是非常重要的概念，因为以这样有秩序的方式暴露结构和设备来解决结构和设备问题，康获得了建筑的基本和永恒，这种感觉正如他在罗马看到的一样（图2-4）。此外，天花板上明显的三角形肋骨图形以一种类似于罗马拱顶的方式暗示了下面的空间变化。康通过这种方式把历史最基础的切片带到他的建筑中，把它们同体现当代特征的先进技术——这个案例中的天花板体系——结合到了一起。这个体系源自巴克明斯特·富勒的空间框架，而康把轻型墙体处理为露在外表的重型结构，使历来经典的设计和当代创新的技术得到平衡，就像肯尼斯·弗兰姆普敦（Kenneth Frampton）为他之后的建筑作品所做的说明一样：

“路易斯·康的作品展现给我们两个互补却又完全相反的原则。第一个原则强烈地反对进步，主张表现抽象的集体建筑记忆，其中，所有有效的组成风格都表现为它们分裂的纯粹性。第二条原则是激烈进步的，在先进技术的基础上追求建筑形式的革新。看上去康相信第二条原则，因为它能承担新的任务和用途。当和第一条原则相结合的时候，它可以通向一种恰当的建筑表达方式——在混凝土形式中，重新把新鲜的诗意和体制的价值综合起来。”[17]

我们进一步观察会发现，路易斯·康

图2-4 耶鲁大学美术馆，纽黑文，康涅狄格州，美术馆内，1953年

的手法并不是以把历史和先进技术相结合为特点，而是把历史痕迹和多重的几何秩序结合起来，是它们给人们以技术先进的感觉。在他的作品的出版物中，路易斯·康青睐的是美术馆顶棚的天花板平面而不是表现实际的、只有部分的圆柱体的平面（图 2-5），这个天花板平面使得楼梯间整体完全成为圆柱形。为了符合当地的建筑规范，路易斯·康不得不重新设计空间构架，因此整个作品变得更加传统，其中包含了 T 型形梁结构。他让建筑外形复杂化从而保持早期体系中生动的视觉效果，留下了空的、三面的金字塔形——对于提醒康埃及之行的斯科利来说，这个形式像连接元素一样完美无缺。[18] 出于美学的选择，他用引人注目的楼梯井加强了这种感觉，三角形的楼梯呼应着顶棚围堰上三角形的装饰，从而增强了建筑的几何主体。

耶鲁大学美术馆秩序的几何形体对安妮·格雷斯沃尔德·唐产生了持续的决定性的影响。[19] 她把耶鲁大学美术馆看作是路易斯·康的职业生涯的转折点，通过这个转折点，她帮助并启发了康，使他认识到了“几何原型的秩序”[20]（图 2-6）。安妮在这方面受到的一些影响可以从康对柯布西耶的朗香教堂(1951—1955 年)的反应中看出来：“我疯狂地爱上它……不可否认，它是一件艺术家的作品……安妮并不仅仅满足于……创造没有秩序的形式……她说如果勒·柯布西耶对结构有一个像我和她那样的增长的概念的话，勒·柯布西耶就不会对他自己的作品感到满意”[21]。后来他又写道，“她知道生物结构内在几何性的美学意义，使我们分清可测量的和不可测量的界限”[22]。安妮还在康和富勒之间架起了一座有效的桥梁。她和康在 1949 年认识了富勒[23]，富勒非常尊重她的想法，称赞她“拥有工艺精湛、有着科学原创力的作品，表现了她对柏拉图式的实体的整体家庭关系的中庸之道的探索。根据记载，这些关系之前还没有被人发现过……安妮是康几何学上的战略家”[24]。

路易斯·康的作品中坚持的几何秩序，就像用造价昂贵的石头结构来形成一种建筑体量感一样。这一点可以在两个之前在费城进行的相对保守的设计——米尔

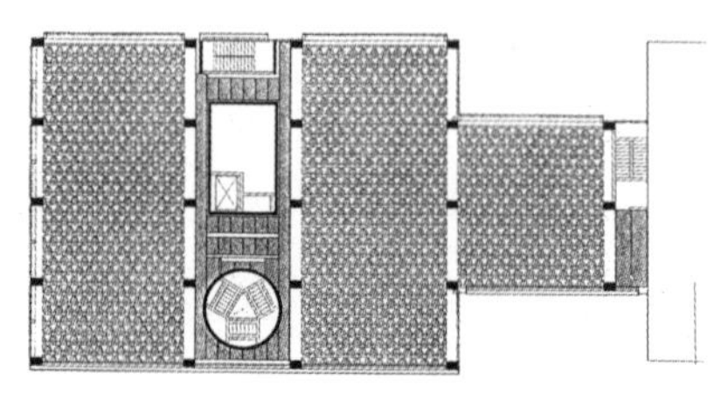
图 2-5 耶鲁大学美术馆，顶棚反射平面

图 2-6 路易斯·康、安妮·唐和肯尼斯·威尔在沃尔纳特街，约 1955 年

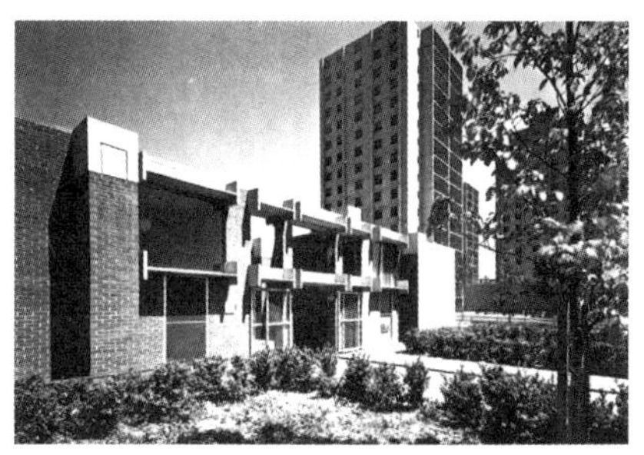
图 2-7 米尔溪住宅项目，社区中心和高层公寓楼，费城，宾夕法尼亚州，

图 2-8 美国劳动联合会医疗服务中心，费城，宾夕法尼亚州

溪住宅（1951—1956 年）和美国劳动联合会医疗服务中心（1954—1957 年）中看出来。米尔溪住宅（第二部分于 1956 至 1963 年扩建）体现了康摆脱束缚，在低造价住宅设计上的努力。最终高层和低层综合体的结果反映了一个漫长的官僚政治妥协的过程（图 2-7），可以理解，这个过程已经被减弱了。美国劳动联合会医疗服务中心是路易斯·康这些年的作品中，另一个跟他 50 年代前的作品有比较多联系的设计。和耶鲁大学美术馆一样，医疗服务中心用暴露的混凝土结构来达到一种独一无二的外观效果并且把机械设备系统做成一个整体（图 2-8）。柱子间跨度很大的空腹桁架上有着六角形的孔，让人联想起美术馆中的几何形状，桁架隐藏在光滑而有体积感的室外玻璃和石板下面，这使得最后的体量感变得可以接受。但是到 1957 年 2 月医疗服务中心落成的时候，它显然和路易斯·康的其他作品不同，它是公共性的。1973 年，这座建筑因为修建高速公路而被拆除。[25]

空间划分

路易斯·康对理想化几何秩序的追求，是由于他对历史建筑的感觉而形成的，这种追求把他推向了空间的划分，现代主义空间一系列的理想很快受到了挑战。他在 1951 年年末到 1953 年年中对费城进行的交通研究预言了这样一种有秩序的分隔。当时他已经完成了美术馆的设计，正在指导施工。由于没有了他在米尔溪住宅中受到的那些限制，康为美国建筑师学会费城分部委员会准备了这些视觉研究。他用自己对城市交通的独特表现来区分每个不同的元素，并且遵循长期以来通过鉴别组成要素的办法来分析问题的传统。在这种情况下，不同交通工具和行人的出行路线都分别用不同尺寸和强度的箭头标示出来，以此来说明各自的尺度和速度。接下来，这些元素被集中成一个更有秩序的整体，为每一个组成部分的流线提供一个合适的位置或通道，这样就可以形成一个有说服力的整体而不漏掉任何一个部分

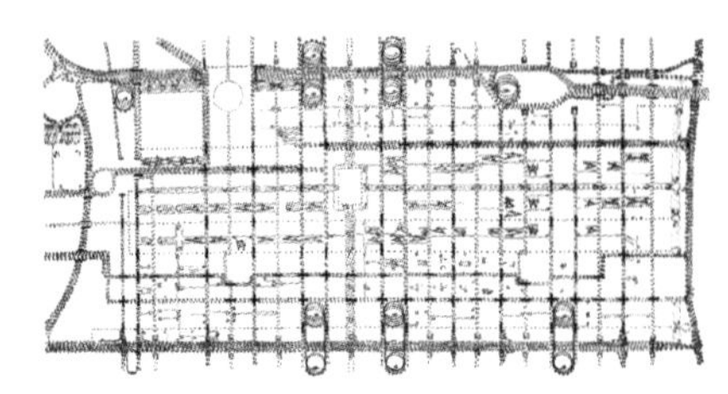

图 2-9 费城交通分析图

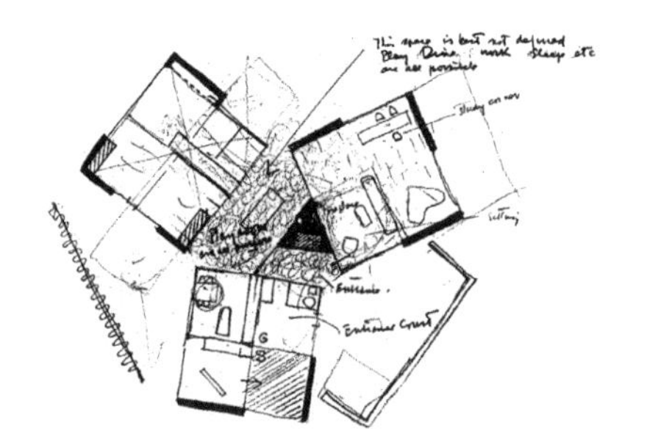

图 2-10 费鲁切特住宅，费城，宾夕法尼亚州，平面图

图 2-11 费城市政中心，费城，宾夕法尼亚州，旅馆和公寓平面示意图的提案

（图 2-9）。康的透视图也有勒·柯布西耶理想城市的影子，但是好在没有出现盘旋突兀的飞机场和不够安全的起落平台。

安妮·唐回忆说，“他总是想在事物之间找到区别”[26]，她主要指的是康对细节的态度，即便对大规模的作品也是一样。对于康来说，这种不妥协的缩影和重新组合是一个非常有效的入手点，后来他又把这种方法运用到了建筑中。H. 里奥纳德费鲁切特住宅（H. Leonard Fruchter，1951—1954 年，未建成）的设计表现了他这种方法的初级阶段（图 2-10）。1951 年 9 月，当康正在进行耶鲁大学美术馆天花板的设计时，一位纽约的商人和他的妻子委托康做一个设计。这个项目直到来年的春天才开始进行设计，并在 1953 年 1 月进行了附加的修改。[27] 在这个设计中，每一项基本的功能都有一个独立的几何单元，但是在它们的组合方式上，康似乎没有采用理性的秩序，而是增强了他在耶鲁大学美术馆楼梯间里的那种构造方式。一个内接于对称围合空间中的三角形是非常引人注目的，康一定是发现了这一点。因为在接下来的一年中，有三个项目中都出现了这种秩序模式。视觉上相似的背后，是无法确定的不同源头。

1953 年 4 月，费鲁切特住宅完成后不久，路易斯·康用图解表示了他所设想的费城市政中心的一部分，即一个三角形百货商店上的封闭圆形旅馆（图 2-11）。1952 年发表于《费城日报》上的克劳德-尼古拉斯·列杜的旅馆项目，让康对这种几何形体的结合更为着迷（图 2-12）。[28] 然后，他在阿代什·杰叙隆（Adath Jeshurun）犹太教会堂和学校建筑（1954—1955 年，未建成）规划中使用了这种处理方法，这一次三角形被设计成礼拜堂放在一个部分围合的圆形空间中[29]（图 2-13）。康为它的结构设想了一个开敞的、三角形的空间构架，这个构架让人回想起他 1953 年左右为了展示耶鲁大学美术馆的建成效果而绘制的理想结构（图 2-14）。正如他在给沃尔特·格罗皮乌斯的信中所写的："耶鲁大学美术馆的工作使我开始考虑三维结构和它对建筑的影响。这股力量将会让真正重要的建筑诞生，不以我的意志为转移。"[30] 在犹太教会堂中，康挖掘了柱体的潜能，这些柱子有时候根据构架而倾斜一定的角度，它们结合在了一起，定义了楼梯的空间。[31] 路易斯·康设计的犹太教会堂位于费城北部埃尔金斯公园附近的约克路，基地的不远处就是刚刚建成的由弗兰克·劳埃德·赖特设计的贝斯·肖洛姆（Beth Shalom）犹太教会堂（1954—1959 年）。康解释了赖特的六角形方案[32]，而在自己的设计中，他把赖特浪漫的想法变得合理化了。

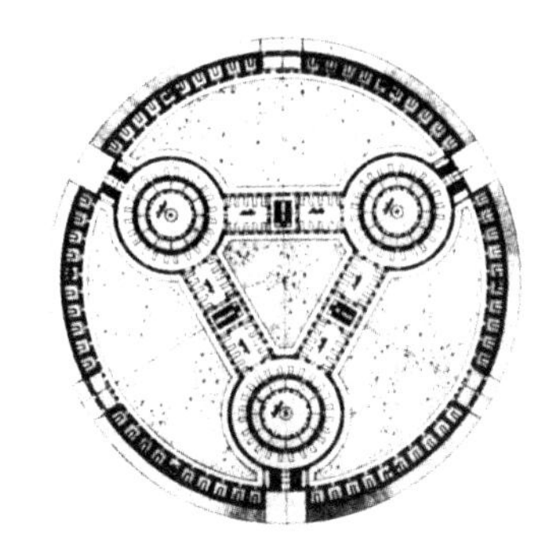

图 2-12 克劳德 - 尼古拉斯·列杜旅馆项目，圣玛索郊外，巴黎，摘自《美国哲学社会》，1952 年出版

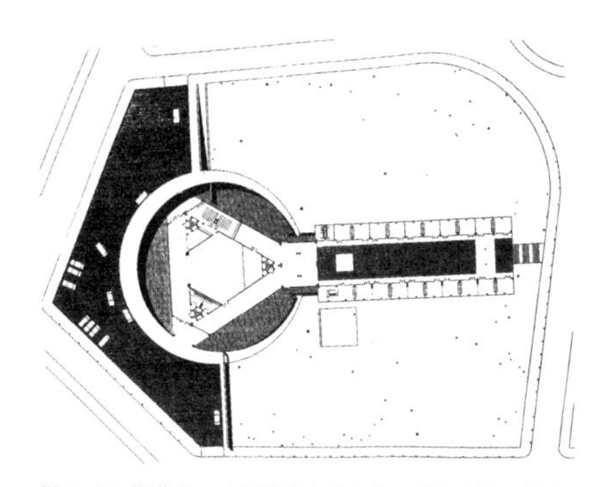

图 2-13 阿代什·杰叙隆犹太教会堂和学校建筑，费城，宾夕法尼亚州，平面图，1954 年

第三个相关设计（与安妮·唐合作）更加坚决地探索了空间结构技术。在这个被称为"城市之塔"的设计中，康和安妮采用了一个简单的棱柱似的三角形，就像 1952 年设计的市民中心中的一个部分一样。1953 年，有倾斜角度的多面体墙的三角形空间框架进一步发展（图

图 2-14 耶鲁大学美术馆，纽黑文，康涅狄格州，理想状态下的局部图，1954 年

2-15）[33]。这个设计也许反映了法国工程师罗伯特·勒·里科莱斯（Robert Le Ricolais，1894—1977 年）的影响，他和安妮以及富勒一样，是这种技术的倡导者之一。1953 年 4 月里科莱斯写信给康，给他寄了两份文章解释自己的理念。在文章里，他不乏诗意地论证了六角形空间构架能够提高多层建筑中空间和结构的效率。[34]

具有典型意义的是，路易斯·康是从一个很广的范围，而很少从技术的优点上来认识这个构架的，这和他早先在 20 世纪 40 年代对钢结构所做的实验一样。1953 年，他写道："在哥特时代，建筑师用坚固的石头盖房子。而现在我们可以用空心的石头建房子……日益增长的兴趣和空间框架的不断发展，使得想要在结构设计中主动地表现空间感的念头实现了。"[35] 阿代什·杰叙隆犹太教会堂中的柱群是一种变化，空间。路易斯·康对空间构架的兴趣很快就消退了，但是他还在继续探索着他在其他结构体系中的发现。他的研究形成了一种方法，可以根据可见的、理性的模式界定空间；而且形成了一种途径，使得他在那个时代的，能够赋予传统的承重墙结构以活力。最后，这些标志着伟大建筑的部分得到了有机结合，康做到了这一点。

康对耶鲁大学美术馆的专注并不仅限于对它的结构和几何形体的重视，还因为对它开敞平面过于自由的划分日益增长的不满，这源于他对理性空间划分的研究。首先，他认为自己使用不固定的局部系统，通过控制美术馆开敞平面中的灵活性（这在开放的时候已经向大家解释清楚），就可以解决问题。"一座好的建筑不会因为业主的使用不当而破坏它的空间。"[36] 必然的，其他的隔墙是可以替换的；他向耶鲁大学的校长断言他的设计是折中的。[37] 他把建筑定义为"有思想性的空间组织"[38]，并且说："如果我现在要建一座美术馆，那么我肯定会更加关注不能被管理者随心所欲地使用的那部分建筑空间。我宁愿选择给他一个本就在那里的、并且拥有某些内在特征的空间。"[39] 费鲁切特住宅表现了这个想法，尽管它的含义最初没有被发现。在 1954 年设计弗朗西斯·H·阿德勒（Francis H.Adler，1954—1955 年，未建成）中，路易斯·康创造了一种更加明确的行动路线，这个路线最后直

图 2-15 市民中心，费城，城市大厦透视图

接促成了一个完全落地的实例——1955年初的特伦顿（Trenton）公共浴室中的加以区分的空间。[40]

1954年秋天，路易斯·康在办公室里度过一段相对平静的时间，他踌躇满志。这几年，他完成了耶鲁大学美术馆的工作，医疗服务中心的项目开始施工，米尔溪住宅项目也将接近尾声，阿代什·杰叙隆犹太教会堂的收尾工作也已经完成。康又重新和安妮·唐聚在一起。那时候她刚刚从罗马回来，他们的女儿亚历珊德拉·斯蒂文斯·唐（Alexandra Stevens Tyng）出生在那里。在这几个月中，他对自己想法的不断质疑，似乎又让他有了新的动力。当康用新想法开始小住宅设计时，他也开始明确了对理想化形式，或者建筑“想要成为”的形式，和根据实际情况形成结果的设计之间的区别。首先他用“秩序”和“设计”这两个词来区分：“我相信，当我们讨论设计的时候，我们就在讨论秩序。我认为，设计依环境而生，而秩序是我们对环境各方面的发现。”[41] 康不再提到通常意义上置于几何图形之上的秩序，取而代之的是柏拉图似的理想。那时，他对设计的衡量标准，在于那些设计在多大程度上参与了那种理想。

在负责费城佩恩中心市长委员会工作的时候，路易斯·康给阿德勒夫人留下了深刻的印象。当时她和她的丈夫整打算在费城切斯特纳山建造住宅，她鼓励康突破传统。[42] 这个方案康使用了非常简洁的、几乎类似于图解的语言（图2-16）。每一项特殊的用途都覆盖在一个特殊的结构单元下面，使得空间和结构的区分取得了呼应；现代主义最有特点的开敞平面被重新改造。墙体大部分仍然是光滑坚固的，但是角柱被设计成了巨大的石头围墙，留下了可以让机械和结构元素得到充分运用的空间。在可见的节点上，康也感觉到了装饰的可能性。在设计阿德勒住宅时，他说：

> “我们当今建筑需要的装饰，在一定程度上来自于我们隐藏节点的趋向——换句话说，是想要掩盖各个部分是怎么结合起来的。如果我们试着像我们建造房屋那样来训练我们的绘画，从下往上，在浇筑或者建造的地方停下我们的铅笔，那么装饰就会从我们对结构的完美的爱中激发出来，我们就能够发现一种新的建造方法。”[43]

这些话表现了路易斯·康对节点的赞美，并且一直出现他的思想中，不断地重复，几乎没有改变过。他对装饰起源和古典秩序的认识使他对节点奉若神明。

1955年初，由于分区问题，阿德勒住宅的进度受阻，[44] 路易斯·康采用了宾夕法尼亚斯普林费尔德（Springfield）镇的韦伯·德·沃尔（Weber De Vore）住宅（1954—1955年）的概念。他再一次用非正式的亭子来组成住宅。其中每个亭

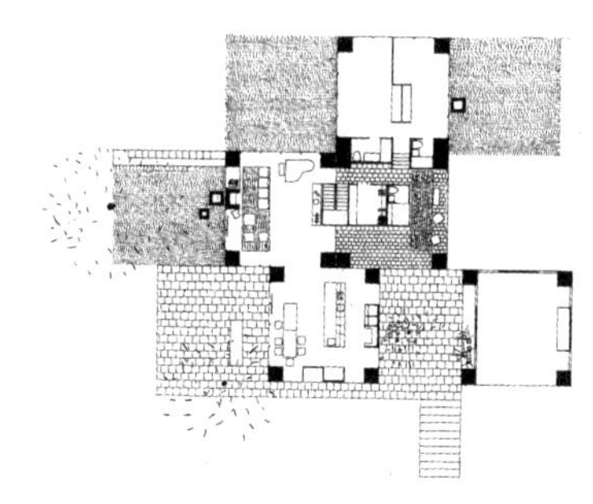

图2-16 阿德勒住宅，费城，宾夕法尼亚州，平面图，1954年秋

子的面积为 2.5 平方米，但是这一次用了两个附加的柱子来改善室内空间以提供方便（图 2-17）。无论是在阿德勒住宅还是在德·沃尔住宅中，都留有许多速写记录了康对每个亭子和其相邻地形之间不同关系的尝试。它们促使康发现了斜脊屋顶的作用。

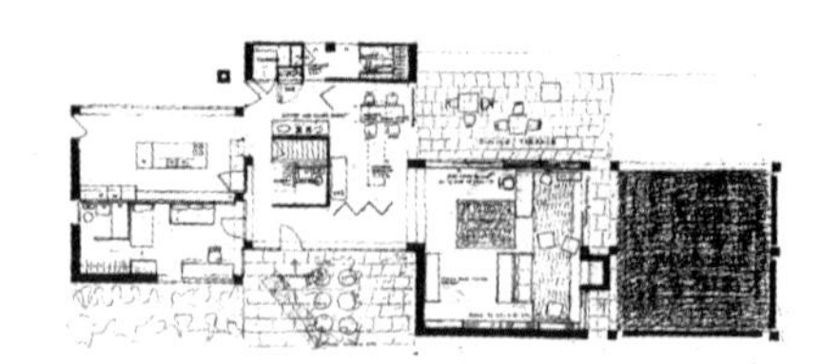

图 2-17 德·沃尔住宅，斯普林费尔德镇，宾夕法尼亚州，平面图，1955 年

德·沃尔住宅存在的时间显然比阿德勒住宅短，[45] 但是作为新泽西特伦顿附近犹太社区中心的一部分的公共浴室，它给路易斯·康提供了第三个使用亭子平面的机会。康是在 1955 年 2 月份接受这个任务的，最初的设计是一个没有什么特点的公共浴室平面。接下来，2 月 15 日他提出了一个由 4 个对称的金字塔形的亭子组成的希腊十字方案。这个简单的结构施工迅速，几个月就完成了（图 2-18）。各部分之间的平衡以及路易斯·康后来所谓的“服务空间”和“被服务空间”在建筑中的层级都清楚地得到了处理，阿德勒住宅中柱墩被放大并且掏空，变成了较小的、对称布置的房间，用来容纳卫生间的设备或者用作前厅。也许更特殊的是这座建筑在视觉上的清晰，因为每一个功能单元都是由它自己的结构体量来界定的。

图 2-18 犹太社区中心，公共浴室中庭，1957 年

特伦顿公共浴室作为路易斯·康作品中的一个转折点开始变得非常著名。回顾过去，康说：“如果在我设计了理查德大楼之后，全世界都认识了我，那么在我设计了特伦顿的那间小公共浴室之后，我认识了我自己。”[46] 在 1955 年设计特伦顿公共浴室的时候，他已经开始想象它的影响，在他的一本名为“分隔成的空间”的笔记本中曾这样记录：“由穹顶创造的空间和穹顶下面被墙分隔的空间已经不是同样的空间了……一个房间必须是一个结构整体或者是结构体系中一个有秩序的部分。”接下来，他在以自我评价的方式对当时的伟大建筑师的评价中说道：

“密斯对空间创造的敏感反映在对结构施加的秩序中，他很少考虑建筑‘想要成为什么’。勒·柯布西耶感受到了空间‘想要成为什么’，但是他很不耐烦地忽略掉了秩序而直接奔向形式。在马赛公寓中秩序感还是很强的……在朗香教堂中只能从一个来自梦想的形式中感觉到隐约的秩序。密斯的秩序不够全面，无法包含声响、光线、空气、管道、储藏、楼梯、竖井、水平和垂直的以及其他的服务空间，作品中结构的秩序只能用来建造建筑，而没有容纳一定得服务空间。”

接着他称赞赖特的早期作品是“最精彩的、真正的美国风格的建筑”，但是他接下来又补充说：“弗兰克·劳埃德·赖特的模仿者比勒·柯布西耶的模仿者在数量上要少得多。赖特更加随意、个人化、作品充满实验性，对待传统的态度也更加轻蔑。”

路易斯·康在题为“帕拉迪奥平面”的部分笔记中进行了总结，那篇文章明确了他对前辈们的看法：

“我发现了别人或许已经发现的东西，那就是一个开间的系统就是一个房间的系统。一个房间就是一个明确的空间，通过它的建造方式被定义……对我来说这是一个很好的发现……有人问我怎么才能从复杂的住宅问题中找出房间的想法。我以德·沃尔住宅为例，它在精神上完全是帕拉迪奥式的，对今天的空间而言它是高度有序的……阿德勒住宅的秩序感就更强了。”[48]

因此，鉴于对古典风格的更加敏感，路易斯·康对开放平面的惯例提出了质疑。他把帕拉迪奥定义为给这一出发点提供线索的媒介。康早年间对鲁道夫·维特科夫尔（Rudolf Wittkower）非常有影响力的论著《人文主义时代的建筑原则》，这本书非常熟悉，甚至像他同事所说的，他大略地研究过其中的插图。[49] 维特科夫尔对帕拉迪奥别墅的图解清楚地表达了“服务空间”和“被服务空间”之间的秩序，在本质上可以算作是他自己对帕拉迪奥的设计。阿德勒住宅和德·沃尔住宅平面中所缺少的帕拉迪奥式对称的平衡，其实在阿德勒住宅第一张概念化的草图中也是存在的（图 2-19），只是后来特殊的流线改变了原来完美的对称。事实上，康是从一个十足的帕拉迪奥式的平面入手的——后来他把这个平面用到了特伦顿公共浴室中。

路易斯·康 1955 年的笔记本中最后的一段话，是把改变的帕拉迪奥平面和他在那年开始的另外两个设计——纽约基斯科山的劳伦斯·莫里斯（Lawrence Morris）住宅（1955—1958 年，未建成）和犹太社区中心主要建筑中间阶段的草图联系起来：“特伦顿的社区中心和基斯科山的莫里斯住宅是与“房间—空间”概念的变化相称的。那里的支柱是以必需的楼梯、洗手间、壁柜、[字迹模糊]（原文如此）、入口等为更大的起居空间服务的服务空间。”[50] 康在 1955 年夏天开始绘制莫里斯住宅的第一稿草图，但是在 1956 年他把它放到了一边。他最初设计的平面（图 2-20）和他在笔记本的描述是一致的，这些草图几乎可以作为宾夕

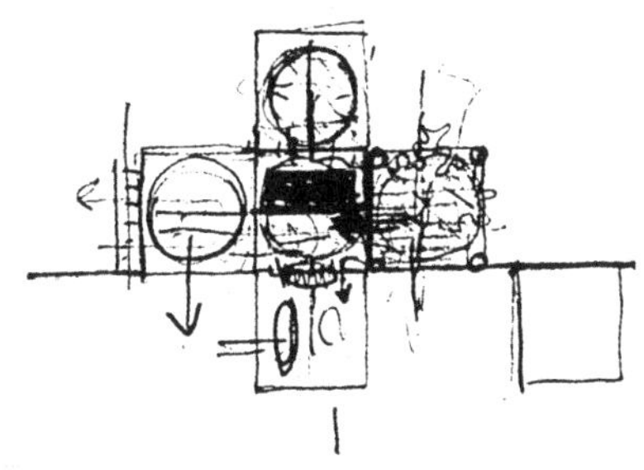

图 2-19 阿德勒住宅，费城，宾夕法尼亚州，平面草图，约 1955 年

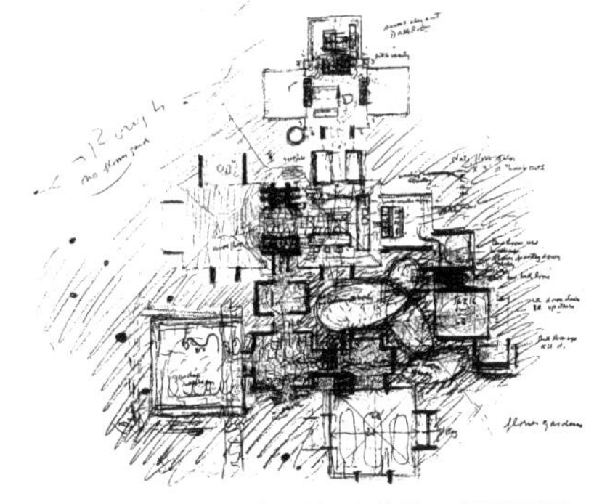

图 2-20 莫里斯住宅，基斯科山，纽约州，一层平面草图，1955 年夏

法尼亚大学理查德医学研究中心（1957—1965年）的概念性草图，这个始于1957年的项目是他那几年最著名的空间划分的案例。[51]

1955年12月路易斯·康和维特科夫尔最得意的弟子科林·罗（Colin Rowe）的一次深入对话加强了康与维特科夫尔的联系。[52] 事实上，康的笔记中特意提到的帕拉迪奥的概念可能也是在那次会谈后添加进去的。几个星期后，科林·罗给康送来了一本新的《建筑原则》，他说："我想你可能已经发现了你深有同感。"[53] 科林·罗的思想中除了类似帕拉迪奥之外, 还有许多别的东西。康早先用联想的方式从可以找到的形式中划分出理想的秩序，这让人想起维特科夫尔对巴巴罗（Barbaro）的话的引用："艺术家首先是用思想中的智慧和想象来工作的，然后用象征的手法把内部的想象用外部的物质表达出来，在建筑中尤其如此。"[54] 后来当康说到"建筑中的重要事件发生于墙体分裂而柱子形成的时候"，他再一次提到了维特科夫尔的话，因为他以一种与阿尔伯蒂（意大利文艺复兴时期的建筑师和建筑理论家，译者注）相同的方式把历史当成一种神话，正如维特科夫尔所引用的话："一排柱子实际上就是一面墙，开放、无序，而不是别的什么。"[55] 所有这些话都加强了科林·罗对康的赞赏，因为他把康看作是一位新人文主义者，同时雷纳·班海姆（Reyner Banham）把他看作是新野兽派。然而，到那个时候，康其实已经从这两种传统中突破出来了。

路易斯·康在他的笔记本中提到的犹太社区中心的草图是他从1955年11月到1956年3月之间做的，这些草图的严谨程度比他同一时期的其他作品都要惊人（图2-21）。在这些草图中可以再一次感觉到安妮·唐的影响，而且在类似于达西·汤普森（D' Arcy Thompson）的《关于生长和形式》中的一幅画的侧视图研究中可以更加强烈地感觉到这一点（图2-22，图2-23）。这些草图似乎证明了安妮的观点——建筑师应该"想象建筑中的形式，这些形式在于真正三维的关系，而不是在仅仅往上延伸二维关系的基础之上，创造它们自己的场所……从对拥挤不堪的几何形体的理解中可以找到形式，这种形式能最有效地在人员密集的地方创造宽敞感。"[56] 关于类似的多边形实体，汤普森曾经说过："在拥挤不堪的地方"它们能够"以最少的表面围合空间"[57]。

安妮·唐在对全球阿特拉斯水泥公司（Universal Atlas Cement）设计的约188米高的"城市之塔"（1956—1957年）最后方案设计中的参与更为众人所知（图2-24），这座大厦是该水泥公司为推动混凝土广泛使用而采取的一系列措施之一。1960年现代艺术博物馆展出了一个非常复杂的铰接结构，这个结构被一位评论家描述为"一个摇摆的混凝土构

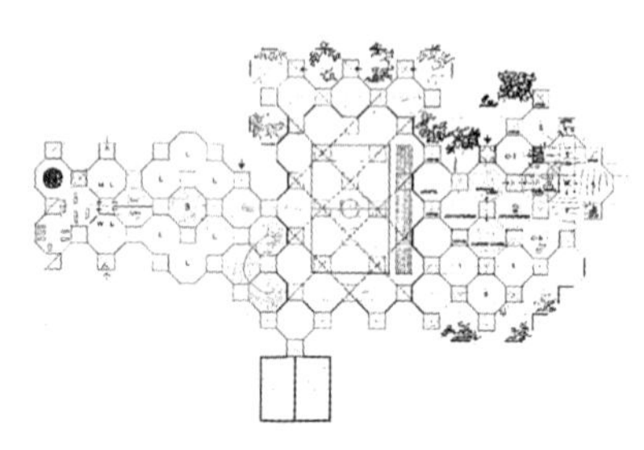

图2-21 犹太社区中心，尤恩镇，新泽西州，平面图，1955年3月

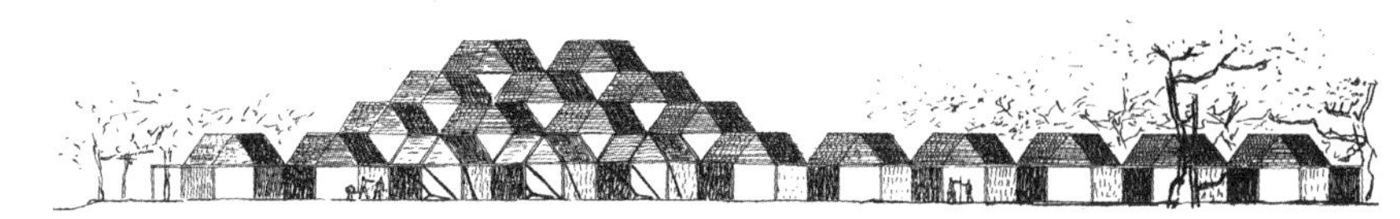
图 2-22 犹太社区中心，立面图，路易斯 · 康绘，1956 年

图 2-23 达西·汤普森《关于生长和形式》中的 14- 水晶体，1943 年版本

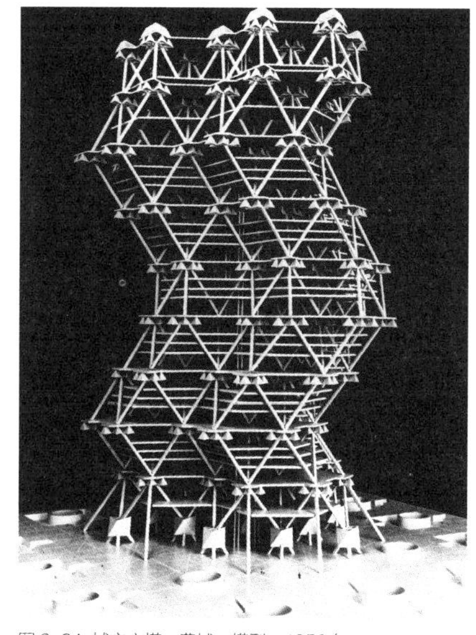
图 2-24 城市之塔，费城，模型，1956 年

架”[58]。这个三角形的几何体完全是安妮的风格，但路易斯·康早先在圣马克的速写中就记录了对石头框架类似的观点。其他采用三角形的设计——比如沃顿·艾修里克（Wharton Esherick）工作室的扩建（1955—1956 年）或者弗瑞德·克莱弗（Fred Clever）住宅（1957—1962 年）也都是由安妮·唐指导的。[59] 并且她还参与了 1964 至 1965 年纽约世界展览会上的通用汽车展厅（未建成）的设计，1960 年 12 月至 1961 年 2 月期间，康一直在为这个项目工作。[60] 他尝试了集中式甚至是球形的结构，但最后还是停留在了组织很松散的充气庭院上（图 2-25）。安妮的草图给这些几何形体带来了她一直追求的规则性（图 2-26），因为当路易斯·康从一个更加广泛的框架中吸收这些元素的时候，安妮则始终把注意力集中在这一点上[61]。”

图 2-25 通用汽车展厅，纽约，鸟瞰透视图

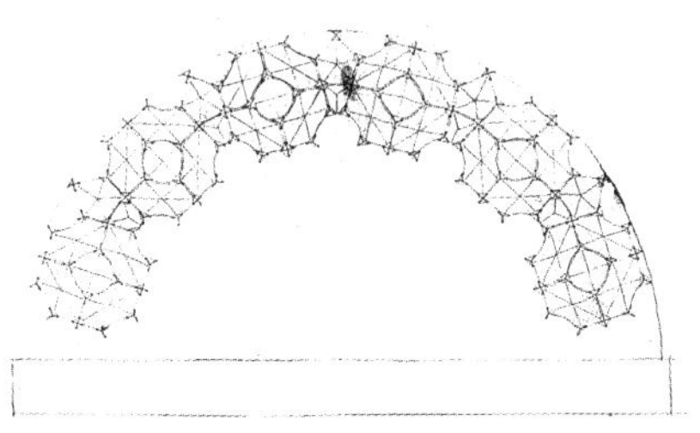
图 2-26 犹太社区中心，模型

那几年，路易斯·康的项目进展缓慢，所以他至少可以集中一周的精力在一个问题上。因此 1956 年 2 月当他快要完成

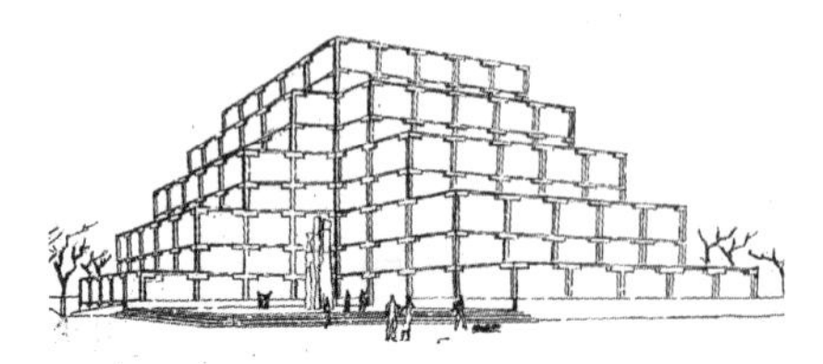

图 2-27　华盛顿大学图书馆，圣路易斯，透视图，路易斯 · 康绘

图 2-28　先进科学研究院，巴尔的摩附近，模型

犹太社区中心八角形的草图时，接到了一份来自圣路易斯华盛顿大学图书馆竞赛的邀请；当 5 月份交上这份设计的时候，有记录显示他的注意力已经转向巴尔的摩附近的先进科学研究院上了，这个项目 1955 年就已经委托给了康，一直在等待着他的时间。当康 1956 年 11 月完成研究院最后的草图时，他重新又回到了犹太社区中心，并且在 11 月到转年 6 月之间，完成了这个项目的最后一轮，同时也是最广为人知的设计。

无论是在图书馆（图 2-27）还是在研究院（图 2-28）的设计过程中，路易斯·康一直都在探索希腊十字架的形式作为一种平面工具该如何适用于有序的、划分的空间中，尽管接手的设计比特伦顿公共浴室要复杂得多。康把空间划分可能引起的混乱减少到了最低程度，特别是在图书馆的设计中。这种对细节的去除表现了康用来实现他的普遍真理的方法：项目是引导，而不是要求。就像康对他在华盛顿大学设计项目所说的那样："图书馆应该提供一个空间体系，它们作为建筑的最终形式应该来自于对功能的理解而不是满足于一套刻意营造的特殊体系。"[62] 后来他又补充说："建筑师的责任是去发现什么是有思想的空间领域……而不是仅仅接受制度，相反应该尝试去发展一些通过制度本身能够实现 的东西。"[63] 在这一点上他变得越来越坚定："我从来都不单纯地从文字上去阅读一份任务书……这就好比一个人写信给毕加索说：'我想画一幅肖像画——想在画上画上两只眼睛，一个鼻子，还有一张嘴，拜托了。'你不会这么做，因为正在和你谈话的是艺术家。"[64] 他用同样的方法处理了犹太社区中心的

图 2-29 犹太社区中心，模型

设计（图 2-29），因为在有序的金字塔形的亭子下面是不同的功能和空间，这些功那和空间并不是一直都和容纳它们的建筑形式一致。现在，根据不同的分配元素的一般原则对空间进行了详细说明，这些元素可以促使小的功能变化而不至于影响建筑的特征。

图 2-30 费城市民中心，鸟瞰图

与这几年的工程项目不同，1956 年 5 月至 1957 年的大部分时间，路易斯·康为费城的项目设计提供了他理想中的方案。费城市民中心（图 2-30）让人联想起乔凡尼·巴蒂斯塔·皮拉内西（Giovanni Battista Piranesi，1720—1778，意大利雕刻家和建筑师）作品中对罗马的那种强有力的表现形式。事实上，罗马的品质在这里体现得比他早期的作品强烈得多，这也许表现出康受到了罗伯特·文丘里的影响。文丘里在普林斯顿的论文给康留下了深刻的印象，因此康把他推荐给了自己去罗马美国学院前的同事埃罗·沙里宁。1956 年他从学院回来之后，文丘里加入了康的事务所；当 1957 年他独立出来的时候，他们继续互相交流着意见。[65] 路易斯·康给文丘里写的推荐信记录了他们的密切关系和他对文丘里的欣赏，[66] 可以肯定的是，文丘里对建筑中个人习惯和特殊性的理解，渐渐把康从高度受控制的，甚至强制性的有序设计的偏爱中解放出来。在“城市之塔”造成的纯逻辑的影响中，文丘里在他的广场速写里表达了一种米开朗基罗的卡比托利欧（Campidoglio）式的情绪可控的精神。如果说安妮加强了康抽象几何秩序的倾向，那么可以肯定地说，文丘里提供了让秩序变得诗意化的方法。

在那些为路易斯·康提供解决办法的人里面，并不仅仅文丘里一个人这么做。在这方面有许多关于他非正式组建的办公室的说法，[67] 因为他从那些和他一起工作，并且帮他把草图最终转变为建筑的人身上受益匪浅，他非常依赖几个比较有经验而且在某种程度上还保留着传统的办公程序的同事。在耶鲁或者宾夕法尼亚大学以及他执教的其他学校中，他也以类似的方式和建筑系的学生一起工作。尽管他在麻省理工学院和普林斯顿大学也待过一段时间，但 1955 年 9 月之后，他的教学主要集中在宾夕法尼亚大学。宾夕法尼亚大学当时的校长 G·霍姆斯·帕金斯邀请康重新回到宾大，这是帕金斯有远见的发展学校计划的一部分。在那里康主要负责指导攻读第二专业学位的高年级学生。保罗·鲁道夫去耶鲁的时候，康正准备离开那里。鲁道夫给他们班学生出的“路边的冰冻奶油站”题目导致康最后的离开，尤其是当康被草草安排去核准评审团的时候。[68] 康的兴趣在更深层次的问题上，他根据这些深层次的问题来进行判断。通常他是以一种广泛调查的精神分配自己的任务。在宾夕法尼亚大学，康以讨论会的形式组织起来了他的班级，无论是他的学生们、他的同事罗伯特·勒·利科莱斯，还是他的老同学、费城建筑师诺曼·莱斯，都可以和他进行开放的对话。正如康在他生命的最后阶段所说的：“课堂让我觉得精神振奋和富于挑战，我从学生身上学到的，可能比我教给他们的还多。”[69]（图 2-31）他鼓励学生和他一起去寻找每个项目理想的设计形式。在某一个情况下，他们认为球形是普遍的理想形式；每个学生都是通过衡量每一个形式的独特性来进行选择的。[70]

正如路易斯·康跟耶鲁的联合给他带来了耶鲁美术馆的项目一样，1957 年 2 月，康和宾夕法尼亚大学的合作又给他带来了的理查德医学研究所这个项目。到 1958 年 6 月他完成第一轮方案的时候，他已经确定了将三个实验室塔楼不对称布置在第四个服务楼周围的基调。同年夏天，这个项目又增加了生物实验室，康将它们设计为两座附加的楼（图 2-32）。康的设计提出了不同的开窗模式，有的楼的弓形元素让人想到罗马主题，服务楼更多是对于轮廓和形体的体现（图 2-33）；但是平面本身拥有结构和组成的逻辑，而且它最终的解决方案都因此而著名。

理查德研究所比路易斯·康之前的任何设计，都更加全面地体现了他对可见的、理性的、个性化的结构差异化空间的深层领悟。到 1960 年 5 月这座建筑落成的时候，评论家们感觉到了一座新的综合建筑物正在形成，它有密斯·凡·德·罗和国际式风格的影子，也有勒·柯布西耶以及弗兰克·劳埃德·赖特的影子，但是它仍然拥有自己独特的品质。[71] 康对单个元素的清楚表述和对服务空间与被服务空间之间区别的强调，被认为是他对普遍标准的最强有力的背弃。这些特点通常被解释为对设计任务特殊要求的理性反应，尤其是

图 2-31 路易斯 · 康在宾夕法尼亚大学教学，约 1967 年

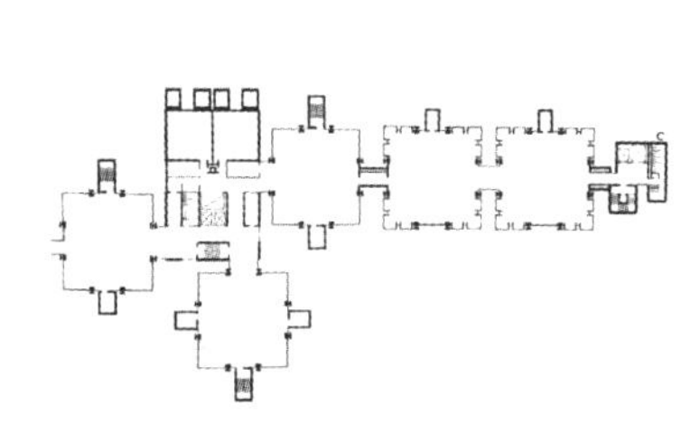

图 2-32 理查德医学研究所，标准层平面图

图 2-33 理查德医学研究所和生物大楼

在需要为动物研究提供单独的空间和为复杂的空调和排风设备提供通路的时候。回顾起来，这些要求基本也是偶然的。这些亭子平面后来成为他作品中的主题，在1955年的特伦顿公共浴室中他迫切想要区分服务元素的想法就是很好的证明。这是一个他非常乐于接受的来自美术学院教育的概念。[72] 他还写道："空间的本质是由为它服务的小型空间确定的。储藏室、服务用房和立方体的房间 [原文如此] 不应该是从一个单一空间的结构中划分出来的，它们应该有它们自己的结构。"[73] 在理查德医学研究所中，康认为对于他的概念来说，人类上情感的需要比功能上的需要更加重要：

"医学研究所被构想成……科学实验室是工作室，在那里呼吸的空气应该远离要排放的废气。通常的实验室平面……把工作区放在公共走廊的一边，另一边则布置电梯、动物房、管道和其他服务用房……一个工作空间和另一个工作空间之间的区别仅在于它们的门牌号码。"[74]

在他的设计中，路易斯·康不仅提供了这些尊重人类努力的不同空间，还把它们组织起来，使在其中工作的人感觉像在科学家社区中工作一样（图2-34）。

理查德医学研究所的混凝土结构优雅地嵌在红色砖墙中，在它完成的时候备受称赞。就像在耶鲁大学美术馆一样，一个实验性的体系被用来探索空间秩序，但是这次的秩序确定得更加清晰，并且内部空间的划分也更加直接地由一个交叉的预制后应力梁来界定。和康一起合作设计这个项目的是奥古斯特·考曼顿特

图2-34 理查德医学研究所，塔楼之间风景，1961年摄

（August Komendant），他从1956年起就是一位常任顾问。[75] 康把考曼顿特称作是"少有的一位能够指导建筑师创造出深远意义形式的工程师"，考曼顿特也证明了自己的能力。他回忆向康建议预应力混凝土的结构潜力时，不太客气地说康"完全忽略了工程学。他缺少基本的结构以及结构材料的知识……他把他对结构的无知隐藏在傲慢和他的地位后面……在同罗伯特·勒·利科莱斯和我合作之后，康对工程学的态度才有了巨大的变化。"[77]

从视觉上，可以找到许多理查德医学研究所的灵感来源，从圣·吉米亚诺（San Gimignano）的中世纪塔楼到密斯·凡·德·罗作品中的立面。[78] 更有说服力的先例是早期斯科利所提到的、曾经对路易斯·康造成影响的赖特设计的拉金（Larkin）楼（1904年），它更加切中康和赖特之间关系问题的关键所在。[79] 作为他那一代人的代表，康很少称赞赖特后期的作品，他更青睐勒·柯布西耶严峻而充满智慧的作品。但是康那些年的作品表现了他对前人作品的深刻理解而不是局限于简单的认知。

关于赖特和康之间关系的资料记载

很少。他和赖特原来的助手以及他的坚定支持者亨利·克拉姆（Henry Klumb，1904—1984 年）之间的联系在第一章中已经提到过了。[80] 1952 年，康和赖特都参加了美国建筑师协会的一次会议，[81] 1955 年路易斯·康赞扬了赖特早期的作品，1959 年赖特去世的时候，康在颂词中写道："赖特发现，自然的本质是没有风格的，自然是一切事物最伟大的老师。赖特的理论就是这种简单思想的体现。"[82] 斯科利后来回忆起，就在同一年，康参观了赖特的建筑，即 S.C. 约翰逊（S.C. Johnson）和宋（Son）管理大楼（1936—1939 年），对于这座建筑，"在他灵魂的深处，他被征服了"[83]。在理查德医学研究所中，我们可以看到一种有趣的关系。皮特罗·贝鲁斯基（Pietro Belluschi）认为赖特 1947 年为约翰逊和宋设计的研究楼不能起到实验室的作用，1953 年路易斯·康反驳了他的这种观点："这座塔楼是用爱建成的，我要说它就是建筑……建筑开启了一系列的链条。它不该仅仅为自己存在，还应该为给他人以火花；这座塔有它自己的力量……然后才是它的功能性。"[84] 这些话也可以看作是康为遭到类似批判的研究所做的辩护。

为了追求空间内部的逻辑定义，路易斯·康也采用了赖特的开窗方法，因为赖特系统处理洞口的变化，在玻璃和石材表面之间形成了十分有效的平衡。在理查德·劳埃德·琼斯（Richard Lloyd Jones）住宅（塔尔萨，俄克拉荷马州，1929）中这一点得到了最好的说明，在那里玻璃带和石块的处理重构了传统的围合概念。作为赖特最抽象也是最小的建筑，琼斯住宅没有他后期作品中常见的浪漫构思，但是它对于康来说好像有着特殊的吸引力，他把它作为重新设计莫里斯住宅的模型。莫里斯住宅最初的平面是理查德楼医学研究所的雏形。在把这个项目搁浅一年多以后，康在 1957 年夏天又重新拾起了它，当时他正在深化理查德医学研究所的设计。[85] 在一次画图的时候，两个设计的相似性就表现出来了，后来莫里斯住宅的透视图与理查德医学研究所的体量非常相似。但是前一个方案中更加低矮、更加开敞的亭子和坡屋顶（图 2-35）为更有力的体量刻画创造了条件，它让人联想到赖特的琼斯住宅（图 2-36）。这两个设计的平面图也有相似性，因为在莫里斯住

图 2-35 莫里斯住宅，模型，摄于 1957 年

图 2-36 理查德·劳埃德·琼斯住宅，弗兰克·劳埃德·赖特设计，塔尔萨，俄克拉荷马州，摄于 1929 年

宅的最后版本中（图 2-37），亭被联合到了一起，体量的划分由内部的柱墩来完成。

不管路易斯·康从赖特那里学到了多少东西，他们两个人在基本态度上其实是不同的。他们都认为秩序是一个基本原则，但是他们对它形成的看法却各不相同。正如斯科利所总结的，康认为秩序是一种“文化结构，因此可以在人类历史中找到它的原型”[86]；或者像康说的那样，“建筑是自然无法创造的东西”[87]。赖特则认为秩序来自于自然。这两位建筑师都追求理想的形式，但是赖特在俗世的范例中寻找图样，而康则寻找万物的灵感。

图 2-37 莫里斯住宅，平面图

最后特伦顿犹太社区中心日间夏令营的亭园草图，设计于 1957 年 6 月，恰好在理查德医学研究所的设计准备提交和莫里斯住宅重新设计之前。这个设计和施工都是以正常的速度进行的方案，基本上是一组简单、开放的单元，看上去更像是一幅速写而不像是正式完成的设计图。最有趣的是它的平面（图 2-38），因为在每个单元之间有角度的、非正式的游戏中，产生了路易斯·康设计中的新的东西——具有几何复杂性的元素。这个平面处理手法直到 1959 年的 M·莫顿·戈登堡（M. Morton Goldenberg）住宅中（未建成）才得到了进一步发展。但是在 1958 年秋天，当莫里斯住宅的工作已经停下来而其他的工程也怠惰不前的时候，康开始做论坛回顾报报社大楼（Tribune Review Building）的正面图研究，其中表现出了类似的几何自由。这一系列的转变可能和罗伯特·文丘里的影响有关，因为在康接下来的工作中甚至更加强烈地反映丹尼丝·斯科特·布朗所说的“康从罗伯特·鲍勃那里学会了风格主义形式的特异、扭曲和变形……从鲍勃身上，他研究了封闭空间的层次以及墙面和出口的并置，进而他再一次发现窗户可以是墙上的洞[88]。”

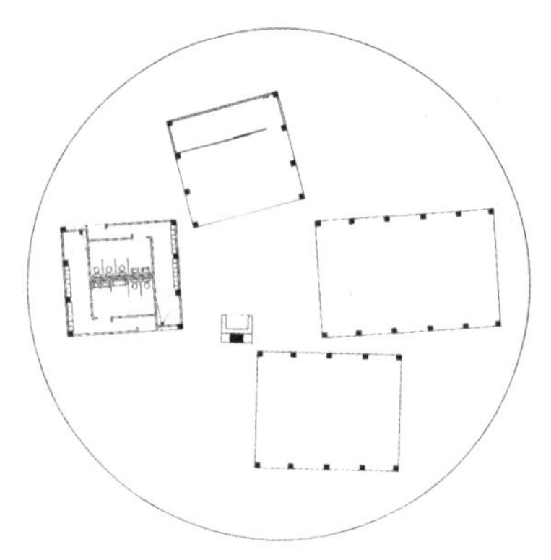

图 2-38 犹太社区中心日间夏令营，平面图

层叠并置

1958 年秋天，路易斯·康开始为宾夕法尼亚格林斯堡（Greensburg）的一家当地报社——《论坛回顾报》设计报社大楼（1958—1962 年）[89]。它基本上是矩

形的平面，相对比较保守，中间服务流线把两个开放的部分连接起来。但是在细部上，在它们的围护墙上，康根据光的需要确定了的洞口形状。就在几个月前，康不得不去掉了理查德医学研究所中百叶窗和其他控制光线的设备，寻找一种更加全面处理自然光的办法，设想着尽可能地减少被拆除的设备，以免提高造价的念头也许一直是他的想法。他研究了许多对于现代建筑来说很陌生，但是对砌石墙来说很合适的窗户形状，因为无论是弓形还是托梁式的，这样的洞口都可以不用钢过梁而直接建造，因此它们对于砖结构来说显得更加自然（图2-39）。通过在墙体上部设置较大的洞口而把较小的洞口留在下面，可以在避免眩光的同时不遮挡视线。在外观上，这些窗户让人想起康在奥斯蒂亚所看到的那样的罗马原型。评论家们称之为“钥匙孔”窗户，康并不是唯一一个使用这种窗户的人；这个容易掌握的元素很快成为其他建筑师大量使用的陈词滥调。到1959年秋天开始建造论坛回顾报报社大楼时，康设计的其他调节光线的元素，包括凸窗和遮阳罩，都被去掉了，但是简化了窗户，每一个方形的凸窗上面都有一个弧形的洞口（图2-41、图2-42）。[91] 房屋的每一端，终端的单元都没有屋顶，为围墙花园提供服务。仿佛遭受着压力似的，先前在阿德勒和德·沃尔住宅中布置松散的亭子现在被安排得很紧凑，帕拉迪奥的影子也更加明显。在这个设计中，康提出了两条后来他在更深的细节上仔细研究的背离现代主义的原则：夸张的厚墙——从这里开始他的平面离开了布鲁内列斯基（Brunelleschi）的平面模数（planer

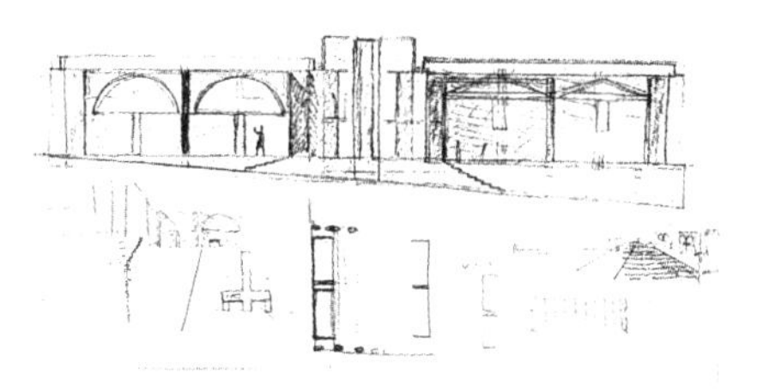
图2-39 论坛回顾报报社大楼，格林斯堡，宾夕法尼亚州，手绘图，1958—1962年

图2-40 论坛回顾报报社大楼

图2-41 弗莱士住宅，埃尔金斯公园，宾夕法尼亚州，模型1959年建

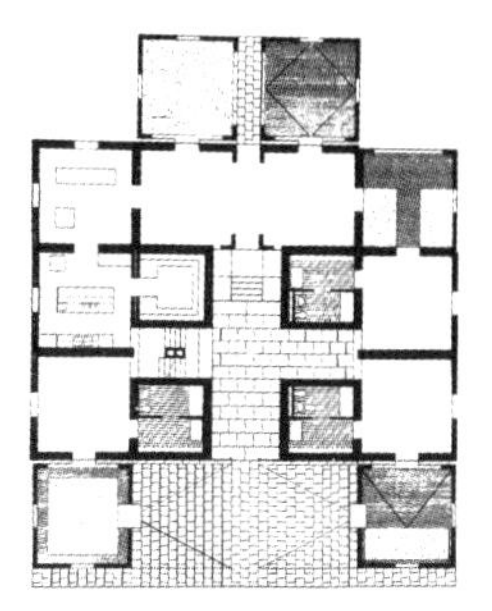
图2-42 弗莱士住宅，平面图

图2-43 戈登堡住宅，莱德尔，宾夕法尼亚州，模型 1959年

图2-44 戈登堡住宅，平面图

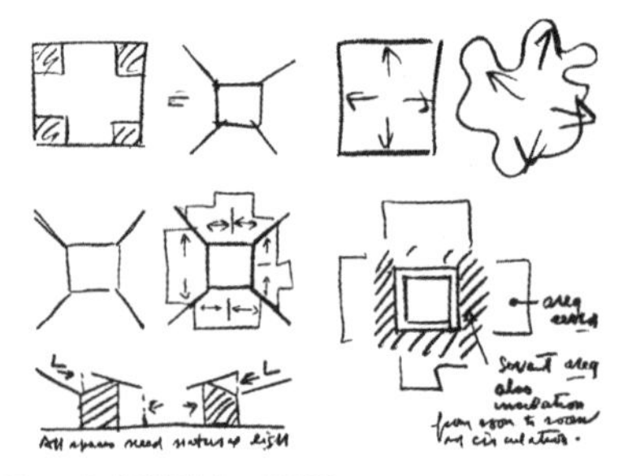

图2-45 戈登堡住宅，示意图

modularity）开始转向阿尔伯蒂使用的更多三维化的元素，以及外部围合结构在视觉上的分隔。在弗莱士住宅中，通过临近屋子一端的露天花园的空间来表现这一点。

在宾夕法尼亚莱德尔的M·莫顿·戈登堡住宅中，路易斯·康再一次把平面布置得很松散，不是通过分散各个元素，而是通过研究辐射状的45°角来形成一个松散的整体（图2-43、图2-44）。[92] 对于路易斯·康来说，这种通过重新改造一个方形的围护结构使之富有表现力的手法已经超出了一个艺术家的选择："我觉得这种手法更像是对室内——室内空间需求的发现……住宅是对室内功能高度敏感的建筑。在这座令人满意的建筑中，有着某种'存在意志'……但是在这栋住宅中这种'存在意志'并不服从于几何形式。"[93] 某种程度上，呈对角线构架的元素满足了路易斯·康建立在可证的逻辑上而不是个人喜好基础上的多样性要求（图2-45）。作为从方形而不是多边形中衍生出的形体，45°对角线框架的设计也和他后来说的话一致："我常常是从一个方形开始，无论遇到什么问题[94]。"对其他建筑师来说，在20世纪60年代这样的角度已经是很陈旧的建筑题材了。就像八十年前H·H·理查德森（H.H. Richardson）的某些细部一样，康对大家熟视无睹的元素的运用创造出了一种新鲜感，尽管在它们背后的想法其实很简单。

1959年6月，在弗莱士和戈登堡住宅的工作大规模完成后，路易斯·康开始设计纽约罗彻斯特的第一唯一神教派教堂与主日学校（1959—1969年），依然和前者一样，它始于一个方形。1961年初，方案得到确认之前，康尝试了若干种变化，集中式形式布局最终得到确定（图2-46）。这是康的第一个教堂项目，维特科夫尔对理想中文艺复兴教堂的讨论引起了他的兴趣。维特科夫尔说阿尔伯蒂推荐了9种对称的形式，首先就是方形和圆形，接着他还进一步证明了集中式平面之于几何完美性的重要性："没有其他任何一种几何形式能与圆形，或者从圆形中衍生出来的形体更能满足这种要求。在这样的几何平面中，几何图案是抽象的、永恒的、静态的，并且具有整体上的清晰性。在那里所有的单元就像身体各部分那样紧密关联而没有有机的几何平衡，你只能看到整体而看不到局部。"[95] 我们能看到的第一张路易斯·康关于第一唯一神教派教堂与主日学校的图纸完全和维特科夫尔对达·芬奇设计的集中式教堂的分析一致（图2-47，图2-48）。对于康的作品来说，集中式平面本身并没有什么新鲜的——阿代什·杰叙隆的项目就是早先遵循这种原则的几个设计之一。新鲜的是这种通过对具有相似性但又完全不同的元素的单元的并置来扩展集中平面的做法。20世纪50年代之后，康第一次以一种更具有探索性的方式来处理项目中的辅助元素，并且因此满足了现代主义者对传统几何形体的期待。它标志了从华盛顿大学图书馆方案中细分的凸窗，以及从先前设计中对某一形体简单复制的方法基础上的一个进步。罗彻斯特的项目中出现了不同的变化，一些变化就像康第一张绘制图中的完全对称，一些变化则类似于赖特概念草图中所记录的联合教堂（Union Temple）那样。随着这些发展，康添加了以文艺复兴为原型的回廊：

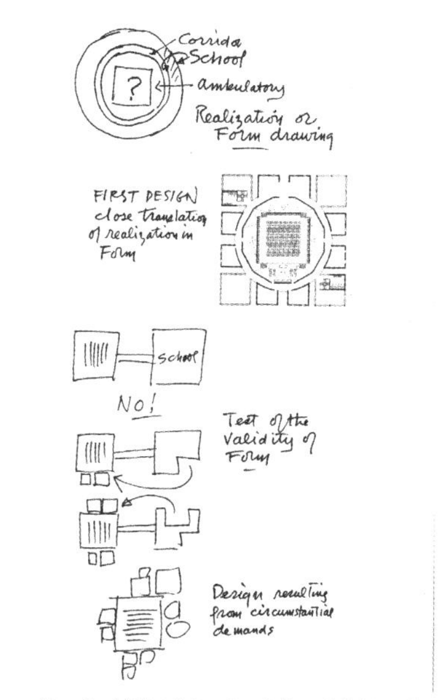

图2-46 第一唯一神教派教堂和主日学校，罗彻斯特，纽约，示意图，1961年1月绘

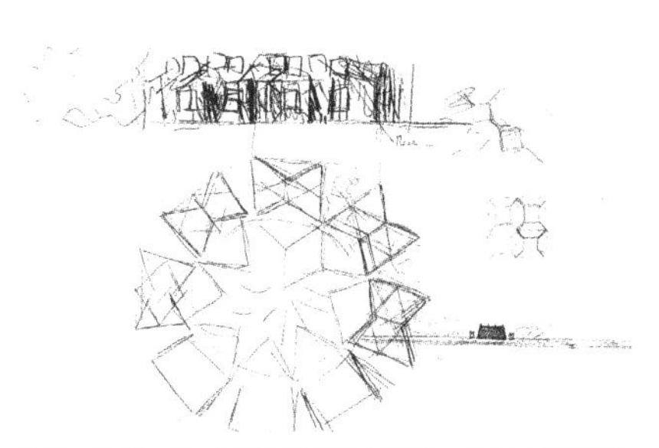

图2-47 第一唯一神学教堂和主日学校，立面和平面草图

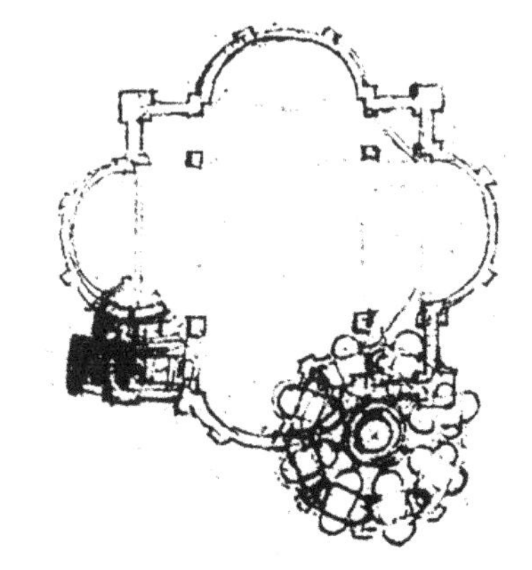

图2-48 达·芬奇设计的教堂细节图，摘自鲁道夫·维特科尔夫（Rudolf Wittkower）著作，1952年出版

“我觉得回廊是必要的，因为第一唯一神教派教堂与主日学校是由那些有信仰的人建造的……我用回廊来表示对这样一个事实的尊重——你不一定要参与正在说的话或者正在圣殿里进行的事。这样你就可以自由地从正在说的话里走开。而我在它的附近设计了一圈走廊——环绕着它——它为整个学校服务，实际上它就是整个区域的围墙[96]。”

第一唯一神教派教堂与主日学校概念草图的最基本形式和落成的外形非常接近，并且引入了另外一种更消极的几何层叠并列的式样。形体不再仅限于一个想象的模式，而是反映了每个功能的特殊要求，最后的外形看上去与传统的现代主义设计相去甚远。这一次的原型不是文艺复兴而是罗马后期，或者更加专业地说，早期基督教的形式，因为在路易斯·康的平面设计中有着4世纪用于葬礼的巴西利卡的影子（图2-49）。这种巴西利卡的形式是一个相对比较新的考古发现，仅仅在二战后才被完全确定[97]。这种形式一开始就给他带来了想象，很可能，康是通过弗兰克·布朗熟悉这种早期的、存在时间很短的建筑形式的。

在1960年春夏之间设计的第一唯一神教派教堂与主日学校最后的草图中，路易斯·康不仅重新建立了他第一轮方案的中心，同时还构思了厚度可知的小面墙，这使他的建筑中充满了夸张的体量带来的氛围，即使对他来说也是新的（图2-50、图2-51）。他所设计的位于切斯特那特山的玛格丽特·艾修里克（Margaret Esherick）住宅（1959—1961年）可能就和这个结果有关，因为它的墙体就是在神教派教堂与主日学校之前设计的，

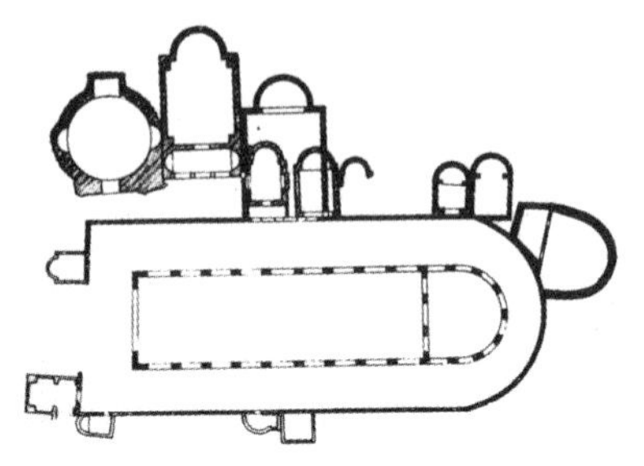
图2-49 S. 塞巴斯蒂亚诺平面图，古罗马，公元320年

图2-51 第一唯一神教派教堂和主日学校

图2-50 第一唯一神教派教堂和主日学校，北侧立面，1961年1月

虽然它在体量上要小得多，但是它们的构思是一样的。[98] 这座单身公寓是为雕塑家沃顿·艾修里克的侄女设计的，1955 年康曾经为她设计过工作室。在 1959 年末的第一轮方案中，康把方形的单元以一种和阿德勒住宅中相类似的手法结合起来，但是在 1960 年初，康把它们巩固为一个紧凑的矩形围合结构。[100] 无论是艾修里克住宅还是第一唯一神教派教堂与主日学校都反映了康一直以来对调节光线的洞口的研究，这两个设计都采用了固定家具来调整特殊的厚度：住宅中的书架（图 2-52）和教堂中的窗座。他把神教派教堂与主日学校的效果称为“颇具哥特风格”，1961 年 2 月，他完成立面设计的时候，他说道：

“在（第二轮方案）之前，窗户是在墙上打的洞。我们又一次感觉到光线很死板，而且每次都能感觉到眩光……它（最后的方案）开始后意识到了这些必要的因素。产生这个想法的原因也是由于想要放一些窗座……这些窗座有许多的含义，当这些意义和窗户发生关系时，它在我的脑子里就变得越来越大了[101]。”

第一唯一神教派教堂与主日学校可能也和众所周知的路易斯·康对苏格兰城堡的入迷有关联，这是他后来设计的埃德曼（Erdman）宿舍（1960—1965 年）的灵感源泉。1973 年他回忆起这个兴趣时说：“苏格兰城堡中厚重的墙体、防御用的小洞口在精神上深深地打动着居住者。这是一个让人阅读、消化的空间……是布置床、楼梯、阳光和童话的地方。”[102] 最终的设计事实上还受到另一时期风格的影响，通过使矮墙上升起的遮阳板变得复杂，它的轮廓变得更加夸张了。康把这些采光的元素处理成屋顶结构的一部分，并且用限定下部空间的顶棚使之变得更加丰富。康对传统的和容易实现的平屋顶的放弃反映出他对如何才能使空间更具表现力所进行的深入反思。弗兰克·布朗对罗马穹顶的清晰论述则鼓励了康的研究工作。[103]

1960 年，当路易斯·康在艾修里克住宅和第一惟一神教派教堂与主日学校中实现了他的厚墙设计时，他有意识地在所设计的罗安达领事馆中区分室内外表皮的做法迈出了重要的一步。上一年的 10 月，他与美国国务院进行了讨论，并且在 12 月签署了领事馆的设计合同。1960 年 1 月，根据国务院的政策，他前往安哥拉研究当地情况，而这次旅程促成了对当地气候和地形的视觉之旅[104]。和以往一样，康还是拖延了设计，到 3 月份他才绘制出场地的草图作为工作成果。在接下来的 3 个多月的时间里他设想了解决方案：为避免强烈的反光，领事馆的工作人员和附近的居民将分别被另一套墙体系统所围合，另一套用来提供通风层的屋顶系统则使这个建筑保持阴凉（图 2-53）。康的第一轮草图就提醒了国务院的官员，他们

图 2-52 艾修里克住宅，一层平面图，1990 年重绘

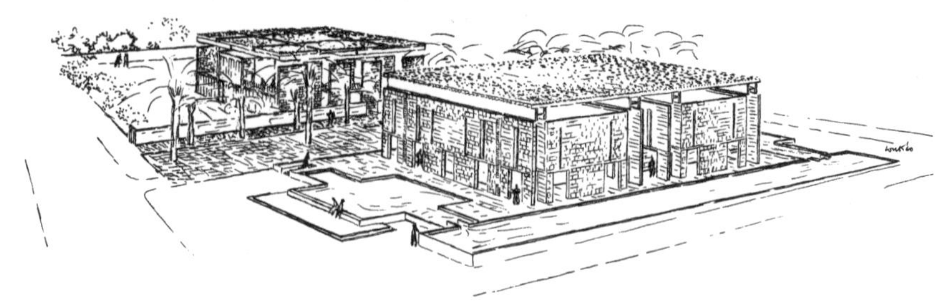

图 2-53 美国领事馆，罗安达，安哥拉，模型，鸟瞰透视图，1952-1962 年建

发现屋顶“很古怪”，并且担心这座建筑看上去会让人感觉“没有窗户”，还有，“整个概念太冷，太可怕”。秋天的时候康修改了他的设计（图 2-54）；在外墙上增加了他的钥匙孔窗户，简化了屋顶的结构，明确了平面布局，使之更容易被人接受，但是他好像还是不能在规定期限之前完成，再加上国务院改变了政治目的，1961 年 8 月这个项目最终流产了。[105] 康一直坚持着这个设计，并在那个月底完成了一个模型（图 2-55），这个没有正式终止的合同一直悬而未决，直到 1962 年 12 月，康才递上了他最后的账单。[106]

罗安达的平面组织非常清晰，但是这个设计却并不著名。然而在墙体和屋顶的分离中，路易斯·康发掘了一种当时看来非常革命性的手法。勒·柯布西耶的作品再一次成了样本，比如印度昌迪加尔高等法院的大遮阳棚（1951—1956 年），但是对康来说，这是更加遥远而且较少被认可的案例，因为他觉得这样的处理并没有解决眩光的问题。更重要的是，他反对这种由于 20 世纪 50 年代的爱德华迪雷尔斯东耳边的流行的华而不实的大遮阳棚，因为他追求的是一种建筑的而不是装饰的解决方法。正如他所说的：“我觉得遗迹的美来自于……构架的缺少……它的后面

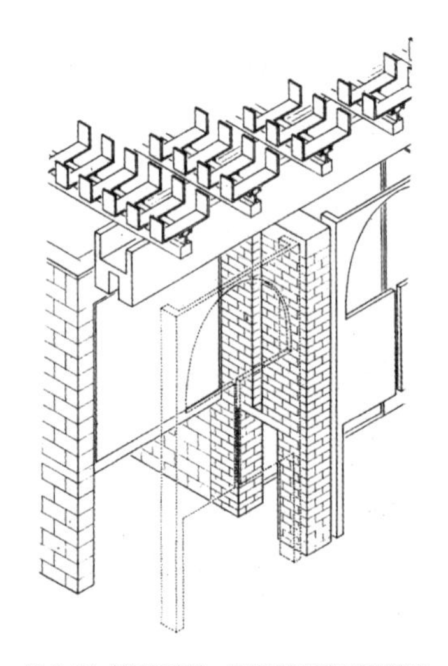

图 2-54 美国领事馆，墙体和屋顶细部轴测图

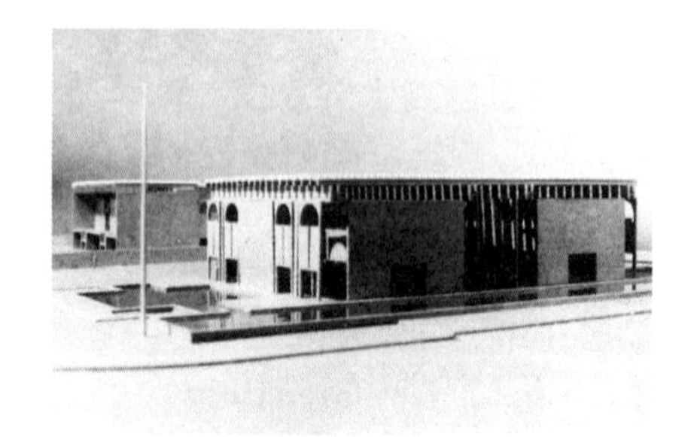

图 2-55 美国领事馆，模型

什么都没有……所以我想把建筑周围的遗迹都隐藏起来。”[107] 一连串墙体中的附加部分，是能够让室内外形象完全不一样的空心墙，康后来认为这是不可或缺的元素。他在萨尔克生物研究所中第一次展示了这个设计。

形式和设计的解析

很少有像乔纳斯·萨尔克（Jonas Salk）那样容易相处合作的业主，他给路易斯·康带来一项特殊的任务。这是康第一次真正有机会去设想一个学院的本质，也是一个他一直在寻找的从头开始的机会，后来的成果可以作为他下一个成熟阶段的起点阶段。本书的第四章将详细地讨论这个项目。但是康1960年秋天设计的未建成的会议室的设计（图2-56）也可以让我们得出康1951年在耶鲁大学美术馆中创造的形式语言得到了发展的结论，因为原先作品中分散的元素现在综合在一个设计中。会议室的体量很大，甚至有点侵略性。内部空间根据功能划分并且有单独的结构进行限定。这些有着不同形状的单元不受任何外部限制地并列在平面中，最后形成了外形上的几何变化。这个外形因为围合不同形状内部空间的墙体部分而变得更加复杂，因为除了被动并列在一起的形状，通过叠加还形成了更加复杂的形状：方形围合圆形，圆形围合方形。[108] 虽然相似性肯定是偶然的，但是这些形式还是让人想起文艺复兴时期对维特鲁威的图解。维特科夫尔描述了这些方和圆叠加的图解是怎样起到“一个与人体的和谐与完美的证明……（并且）展示一个关于人和世界的一个深奥而基本的真理”的作用的[109]。什么能更好地象征萨尔克生物研究所？对于康来说，这些由叠加的形式而产生的两个层次表现了内部和外部表面不同的性质，1961年4月他为这个设计的第一次出版物中绘制了这些图解。[110] 几个月后他写道：“因为墙体的室内和室外是完全不同的……我们要回到能够把室外的墙体从室内的墙体中区分出来的那个点上……在它们之间创造你能通过的空间，这一点你在实墙中是做不到的[111]。”

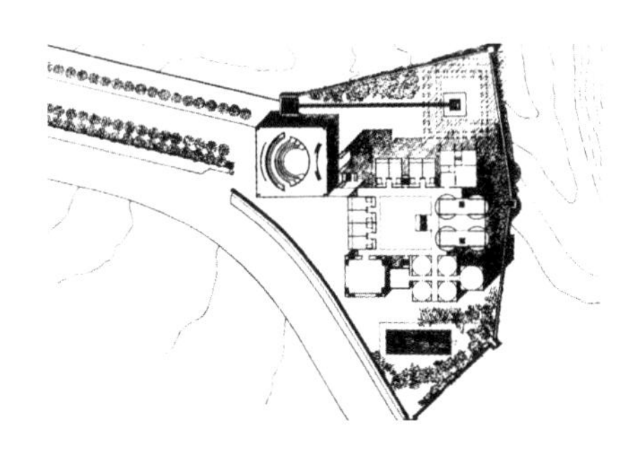

图2-56 萨尔克生物研究所，拉霍亚，加利福尼亚州，1959—1969年，会议室平面，1960年绘

对会议室和理查德·纽特拉（Richard Neutra）的考夫曼（Kaufmann）住宅（棕榈泉，加利福尼亚州，帕尔姆·斯普林斯（Palm Springs，1946 年，图 2-57）进行比较可以发现，自从路易斯·康完成备受赞扬的美国现代主义典范的设计后的 14 年来取得了多大的进步。康的平面强调由单个的空间聚合而成的秩序，其中每个空间都是完全封闭的，而纽特拉强调的是与之相反的自由布置的效果，空间在一条很含蓄的线上流动。在纽特拉的设计中没有占统治地位的逻辑来指导方向和形状；相反，他的设计反映了一种无组织的自由感，这一点很快成为另一个时代的风尚[112]。这些年赖特的设计更多地表现出严格的组织性，但是空间的划分却很含糊，所有形式协调统一地交织在一起。

建筑史的多数时期都是根据通过对体量或者体形的不同表达、空间的划分或者开放、几何形体的对照或者统一、外观的层叠或暴露来定义的。类似的特点，以不同的方式保持着平衡，被用来说明从罗马帝国到古代晚期的建筑，从文艺复兴到巴洛克，从近代到现代等风格的转变。路易斯·康开始设计会议室的时候是否通过类似的方法改变了 20 世纪建筑形式的方向，这一点值得讨论。但是仅仅从遮蔽了深层含义的表面来判断他的作品，即使在这个次要的层次上也可以看出他的影响。但是和他之前的赖特一样，康的影响如此普遍而难以简单地概括。通过把建筑和历史的基本原理结合起来，康给他原来的形式和原则注入了新的活力，他唤醒了后来整整一代的建筑师，不是理论上的，而是引起了对特殊的历史母题独特的运用；对于其他人来说，它引起了对空间结构的一次深入研究。要是把前者看作是次要的现象那就大错特错了：迈克尔·格雷夫斯和罗伯特·A.M.斯特恩（Robert A.M. Stem）的作品中反映了来自类似的与历史结合的热情，这一点是不容否认的。但是在像马里奥博塔和安藤忠雄的建筑中，可以看到一种更深层次的影响，这种影响来源于根据历史对设计中深层次的东西进行反思的自由精神。

在路易斯·康对历史的钟爱广为人知之前，评论家们试图把他的作品的作用总结为提高了现代主义的标准，他们迟疑着是否把他不同寻常而极具表现力的形式解释为对严格限制的、传统上狭隘的功能所作出的反应。但是他们很快发现不是这样的，他们中的希拜尔莫霍利-纳吉（Sibyl Moholy-Nagy），在参观完康的办公室后写道：“我一看到费城的草图就留下了深刻的印象，直到那时候我才意识到……这些……塔楼并不是唯一合适的解决方案，也不是其他的建筑，它现在是你的

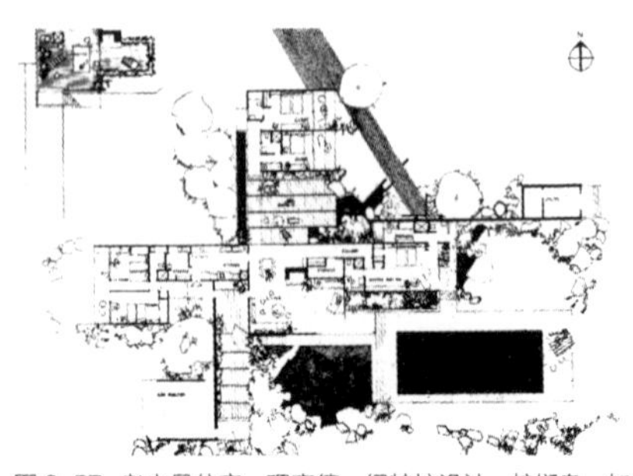

图 2-57　考夫曼住宅，理查德·纽特拉设计，棕榈泉，加利福尼亚州，1946 年建，平面图

商标：不偏不倚地粘贴在你的每一个设计上。从那时候起，我就不那么喜欢（密克维·以色列的）犹太教堂了[113]。”事实上，康提出了富有创造力的，有时候受历史启发的方法——钥匙孔窗户、斜角的元素、圆形的塔楼——不管他什么时候设计什么项目，也不管是什么样的功能。当他形成他的方法的时候，他并没有受到标准的类型学的限制。历史上的先例可以提供外在的模式和对20世纪来说很新的空间组织模型，但它们是一种手段而不是一种目的。

路易斯·康的目的中的严肃性可以从他经常重复的简述中感觉到。尤其是其中的一篇论文《形式和设计》可以作为他20世纪50年代态度的总结，这篇文章的最初版本是在1959年CIAM会议上提出来的，接着在1960年修改后提交给加利福尼亚州，1960年11月又为美国之音广播电台进行了再一次修改。最后的版本进行了微小的修改后就大量发行，先是美国之音，然后紧接着是《艺术与建筑》和《建筑设计》[114]。对于那些要求他文章印刷品的人来说，《形式与设计》是需求量最多的；就像一位同事所说的：“他花了几个月的时间辛苦地工作，充分体现了他当时的所思所想[115]。”

在《形式与设计》中，路易斯·康更多地把他的作品描述为对一些理想的、早已存在的“形式”的发现，而不是发明了什么新的东西：

“当个人感情超越了宗教（不是宗教而是宗教的本质）和哲学思想，将意识向现实敞开。去体会什么是特定的建筑空间想要成为的样子。意识是思想和感情在灵魂深处的融合，是‘它想成为什么’的理论的源泉[116]。

现在路易斯·康对“形式”和“设计”的区别，已经从1953年最开始的认识中变得成熟起来，因此这个区别提供了一种对个人选择的约束：“形式是没有定形和方向的……形式是‘什么’。设计是‘怎样的’。形式是不受个人情感影响的。设计则是设计者个人的。设计是一种与环境有关的行为……形式则与环境条件无关[117]。”

在他发现适用于所有问题的理想形式之前，材料和基地的问题对他来说还是次要的，正如他在《形式与设计》的早期版本里所解释的：“你采用什么材料是与环境有关的；这是一个设计问题……认识到一座报告厅是什么绝对比它在苏丹还是里约热内卢更重要[118]。”他通过把形式和设计与“勺子”和“一把勺子”“学校”和“一所学校”的类比，补充了这个新柏拉图派的哲学观点：“一所学校或者某一特定的设计是我们所要做的。但是学校，精神的学校，存在意识的本质，是建筑师需要在他的设计中传达的。我觉得这是他必须做的，哪怕设计超出了预算[119]。”关于康的新柏拉图派哲学观点的来源和扩展有许多说法，其中大部分是猜测的，因为康几乎没有留下什么参考。因此很难确定他是怎么产生这种想法的，尽管有猜测说来自于埃及的象形文字或者德国的浪漫主义[120]。

在《形式与设计》中，路易斯·康还部分地解释了他的空间划分的欲望，并且把空间和结构联系起来：

“一位老师或一位学生，当他和几个人在一个有壁炉的私密空间的时候和他跟很多人在一个很高大的空间里的时候是不同的……空间有着自己的力量并且能够提供不同的行为方式。每一个空间都必须由它的结构和它的自然光线的特征来界定……一个有建筑感的空间必须展现空间本身形成的证据[121]。”

在提到几个作品之后，路易斯·康通过讨论他对城市的统一观点来总结《形式与设计》：

“汽车颠覆了城市的形式。我觉得是时候区分汽车的高架桥建筑和人的活动的建筑了……高架桥建 筑包括在城市中心想要成为建筑的街道……对高架桥建筑和人的行为的建筑这两种建筑的区别将会带来一种生长的逻辑和企业位置的争吵[122]。”

路易斯·康 1959 至 1962 年为费城做的高架桥建筑设计为和他的文章同时进行的研 究提供了一个出路。正如他所描画的，它们对类似于萨尔克会议室（图 2-58，59）的罗马形式的抽象掌握。就像皮拉内西一样，路易斯·康重塑了现实。但是与皮拉内西不同的是，他在接下来的几年内把这些纪念性的城市形象转变成更加现实的设计。

当时除了路易斯·康以外的其他人也在重新研究历史。菲利普·约翰逊、埃罗·沙里宁和雅马萨奇的建筑都是属于在美国运用不同的历史母题的作品，但是他们对这些母题的运用只是在表面装饰层面上，没有联系到深层的空间结构或者结构完整性的原则[123]。路易斯·康在《形式与设计》中对沙里宁的 MIT 小教堂（1950—1955 年）的评论暗示了这个问题[124]。在别的地方路易斯·康对他所谓的“混沌包容”是很苛刻的，他说需要“一门专门的逻辑课[125]”。1961 年，随着他的关键的发展阶段的到来，他对逻辑创造性的实践取得了广泛的认同，他开始成为费城学校的领头人。关于这个包括了罗伯特文丘里、罗曼尔多乔格拉（Romaldo Giurgola）和罗伯特·格迪斯在内的学校（他们都是通过宾夕法尼亚大学的关系而自由地联合起来的），一位作家曾经这样说过：“60 年代，这所学校没有连续的意识形态和系统的规则；相反，自由论坛是得到允许的、被接受并且受到保护的设计方法。但是有情况表明在这种混乱中，已经存在着一个新的有着强有力的意识形态和明确的设计方法的设计运动[126]。”

路易斯·康一直致力于构想体现人类信仰和渴望的建筑，并且为这种价值的盛行创造空间，他的这种努力指导着后来的成就。正如他给肯尼迪家族计划建造约翰F肯尼迪纪念图书馆时所提的建议一样：

“每一座建成的建筑都是对人类的贡献。这是生命之路。知道怎样表达出这点是建筑师的首要任务。我希望在这里的意见将用来为人类建造好的建筑。有许多方式可以表达它。建筑建立在信仰的基础上——你需要了解材料，了解怎样表达它。这是最重要的事情。”[127]

正如这些话所表明的，路易斯·康相信为了发现理想的形式而明确人的信仰是非常必要的，这时，他拒绝了传统的类型学，他怀疑它会因为支持一种程式化的行

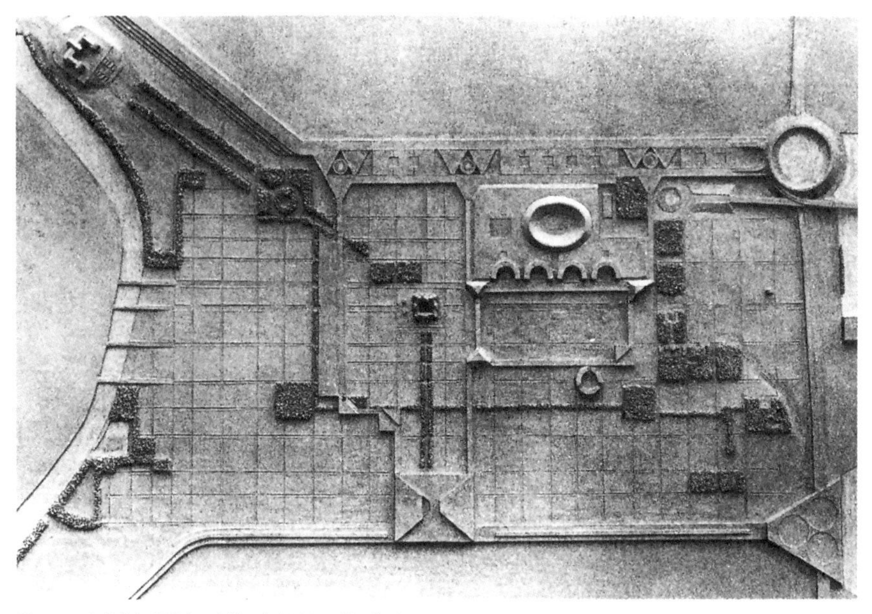

图 2-58　市场街东段研究，费城，宾夕法尼亚州，模型，
1962 年 1 月

图 2-59 市场街东段研究，内部高架桥鸟瞰透视图，往北看

为而破坏这样的研究。就像他之前所说的：“空军学院（SOM 事务所，1957 年及其后）是一个建立在为专业人士所接受的合适的建筑形式的基础上的。在非常短的时间里，空余学院就被赋予了形式……如果让柯布西耶做这个设计的话，可能会用去比实际允许建筑师构思的时间多得多的时间[128]。”

正如已经被无数次说明的那样，路易斯·康寻求开始，每设计一个建筑都希望 它是这种类型的第一个建筑。他常举的一个例子是第一所学校：

“学校开始于一个站在树下的人……空间很快形成了，而第一所学校也开始了。学校的建立是不可避免的，因为它是人的要求的一部分。我们现在归于学院的庞大的教育系统，就来自于这所小学校，但是它们的精神的起源现在被忘却了。 我们的学院教学所要求的空间僵化且毫无创意[129]。”

后来他又补充说：“因此我相信建筑师在某种程度上必须回过头去聆听最初的声音。”[130] 在萨尔克生物研究所中，路易斯·康有了难得的真正去构思一所新的学校的机会，但是在别的情况下，他通过把设计简化到最基本的人类需要的元素来模仿初始的效果。这个简化的过程看上去与对赋予任何建筑意义的简单而基本的功能的关注有关。通过这些方面的研究，就可以找到一种与康的目标更加接近而离传统的类型学较远的模式。由于这样的类型缺乏排他性，所以分类必然是很随意的。但是在 20 世纪 60 年代，当康的项目的数量提高到前所未有的状态的时候，作为 50 年代特色的单一语汇的直线发展似乎已经被康对这些功能类型的同样关注所替代了，而且区别已经很明显了。

当路易斯·康说“空间具有力量并且提供行为模式”以及讨论这些力量是如何把模式注入功能的时候，他提供了一条他是如何看待类型的线索：空间为一个人提供与其他人完全不同的东西。一种类型来自于单个场所的创造或者研究，它跟它们是用作实验室还是修道院密切相关。这一点将在第四章中讨论。一种相反的类型则来自于为会议或者集会提供空间的需要，概念上类似于是世俗的还是宗教的，就像第三章所讨论的那样。康讨论了每一种类型的理想形式：对于学习来说，他讨论了圣·高尔（St. Gall）的平面，它图解了修道院中一系列延伸的、分离的空间；而对于集会来说，则是万神庙以及它的整体的空间[131]。它们都定义了一种可能的空间结构连续体的一个终点。

第三种类型，也是第五章的题目，更多的和比较复杂的问题有关，它是组成元素的集合，没有简单、单一的焦点。对于路易斯·康来说，这个综合的结果是和城市相类似的，就像城市一样，它们为更加多样的人类的使用要求、个人的选择和他经常称为“可用性”的资源提供框架。他以这个方法重新思考了像美术中心和商业发展这样的问题，并且在其中发现了和人的努力之间意想不到的联系。

在他职业生涯的末期，当路易斯·康把人的主要的灵感定义为“学习、聚会和实用”时，与学习、集会和可用性相关的基本形式就被牢固地建立起来了[132]。到那时候为止，他的非常复杂的、几乎类似巴洛克的处理手法已经得到了广泛的宣传。大概在这个时候，他又开始思考第四种类型，这种类型同时包括了思想和物质并且给他带来一种更加简单的解决办法。与这种类型相关的有图书馆、博物馆以及纪念碑，这些建筑都可以让人体验到其他人的成就。也许他对肯尼迪纪念图书馆的意见首先激发了这些原本分离的类型的结合[133]。后来他用“宝库空间”这个词来说明他的德·梅尼尔（De Menil）博物馆的特点，再一次扩大了它的意义[134]。

在这个用来表示敬意的设计中，很多地方体现了路易斯·康后来的文章中提到的静谧和光明，就像第六章将会讨论的一样。在一次关于静谧和光明的讨论中，他非常恰当地在最后提到了他的富兰克林·德拉诺·罗斯福纪念公园的概念[135]。他的设计综合了整体的思想和创作，他提醒我们石头的简单布置，就像房间一样，是建筑的开始。

3. 集会建筑

一个卓越的空间

集会建筑的设计给路易斯·康提供了大量表现他建筑理念的机会。对于他来说，集会空间有着首先从本质上而不是从重要性上，将世俗建筑和宗教建筑进行区别的特征。在他的集会空间设计中，他为扩大个人价值的集会的普遍品质提供了形式。康仍然热切地期望实现他的理想，这既是它们的正确性的部分证据，也是衡量他的成就的一个标准。

集会空间设计

尽管诸如费城的密克维·以色列犹太教会堂（1961—1972 年，未建成），孟加拉国的达卡的国家集会大楼（1961—1983 年），威尼斯的会议宫（1968—1974 年，未建成）这样的项目各不相同，但是它们有着共同的追求，因此在这里把它们放在一起进行讨论。这些设计中最终建成的项目很少，但是它们体现了康对永恒的看法，来自切实的形式的永恒原理，以及对新建筑的希望，这些正是与他共事的建筑师们积极探索的。尽管项目要求远远超过了他实际能够控制的范围，但是他还是完成了这些作品，由于官僚政治的复杂性和大量的前往不熟悉地域的旅行常常使项目变得很困难。随着名气越来越大，请他去做讲演的邀请也比前几年更加频繁，虽然时间很紧迫，但是他还是一直接受这些邀请，因为他一直都很乐意跟别人分享他的理念。事实证明这些活动也很有积极意义，因为它要求他把注意力集中到事物的本质上并且对不同的东西进行区分。

1955 年说起他的杰叙隆犹太教会堂（1954—1955 年，未建成）时，路易斯·康第一次表述了他关于集会空间的思想："这就是空间想要成为的样子：一个在树下集会的场所。[1] 后来，他通过把他的三角形的犹太教会堂解释为"不受单一的传统平面和大家都认为的典型的空间的限制"诠释了这种对集会空间的历史起源的感觉。[2]

他接下来的集会空间设计，是罗彻斯特的第一唯一神教派教堂（1959—1969 年），当时他还在继续发展他已经很成熟的建筑语言，在这个设计中，他丢弃了三角形的形式，但是集中式的平面还是坚持不变。路易斯·康对剧院和报告厅进行了不同的处理；通过它们可以预知的特性来区分讲演或者音乐这样不同的演出，一个被动的听众是不能成为集会的一部分的，"只有那些有再创造能力的人才能组成集会。集会是一项活动。演员把他的演出路线扔到一边。剩下的都是来自他的思想和经验的东西，以平等的状态和其他人进行交流。"[3]

1961 年，在收到密克维·以色列犹太教会堂的委托任务的几个星期之后，路易斯·康开始大量谈到关于集会和超越传统宗教的信心。他婉言谢绝了参加印度甘地讷格尔（Gandhinagar）首府的竞赛邀请，对此康解释说："任何工作都必须从信仰开始……我不相信竞赛，因为那样的设计是不可能建立在宗教本质之上的。”[4] 某种用途是宗教的或者是世俗的，对于集会的本质来说是次要的，康认为集会的本质体现了比其中任何一个单独的方案都要广泛的概念。这个观点在他不断提到的万神庙中得到了反映，对于他来说，万神庙是一个原型：“它是一种信念，对这些话的人而言的一种信仰，因为它的形式创造了一种可能是通用的宗教空间[5]。”后来他把万神庙描述成“一种制度”[6]和“一个世界之内的世界。业主……在它的要求中看到的不是宗教，不是固定的仪式，而仅仅是让人产生灵感的仪式[7]。”集中的形式——最好是圆形而不是三角形——能够最好地起到这个作用；因此万神庙是“一座可以从中找到形式主义仪式的圆形建筑[8]”。路易斯·康在他的理想原型中又加入了一圈回廊。正如对犹太教会堂很有说服力的解释中所说的一样，集中式体量的形式因而被描述成可以允许参观者选择参与的程度。康很少提到公元4、5世纪的集中式教堂，而比较多的提到它们的异教徒的原型；也许那些教堂中为了宗教仪式而进行的专门的划分，以及已经建立起来的轴线等级阻碍了他所感兴趣的可供人分享的体验。

在1961年12月密克维·以色列犹太教会堂的第一个方案中，路易斯·康设计了一个方形的圣殿。它的抽象性，开始时还很轻微，在后来的方案中逐渐加重，直到最后有了它自己的清晰轮廓。从一开始，康就坚定地把它作为宗教集会场所从其他的功能空间中分离出来，拒绝作为其他任何多功能的空间使用，但是到了后来经济原因起到了决定作用。在康的想法中，空间必须是单一的，庄严的目的对集会空间来说是非常必要的，在这一点上，他从来没有动摇过。

作为一个特殊的设计，密克维·以色列犹太教会堂以它被称为“窗户房间”的非同寻常的、圆柱体的、开放的塔楼而著名，这种形式是路易斯·康从不同的资料中发展而来的，但是它们的综合非常有说服力，因此，最终成为了他创造才能中很有特色的一个方面。第一轮平面图是在1962年8月问世的，空间沿着方形的圣殿周边展开。康的笔记本中几页没有注明日期的文字说明了他是怎样开始这个设计的：就像由完全按照圆形模块布置的平面产生的光线过滤器一样（图3-1）。虽然菲利波·布鲁内列斯基（Filippo Brunelleschi）设计的圣灵教堂（Santo Spirito）（佛罗伦萨，1434—1482年）强调的是纵向的感觉，但是它的平面布置很相似，最初也是由连续的、从外面可以看到的半圆形的壁龛联系起来的[9]（图3-2）。康自己1960年为萨尔克会议室所做的设计提供了一个近一点的用圆柱形来调节光线和区分室内外墙体概念的先例。通过密克维·以色列犹太教会堂，康把圆形的单位发展成向自己内部开放

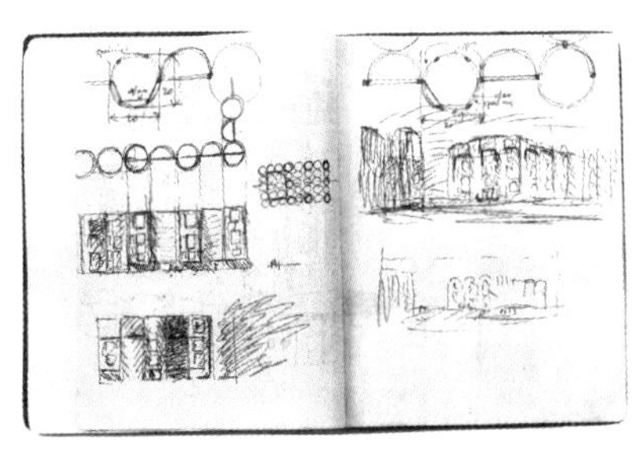

图3-1　密克维·以色列犹太教会堂，费城，1961—1972年，速写本上的分析草图，1962年8月

并且由通道连接起来的空间，这样，回廊就呈现出一种建筑的存在。

1962 年 10 月，当路易斯·康把圣殿设计成八角形的时候，他进一步强化了它的中心（图 3-3）。在他第二年的草图中，这个八角形被稍微拉长，但是仍然保持它集中式的平面（图 3-4），路易斯·康对外发表的就是这个版本的设计和它的模型（图 3-5）[10]。正如其他人所注意到的，这个平面类似于描述上帝 10 个方面的生命之树的犹太教神秘哲学的形象[11]；它的象征意义是很恰当的，但是路易斯·康对这个形象的看法却不得而知。从建筑师的角度来看这个模糊的原始资料，康强调的仅仅是它的视觉效果："他不阅读任何东西。无论是拉丁语还是英语，对于他来说都是一样的，因为他只看图片。他只看他想看的东西和他的脑子里想象的东西……你认为它是什么，绝对和他说它是什么一样重要[12]。"

在外表上，将密克维·以色列犹太教会堂和中世纪的堡垒进行比较是可以理解的，尽管它的入口和古罗马的奥理安城墙（Aurelian Wall）有着类似之处（图 3-6）。路易斯·康设计的其他建筑中——其中大部分是集会建筑——同样也具有类似于城堡的气氛。康承认他对城堡（见第四章）非常着迷，他为犹太教会堂采用的视觉上的叠加使它的效果比从外面看

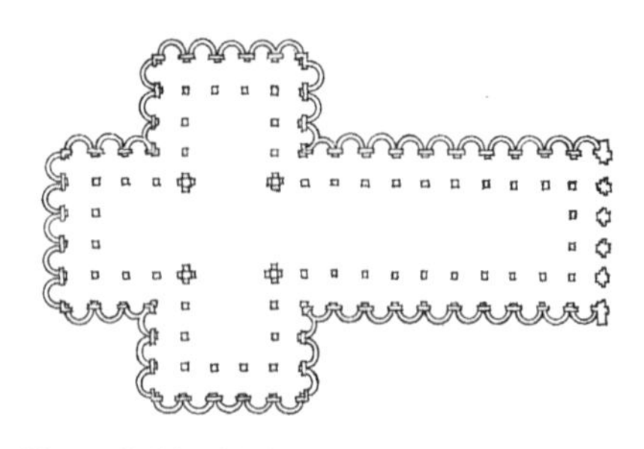

图 3-2 菲利波·布鲁内列斯基，圣灵教堂，佛罗伦萨，1434—1482，平面图

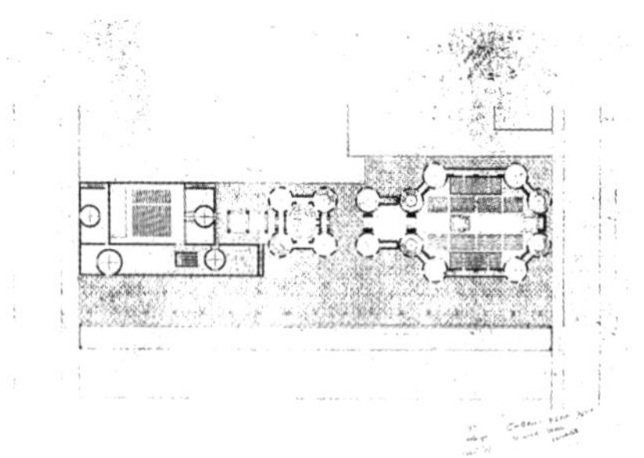

图 3-4 密克维·以色列犹太教会堂，平面图，绘于 1963 年 10 月 29 日

图 3-5 密克维·以色列犹太教会堂，模型，1964 年 1 月

图 3-3 密克维·以色列犹太教会堂，南立面图，绘于 1962 年 10 月

起来的明朗得多。也许更重要的是，它加强了对“世界中的世界”的创造，康从万神庙中看到了这个概念并且把它运用到了密克维·以色列犹太教会堂中（图 3-7）。在那里，除了外部世界仍然处于看似由建筑自己产生的自然光之外，参加集会的人看上去并不像沉默的旁观者，而是积极地寻求共识的参与者。

图 3-6 阿斯纳尼亚之门，奥理安城墙，古罗马，约 275 年

图 3-7 密克维 · 以色列犹太教会堂，圣殿透视图，1963 年

和从乔纳斯·萨尔克那里获得受益一样，路易斯·康从善解人意的业主密克维·以色列那里也收获很多益处，当伯纳德·艾尔博斯（Bernard Alpers）博士（埃瑟·康为他工作）担任建筑委员会主任时，这个设计得到了改进。康为萨尔克和密克维·以色列做的设计——最后的建设估算都远远超出了最初的预算——是一种他很少改变的模式的一部分：拒绝受到传统的经济限制。对于康来说，这样的限制对于每个建筑所应该达到的完美的形式来说，是没有任何意义的。通过发现这种形式，并且赋予它三角形的形状，他觉得他已经完成了一项重要的任务，只是不知道以什么方式去找到实现的方法。但是业主对其所要求的大量资金投入是很难维支撑的。萨尔克勇敢地把他的建筑置于危险的境地并且证明了他们的共识是正确的。和那些委员们在一起的时候康就没有那么幸运了，在微不足道的抗争之后，他只好妥协。其中的两个特例——都是 1962 年秋天委托的项目——印度阿赫默得巴德（Ahmedabad）的印度经济管理学院（1962—1974 年，将在第四章中讨论）和达卡的孟加拉国政府中心（1962—1983 年），它最初是作为东巴基斯坦的立法首府的。在这个次大陆，康的哲学方法似乎比在他本国更受赏识。在后一项

任务中，是由公司对他的欣赏和达卡的杰出建筑师马扎鲁尔·伊斯兰（Mazharul Islam）的支持来推动的，伊斯兰在漫长的设计过程中一直积极地支持着康。

路易斯·康是在他职业生涯中的一项很不寻常的活动中接受阿赫默得巴德达卡的委托的。就在几个月前的 1962 年 3 月，他最后一次搬家，把他的费城事务所从南部第 20 街 138 号搬到了位置比较居中的第 15 街和沃尔纳特。除了为密克维·以色列和萨尔克工作之外，康还开始了埃德曼宿舍、韦恩艺术中心和利维纪念活动场的设计，这些内容将在后面的章节中进行讨论。同年 11 月，他的儿子纳撒尼尔·亚历山大·费尔普斯·康（Nathaniel Alexander Phelps Kahn）的出生使他的日程表变得更加繁忙了。1959 年左右，罗伯特·文丘里介绍康认识了纳撒尼尔的母亲哈里特·帕蒂森（Harriet Pattison）。她有着戏剧、哲学和音乐的多种教育背景，曾经就读于耶鲁和爱丁堡大学[13]。她和康有着亲密的关系，这种关系一直维持到康生命的最后阶段，这使她成为了职业的合作者，纳撒尼尔出生后，她先是作为丹科雷（Dan Kiley）的学徒，之后又在宾夕法尼亚大学学习景观建筑。在康生命的最后几年，她把自己称为“他的思想伙伴”，不断地支持他发展他的思想[14]。路易斯·康对景观的发展特别敏感，他在他们两人之间积极寻求着像艾德温·卢泰恩斯（Edwin Lutyens）和格特鲁德·吉基尔（Gertrude Jeckyll）之间的思想共识：“当我考虑到一个人应该对人的协议保持怎样 的敏感的时候，我就想起了吉基尔，他是一位伟大的景观建筑师，他和伟大的建筑师卢泰恩斯一起工作……她……负责让景观与他的建筑相协调[15]。”

路易斯·康把达卡的设计推迟到了 1963 年 1 月才开工，当时他去次大陆察看基地并且开始设计他的最重要的作品之一：它的首都区后来变成了独立的孟加拉国。它独特的名字：Sher-e-Bangla Nagar 的意思是“孟加拉虎之城”，它的位置就在达卡的外围。康后来的岁月里一直都在做着这个设计，但是 1963 年初他首次从达卡回来之后，他的脑子里已经有了主要的想法。关于它的开始，他对他在宾夕法尼亚大学的学生解释说：

“第三天的晚上，我从床上掉了下来，突然想到了还是平面的主要构思的想法。这仅仅是因为我意识到了集会有着卓越的本质。人们聚在一起是为了触摸普遍的精神，我觉得这一定是可以表达出来的。通过对巴基斯坦生活中宗教方式的观察，我发现把清真寺组织在集会的空间构架中就会有这样的效果[16]。”

从一张交给他的长长的设计要求单上，路易斯·康就已经找到了那些将会赋予他的设计意义的基本组成部分：

“在心理上相互作用的集会、清真寺、[高等]法院以及旅馆之间的关系就表现了一种本质。如果把与之协调的部分分散的话，集会建筑就会失去它的力量。它们彼此间的互动将不会得到充分的表达。我想要做的是建立一种我能传达给巴基斯坦出自哲学的信仰，这样不管他们做什么都可以由它来应答[17]。”

在康回来几天后签署的作为他们班

学生课题的文件中，他大量地提到了达卡的项目。人们忘记了在这之前由校长要求康做的市场街东段的项目；达卡的项目是比它大得多、也实际得多的重要的城市尺度上的设计，它现在使得假想的费城改造项目黯然失色[18]。他和学生们一起探索集会的深层意义，把它称为具有“一种宗教的氛围”，并且把对宗教的感觉定义为“一种超越了你自私的自我意识——使人们聚集起来形成一个清真寺或者立法机构的东西……血缘关系，一个比宗教简单得多的词，来自于同样的灵感……因为建筑是围合的，当人进入其中的时候，它可以让人产生类似于血缘关系的感觉[19]。”康对世俗集会的神圣意义的信念仍然很坚定；他后来说：“一间有章法的房子是一个宗教场所”[20]，并且对于作为整体的项目来说，“刺激就来自于集会的场所。它是一个政治精英的场所……集会建立或者修改了人的习惯[21]。”1963年初在他第一次去达卡的旅行中，康用草图画出了这个设计构思[22]。他指出了基地中主要元素的位置，强调了构成议会大厦和清真寺的几何母题：互相倾斜的两个方形。3月份，在大学的春假期间，他又回到了达卡汇报。议会大厦斜放的方形的中心附近有一个低矮的穹顶，有角度的凸壁表现了它接触到的方形清真寺的尖塔（图3-8）。为了给在很大程度上没有什么特征的地形创造一些形体，同时也为了抵抗洪水，路易斯·康设计了筑堤的快车道并且用土筑起了护堤；他在它们上面布置了相关的元素，局部由一个他“用作……定位线和边界”的湖围成[23]。在广阔的基地的另一端，他布置了学校、图书馆和其他设施，和公共机构大本营一样组织起来以平衡集会大本营。

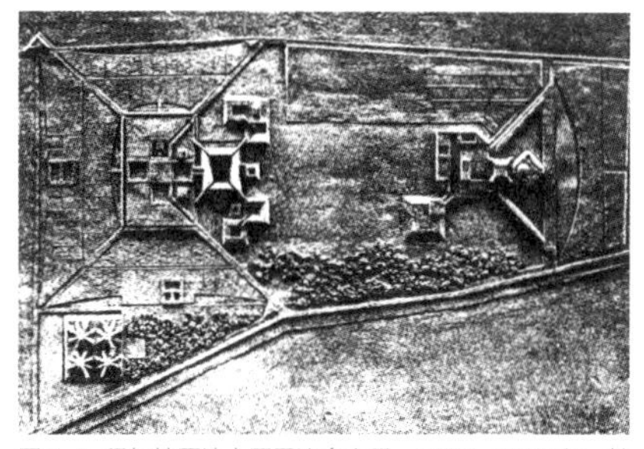
图 3-8 孟加拉国达卡国民议会大厦，1962—1983 年，基地模型，1963 年 3 月

康肯定在脑子里保留着勒·柯布西耶在昌迪加尔（Chandigarh）的作品（1951—1963 年）。1962 年 11 月当他开始设计印度管理学院而第一次去印度的时候参观过这个新的首都，后来当他的学生开始各自的达卡的设计时他鼓励他们去研究这个设计[24]。但是不管他多么崇拜勒·柯布西耶，他始终对昌迪加尔心存怀疑。之前他曾经赞扬过柯布西耶建筑中的美，但是他也说它们是“没有文脉没有位置的”[25]。在达卡，康的建筑的位置布置得特别显眼，从而形成了一个单独的、相互交织在一起的构成；他的处理手法的根本所在就是要把它们联结成一个整体。

在达卡平面中心的清真寺和议会大厦的联合中最明显地表达了路易斯·康的建筑联系的愿望。作为一个连续的母题，把清真寺首尾相连，那些斜着对位的形式在他以前的作品中并没有出现过，其他的地方也没有类似的平面。在达卡，康设计了一种局部之间有力的、积极的并列，这不同于前几章所谈到的消极或者和谐的并列，因为它们既不像前面章节所提到的犹太教堂（图 3-9）那样，由不同的形式松散地组合而成，也不是像这个项目先前的方案那样，由相似的形体和具有固定等级的单元比较整齐匀称地组合而成。达卡精雕细琢的外部也不像萨尔克会议室那样，由康通过叠加并置在一起的有凝聚力的形式。这种积极的并列的几何母题在康后来的作品中占有重要的地位。在诸如哈德良别墅（Hardrian’s Villa）之类的罗马先驱作品中，这样的并列始终是消极的，因为它们没有均衡的布置，也不是从外表展示的观点统一设计的。皮拉内西的罗马马蒂斯（Martius）校园重建的设计中有着与康的手法比较接近的单个元素，但是它们还是没有被发展成三维的形象。与康的设计比较近的一位先驱是列杜在乔克斯（Chaux）盐厂的第一个方案，但是那个方案中两个方形的叠加压制了它们视觉上的相互作用。恰当地说，列杜的构成引起了从古典到并列构成的改变[26]。除了这些不同的源头之外，康创造了和他同时代的人有角度的构成完全不同的方法，因为再也没有真正与阿尔瓦·阿尔托的作品所代表的放松的曲折形式相似的地方，甚至也不同于弗兰克·劳埃德·赖特有凝聚力的三角形实验。

就在做达卡的项目之前，路易斯·康在布瑞安·毛厄（Bryn Mawr）的埃德曼宿舍平面的角部设计了 3 个平行的正方形。1961 年 12 月，它的困难终于解决了，就在几天前，康阐述了一件重要而麻烦的事情：“那些将有用的空间联合起来的……建筑……是衡量建筑师的标准——联合空间的组织——当人们从建筑中通过的时候……就会感觉到建筑的整体性[27]。”在接下来的几个月中，康引用他在布瑞安·毛厄的平面作为解决这个

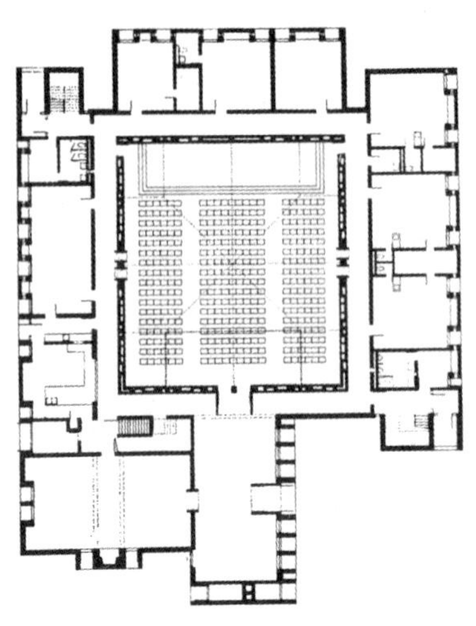

图 3-9　孟加拉国达卡国民议会大厦，平面图，约 1961 年 6 月

问题的方法：“我从来没有想过要用方形并且把它转过来……所以它们是自己联合起来的[28]。”可以肯定安妮·唐为布瑞安·毛厄做的设计是康变化的催化剂；把有角度的、中心的正方形连接到周围的房间上的线性通道类似于列杜在乔克斯盐厂的设计中有角度的门廊。

在达卡的第一个方案中，康实现了比埃德曼宿舍中有力得多的连接。通过把清真寺和议会大厦形成一个角度，他为两种不同的集会形式带来了动态的平衡，并把祈祷活动控制在掌握中。在这个有角度的集合形体中，路易斯·康发现了一种有着广泛意义和很大应用范围的原则，因为看上去达卡的设计给别的设计——比如诺曼·费歇尔住宅（1960—1967 年——带来了灵感。费歇尔住宅最初的方案并不是这样的，但是在 1963 年 1 月，康承认他还没有开始做这个设计，并且在他去达卡旅行的时候把费歇尔住宅的工作交给了他的学生。有文件显示，一直到 1963 年末他

才找到解决的办法。也是在他从达卡回来之后，他才在他的莱维纪念游戏场（Levy Memorial Playground）设计（1961—1966 年）中加入了类似的形式。印度管理学院和弗吉尼亚大学的化学楼（1960—1963 年）也是用同样的方法解决的。前者的草图中包括了表现主导风向和朝向的斜线，但是直到 1963 年 3 月康才用并列的方形来处理它的平面。康在 3 月份设计的化学楼塔式的、像堡垒一样的报告厅的角部也采用了斜放的方形。1963 年夏天他开始把相似的几何形体结合到韦恩艺术中心的研究中去。

3 月份在达卡做过汇报之后，路易斯·康减小了清真寺的体量并且更充分地把它结合到议会大厦中。但是他最后设计的有着丰富曲线的、角部是圆柱形的采光井的结构，彻底地偏离了主轴线而朝向麦加方向倾斜（图 3-10），在外观上可以很清楚地看到这一点。伊斯法罕(Isfahan)的沙阿(Shah)清真寺(1612—1638）也有着类似的与皇家广场的轴线偏离的做法，但是它是因为基地的限制才不得不这么做的，而达卡的设计中没有这些限制条件，康完全可以通过将它与整个建筑群对准而轻易地消除这个斜角。它看上去还是有着为了加强特性而采取的随意的处理；正如康所描述的："我用不同的方法进行了处理，所以你能够对清真寺进行不同的表达[29]。"

其他与设计相对独立的元素或者被去掉了，或者被加入到集会空间中，以强调中心的方式并置在一起。议会大厦的两侧是旅馆，它们在视觉上支撑着中心的结构（图 3-11）。这表明了它们最初的用途是立法者临时的居所。在议会大厦中，一条庄严宏伟的回廊进一步加强了议会大厦的严肃性，在相关的活动区域则提供了不太正式的空间（图 3-12）。为了把自然光引进这个巨大的体量中，康采用了"空心柱"——类似于采光井的东西，但是在他的想法中有着更加重要的建筑的日的：

"在议会大厦的设计中，我在平面

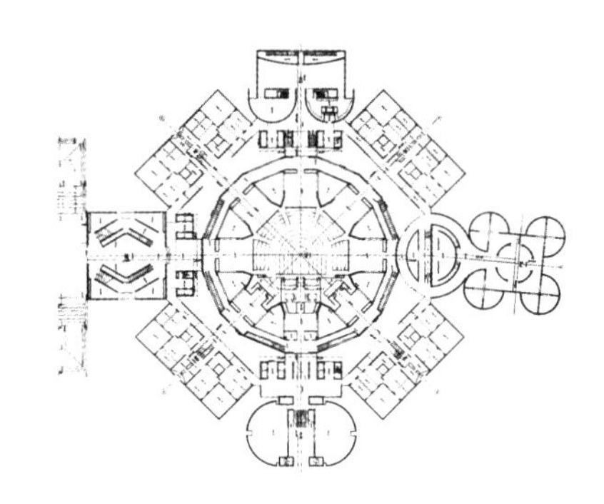

图 3-10 孟加拉国达卡国民议会大厦，国家立法大楼平面图，1966 年

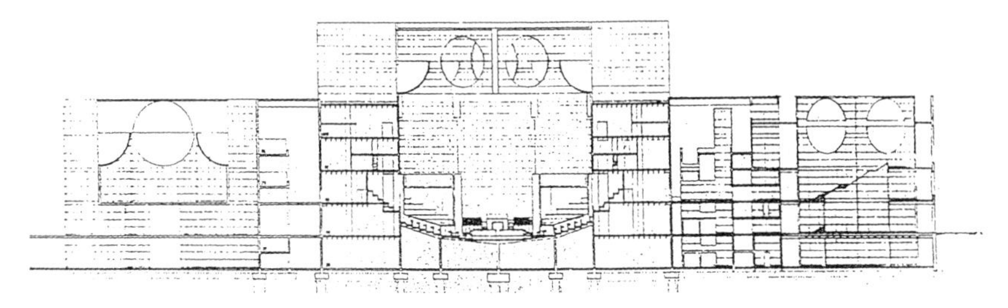

图 3-11 孟加拉国达卡国民议会大厦，国家立法大楼朝西方向，于 1964 年 6 月 6 日

图 3-12 孟加拉国达卡国民议会大厦，国家立法大楼门廊

图 3-13 孟加拉国达卡国民议会大厦，国家立法大楼研究模型

图 3-14 孟加拉国达卡国民议会大厦，国家立法大楼研究模型

的内部采用了一种采光的元素。设想一下，如果你看到一系列的柱子，那你就可以说对柱子的选择就是对光线的选择。作为实体的柱子界定了光的空间。现在反过来想，想象一下柱子是空的而且很大，它们自己的墙就可以采光，空的部分就是房间，柱子就是光线的制造者，可以具有复杂的形式，可以作为空间的支撑并且给空间带来光明[30]。”

在研究模型中，这些“空心柱”有着明确的几何定义（图 3-13）；当它们实际建成的时候，它们的形状是由它们所连接的体量来界定，它们给外围的办公室而不是议会大厦本身带来光明。路易斯·康努力地为这个最重要的空间寻找理想的屋顶形式，一种可以保持他设计的抽象几何形的结构手段，最重要的，还要能从顶部采光（图 3-14）。康曾经将万神庙的圆孔称赞为“最卓越的”光源和“对世界中的世界的表达”[31]；现在这个理想的形式好像在和他捉迷藏。他不同意他的顾问工程师奥古斯特·考曼顿特的意见，他没有能够完全理解康所追求的结构逻辑[32]，最后采用的瓜形穹顶还是没有达到康先前想要的视觉冲击力。

路易斯·康在基地其他地方的设计随着这个复杂且不断发展的项目不断变化。随着越来越多元素的加入，他早期方案中简单的明确性变得越来越拥挤，在外部的政府建筑的面积也变得越来越难以控制（图 3-15）。必然地，许多住宅和相关结构的设计不得不交给他的助手来处理，尽管康在察看基地的时候尽可能仔细地观察这些比较细小的元素[33]。有证据表明康在瞭望台（1963 年 9 月增加到项目中）和高层住宅的设计中投入了较大的精力。但是他在议会大厦和与之相连的旅馆中肯定是投入了最大的精力。

在施工过程中（图 3-16），议会大厦的外观暗示了斋浦尔（Jaipur）和德里的莎瓦·杰·辛格国王二世（Maharajah Sawai Jai Singh II）瞭望台中永恒的几何形（图 3-17），就像会员旅馆所表现的一样。路易斯·康也许注意到了野口勇（Isamu Noguchi）发表在《透视》（Perspecta）上的瞭望台的照片[34]，而且可以肯定他参观了德里的疆塔尔·曼塔尔（Jantar Mantar）天文台。与那些 18 世纪的瞭望塔相类似，康的建筑看上去也表现着宇宙的秩序。在议会大厦中围绕在议院周围的基本形式保持着这个形象，就像外部墙上光滑的洞口所做的一样。对古代的回应——至少像想象的古代那样——似乎存在于这些最抽象的形式中。就像眼睛所看到的它所指向的更广阔的领域一样，它们还让人联想起列杜在贝桑松剧院（Theatre Besangon）（1771—1773）中著名的舞台图画。通过把自己限制在欧几里得形体上，康始终保持敏感并且实现了杰出的抽象效果，在那里每个人都可以找到自己的意义。白色大理石的细线加强了节点，在结构增加并且追求人的尺度的同时使暴露的混凝土墙显得很高贵。与之相邻的红砖阳台和旅馆进一步加强了议会大厦的特质。在建造如此巨大建筑的过程中到处都有当地力量的痕迹，它们进一步加强了它已经很雄伟的尺度。

对某些人来说，集会大楼让他们联想到像蒙特利堡（Castel del Monte）那样的意大利堡垒[35]。而其他人则把它的平面与伊斯兰和佛教建筑的集中式的传

图 3-15 孟加拉国达卡国民议会大厦，基地模型，1973 年 1 月

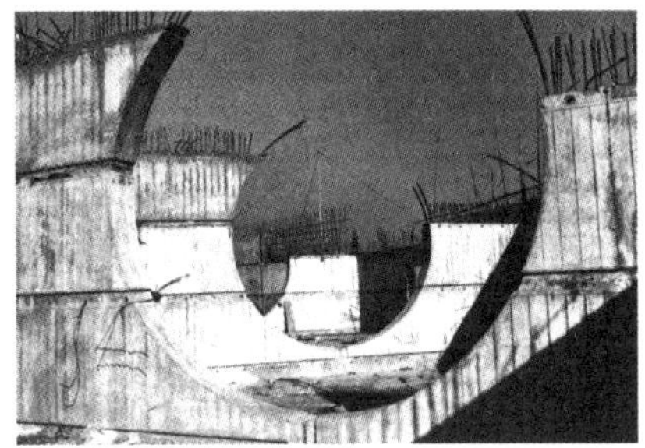

图 3-16 孟加拉国达卡国民议会大厦，施工中的国家立法大楼，约 1967 年

图 3-17 瞭望台，斋普尔，印度，18 世纪早期

统联系起来，他们相信路易斯·康把东西方的传统结合了起来[36]。1990 年一个奉行建筑能够产生民族自豪感的人写道：

“这个宇宙性的宏观世界，它的微观世界就是那些城市、清真寺、住宅和花园，它提炼出了一个用特殊的途径引导我们从尘世进入天堂的神圣的本质……这就是建筑为那些没有继承人的人，那些把他们的尊严供奉给它的人，以及那些——没有什么更好的东西——以不同的视点看待生命的人，所储备的[37]。”

路易斯·康自己说得更加简单：“它就是一块用混凝土和大理石做成的有着很多面的宝石[38]。”有些人批评这座建筑缺乏人的尺度[39]，但是这在某种程度上就是康的目的，至少他希望从远处看起来是这样的。通过打破这些惯例，他强调了集会而不是较小的个人的“卓越本质”。对于那些聚集在其中的人或者安静地聚集在它宽广的平台上的平民来说，这个建筑的确达到了它的目的。

用建筑来表现集会是路易斯·康的一个理想，它引导着康在西巴基斯坦的新首都伊斯兰堡的另一设计。这个城市被指定为该国的执行首都，与东巴基斯坦的立法首都相平衡。政府选择康斯坦丁·杜克塞迪斯（Constantine Doxiadis）来设计总平面，这个设计发表于 1961 年 5 月，其他的著名建筑师则被请来设计重要的建筑，包括吉奥·庞蒂（Gio Ponti）和阿尔伯特·洛雪利（Alberto Rosselli）设计的中央秘书处，阿纳·雅各布（ArneJacobsen）设计的一个次要的、补充的议会大厦[40]。1963 年 7 月，当他在达卡深化他的东部首都总平面的时候，路易斯·康被选择为在伊斯兰堡的总统官邸的设计师，这座官邸打算建成居住和行政的综合体[41]。渐渐地他又开始负责首都的其他组成部分，包括当雅各布的设计被否决以后转交给他的议会大厦。

没有证据表明路易斯·康在 1963 年 12 月之前参加过这个设计，在接下来几个月里画的草图表明他开始加入这项工作，并置的几何形体描绘了部分之间积极的相互关系。第二年的 9 月份，康被要求提供一些设计说明，从那时候开始，他的草图表现了更强的建筑构成感（图 3-18）[42]。总统官邸是沿着左边布置的线形综合体，通过包括行政办公楼的斜的正方形与伊斯兰研究中心的三角形联系起来。这三个部分围合了后来被称为总统广场的角落；在路易斯·康从雅各布那里接手的图纸的顶部，画上了伊斯兰堡立法大楼的草图——一个与达卡的空心柱非常相似的圆形建筑。到 1964 年 10 月他第一次汇报时为止，这座建筑采用了切掉了顶部的金字塔形；中心是一个圆形的洞口，那中间很独特地布置了一个立方体。到 1965 年 1 月为止，康还在广场上设计了一个国家

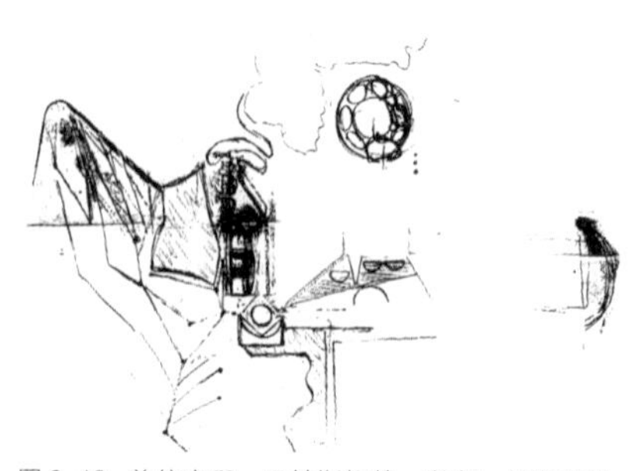

图 3-18 总统官邸，巴基斯坦第一首都，伊斯兰堡，1963—1966 年，总平面图，路易斯·康绘，1964 年 9 月 30 日

纪念碑，这个纪念碑显然是从总统官邸的一部分发展而来的。在对伊斯兰堡行政大楼的合作设计者罗伯特·马太（Robert Matthew）描述他最初的想法时，他说：“它将成为一个体现从广场上升起的教堂的新的尖塔概念，人们可以在一个专门的平台上面向麦加布道……广场可以被看作是没有屋顶的集会大厅……议会大厦仍然是最重要的。它的形式受到了野口勇的赞扬[43]。”到 1965 年 3 月，康进一步深化了的议会大厦展示在基地模型的左侧（图 3-19）——一个站在方形平台上、角部有着像塔一样东西的立方体。模型底部是与纪念碑的端部结合在一起的线形总统官邸，模型的顶部是国家纪念碑去了头的方尖塔。伊斯兰研究中心的三角形位于总统广场的第四个边上，是一个位于庞蒂设计的行政大楼后面的矮小的矩形建筑。

路易斯·康是因为什么原因被邀请来设计议会大厦以及它的要求是什么样的，已经不得而知。雅各布设计的议会大厦，立面采用了镀膜的铝合金和玻璃，1964 年汇报过后就被否决了，而康被选作新的设计师[44]。但是在康直到 1965 年 1 月才签订的合同中，并没有提到议会大厦，而 3 月份在他的汇报之后，他又被批评为没有把精力集中在总统官邸和相关的纪念碑的设计上[45]。显然，康是在没有收到官方的邀请就自己开始了对这个问题的研究，他相信这个设计对他自己的设计和整个新首都的项目都是很重要的。康在那个时候的笔记暗示了这一点，因为他写道：“建筑的总平面和它的精神是一个整体”，他解释说“建立一个建筑秩序”对于作为整体的城市来说是非常重要的，“建筑的高层机构必须是这些……由不同建筑师设计的建筑……的连续性激发者[46]。”

1965 年 3 月之后，路易斯·康的议会大厦的设计邀请变得更加合法化了，因为在整个夏天他都把精力集中在这个项目的设计上而没有来自马太的进一步的抱怨，最后形成了一个经过发展的设计。到 8 月份这个设计有了明确的定位，这使得总统官邸散漫的形式看起来像没有经过设计一样（图 3-20）。在他原来习惯于布置立方体的地方，路易斯·康现在设计了一个置于从基础上起来的延长的鼓桶上的浅浅的穹顶，就像楚瓦希对万神庙理想化的描画一样（图 3-21）[47]。门廊围合了中间的议院，在那里旋转的方形，就像平面

图 3-19 总统官邸，基地模型，1965 年 3 月

所表示的那样，强调了它的中心（图3-22）。外围比较低矮的一侧不像达卡的设计那么复杂，但是仅仅是不那么具有防御性而已。政府官员规定“建筑要有一种伊斯兰的感觉”[48]，这在一定程度上涵盖了穹顶和平面；康写道：“坚持伊斯兰的感觉是很麻烦的……但是除此之外，它可以提供许多以前没有想到过的灵感源泉[49]。”

最后，巴基斯坦政府既不同意路易斯·康的议会大厦的设计也不接受总统府的方案，而是把这个项目交给了爱德华·丢勒·斯东[50]。他设计了一个没有什么特色的平庸之作（图3-23）；如果没有达卡的马扎鲁尔·伊斯兰聪明的指导，政府官员们显然不愿意这么做。但是不管康的设计与斯东比起来多么优秀，还是不能说服他们接受他的设计。他的简洁的伊斯兰堡议会大厦表现了有意识的对基本元素进行提炼——个强有力的集中化形式，它的每一个有穹顶的空间的压力都被门廊所缓解——但是没有达卡的旅馆和平台所形成的那种坚实的组合，它的存在是很难被全面感知的。总统官邸似乎从来没有实现过固定的位置或者可以知觉的形式。康坚持对达卡的总平面的全面控制；在伊斯兰堡就没有这样的机会了，而结果正好说明了这一点。

在路易斯·康剩下的三个集会项目中，只有最小的、最次要的建筑：纽约夏巴克（Chappaqua）的贝斯-埃尔（Beth-El）犹太教堂（1966—1972年）建成了。但是即使是这么小的一个项目，康也设计了一个非常集中的形式来象征它的目的（图3-24）。1966年7月康被推选为这个项目的建筑师，但是他一直拖延到第二年5月合同签订以后才开始设计[51]。在外部他设

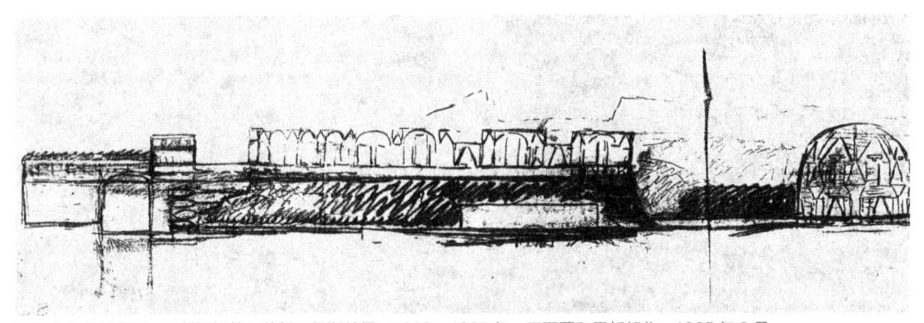

图3-20 总统官邸，巴基斯坦第一首都，伊斯兰堡，1963—1966年，正面图和局部部分，1965年8月

图3-21 总统官邸，基地模型，1965年3月

计了一个门廊来提供额外的座席[52]。就在他把贝斯 - 埃尔犹太会堂最终的设计简化成1970至1972年建成的相对简单的木结构形式时[53],他提出了让集会空间少一点现实、多一点刺激的建议，就像耶路撒冷的胡瓦（Hurva）犹太教堂和威尼斯的会议宫（dei Congressi）那样。

在胡瓦犹太教堂中，路易斯·康第一次有机会在他早期的旅行中曾令他心潮澎湃的古代世界的考古边界以内建造建筑的机会。1967年8月他被请来重建一个曾经位于那个基地上的小犹太会堂[54]，他12月份去了那里，但是直到第二年的7月，去耶路撒冷汇报他的建议的前几天，才把精力集中到这个设计上[55]。基地上大量的古代遗产使这个项目具有了特殊的意义。当他做这个工作的时候，他提到了表现“历史和耶路撒冷的宗教精神”是他的荣幸，在先前的话里，他说：“仍然充满活力的古代建筑有着永恒的光芒[56]。”他早期的研究加强了这种人道主义的态度，因为它们表现了与古代城市的协调并存。教堂的外围还包括两个世界上最重要的宗教纪念碑：洛克（Rock）大教堂（688—691）和荷里墓地教堂（Churchof Holy Sepuchre，约326）；康设想让他的设计与这些建筑在一起产生的效果，感受到了它们象征第三种宗教的潜力。图纸表现了这些建筑是如何与它们周围年代更久远的平台产生联系的（图3-25）；正如他曾经描述的人类历史在他的雅典卫城的画中所占的重量一样，所以康也把它放到了耶路撒冷，尽管这次加入了他自己的创造。

路易斯·康对纪念建筑的看法超越了他的赞助人对他的期望，他的赞助人希望采用更加现代的形式，但是他们还是很

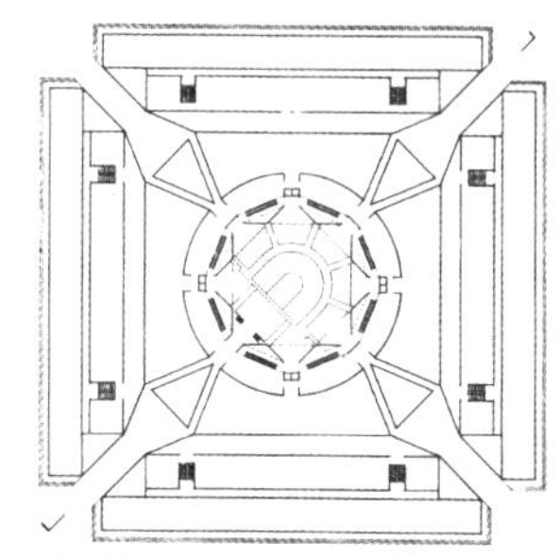

图3-22 总统官邸，立法大楼一层平面图，1965年5月之后

图3-23 爱德华·斯东，总统官邸，1966年

图3-24 贝斯 - 埃尔犹太会堂，夏巴克，纽约，1966—1972年，透视图，路易斯·康绘，1968年

图 3-25 胡瓦犹太会堂，耶路撒冷，以色列，1967—1974 年，基地剖面，1968 年 7 月

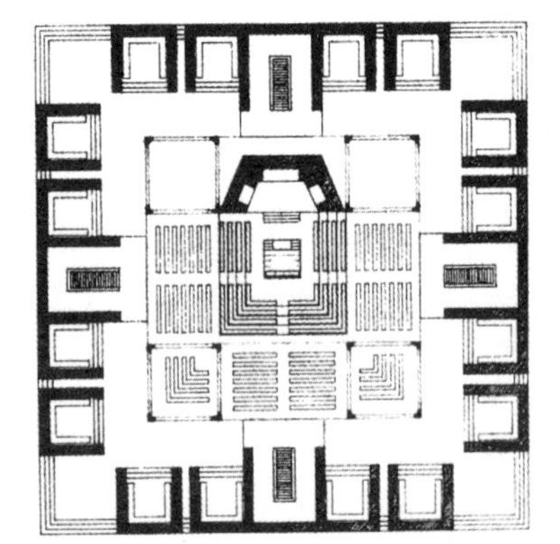

图 3-26 胡瓦犹太会堂，平面图，1968 年 7 月

图 3-27 胡瓦犹太会堂，第一轮方案模型，1968 年 7 月

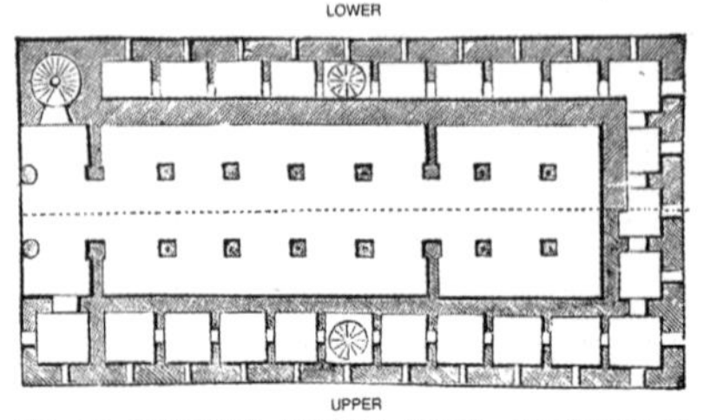

图 3-28 所罗门神庙，耶路撒冷，以色列，公元前 1015 年，上下楼层的推测图

支持他。第一次汇报后，耶路撒冷市长特迪·寇勒（Teddy Kollek）把这个设计描述为一个“世界的犹太会堂”，他说：“这是一个要在耶路撒冷建造美丽的犹太会堂的理想[57]。”这个方案也加强了康对集会建筑的想法。四个空心的柱墩界定了中心的方形圣殿的四角（图 3-26）。柱墩的周围，一条门廊把圣殿从外部的 16 个方形壁龛中隔离出来，这是专门用作蜡烛的服务空间。北部维护结构中间的楼梯间通向楼上的美术馆，角部敞开用作出入口。四个中心的柱墩在立方体形空间的屋顶附近展开，壁龛逐渐向内变小，就像从屋顶上升起来的防御塔一样（图 3-27）。这座平淡无光的，由简单的、甚至没有颜色的元素组成的建筑创造了一种来自于远古而不确定年代的废墟的氛围。

路易斯·康的原始风格的平面让人想起很快被注意到的类似情况——所罗门神庙的重建（图 3-28），就像佛格森（Fergusson）的《建筑历史》中所说的那样[58]。通过从纽约的犹太人神学讲坛这些早期的犹太会堂中寻找信息，路易斯·康找到了一篇强调所罗门神庙重要性的论文[59]；在他的第一个方案的幻灯片中有一个在它的古代用地上的不确定的重建方案[60]。这个神庙恰好激发了他的灵感，因为它不仅标志着犹太建筑的开端，而且像维特科夫尔所说的那样，体现了上帝传达给摩西的宇宙的比例[61]。

当路易斯・康在胡瓦犹太会堂后期的修改中改变了一些细部的时候，他的基本概念还是保持不变的。他在 1969 年 7 月提出，用周边支撑的壳顶代替了第一个方案中的空心柱墩，并且把方舟和讲坛移到了外面[62]。在 1972 年 7 月的最后版本中，方舟和讲坛又重新回到了比较中心的位置，在那里它们作为参与式集会空间的中心，可以更好地相互作用，而且四个空心的柱墩重新回到了圣殿的角部，并且增加了重要的椭圆形洞口作为装饰（图 3-29）[63]。这个平静的对称的设计与达卡活跃的形式形成了鲜明的对比，与康后来更具纪念性的作品是协调一致的。特迪・寇勒仍然很支持他，但是他没法说服圣会接受康的设计[64]。因此，康所追求的“永恒的光芒”仍然是捉摸不定的。

在威尼斯，和耶路撒冷一样，路易斯・康也发现这是一座有着足够的关于它起源证据的城市。他 1968 年 4 月提出的集会厅的想法看上去非常清楚，但是它在双年展上必要的功能和它的目的都足以激发康的想象。会议宫的项目带来了一个建造近乎伟大的建筑的机会，在著名的威尼斯教授基斯比・马查里欧（Giuseppe Mazzariol）那里，他再一次找到了一位能够理解他的学者，给予了他设计的指导和支持。康提出不按他通常的收费为它工作，以之作为送给这个城市的一件礼物。

会议宫与仪式的或者程序上的要求之间的关系，不像与他早期的集会设计的关系那么密切，而且就像他 15 年前在阿代什・杰叙隆所做的一样，他似乎是从早期的集会场所入手的。在他最初的汇报中，他把该设计描述成“一个发生的场所”，接着，“在威尼斯的国会大楼……我希望建造一个思想的集会场所，一个可以产生思想集会的表达的场所[65]。”然而，它的形式是更加结构化的，也许路易斯・康对最早用建筑的方法来界定一个集会场所的想象有了进一步发展，在这个设计中，他在消极的和可以参与其中的集会之间画了一道明确的界线：“我可以把国会大厅看作好像是一座圆形的剧院——在那里人们互相观望——它不同于人们观看表演的电影院。如果不考虑基地形状的话，我的第一个想法是用中间的核心制造许多同心圆[66]。”

有限的基地条件阻碍了路易斯・康的理想化的形式。为了避开基地上的树木，同时还要保留业主要求他做的花园的比例，他只能把建筑设计成一个狭长的形状，并且简化橡皮土中的基础问题，他选择通过每一头都只有很少支撑的桥的形式来支撑这个建筑（图 3-30）。桥的想法在威尼斯有着特殊的意义，康的设计被拿来和有着“威尼斯生活最有影响的戏剧舞台”之称的瑞阿尔托做比较[67]。与每端都用巨大的柱墩作支撑的建筑不同，大厅本身视觉上很轻盈的悬挂结构保留了他认为对于它的目的来说很重要的庆典精

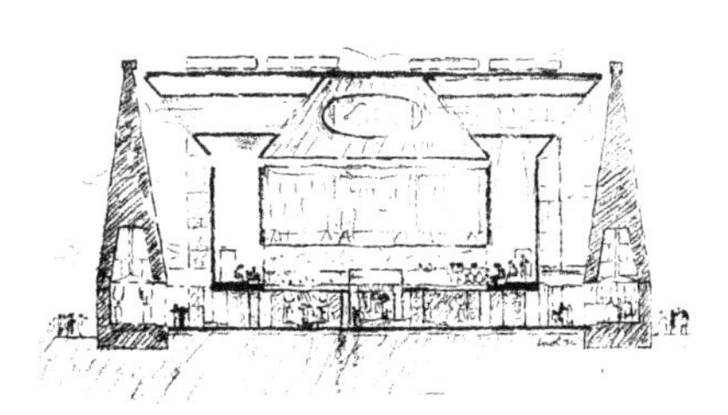

图 3-29　胡瓦犹太会堂，第三轮方案剖面，路易斯・康绘制，1972 年

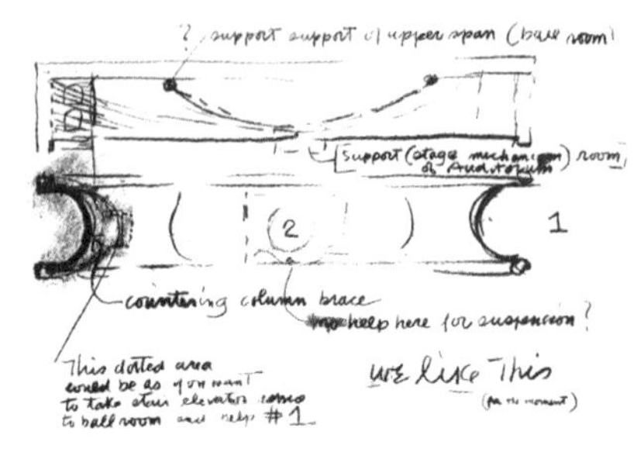

图 3-30　会议宫，威尼斯，意大利，1968—1974 年，立面图，路易斯 · 康绘，1970 年

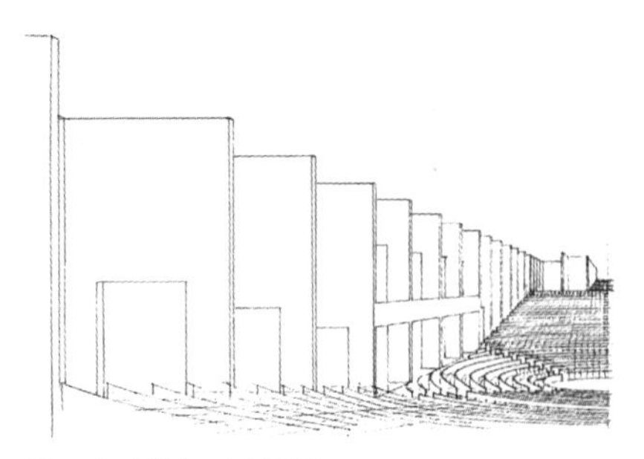

图 3-31　会议宫，室内透视图

图 3-32　会议宫，米兰公共花园基地模型，1969 年 1 月

神[68]。早先的草图（也许是在 1968 年 10 月，他对马查里欧第一次非正式的汇报之前所做的）显示了设计的发展。在右侧的上部和下部，在吊床式的图解当中，是一个展现了一个悬索结构里面的剧场梯形座位的剖面。他进一步压缩了这个形式，正如 1969 年 1 月他在威尼斯汇报他的设计时所解释的：“因为基地很狭长，我只能用平行的两个片切入圆形的剧场……在大厅中的印象就是人与人的相互观望。集会大厅的曲线很微小，从而保持它给人的真的是一条有着缓坡的街道式的走廊的感觉。人们会想起锡耶纳（Siena）的帕里奥广场（Palio Square）[69]。”路易斯 · 康在锡耶纳的旅行速写成为了他最有力的形象之一，一个非常有用的集会广场的模型。

在理想的圆形剧场形式中，路易斯·康也增加了一个门廊式的空间（图 3-31），使这个设计与他另外的集会建筑设计更加一致。正如他所解释的：“每一边……都有两条……通向座席的街……还有人们可以从国会中走出来单独讨论的壁龛[70]。”他的模型（图 3-32）展示了会议宫在基地上的微妙位置，以及它与后来增加的保持独立的元素之间的关系：一个立方体的入口亭子，以及后面的另一个包括美术馆和工作室的立方体结构。康在这些元素中，就像集会大厅本身一样，采用了简单的、整数的基本模数关系[71]。考曼顿特再一次成为了路易斯 · 康的顾问，以保证结构的效果。1970 年，在他的坚持下，部分拱形洞口被从矮墙上移走而代之以被路易斯 · 康渲染成古代柱廊的栏杆。

在通常情况下，即使在项目不确定的时候，路易斯 · 康也不会停止设计，因为政治的争论使它的实施变得不太可能。后来，在 1972 年，他很高兴地在古船厂（Asernale）附近一个新的基地上重新实现了他的设计：在那里，建筑真正成了运河上的一座桥（图 3-33）。与伊斯兰堡的密克维·以色列和胡瓦犹太会堂的设计一样，康顽强地坚持他思想中的假想的真实存在的概念，这是他的思想中难以舍弃的一个重要部分。

图 3-33 会议宫，旧船厂基地模型，1973 年 5 月

4. 灵感之家

学校设计

集会建筑的设计给路易斯·康提供了大量表现他建筑理念的机会。对于他来说，集会空间首先有着从本质上而不是从重要性上，将世俗建筑和宗教建筑进行区别的特征。在他的集会空间设计中，他为扩大个人价值的集会的普遍品质提供了形式。康仍然热切地期望实现他的理想，这既是它们的正确性的部分证据，也是衡量他的成就的一个标准。

在路易斯·康设计一个能够满足人们集会要求的建筑的同时，他还在设计一个可以容纳学校、研究中心和修道院等满足集体和个人活动的复杂综合建筑。这些建筑是那些被他称为“灵感之家”的建筑的一部分——也就是那些由基本的学习愿望和随之而来的在有支持的社区里为学校提供庇护所的要求所界定的场所[1]。这些带有理想主义色彩的业主在20世纪60年代早期给康的事务所带来了大量的项目，伴随这些项目而来的是来自于约翰·F·肯尼迪总统任期内的乐观和责任。康为这些项目设计了扎根于自然的秩序和人类传统的建筑。

学习，对于路易斯·康来说是一个存在的要求。在他的内心里是对生活本身的探究，正如他1964年在一个医疗学校的研讨会上所说的：

“我相信学习的机构可以追溯到自然的本质。自然，物质的自然，记录着它创造了什么，怎么创造的。在我们之间流传着一个完整的关于我们是如何被创造出来的故事，从这个神奇的角度讲，我们有了认知、学习的要求，我想，所有的问题实际上可以综合成一件事：我们是怎么来的[2]。”

社区的创造也是一个人类的——和建筑师的——主要责任。1961年，路易斯·康对一个采访者表示：“我非常想……向街道上的行人说明生活的方式[3]。”3年后，他更加重视这个问题：“我不相信是社会创造了人。我相信是人创造了社会[4]。”对支持学习和创造社区模型的挑战中，诞生了三个康最重要的建筑作品——加利福尼亚州拉霍亚的萨尔克生物研究所、布林茅尔学院的埃德曼大厅和艾哈迈达巴德的印度管理学院（图4-1），以及大量优秀的未建成的设计。

这些类似的工作项目大多开始得很仓促。1959年晚些时候，随着理查德医学研究所的施工，路易斯·康签署了设计萨尔克研究所和韦恩艺术中心的合同。1960年，当罗彻斯特教堂的设计工作正在进行的时候，康接到了来自布林茅尔学院、弗吉尼亚大学和费城艺术学院的委托。接下来的一年中又接到了来自韦恩州立大学和圣安德鲁的小修道院的委托，它们都是与密克维·以色列犹太教会堂同时期的项目。1962 年康又开始设计印度管理学院，同一年还签署了东巴基斯坦新首都的设计任务。短暂间隙之后，3 位有着相似诉求的业主在 1965 年聘请了康，项目分别是：圣凯瑟琳的女修道院、马里兰大学的艺术学院和菲利普·埃克塞特研究院。接下来是 1969 年莱斯大学。因为康的作品并不遵循传统的类型划分，其中两个功能上相关的项目——福特·韦恩和费城艺术学院——将在第五章里与康同时期的城市规划作品一起讨论。同样，菲利普·埃克塞特的图书馆和餐厅将在第六章里和占据了康职业生涯中大部分时间的纪念性建筑一起讨论。但是有必要在这里列举一下这些项目，以便描述关于康建筑实践中这一系列作品的整体形象。

和往常一样，路易斯·康进行设计的第一步是把业主建筑任务书的要求简化为人类活动的本质。他通过这样的方法来塑造建筑的性格，这种性格更多的是建立在他自己的感觉而不是业主所描述的状况之上的。他对这些用来学习和思考的公共机构的认识，是由他对教育的理解、对修道院生活的想象和他对激进主义的社会建筑的认同来构成的。

路易斯·康对教育的体验，始于当年那个穿越费城街区来到公立学校，去上专业艺术班，直到最后进入宾夕法尼亚大学的走读学生。接下来，作为一名教师，他第一次在学院的编制之外非正式地工作，随后作为耶大和宾大的一名兼职评论家。这种逍遥的方式形成了康反正统的教育观念，并且激发了他最经常提到的建筑寓言：

“学校开始于树下——有这么一个人，起先他并不知道自己是老师，他和其他人一起讨论他的感悟，这些人也不知道

图 4-1 康和印度设计师 B.V. 多西在印度管理学院，印度，艾哈迈达巴德，1974 年 3 月

自己是学生。学生们对他们之间的交流做出反应，这取决于那个人表达得多好。他们希望他们的儿子也能听这样的人讲话。很快，这个被需求的空间就建起来了，形成了第一所学校。学校的建立是不可避免的，因为它是人类要求的一部分[5]。”

在路易斯·康对这些建筑的理想化的设计中，他把这种模糊的集体教育作品的形象与更加抽象的僧侣那种孤独的形象结合在一起。就像之前的勒·柯布西耶一样，他把修道院看作是一种聚集模型（model habitat），他经常满怀敬意地提起圣高尔大教堂的平面。虽然康设计了许多犹太教会堂、教堂和清真寺，但是相比于那些公共宗教表现形式，他更倾向于个人的沉思空间，比如那些僧侣场所。在某种程度上康推崇拜万神庙，因为它巨大的圆形形式是“一个没有方向的空间，在其中只能让人产生敬意。受戒仪式（ordained ritual）是不可能发生的[6]”。对于他来说，思考具有重要的教育意义，因此它对于学习的、补充的、独立的部分来说是一个相关的模型。

路易斯·康从这种类型的设计中体会到了极大的快乐，这也来源于他长久以来对建造人类社区的兴趣。在康职业生涯的早期，他的兴趣主要集中在公共住宅上，这个领域因美国大萧条时期全国性的社会活动而引起热潮，后来又由于战时的迫切需要而猛增。但是在二战后，美国的公共住宅开始走下坡路，只有少量贫困的穷人才有建造庇护所的要求。康在设计费城西部的米尔溪住宅（1951—1963 年）的过程中，亲眼目睹了这个令人沮丧的变化。直到他接受这一批新的项目之前，他一直在寻找新的灵感。

虽然路易斯·康对这些教育机构——浓荫的树和修道院——的再创造和组织设计中有着明显的不确定性，但是当这些和康坚定而成熟的视觉偏爱结合到一起的时候，他很快得出了混凝土的形式。他的想法很快就被他所喜爱的形式抓住了。在平面中，理查德研究所的亭子和罗彻斯特犹太教堂中有着同一个中心的服务和被服务空间的等级是非常有用的出发点。在立面上，继续他开始于 20 世纪 50 年代后期的塔式的和墙体看上去很厚的、充满了中世纪和古代建筑力量的、暗示的建筑中，重新发现历史的事业。这些作品是在康对人类生活诗意的理解和如此鲜活的视觉需求的交叉点上产生的，它们的起源有时候是很激烈的。妥协几乎是不可能的；这是一个将环境调节到可以相互溶解的程度的东西。这些项目中的大部分都没有建成。

路易斯·康对最初的两个项目——萨尔克生物研究所和布林茅尔学院宿舍楼的埃德曼大厅——采用的解决办法是把抽象的问题转化成有说服力的物质语言。在这两个项目中，一个有个性而又有共同语言的业主要求康尽最大的努力，并且要从他有时候很难对付的人手中取得优秀的设计。他与那些聪明的、能够在业主和建筑师的关系中独当一面的人合作。1963 年，他对耶鲁的一位听众说：“只要一个人，仅仅一个人，不需要委员会，也不是一群乌合之众——一个人，一个单独的人，就可以化腐朽为神奇[7]。”自然，他同时也是在说他自己。

第一个有效的小儿麻痹症疫苗的发明者乔纳斯·萨尔克是路易斯·康的业主中

颇有智慧的人。幸运的是，他们的想法在治疗从精神上影响人的智力的现代精神分裂症这个观点上达成了一致，他们成为了合作者和朋友。没有人能够像萨尔克那样，拒绝了康的方案而没有打消他对这个项目的兴趣，他在两个重要的场合下这么做了，1959 年 12 月他们相识，康把他称作是“我最值得信任的批评家[8]。”

萨尔克想要的是科学和人文的结合体。为了填补 1959 年 C·P·斯诺（C. P. Snow）提出来的现代生活中“两种文化”之间的鸿沟，萨尔克预言了一种既可以支持科学研究又可以促进科学家和其他文化领头人的思想交流的机构[9]。他后来说：“我想要用一种建筑来说话而不是写本书[10]。”正如他经常强调的，对这种建筑的测试是看它能不能容纳得下帕布罗·毕加索[11]。

路易斯·康把萨尔克关于两种文化的论述转变成“可丈量的”和“不可丈量的”，这种语汇显然是与他自己的“设计”与“形式”的概念是一致的，他接受了把萨尔克的整体观与他自己的建筑要求结合起来的挑战[12]。他是非常有诚意的，并且注意到康 1962 年在伦敦英国皇家建筑师协会的年度讲演上的发言之后，斯诺被邀请参加晚宴，但是，作为一名艺术家，康很少在精神上将这两种文化相提并论。他在 1967 年说过：“科学是发现已经存在的东西，而艺术家创造的是原本不存在的东西[13]。”

1960 年 1 月，路易斯·康第一次参观了萨尔克在拉霍亚的太平洋的峭壁上引人入胜的基地最初的草图，以及几个月后根据草图建起来的模型，表现了他自己对这个项目的解释（萨尔克只给了他很粗的轮廓），这个设计分成了实验室、住宅和一个作为研究者和外界的思想交流场所的会议室（图 4-2、图 4-3）。萨尔克接受了这种分成三部分的做法，但是很快他拒绝了康提出的像理查德楼那样将实验室放在基地靠近内陆一边的研究楼里的做法。虽然理查德楼在那个时候已经很有名了，但是萨尔克仍然坚持对实验室来说很实用的实际的、开敞平面的方式。这种开敞平面是康自己在耶鲁美术馆中创造的，但是他现在觉得这是很老旧的现代主义样式。但是他无法拒绝萨尔克的指示。

图 4-2 萨尔克生物研究所，拉霍亚，加利福尼亚州，1959—1965 年，基地透视图

图 4-3 萨尔克生物研究所，总平面模型，1960 年 3 月

萨尔克还很明确地告诉路易斯·康，他的科学区可能会以阿西尼的旧金山修道院为模本。萨尔克在 1945 年参观过那家修道院，而康在 1929 年画过它的速写[14]。康很友好地接受了这个建议，这一点是毋庸置疑的，对历史资料的反复称赞已经成了他 20 世纪 40 年代以来的说话方式，而且他对修道院也有着特殊的兴趣。但是这并不意味着萨尔克生物研究所将会是中世纪的浪漫主义作品。它的设计风格对康来说是很自然的历史和现代的重叠。

1960 至 1962 年，实验室被改成了 4 座巨大的两层楼。一个巨大的折板和盒子梁系统横跨其上，它提供了铅锤和通风管道通过的空间（路易斯·康所谓的服务空间，图 4-4）。这种勇敢的坦白结构的做法改进了耶大美术馆中的狡猾的欺骗，在那里精致的、暗示着空间构架的顶棚的模式，实际上是由相对简单的斜梁组成的。虽然康愿意为了最后视觉的逻辑性而牺牲对材料的要求，但他一直在避免这么做。在萨尔克的解决方案中，他自豪地说："我想我有一些很火热的东西[15]。"

虽然路易斯·康为了遵循萨尔克的指示而把实验室的空间设计得很灵活，但是它们并不是用来包容建筑中的所有研究活动的。康还为每位重要的科学家设计了单独的工作室，这些工作室就在实验室开敞平面的边上。这些工作室被组织在两个研究大楼之间的庭院中的塔楼里，因此它们重新创造了理查德楼中类似于工作室的环境。研究员们一开始表示不需要这些躲避研究所里噪声的场所；他们愿意整天待在仪器的边上，甚至"在扫掉一些细菌后"在他们的工作台上吃午餐。但是康用"远离繁重的工作""清净的环境""有着橡木桌子和地毯的建筑"形象来怂恿他们和萨尔克[16]。这个空间的划分允许他创造功能的单独空间，这已经成了他 20 世纪 50 年代作品中的主题，工作室所创造的环境类型——通过俯瞰花园而打发寂寞，就像从一开始就让萨尔克很感兴趣的修道院的感觉一样。

在较大范围上把萨尔克研究所划分成三部分，在很大程度上体现出路易斯·康想让每个功能都有专门建筑特征的愿景。与实验室完全不同，住宅和会议室虽然一直没有建成，但是它们强烈地表现了康全新的、充满隐喻的语汇。

路易斯·康在从大海插入基地中的峡谷的南岸为参观者准备的住宅中设计了

图 4-4 萨尔克生物研究所，模型，1961 年 3 月

一个弯弯曲曲的“小别墅”（图 4-5）[17]。这些住宅必须放到 20 世纪 50 年代后期和 60 年代在美国颇受欢迎的从中世纪城市生活中获取灵感的背景中来看。它们之中最熟悉的纪念碑是史泰利（Stiles）和莫斯（Morse）大学（1958—1962 年），这两个由埃罗·沙里宁在康转到费城教书之后不久，在耶鲁一条曲线的路两侧建造的折线形宿舍。沙里宁设计的学校抛弃了正交的理性主义手法和喜次情绪化的联合与不同质感的现代运动的圆滑，康的设计表现出他也受到了这种对城市发展的不同看法的影响。当然，他饱含激情地记录了他年轻的时候在意大利看到的

图 4-5 萨尔克生物研究所，从住宅看会议室的透视图

山和海滨小镇，他的理查德楼中的塔形轮廓已经表现了他那些地方持久的记忆。但是，虽然萨尔克生物研究所是一个颇有造诣的设计，但是它甜美的如画风格与理查德楼明快的哥特式风格是完全不同的，是他的作品中的一个例外。也许可以用康的大型城市规划设计来做比较，这些设计包括从20世纪40年代野心勃勃的三角形重建方案到他后来为费城中心和达卡设计的视觉纪念性。这些设计都表现了比他在拉霍亚的设计中深刻的几何秩序感。在他为萨尔克工作了一年以后记录他关于另一个设计的话，也许可以作为对他的更常见的、比较强硬的态度的总结："我不想要任何漂亮的东西；我想要有一个对生活的明确的表述[18]。"

路易斯·康在为峡谷隆起的北岸设计的会议室中更加接近了这个目标。在这里，萨尔克希望实现两种文化的再一次结合：在那里毕加索和其他非科学的世界将会遇见科学的社区，在这个空间中，康拒绝再一次使用传统的标签。例如，他把修道院里的庭院中的会议室描述成"一个宗教的场所——没有别的意义，就是一个很好的空间[19]。"

会议室的设计被扩展成要容纳所有萨尔克和路易斯·康认为有用的东西，包括一个大图书馆，未婚科学家的住所，一个报告厅以及各种偶尔聚在一起谈话的设施。康描述道：

"它是吃饭的地方，因为我想不起来比食堂还要大的讨论会场。有一个体操馆。有为那些不是科学家的人提供的场所。有管理者的场所。还有许多没有名字的房间，比如入口大堂，它就没有名字。它是最大的房间，但是它没有经过任何指定。人们也可以从它边上走，不一定非要穿越它。但是如果你想的话，你可以在入口大堂举行一场场宴会。"

会议室的建筑语汇就和它外面张贴的日程表一样不同寻常（图4-6、图4-7、图4-8），路易斯·康采用了一个有着强烈的个性化单元的加法平面，这些单元以不同的尺度和形式与它们作为会议或者娱乐的功能相协调。这个设计在很大程度上与罗马帝国伟大的乡村别墅和皮拉内西对马蒂斯校园假想的复原图——这张画就挂在康的桌子上方——令人难以忘怀的几何形体有着相似之处[21]。而且，有着被环绕在会议室和食堂周围的巨大的洞口所刺穿的耀眼的墙体的立面，看上去很像罗马废墟中的石头残骸。康推论说，古代的废墟是永恒价值的象征，可以从

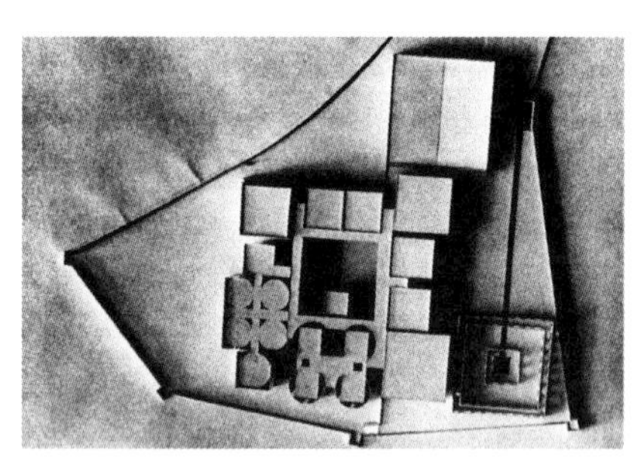

图4-6 萨尔克生物研究所，会议室模型，1960年

图4-7 萨尔克生物研究所，会议室透视图，1961年

图 4-8 萨尔克生物研究所，鸟瞰透视图全景

中找到艺术。但是它是一个被清洗掉了由先前的居民所带来的特殊意义的象征，因此它可以用来为乔纳斯·萨尔克提出来拯救这个世界的新的目的服务，就像康在 1963 年所说的：“一个变成了废墟的建筑再一次摆脱了功能的束缚[22]。”

当然，无论是住宅还是会议室都没有建成，只有一开始就和其他两部分不一样的实验室今天能够站在那里表达萨尔克和路易斯·康的宏伟蓝图。在它们竣工之前，萨尔克再一次改变了康的设计，把它跟康在美术学院受的训练结合起来。

1962 年春天，实验室马上就要开工的时候，萨尔克又迅速改变了主意。他和路易斯·康在签完施工合同之后又飞回了旧金山，他告诉康自己突然想到了 4 个实验室的解决办法，把建筑两两组合布置在两个庭院的边上，不用表达他想要的研究所的整体性了[23]。他觉得两栋建筑，面对面地站在一个简单而普通的空间两边，这样会更好一点，而且他到达目的地的时候，用步子量出花园里这样的布局的范围。他对结合成一个整体的结构和 4 个实验室的服务空间系统的设计感到非常满意，他把新的解决方案称为“比我先前设想的沉默多了[24]。”但是，作为一个在最后一分钟都不会停止改变的人，康开始欣赏萨尔克观点中的逻辑性。在这个设计中，他对古典主义的认识起到了决定性作用，因为它从本质上已经给他预先安排好了一条单一的轴线。后来他解释说：“我意识到不能刻意地把两个花园结合起来。一个花园比两个更好，因为它能够与实验室和研究工作联系起来。两个花园就是比较方便。但是一个就真正成了一个场所；你在其中加入了意义；你可以感觉到忠诚[25]。”这个设计很快就修改完了，并于那年的夏天开工（图 4-9）。

图 4-9 萨尔克生物研究所，模型

在建设过程中，比较高的三层实验楼保留了大量先前两层楼版本中的结构和功能逻辑。虽然做得不那么精致，但是它还是为护理的医疗服务提供了一个穿越的空间。单独的工作室仍然没有明确地界定出来，它们被组织在花园两边的塔楼里，仅用桥和实验室联系起来（图4-10）。塔楼的下面是一条围绕花园的室内的步行道。

通风很好的工作室楼是由混凝土框架构成的，四层中有两层是柚木的小卧室，这栋楼里充满了关爱。在这座建筑的其他部分中，很多都有着严格的技术要求，因此路易斯·康不可能率性而为，而在这个俯瞰修道院庭院的单人房间里，康可以把他自己的感情直率地加入到这个设计中。这个设计看上去好像受到了他在他的设计中经常提到的"存在意愿"的影响，所有的小房间都伸着脖子探向太平洋。这就要求工作室有一个轻微的扭转，打破了有着功能特质的立面规则性。室内是很简单的、干干净净的柚木，它们的乡土氛围使这个空间区别于"有着橡木桌子和地毯"并且消过毒的实验室。在这些位于海边阳光明媚的峭壁上的宿舍大小的单元里，不可避免地有一些海边小屋的简陋的感觉。

由于最矮的实验室在传统的地下室这一层上，路易斯·康在主广场的两边设计了很长的下沉庭院来采光。这些尺度很大，并且有工作室的桥跨于其上的庭院，不像是采光井，倒是更像街道。类似的街道式的庭院沿着实验室的外立面延伸，它们的上面横跨着把机械设备引到建筑中的不加装饰的服务部分。塔楼这种严肃、重复的语汇类似于同时期极少主义的雕塑上采用的手法，但是，虽然康和他们一样有着重新研究现代艺术尊严和意义的兴趣，但是他好像并不知道他们的作品。

在萨尔克生物研究所中，路易斯·康一生对结构材料的关注变成了对精致的细部和完美的成果的绝对热情。那里的混凝土浇筑标准从来没有被超越过，也很少有能和它的效果相提并论的。这种高标准的混凝土变成了优雅的材料，甚至连石材铺成的路面在它面前都黯然失色。为了达到这个完美的效果，康在圣地亚哥成立了一个分部。他的常驻员工在混凝土着色、混合、压实和养护的阶段都严格把关，以确保它能形成一个非常坚硬的表面，它完全按照设计要求实施，模板的边缘都经过全面的计算。事实上，康把混凝土看成是和料石一样的材料，他在1972年的时候

图4-10 萨尔克生物研究所，实验楼模型

说过："混凝土实际上想变成花岗石。"但是他也认识它的特殊品质："对节点的加固是一位能够使这种所谓的'溶解了的石头'具有足够的承载力的非凡的神秘工人的杰作，它实际上是一个思想的产物[26]。"

也是在萨尔克生物研究所中，路易斯·康从20世纪40年代建成的住宅以来，第一次在建筑设计中使用了大量的木头制品。他在这里采用了一种新的语汇，门和百叶窗都有永久的柚木镶板结构，这种柚木只需要定时的清洁和上油就可以避免被腐蚀。它对于康的综合设计来说最大的贡献，就是木头和混凝土这两种通常被看作有着完全不同的特点的材料，在萨尔克生物研究所中形成了互为补充的关系。这两种材料的细部处理都在抽象手法和具体的结构表现之间来回摇摆；康不允许任何一种材料处于隐蔽地位。

最后，当路易斯·康做出他拖了很长时间的关于庭院景观的决定时，实验楼的大部分都已经完工了。他必须特别注意这个作为他的准古典平面中的轴线的中心空间，但是，就像最好的美术学院的作品一样，这个显然很直接的要求被一个内在的模糊性搞得很复杂。在这里由于轴线上没有任何建筑特征——例如老套的穹顶亭子——而产生了特性。

在修道院形象的指导下，无论是他还是萨尔克都把项目结合起来，他最初把这个中心的庭院设想为苍翠的花园，一个不同于周围沉闷的景观的环境。他尝试过不同的植物，最后选择的是一条种着白杨树的小径，尽管这个想法没有完全实现(图4-11）。这些可能的配置得有点做作的外表在1965年12月路易斯·康参观墨西哥城看到路易斯·巴拉甘的花园的时候，就令路易斯·康感到担忧了。巴拉甘与地方形式紧密结合的质朴的语言给康留下了深刻的印象，他把这位墨西哥建筑师请到了拉霍亚，请他对庭院提些建议。康经常提起巴拉甘这段著名的建议：

"当他进入这个空间的时候，他走到混凝墙的旁边，抚摸着它们，接着当他透过这个空间望向大海的时候，他说：'我不会在这个空间里种一棵树或者一片草。这里应该是一个石头的广场，而不是一个花园。'我看着萨尔克博士，他也看着我，我们都觉得这完全正确。他感觉到了我们的认同，高兴地补充说：'如果你把它做成一个广场，你会获得一个朝向天空的立面[27]。'"

图4-11 萨尔克生物研究所，两侧种有白杨的庭院透视图

路易斯·康最终把庭院设计成在太阳的轴线下面，有一条中心的水道穿过，一直通向冲着海那一边的人工瀑布。这显然是来自于他在印度工作的时候熟悉的蒙兀尔（Mughal）花园的想法。但是除了是个好主意之外，这个硬质表面的庭院还是一位艺术家在他的作品和自然之间建立的距离的概括。“建筑就是自然不能创造的东西”，康 1963 年在耶鲁向他的听众宣扬道。

“自然不能创造任何人类创造的东西。人类感受自然——创造一件东西的手段——并且掌握它的规律[28]。”路易斯・康从 1961 年开始并且在这个时期一直持续地在为萨尔克研究所分析自然的规律，同时他还在做一个费城西部郊区的女子学校布林茅尔学院的宿舍的设计。埃莉诺·多内莉·埃德曼（Eleanor Donnelley Erdman）大厅是一个比较传统的项目，但是它对于康来说却并不简单。它变成了他在整个 50 年代的两个建筑目标——清楚地表现结构和几何秩序的战场。这两个目标渐渐开始彼此接近。虽然他发现结构能够产生令人愉快的、简单的、小尺度的几何形体，就像特伦顿公共浴室那样，但是大型项目需要复杂的结构系统，就像城市大厦那样，要求有正式的、有着同样复杂性的解决方案。路易斯·康从来没有真正为这种视觉上的复杂性高兴过，在布瑞安·毛厄大学中，他把他对表现结构的宏伟性的兴趣提升到了让几何秩序来起决定性作用的位置。

他在布林茅尔学院中主顾是另一个令人尊敬的人，大学校长凯瑟琳·迈克波兰德（Katharine McBride）。她不是一个接受毫无说服力的借口的人，因为路易斯・康显然知道这一点；他说：“如果你接受了一个由别人来承担责任的位置，她的整个看法都会有所改变[29]。”事实上，他给迈克波兰德提供每一个怀疑他的责任心的理由，从不试图掩盖他徘徊于两个方案之间的事实，并且在她的眼皮底下进行它们的试验。

路易斯·康用他常用的手法重新提出了布林茅尔学院的设计任务书，用他自己关于女生宿舍一定要唤起“家的存在”的想法来取代了大学方面提出来的条条框框[30]。他把它解释为家庭起居生活中要把公共空间（起居室、餐厅和门厅）从睡眠区隔离出来，就像他 20 世纪 40 年代设计的有两个核的平面一样，虽然这次的设计在尺度上要大得多。为了在这个纯女性的环境中创造一个完整的家庭的感觉，他在主要的空间中设置了壁炉来形成“就像有个男人站在旁边的感觉，因为人们经常把壁炉和男人联系起来[31]。”

由于路易斯·康把它看成是一个大家庭，所以布林茅尔学院宿舍产生了两个主要的组织问题——他把这个问题叫作“联合起来的建筑”的问题，这个词让人回想起他在保尔・克雷特的训练下做的平面布置。问题就在于如何把三个大型的公共空间之间以及它们和比较小的卧室连接起来。

对于这些问题，安妮·唐非常想采用一种结构的解决方法：创造一个可以包容各个尺度的空间并且把它们聚集在一个多面体里的一个混凝土蜂窝（图 4-12）。这个方案是从她长期对建筑结构和视觉秩序之间关系的研究中派生出来的，这项研究由她最近对荣格学说对人类行为和集体无意识的解释的洞察而形成的。但是由这个系统产生的充满活力的立面失去了许多路易斯·康所拥有的吸引力，而康越来越多地引用古代的纪念性。1961年，他和安妮一直在开诚布公地讨论埃德曼的设计，在与迈克波兰德进行了一连串的会议之后他们提出了各自的方案。她让这场竞争顺其自然地进行。在那一年年底，康完成了3个连接在一起的菱形的最终方案，每一个菱形都有一个中心的被卧室围合的公共空间（起居室、餐厅或门厅，图4-13、图4-14）。这个方案有着同中心的“服务—被服务”空间等级系统的视觉模式，但是并没有它的功能逻辑，它雄伟的秩序标志着康职业生涯中的一个转折点。这并不是说他从此忽略了构造和结构的问题，但是平面的组合——他所受的美术院教育的核心内容——不再是他考虑的最重要的问题。

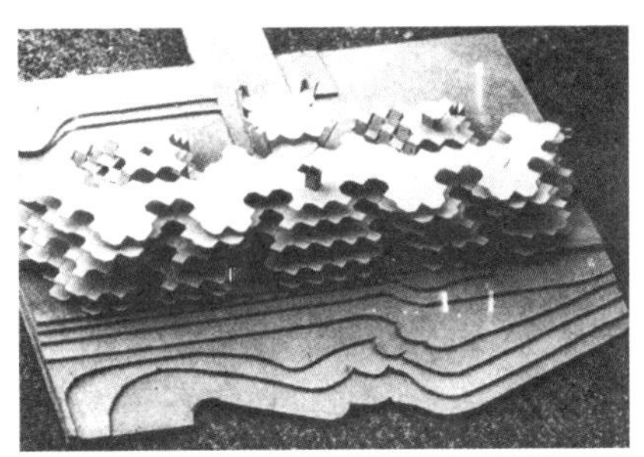
图4-12 埃德曼大厅模型，布林茅尔学院，布林茅尔，宾夕法尼亚州，1960-1965年

图4-13 埃德曼大厅模型，鸟瞰图

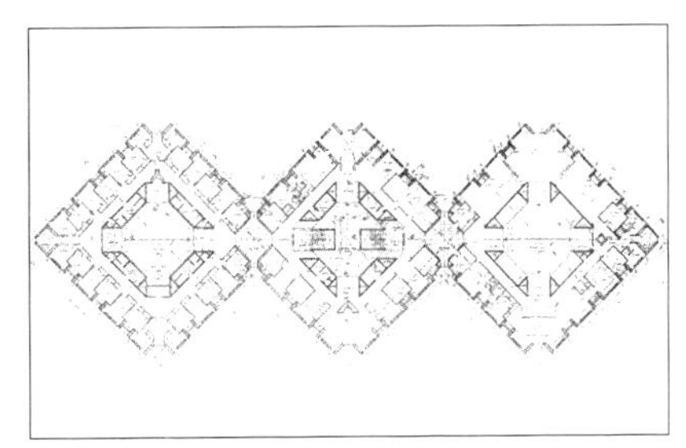
图4-14 埃德曼大厅二层，平面图

虽然埃德曼宿舍的三个菱形一开始显得有点刻意地违背传统，但是康把它们作为可以追溯到20世纪50年代的亭子平面的组成试验的终结。很多年来他一直在研究由连接在一起的亭子构成的建筑，或者进行像理查德楼、阿德勒住宅和德·沃尔住宅那样如画的构成试验，他想要在平面组成中加入一个轴线的秩序，就像在特伦顿浴室中的激动人心的效果那样。由于路易斯康潜意识中的古典主义构成感，尽管它有着明显的不可思议的几何形体，但是埃德曼大厅后面的群体中还是降了下来。

埃德曼设计中的斜线关系使路易斯·康能够不用刻意地去做任何类似于传统的轴线平面的人造物而实现古典的平衡，在传统的轴线平面中，常常会因为对称的原因而布置一些没有用的元素。通过三个方形的扭转，康把它们的死角变成了连接者，使每一个方形都与在一个正交平面中不太可能实现的非正交的逻辑建立“自己的联系”[32]。这就像他在戈登堡住宅中发现的非常有用的、“与环境结合得非常好”的斜线一样[33]。康非常高兴地从这种方法中找到了一个解决办法：“设计者总是希望建筑以自己的方式创造它自身，而不是用试图愉悦人的视觉的手法来实现。当找到一个能够很自然地创造空间的几何形体，并且平面中几何形体的组成能够服务于结构、采光和空间创造的时候，将是一个多么令人高兴的时刻[34]。”一旦整个平面系统与斜线对准，而设计的特殊品质却消失了，那么古典秩序所带来的庄严感就会在平面布局中产生。这个秩序被中央大厅的大楼梯所加强，强调了从方形的角部将它们串起来的新轴线。

虽然埃德曼大厅中三个巨大的菱形中的平面逻辑对路易斯·康来说很重要，但是他并不觉得要把这种逻辑向普通参观者展示出来，他们对建筑的体验并不局限于平面的两个方向；这是康在纪念性建筑和古代中找到另一个灵感的源泉，它看上去是与康的兴趣对立的并且强烈地影响着参观者的体验。在布林茅尔学院，这形成了一个活跃的、塔式的天际线——没有明显的对称——令人回想起中世纪的轮廓和这所大学自己的历史上的新都铎式校园。在山上，入口的前方，这种如画般的印象使原本很清晰的平面变得模糊起来，以至于正门都很难找到。石板的层叠（如果石灰华能够便宜一点的话，康还将在萨尔克研究所中使用这种材料）进一步推进了对历史的隐喻，它的颜色与布林茅尔学院的老房子用的石材非常协调。它出现在深陷的、顶部采光的、挂着挂毯的起居室和餐厅里。

路易斯·康承认说如果可以将布林茅尔学院的平面“与苏格兰城堡的平面精心比较的话”，就会从中看到他一直以来对中世纪建筑的偏爱[35]。但是，为了避免被贴上历史主义者的标签，他总是不太愿意提起这个关系。1962年，他坦白说：“我有一本关于城堡的书，而我假装没有看过，但是每个人都向我提起它，我不得不承认我非常认真地读过它[36]。”他的确曾于1961年3月飞往苏格兰去参观城堡，当时在埃德曼设计的中期他被请到伦敦从事另外一项工作[37]。

路易斯·康经常为他对城堡的热情辩护说这完全是因为，城堡用它的中央起居厅和位于厚重的外部墙体中的辅助空间，证明了服务与被服务的空间的平面关系的这个事实。的确，埃德曼大厅中成功地运用了这种布局方法（就像先前在罗彻斯特犹太会堂中一样），但是康对城堡的入迷并不仅仅在于它们的平面类型上。作为童话的热爱者，他无法抵抗这些——以及所有——历史纪念性建筑的强大力量，他非常感人地在20世纪60年代中期向几位听众解释艺术是如何经过它的特殊制造环境而存在并且在人类体验中造成永久的影响的。为回答“什么是传统”这个问题的时候，他用一次假想的英国伊丽莎白之旅作为开始：

“我的思想回到了伦敦的世界剧院’莎士比亚刚写完将在那里演出的《无事生非》。我想像自己从墙上的一个小孔观看着表演，惊奇地发现第一个男演员试图像一堆灰尘和他的戏服底下的骨头那样倒下。第二个演员也是这样，第三、第四个也是如此，观众们也像一堆灰尘那样倒下。我意识到环境是永远无法回忆的，我那时候看到的是我现在所看不到的。我意识到一面来自大海的古老的伊特鲁里亚的镜子，在那面曾经照出一张美女的脸的镜子中仍然具有这唤醒那位美女的样子的魔力。他创造的东西，他的文章，他的画，他的音乐仍然是不可毁灭的，创造它们的环境仅仅是浇铸的模具。它使我意识到什么是传统。不管在人类的生命环境中发生什么，它始终是最具价值的，它的本质是一堆金色的灰尘。这堆灰尘，如果你知道这堆灰尘，并且相信它，而且不在它的环境中，那么你就真正触及了传统的精神。也许这时候可以说传统是给你预见的力量的东西，从中你可以知道在你创造的时候，什么样的东西能够持久[38]。”

1964 年路易斯·康以这个对未来正确评价的着眼点，为创造“看上去非常古老的建筑，在未来会被看作古老的建筑”做辩解[39]。

当然，并不是每位业主都会像乔纳斯·萨尔克和凯瑟琳·迈克波兰德那样接受路易斯·康的古老的形象的。在 1961 至 1962 年，在为他们服务的时候，他失去了三个大学研究楼的项目，因为他的设计实在与现代科学所期望的建筑相去甚远。弗吉尼亚大学的化学楼经过了研究再研究，它的报告厅还是被认为是一个古老的半圆形剧院和一个塔式的、不规则的六边形（图 4-15）[40]。后者的设计被大学校长以“太过冷酷和难以接近”的理由直截了当地拒绝了，他还补充说：“它那可怕的塔楼让我想起了诺曼城堡[41]。”路易斯·康设计的像萨尔克会议室那样包裹在一个圆形的“废墟”中的韦恩州立大学肖普洛（Shapero）药学大厅遇到了同样的反应[42]。据说捐助人“习惯于更加传统的建筑”[43]。他为伯克利的加利福尼亚大学设计的劳伦斯科学纪念大厅，也是因为土建工程环绕的基地的非正交性而失败了（图 4-16）[44]。有时候对于康的主顾们来说很难相信，他的有着古代外表的建筑能够表现他们的建筑的未来。

1962 年请路易斯·康在印度艾哈迈达巴德设计——并且建造——印度管理学院的人却没有这样的担心。在这里的商务管理研究生学校中，他可以创造一个完整的学习环境——埃德曼大厅和萨尔克实验室中都只有这个理想的校园形式的一些片断。这就是他 1959 年的时候所描绘的环境：“它是……空间的王国，它可以

图 4-15 弗吉尼亚大学化学楼演讲大厅模型，夏洛茨维尔，弗吉尼亚州，1960—1963 年

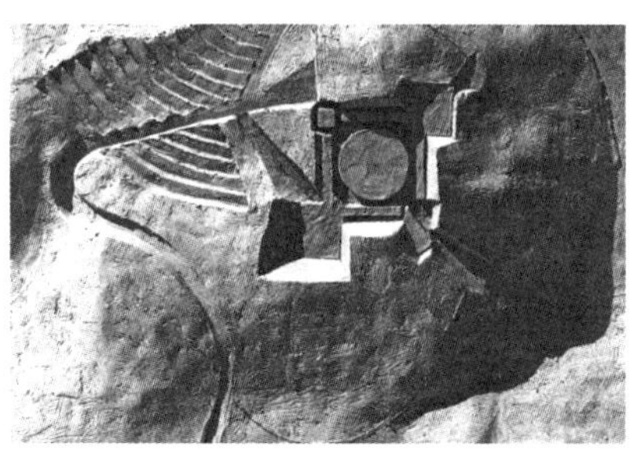
图 4-16 劳伦斯科学竞赛纪念大厅模型，加利福尼亚大学，伯克利，加利福尼亚州，1962 年

通过步行连接起来，这里的步行是受到保护的步行……你可以把它看作是高的或者矮的空间，在不同的空间中，他们可以在恰当的空间中，做他们想做的事情[45]。”随着艾哈迈达巴德项目的开始，印度次大陆成了康的艺术的最有容纳力的测试基地，就像几乎同时来到他的事务所的达卡新首都项目所说明的那样。印度管理学院是在国家和州政府的支持以及莎拉柏海（Sarabhai）家族的资助下进行的，莎拉柏海家族之前曾经请勒·柯布西耶在他们的城市中设计了住宅、博物馆和一座为他们自己和其他纺织工业巨头设计的富丽堂皇的俱乐部会所。康在这个设计中投入了巨大的精力，1962 年 11 月他第一次在印度度过了很长且很不舒适的时间，而且之后又多次回来。

在神秘的、万古不变的印度，路易斯·康发现他所寻求的万物的本质就在眼前，而他也被印度的崇拜者所认识，这些崇拜者很快接受了他的世界观。在他后来的生活中，印度的学生蜂拥到宾夕法尼亚大学来听他的课。他最伟大的朋友，他所指定的工程师，艾哈迈达巴德建筑师包克利西纳陶希的话说出了他们的心声，他说：“我觉得路易斯康是一个神秘的人，因为他有发现永恒的价值——真理——生命的本源——灵魂的高度自觉[46]。”

图 4-17　印度管理学院，模型，艾哈迈达巴德，印度，1962—1974 年

印度也有着丰富的建筑经历，从显要人物统治时期强有力的中世纪建筑到 20 世纪卢特恩斯（Lutyens）在新德里的作品和勒·柯布西耶在昌迪加尔和艾哈迈达巴德的作品。路易斯·康吸收了所有这些过去的形式，并且很欣赏艾哈迈达巴德当代艺术家和建筑师的能力。最重要的，在艾哈迈达巴德（就像在达卡一样），他找到了足够大的雄心和足够强的支持来建造和他所想的尺度相近的建筑，虽然他的业主来源很有限。

对于路易斯·康来说，和往常一样，他从总平面入手做印度管理学院的设计，这个总平面把要求的教室、办公室、图书馆、食堂、宿舍、教师住宅、工人住宅和市场统一起来。显然刚刚完成的埃德曼大厅的设计激发了他的灵感，他将他的平面建在斜线的基础上，长长的相互交叉的宿舍楼像手指一样从主体建筑往外延伸到湖边（图 4-17）。湖的对面，是波浪形布置的教师的住宅。就像在布林茅尔学院一样，康发现这个斜线的系统是一个强有力的“联合的建筑”。他可以满足任务书的苛刻要求，同时把他的秩序感加入到有多个部分的平面中，在这两个方面它都比“所有的东西……都可以用方形来解答”的正交方案做得好[47]。

斜线的平面有着特殊的优点，它可以很好地满足建筑争取西南穿堂风的朝向要求，这个问题需要几次重新调整，陶希在路易斯·康来之前所提供的帮助使它恢复正常。在这个修改的过程中，他也把宿舍划分为 20 个卧室单元（图 4-18）。就像在理查德楼中一样，空气流通的重要性可能被夸大了，最后成为了

图 4-18 印度管理学院，模型

图 4-19 印度管理学院，宿舍平台到教室方向

主导单元布置的抽象模式。但是至少有一次，康把朝向主导风向作为热带建筑的关键。这一点来自于他的一次神奇而不舒服的体验：

"当时我和 20 个人在拉霍尔 (Lahore) 的宫殿中，我对空气的需要给我留下了深刻的印象，那里导游向我们展示了手工艺人的天赋，他们用多彩的反射马赛克覆盖了整个房间。为了证明反射的魔力，他关上了所有的门，然后划了一根火柴。火柴的光芒创造了难以想象的效果，但是有两个人因为在关门的这段短短的时间里空气不流通而晕倒了。在那个时候，那个房间里，你会感到空气是最有趣的[48]。"

最后，路易斯·康注意到了他的业主由于它的经济性而向他推荐的当地的砖，这种关注在将学校的设计与印度的环境相结合的时候，比他的通风的想法更加有效（图 4-19）。在砖中，康发现了一种友好的、简单的、粗壮的建筑体系，它能够坦诚地表露自己却没有因复杂的技术而产生分散视觉的因素。虽然他之前也使用过砖做装饰，但是在艾哈迈达巴德他把砖用作结构材料，并且对砖的性质进行了全面的研究。他的拱形中近乎痛苦的直率是这个研究的真实性的见证。康经常提起他与砖关于它的用途的真诚的对话"你对砖说'砖，你想要什么？'砖对你说：'我喜欢拱。'你对砖说：'你看，我也想要拱，但是拱很贵，我可以在你的上面，在洞口的上面做一个混凝土过梁。'然后你接着说：'砖，你觉得怎么样？'砖说：'我喜欢拱。'"[49]

路易斯·康自己指出，砖的正确的构造使他的建筑看上去"很老式"，但是现在却饱受赞扬[50]。他可能是和实用主义的罗马的砖石作品做比较得出的看法，就像那些康斯坦丁的巴西利卡或者帕拉廷山背后的斜坡上伸向天空的塔那样，但是陶希也在路易斯·康的设计中参考了印度的中世纪建筑，特别是 20 世纪最厚重的曼都 (Mandu) 纪念碑[51]。他成功地创造了这些有着他们拒绝用任何简单的定义来限定的基本根据的形式。

充满着原始的构造力量的印度管理学院从古代生活中提取了另外一种力量。"当有人静静地绕着这座建筑走的时候"，陶希说，"无论是在寒冷的冬季还是在炎热的夏天，他都能感受到会谈、对话、会议和活动。为这些活动创造的空间就和整个建筑连接在一起[52]。"正是现在，他希望这所学校能够起作用，因为甚至在接受这个项目之前，他就已经主张最好的教育是非正式的，就像聚在他的众所周知的树下的学生那样。他反对将教室沿着一条普通的走廊布置——他称之为“蛇行道”——他喜欢将即兴的聚集空间设计成没有束缚的场所[53]。1960年，他详细地解释了这种理想的学校：

“有着比较大的宽度和俯蛾花园的凹室的走廊，在学生有额外的用途的时候可以改成教室。这里可以变成男孩们遇见女孩子的地方，学生们可以在这里讨论教授的作品。如果把上课时间分配到这些空间中而不是仅仅作为从这个班到那个班的走道，那么它们就不仅仅是走道而是变成了集会的场所——可以自学的场所。从这个意义上讲，它们将变成属于学生的教室[54]。”

这段话精确地预言了艾哈迈达巴德的主体建筑采用的形式，在那里独立式的报告厅和教学楼站在巨大的中央花园的对面，通过能够停下来交谈的阴凉步道而不是走廊将它们联系起来（图4-20）。图书馆严肃的表情在花园的一端起着决定作用，它通过阴凉的凹槽里两个巨大的圆洞采光。在花园的另一端，路易斯·康打算布置食堂，它在一个为了防止窜味

图4-20 印度管理学院，教学楼入口楼梯处及侧面

而去了顶部的圆锥体中与厨房联系起来，在花园的中心，他设计了一个圆形剧场。在整体上表现这种学校的平面形式的用途，康说：“庭院是思想和身体集会的场所[55]。”

对于与主体建筑紧密相连的居住部分的设计来说，学习和自我教育的生活也是很重要的。路易斯·康相信，这种模式是学院中特殊的教育方式——从哈佛商学院借鉴来的，强调学生在导师的指导下对商务实例的分析的“案例分析”法——所要求的。正如康不太正确的解释：“没有讲义，讲义就来自于案例分析。宿舍也是人们可以见面的地方。所以宿舍和学校实际上是一个东西；它们没有分开[56]。”这样一个整体的环境体现了一个明显而且熟悉的模型；在解释印度管理学院的时候，康说：“这个平面来自于我对修道院的感情[57]。”

这种想法在主体建筑两边的18个宿舍单元的内部和四周产生了一个很奇妙的，充满公共的、半私密的和私密的空间的布局（图4-21、图4-22）。每一栋四层楼，都包括20个私人房间，布置在以巨大的圆形空洞对外敞开的三角形的休闲室或者说“茶室”的上面两层中。服务用的厨房和卫生间在一个与三角形的长边相连的方形的塔楼中。下面几层楼完全用作公共空间，可以用作学生组织的会议室以及康所希望促进的不经意的交流。在宿舍的中间是一张由小庭院组成的网，通过不完全围合的底层连接起来。虽然这些空间在平面上被看作是有秩序的网格，但是康的活跃的斜线和阳光明媚的室外到阴暗的室内的快速而连续的转变，马上就会让不熟悉的参观者迷失方向。然而对

图 4-21 印度管理学院，宿舍楼和行政楼地基

图 4-22 印度管理学院，宿舍楼

于居住者来说，这是一个有个性而且迷人的私人王国，就像中世纪的牛津或者剑桥大学。

路易斯·康在宿舍的两边设计了一个围绕它们的窄窄的湖，在临近水面的坚固而成组的一层平面中是制作精细的教室。湖将宿舍从教职员工的住宅中分隔出来，既保证了社区中年长者的私密性，又不让他们和学生们离得太远。虽然为了防备毒蚊而没有在湖中充满水，但路易斯·康一直坚持这是平面中不可缺少的一部分。

位于南侧和西侧的简单的员工住宅与粗野而具有雕塑感的宿舍形成了强烈的对比（图 4-23）。这 53 栋住宅是通过路易斯·康的"组织秩序"——他为艾哈迈达巴德设计的浅浅的砖拱和混凝土联系梁系统——联系起来的，实际上，康说："那些住宅看上去应该是沉默的，这样家庭成员和孩子们才能够听到他们自己的声音[58]。"但是由于它们的简洁，住宅有着大量的奇妙的舒适性，包括楼上封闭的阳台（真正的室外房间）和将每一户住宅都与邻居隔开的折线形的总平面布局。为学校工人盖的更加简单的单层住宅在基地的南侧排成一条直线。艾哈迈达巴德的建设过程慢得急人，一部分原因是资金没有到位，另一部分原因是康习惯于拖延时间和反复思考。责任不断地转移到陶希和在康的费城事务所中为这个项目工作了一段时间的青年建筑师安南特·拉吉（Anant Raje）身上。在路易斯·康去世后，拉吉承担起了设计食堂的任务，另外还包括后来增加的执行教育中心和已婚学生住宅。尽管如此，印度管理学院有一个这么大尺度的建筑中少见的完整而统一的构思。这是 20 世纪离托马斯·杰弗逊在弗吉尼亚大学的学院村最近的接班人。在那里，和在艾哈迈达巴德一样，基本元素是将学生和教职员工的生活结合在一起的环境，通过满是树荫的步行道交织在一起，并且有一个大型的图书馆在其中占着主要的地位。

在艾哈迈达巴德和拉霍亚，修道院的形象反映了路易斯·康的思想，在 1966 年，他设计了两个真正的宗教社区：加利福尼亚州的修道院和宾夕法尼亚的女修

图 4-23 印度管理学院，宿舍楼和学院楼

道院。这看上去就像是圆梦一样，因为他长期以来一直要求他自己和他的学生将修道院看作是社区生活的模型。他还经常将原始的修道院的发明描述为基础研究的样板，所有的学校建筑都应该建立在它之上："为什么我们必须假设没有别的东西具有第一家修道院那样巨大的能量呢？很简单，有些人意识到，某一个空间领域代表着人们通过一种叫做修道院的活动来表达一些无法表达的东西的强烈愿望"。当它发生的时候，没有一个真实的项目能够达到他对修道院生活的期望值，虽然，和平面联系一样，它们给了他一个测试他的一些关于最大限度的并列组合的更加理性的想法的机会。

1961 年，路易斯·康第一次试探性地和加利福尼亚州瓦利尔莫（Valyermo）的圣安德鲁小修道院签署了协议，当时他参观了在洛杉矶北部非常荒凉的沙漠上的独特的山顶基地[60]。他对基地上满目苍凉的景象留下了深刻的印象，并且受到了非凡的院长——拉斐尔 · 文西埃里（Raphael Vinciarelli）神父的鼓舞，他投资建造了圣安德鲁修道院并且在他在中国的修道院被关闭之后，把它变成了艺术和全球教会主义的中心[61]。路易斯·康为文西埃里做了一个诗意的设计，建筑从发现宝贵水源的一个喷泉开始，因为他认为"必须做一些事情来表达你的感激。"接着是一套导水管的系统，"只有在它的后面你才能开始考虑布置你的建筑，你的礼拜堂和你的教堂以及调解和休息的地方[62]。"然而，这只不过是纸上谈兵，因为修道院已经请了另外的一位建筑师，他的顾虑（和美国建筑师学会严格的规范）阻止了路易斯·康进一步接受修士们的邀请[63]。

1965 年下半年，由于另一位建筑师总也没有出现，文西埃里的接班人问路易斯·康现在是否还愿意接受这个工作。他高兴地回答说："建筑师的业主能够感受到建筑的王国中所表达的启示是非常难得的"，而且他还放弃了他通常的收费标准[64]。1966 年 3 月，路易斯·康回到了化野漠，在那年夏天他将设计进行了进一步发展，正好赶在 9 月底每年一度的修道院秋节上将模型展示给成千上万的参观者（图 4-24）。《洛杉矶时代周刊》将这次聚会描述成"一次真正的艺术、音乐和令人精神兴奋的节日[65]。"

图 4-24 圣安德鲁修道院，模型，瓦利尔莫，加利福尼亚州，1961—1967 年

大学式的修道院平面反映了路易斯·康对并置的、斜线的组合的思考的连续变化。在布林茅尔和艾哈迈达巴德的设计中，他用斜线的骨架来重新巩固美术学院平面设计的权威（通过对它的人为加工而形成），化野漠的设计中有着更多的变化的斜线与另一条他在二战时期积极的社区建筑中预示出来的发展的线索有关。他在成熟时期为特伦顿犹太人社区中心设计的日间夏令营，以及最近的达卡建筑群中的清真寺议会大厦，1964 年对费舍住宅的中心设计，都是沿着这条通向更加自由的平面组合的路走的。这些设计名义上取决于单元之间假想的邻接要求，但实际上取决于通过康的视觉敏锐感进行的最后分析——就像戴维·史密斯的“立方体”雕塑系列中的一种现代巴洛克风格那样，通过对整体姿态调整的钟爱打破了静态的范例。修道院平面中独立的单元似乎来自于它们自己的意愿，形成了康所谓的“房间的社会”的民主的平面类型[66]。

为了逐个地描述这种平面中的动态平衡，路易斯·康在宾夕法尼亚大学的硕士班上用他雄辩的口才对学生们进行了讲解。他把化野漠修道院作为一个题目派给学生们，他说他们前两个星期都在讨论“本质”，并没有开始做方案。接着，他说：

“一位印度的女孩首先做了重要的发言。她说：‘我相信这应该是个所有的东西都来自修道院的房间的地方。礼拜堂存在的权利来自于修道院的房间隐居的地方和车间存在的权利来自于修道院的房间。’另一位印度的学生（他们的想法都很出色）说：‘我非常同意，但是我想补充一下，修道院的餐厅必须和礼拜堂是平等的，礼拜堂必须和修道院的房间是平等的，隐居的地方必须和修道院的餐厅是平等的。没有谁比其他人伟大。’”[67]

通过这种不受任务书限制的工作方法，路易斯·康很惊奇地发现学生们把从匹兹堡来给他们讲解修道院生活的修士弄糊涂了。本身作为一名艺术家和一个现代的、尘世间的人，这位修士更倾向于把修道院的房间设计成一个大的工作室，并且，当有些学生提出为了创造一种仪式感而把修道院的餐厅布置在半英里以外的地方的时候，他吓唬他们那样的话，他宁愿在他的床上吃饭。康回忆说：“他走的时候，我们都心灰意冷。”但是他已经习惯了业主们不喜欢他给他们指出的新方向，他补充说：“但是后来我们想：‘好吧，他只不过是个修士——他什么都不懂。’”[68]

圣安德鲁修道院中修士们生机勃勃的活也用同样的方法让路易斯·康感到了失望，但是使他停止工作的原因是他们的资金匮乏。然而，在 1967 年初他们的关系终止前，他画出了小修道院的立面图。配套的礼拜堂和餐厅通过类似于他在南亚使用的巨大的圆形洞口采光，平面的中心是一座包括管理办公室和图书馆的多面体的接待塔，它的顶上是具有象征和功能作用的水箱。

1966 年他开始化野漠的工作之后不久，路易斯·康接手了另外一个类似的项目，位于费城西南郊米堤亚（Media）圣凯瑟琳·德·瑞西女隐修院（Motherhouse of St.Catherinede Ricci）。和圣安德鲁修道院一样，这个项目也是由于修女们的俗气和贫穷而不了了之，但是通过它，修道院对康在修道院中采用的平面原则有了更加强烈的认识。

通过路易斯·康的事务所在 1966 年初秋的一个设计中所采用的方法把这些原则标志化了，那时候他们正在做修道院的设计。他的员工们决定通过破坏一张已经画好的图来研究这个设计，这样设计中的组成部分就可以像真正的拼贴画一样进行组合和转变。这样康可以在研究相互关系的同时，保持各个元素的完整性，它们中的每一个元素都是一个房间，对于他来说，每一个都是建筑中不可缺少的一部分。1972 年当他说“房间们相互讨论然后决定它们的位置”的时候，他脑子里想到的一定就是这种方法[69]。在其他场合中，他用了另外一种说法：“我认为建筑师应该是作曲家而不是设计者。他们应该将元素组织起来。元素本身是一个整体。”[70]

最后形成的平面，一个准备在 1966 年 10 月 10 日进行汇报的模型，比刚刚完成的圣安德鲁修道院（图 4-25）还要精雕细刻。然而，要实现这个想法的代价太高，玛丽·以马利要求路易斯·康减小建筑的规模，并且提醒他一定要面对一所偏远地区的教堂这样的实际情况，而不是像中世纪的特拉比斯特派修道士那样进行高雅的幻想[71]。1967 年 1 月，当工作图纸准备好了的时候，他进行了大量的缩减工作，而且一直到 1968 年他都在为让它更加经济而努力。经过压缩的平面把前一个方案中的能量都压缩到了一个较小的空间中（图 4-26、图 4-27）。然而，最后业主的预算和康的建筑仍然没有能够达成一致。

对这些社区教育项目的思考和规划可以用路易斯·康在这个时期末接的两个学院项目来总结。巴尔的摩的马里兰艺术学院和休斯敦的莱斯大学艺术中心，这两个项目都来自于他对学习生活的认识，也都是由于他篡改任务书超出了业主要求的规模而失败。

巴尔的摩的项目要在一个横跨最近被改建成学校的老的劳耶山火车站（1896 年）的铁轨之上的狭窄的基地中，放下工作室、一家艺术家用品商店和一个报告厅[72]。路易斯·康设计了一个细长的建筑，它的平面由斜线所控制，其简朴的立面被圆形或方形的洞口所打破。他想把铁轨盖上，并且用一个步行的大厅将新旧建筑结合在一起。对艺术学院的要求还不是太确定，在 1966 至 1967 年间的第一个设计阶段中，建筑面积的从 2044 平方米提高到了约 3623 平方米。当时，在路易斯·康 1967 年 3 月提出的约 9290 平方米的建筑模型中，这些不确定性已经不见了。尤金·李克（Eugence Leake）校长写道：“这个模型的表达，让每个人都震惊了，我猜想，至少得 5 年或者 10 年[73]。”在接下来的几个月中，康和他的同事们都在努力减小建筑的规模，正如他们所解释的：“一个狭长的‘墙’的形状非常符合我们最初的研究精神[74]。”虽然有这些问题，但是他们的关系还是很真诚的。1968 年，康被艺术学院授予了荣誉博士头衔，而且李克似乎很真诚地感谢康在他的巨型建筑的梦想破灭之后，仍然很有兴趣为他们工作。“谢谢你一直以来的兴趣——我们是幸运的，”他写道，“我们相信康设计的建筑是必需的，它将使我们成为这个国家最好的艺术学校[75]。”这个项目最后由于尼克松执政时期联邦政府对教育支持的减少而告终。

图 4-25 多米尼加女修道院，梅迪亚，宾夕法尼亚州，模型，1965—1969 年

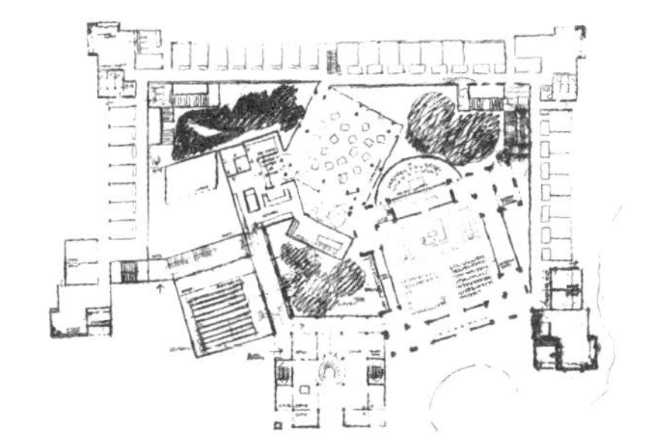
图 4-26 多米尼加女修道院，平面图

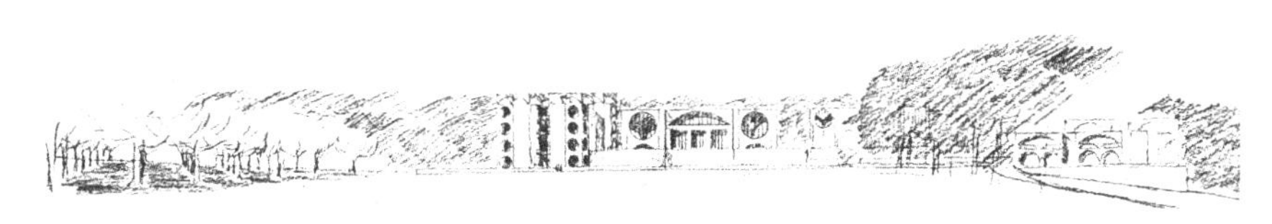
图 4-27 多米尼加女修道院，正视图

路易斯・康在莱斯大学的艺术中心设计中包括了建筑、剧院、艺术史、音乐和美术等项目，还包括一个巨大的演出大厅和一个艺术学院的新美术馆（由馆长多明尼克・德・梅尼（Dominique de Menil）将它从圣托马斯大学搬到了这里）[76]。业主只要求他准备一份初步的报告，1970 年春末他的总平面图和模型都已经就绪，并且于 6 月 29 日和 30 日交给了莱斯大学（图 4-28）。在主要的图书馆的西侧，路易斯・康设计了一个巨大的庭院，在大小上接近于东侧由拉尔夫·亚当斯·克拉姆（Ralph Adams Cram）和伯切姆·格洛斯文·古德修（Bertram Grosvenor Goodhue）在 1909 至 1910 年设计的漂亮的方形庭院。因为艺术中心的建设要求拆除现存的学生中心，并且用这个项目中的一个部分来取代它，康让它站在新的庭院中，周围是不同的艺术部门。这些部分都没有进行细部设计，莱斯大学也没有要求康继续，但是学校的整体形象是非常强烈的。在一次和莱斯大学的学生的讨论中，他解释了他是怎样在两种可能的设计手法中选择了庭院而放弃了直线的布置，就像他在艾哈迈达巴德所做的一样：

“假设你有一种很好的小径或者美术馆的形式，并且从这个美术馆中穿过，与这个美术馆相连的都是与美术有关的学校，它们可能是历史、雕塑、建筑，或者绘画学校，你可以看见人们在教室里工作，这样设计的目的就是让你总是感觉好像穿过一个人们的工作场所一样。

然后，我还设计了另外一条观赏它的道路，那就是庭院你进入庭院中你在庭院中看建筑，一栋是绘画楼，一栋是雕塑楼，一栋是历史楼，另一栋是建筑楼。在

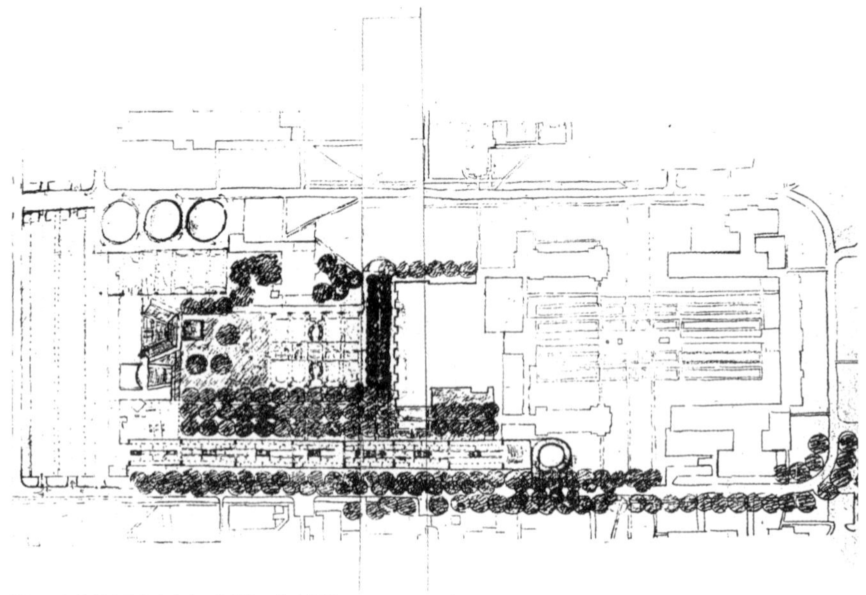

图 4-28 莱斯大学艺术中心，休斯敦，德克萨斯，1969—1970 年

一栋楼中，教室的存在阻碍了你的行动，在另一栋楼中，如果你想的话，你就可以进入其中。

我想到目前为止，后者更好一些还有一些和联想有关的感觉，它们是微妙的，而不是直接的，越微妙的联想有着更持久的生命和爱[77]。”

康还是一名走读学生的时候，因为内向羞怯，无意识与教育资源的联系，保留在康的早期记忆中。对于他来说，完美的学校是一个有着制度上的机会的庭院——或者像他在职业生涯的后期所说的“可用性”——并且与供个人思考的修道院房间结合在一起。在这样的环境中，学生们可以自由地建立彼此之间以及他们和可使用资源之间的关系，创造了一幅人的拼贴画，就像在康的“房间的社会”中找到它们自己的连接点并且建立它们自己的平衡的建筑元素一样。设计是这些人和建筑模式的覆盖物，不管它在规模上是一套住宅、一栋公共建筑还是一座城市。

5. 可用性论坛

对设计的选择

当路易斯·康谈到“建筑和人的一致性”[1]时，他表达了对人社会属性的坚信不疑。他把建筑看作是这种属性的支撑，并致力为人与人之间的交流提供一个体系，使其中每一个个体都能够实现更大的自我价值。

对于康来说，通过选择而产生的自主感对自我价值的实现是非常重要的，因此他在他的设计中保持某种程度的中立，因为他认为建筑师强加给别人的死板的模式压制了自发性。通过提供个体的可选择性来平衡结构的秩序，似乎让他更倾向于使用复杂的几何构型来阐述不同用途的可能性。他的设计形式更多的是以复杂的方法连接在一起，用来体现其“可用性”，而不是形式上的对称。他喜欢用“可用性（Availabilities）”这个词来说明他的目标：“在我看来，建筑师的工作……就是去发现那些……有着这种或者那种可用性，随着它们的发展能够形成更好的环境的空间[2]。”通过大量的设计他发现了一个有效的办法，它不仅仅能够解决学校或者集会的单一目的，而且可以用于很多不同的用途。它们中的大多数是城市中的学校建筑群或者投机的城市综合体，康从中发现了一些更深层次的目的。但是它们可以包括位于更偏远地方的建筑群，甚至是“房间的社会”[3]中提供各不相同而又互相支持的活动的单个住宅，就像在那些小城市中的设计一样。

在较少涉及城市整体设计的时候，路易斯·康还是不断地谈到城市；在他最后一次公开讲座上，他谈到了它们的潜能：“也许城市的大小就体现出了可用性的程度或品质……如果我要做一个城市规划，我想我会说：‘我怎样才能将建筑间的连接设计得更加充满活力，以及怎样才能让它们的可用性更加丰富[4]’”他开始不相信传统的城市规划，因为它们对人的需求的考虑是很肤浅的，他曾经说过：“如果一定要我做一个市镇规划的讲座，那我就不会用这个提法，而叫作‘有高度意愿的建筑’[5]。”他特别不喜欢流行的话语，对于他来说，那是思想的替代品。他曾经说过：“城市化很快让所有的思想都变得像铅锤一样沉重。你再也不去思考，因为它已经都设定好了[6]。”

在他的实践成熟期，路易斯·康倾向于把城市定义为“机构集中的地方”以及某些“根据它的机构特征来衡量的东西”[7]。他把机构描述为“可以称为可用性的东西，你可以说城市街道实际上是一个机构，因为它有可用性”[8]。机构是通过他后来所谓的“学习、会面和表达的愿望”而产生的[9]。学习的愿望产生了学校，会面的愿望产生了集会中心。表达的愿望则更加普遍也更加深刻：“人活着的理由就是表达……表达的愿望建立起人们寻找自然中不存在的形状和形式的渴望”他以非常感人的方式把这种愿望描述为“对只能让我们生存很短的一段时间的自然的反抗。这是我们曾经做过的最麻木的反抗[11]。”它在建筑上的体现具有特殊的重要性。

图 5-1 费城艺术大学，费城，宾夕法尼亚州，模型，1960—1966 年

在路易斯·康 20 世纪 60 年代的项目中，他为表演和视觉艺术设计的那些建筑最好地表现了这种“表达的愿望”，这一点也许最有效地体现在费城艺术大学中（1960—1966 年，未建成；图 5-1）。与他学术性建筑不同，这些建筑较少地考虑图书馆或者修道院相关的独立的学习空间，而更多地研究了与剧院和美术馆相关的互动作用。他的第一个机会来自于 1961 年正式委托的印第安纳的韦恩艺术中心（局部建成），因为当时他建议城市选择合适的建设地点，设计工作推迟到下一年才开始进行。这个项目早期的研究表现了与一座现存的高架桥相连的停车场，让人联想到他在上一个月完成的费城高架桥研究（图 5-2）。1963 年 4 月项目选址完成，在他于达卡进行完第二次展示后，康就开始了更加紧张的设计工作。他在那个偏远的基地中创造的城市表达方法，他在偏远地区进行城市化表达的设计方法在福特·韦恩的方案中得到了充分的开发。

图 5-2 韦恩艺术中心、学校和表演艺术中心，福特·韦恩，印第安纳州，1959—1973 年；艺术中心南立面，表现高架桥系统

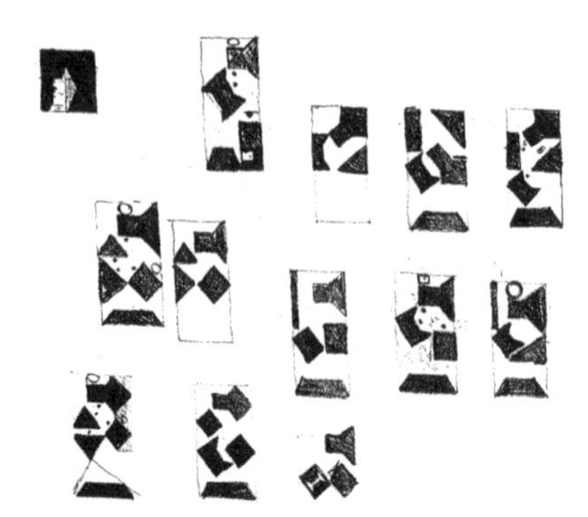

图 5-3 韦恩艺术中心，总平面分析图

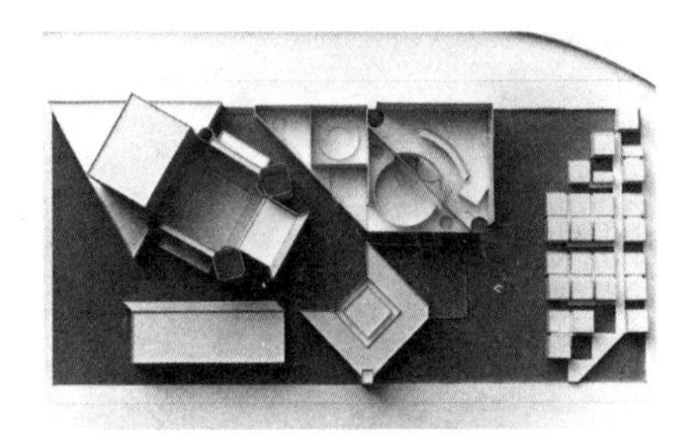

图 5-4 韦恩艺术中心，模型

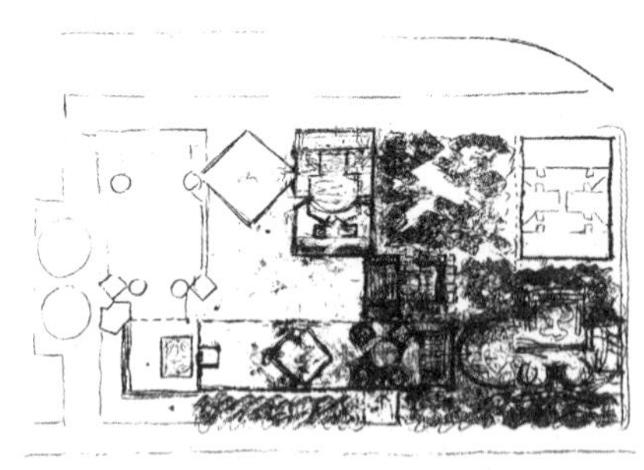

图 5-5 韦恩艺术中心，总平面图

美术中心的组成元素不像达卡的项目那样等级森严，也更少地受到功能关系的限制。这点在路易斯・康 1963 年中期的草图就已经很明确了（图 5-3）：活跃的形体确定了不同边界的庭院，康刻意地回避了传统的正交关系，使它看上去好像没有象征着内部的思想活动确定的几何形体。到 1963 年的秋天，交响音乐厅、剧院、艺术学校、艺术联盟以及历史博物馆的位置已经基本定了下来。甚至在历史团体 1964 年初从原定的建筑群中撤出之后，康还仍然保持基本的连接形式（图 5-4）。入口花园将美术中心和上面的城市联系起来，在内部，一个入口庭院产生了康的概念中最基本的选择的感觉（图 5-5），就像建筑形式本身一样，它促进了自发性而不是正式的移动。在这样的建筑群中，就像美术中心所阐明的那样，康有意地回避僵硬的模式。他的一名学生提议使用廊桥而非庭院来连接类似的建筑元素，对此康这样评价：

“在桥上，你跟教室的存在会发生冲突。在庭院中，如果你想的话，你就可以选择进入其中……如果你能够选择走进去，即使你从来没有这么做过，你也能够从这种布置方式中得到比从别的地方得到的更多的东西。那里有一种很微妙的、而不是直接的连接的感觉，微妙的连接有着更长久的生命和爱 12。”

和在达卡一样，路易斯·康在福特·韦恩的项目中满怀激情地为建筑的整体性而斗争，他相信整体性对于它的意义来说是非常重要的。但是美术中心方案的造价远远超过了赞助人的预期，他们对康的想法以及是否能够承受这些提高的预算的信心动摇了，因此取消了美术中心的一部分内容。到 1966 年 10 月，只剩下了包括交响音乐厅在内的剧院。从一开始，康就把交响音乐厅和剧院作为一个整体的矩形体量来考虑，因为与互动的集会空间不同，这两部分的焦点都是在前面而不是中间，它们证明了康早期对理想中剧院的描述，他说："剧院就是为人们提供一个能够聚在一起观看一些有着必然性的本质的东西的地方[13]。"剧院的外立面上有着许多看上去像没有完成的碎片，人们也许会觉得这些碎片的设计没有任何意义。建设工作开始于 1970 年，于 1973 年结束（图 5-6）。

路易斯·康通过非传统的几何布置提出的自发性的建议在李维纪念运动场（1960—1966 年，未建成）中变得更加明确，它后来又影响了费城艺术大学的设计。这两个项目和福特·韦恩一样，都有一种由渴望激发的创造力，因而它们都是对康"表达的愿望"的认同。通过李维纪念运动场，这种努力被集中到了孩子的身上，但是它也是经过认真考虑的。在为加伍（Drive）河边的第 102 和第 105 大街之间的纽约城所做的设计中，康得到了来自阿黛尔李维（Adele Levy）的资金支持，他在之前的运动场中进行了积极的投资[14]。1961 年，野口勇受邀来开始它的设计，在那年 8 月他希望和路易斯·康合作[15]。

路易斯·康在李维项目上的工作是断断续续的，在那年秋天形成了没有强烈形式的、不连续的圆形元素的初步方案，但是他在接下来的一年中几乎什么都没干，1963 年 1 月，主办人抱怨说向市长汇报的方案不够深入[16]。到 2 月底，情况发生了变化。在康从达卡回来后的三个星期内，他提出了一个由纪念性的台阶和宽

图 5-6 韦恩艺术中心，正立面

大的平台严格限定的设计；这些元素给活动场和其他元素提供了位叠。和康在达卡设计的几何形体一样，一端的一个倾斜的方形为下面洞穴似的封闭空间形成了一个采光窗。在 1963 年 10 月设计的第三版方案中（图 5-7），路易斯·康降低了它的严肃性[17]，在 1964 年 1 月完成的最后版本中，他创造了一个叫作克里特文明的废墟的阶梯状斜坡的古代景观（图 5-8）[18]。野口抱怨说："现在建筑已经超越了运动场了。我希望它在旁边的别的路上[19]。"而康则对野口设计的过度繁琐的元素感到很不满："参与的自发性……如果你能感觉到这一点，你也会感觉到对于活动来说它应该是一个设计成未完成的样子的东西。这种未完成的感觉应该得到确认。我会对野口说，有许多东西需要非常严厉的批评[20]。"到那时候为止，当地人对这个项目的反对意见开始增多，因为运动场会占据河滨公园的部分开敞空间，

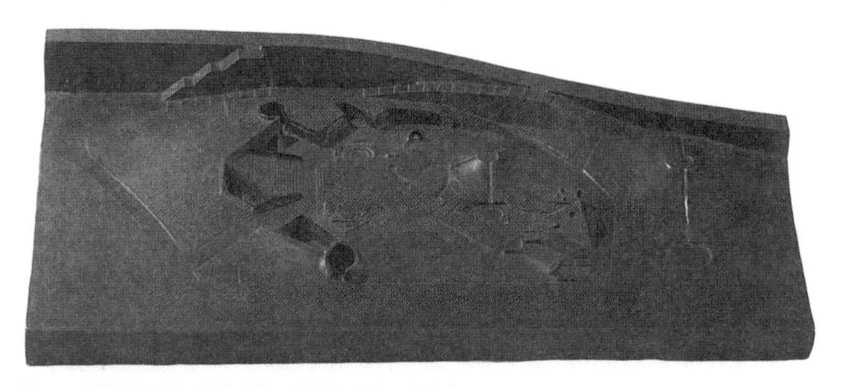

图 5-7 李维纪念运动场，模型，纽约，纽约州，1961—1966 年

图 5-8 李维纪念运动场，鸟瞰图

到 1966 年 10 月市长办公室撤走必要的支持，宣判了这个项目的死刑[21]。

1964 年 4 月，当路易斯·康正在修改福特·韦恩和李维纪念运动场方案的时候，他接到了来自费城艺术大学在百老汇大街现有建筑旁边的一个重要加建项目的委托。这个设计涉及几个阶段。他最后的方案于 1966 年 3 月由大学的官员发表；它在城市矩阵的支撑框架中为康对表达的愿望的信仰提供了切实的形式。很不幸，1965 年康开始工作后上任的大学校长没有勇气实施他的想法。

这座包括一家剧院、一个图书馆、一个展厅还有工作室及其他元素的项目，不同于福特·韦恩的设计，但是它把精力主要集中在视觉艺术而不是表演上，在高密度的城市中心，它是非常紧凑的。路易斯康又一次拒绝了分期建设的要求，他相信整体感对于它的独特性来说的重要性。他的入口庭院比福特·韦恩的庭院更加彻底地向城市敞开，它们也是通向建筑群内部的庭院和花园，从而实现强制的统一。正如康所说："校园和建筑交织在一起……屋顶也是一个景观[22]。"在入口庭院附近，多层的图书馆和展厅是与在达卡的议会大厦中一样的在平面中扭转的方形，它同时起到了大门以及展览和收藏空间的作用，并且在它的背面与有着更加活跃形式的工作室相连（图 5-9）。它们的外部，戏剧性的破碎的北向墙体，退台形成天窗（图 5-10），在室内，连接通道在方向和空间维度上都有所不同，表现出康对单调的走廊的厌恶，避免他现在所谓的"使用的束缚"[23]。

路易斯·康的设计很少对新的城市形式做出更大的承诺。一个巨大的并置的形式和层叠的围合组成的综合体，包括根据不同的功能和结构而确定的不同空间，这个设计保持了对他之前首创的传统的背离。但是单个的形式显然更多的是由于外部的连接和通路的要求影响而变形，使几何形体显得比较理性，不像他早先在达卡的的设计那样的欧几里得式。通过这些方法，康为城市本身拥有更大的可用性打开了有着保护框架的缺口，从这一点来说，费城艺术大学就是一个微观世界。

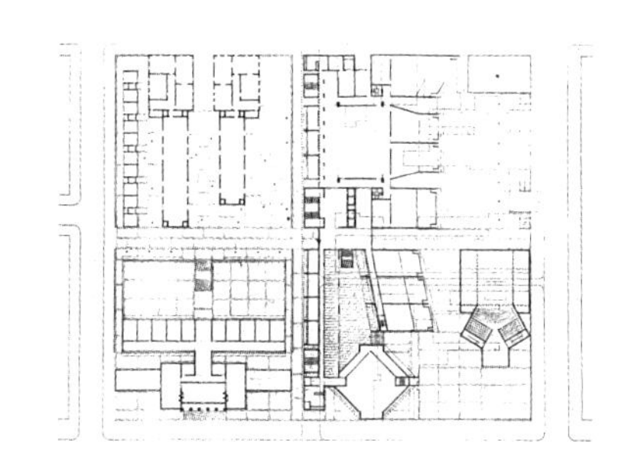

图 5-9 费城艺术大学，平面图费城，宾夕法尼亚州，1960—1966 年

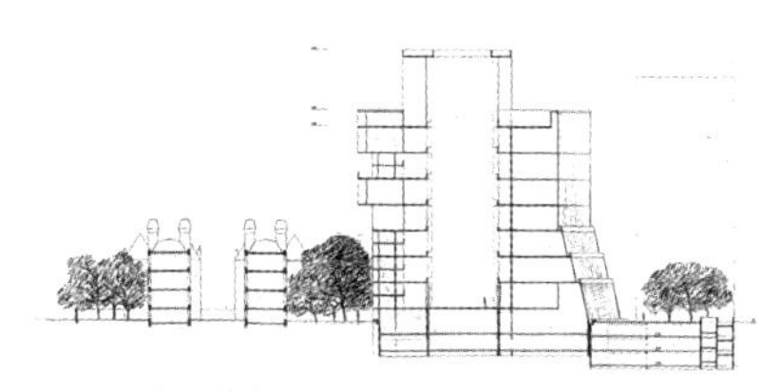

图 5-10 费城艺术大学，向西剖面

和达卡一样，像费城艺术大学这么大的一个建筑群在其内在的统一性中缺

乏一个明确的历史参照物。它比达卡的项目更加激进地背离美术学院的追随者们所提出的建筑群需要的小心翼翼的平衡，这种方式在路易斯·康的成熟期从来没有被完全认可过。这种组合方式的统一性无法避开 20 世纪的现代从业者，因为，就像密斯·凡·德·罗设计的伊利诺伊工学院的校园（开始于 1939 年）一样，单独的元素很少会结合成一个更大的整体。勒·柯布西耶 1927 至 1928 年在日内瓦设计的国际联盟大楼，就是他设计的例外之一；鉴于康对这位建筑师狂热的崇拜，它可能会被看作一个出发点，但是它的中立的、正交的元素表现了 20 世纪早期的阶段。与路易斯·康在 20 世纪 60 年代中期的设计精神比较接近的是弗兰克·劳埃德·赖特的两个未建成的例子，康一定注意到了这两个设计：佛罗里达雷克兰（lakeland）的南部大学（开始于 1938 年）和华盛顿的水晶高地（Crystal Heights）酒店、商场和剧院综合体（1940 年）。就像出版的书中所表现的一样，它们很容易接近，并且表现了赖特比较理性的一面，这正是康所喜欢的。这两个设计都包括不同于传统的对称形式的、复杂的、有角度的元素，前者类似于康为梅地亚的多米尼加女隐修院所做的设计（1965—1969 年，未建成），但是这两个设计都是对将它们与康的设计区别开来的内在的三角形几何系统的解答。但是在康之前，赖特在纪念性建筑的统一性上取得的成就一直都没有人能够超越，不管康有多么喜欢勒·柯布西耶，但还是赖特更彻底地铺好了这条路。正如第四章中所提到的，只有某些当代的绘画和雕塑作品——例如弗朗茨·克莱尔（Franz Kliner）或者戴维·史密斯的作品——表达了能够与之相比较的精神。从康这里开始滋生了大量的 20 世纪末的主要建筑作品。

检查办公室文件的研究人员发现很难确定费城艺术大学原来打算用什么材料，因为报纸上提到的它的结构混凝土墙和大面积的玻璃窗没有明确的记载。到这个阶段为止，路易斯·康已经有了自己的一种不同于勒·柯布西耶的混凝土板、墙和柱的结构设计方案。专门的结构工具或者材料的汇报是不必要的，除非像议会宫那样有一些特殊情况的要求。他似乎已经走过了耶鲁美术馆或者城市大厦时期比较戏剧化但是又比较复杂的结构的表现，他很看不起赖特主义者用新的或者不同寻常的材料塑造形体的文章，后来在考曼顿特或者其他的顾问工程师的指导下，形成了特殊的形体和正确的方向。但是对于康来说很明显而且很容易实现以及对考曼顿特来说很有效的东西，并不是总能满足业主们，尤其是那些喜欢思考的人，更加严格的标准。

路易斯·康对开发商注重实效的要求很反感，但是在某些情况下，他还是尽量满足他们的要求，毫无疑问，他是因为受到可以有机会从事他很入迷的城市肌理设计的激励才这么做的。他的冒险活动还表现在对那些在别的情况下几乎不可能实现的摩天大楼的兴趣中。他做了三个这样的设计——都是包括一些提高市民吸引力元素的投机的写字楼——其中的第一个是为纽约的百老汇统一基督教堂和办公楼做的设计（1966—1968 年，未建成），仅仅在几天后他又接到了第二个设计任务，堪萨斯城的办公楼（1966—1973 年，未建成）。这两个项目的设计阶段是相互交织在一起的，当路易斯·康还在做第二个项目的设计时又接到了第三个项目的委托，巴尔的摩内部港口的扩建（1969—1973 年，未建成）。但是无论他为这些表达城市空间的新思想的机会付出了多少，最后还是一无所获。

和开发商卡莱尔（Carlyle）建筑公司合作的百老汇的教堂和办公楼——百老汇统一基督教堂——是一个比较早的免税机构，该公司自己的建筑师埃默里·罗斯父子公司（Emery Roth & Sons）这样声称[24]。路易斯·康于 1966 年 6 月末与教堂签订了合同，到 7 月中旬，他被任命为执行代表，业主希望他把整个发展项目作为一个整体来协调[25]。该基地占据了由百老汇大街、第七大道，第 56 街和第 57 街围成的街区的绝大部分，与城市的发展区域有着很好的关系。

将一座教堂和不同的商业功能在一栋办公楼中结合起来的前景激发了路易斯·康的想象力，因为初期的草图展现了一栋不同于它所处时代的任何摩天大楼。与路易斯·康几个月前刚停止的费城艺术大学的设计非常类似，它的广场也被描绘成一个有着活跃形式的景观；上面的塔楼，像一个俯瞰四方的主屋顶，高高升起，逐渐往里收缩，并且在平面上通过一个同样复杂的几何形体来达到丰富的效果（图 5-11、图 5-12）[26]。塔楼本身，和广场层一样，被看作是一系列由开向内部中心庭院巨大的“凹口”（正如图纸上所用的术语一样）所界定的相互关联的片断。像另一个时代的古代基础一样隐藏在塔楼下面的教堂有着很好的采光。路易斯·康设计了许多复杂的部分来代替单一的、明确定义的建筑；由于没有明确边界线，它们可以更加自由地向它们所服务的城市开放，它们的“可用性”能够更加令人动心。

百老汇项目中被打碎的墙，在形式上与费城艺术大学非常相似，这种形式在纽约首先是通过分区，其次是由于路易斯·康对清晰的结构的信心而产生的。正如办公室的图所记录的，康对决定基地覆盖率和墙体平面的纽约建筑法规进行了研究，他们为上面的楼层设计了后退的平面——按照惯例通过逐层后退来实

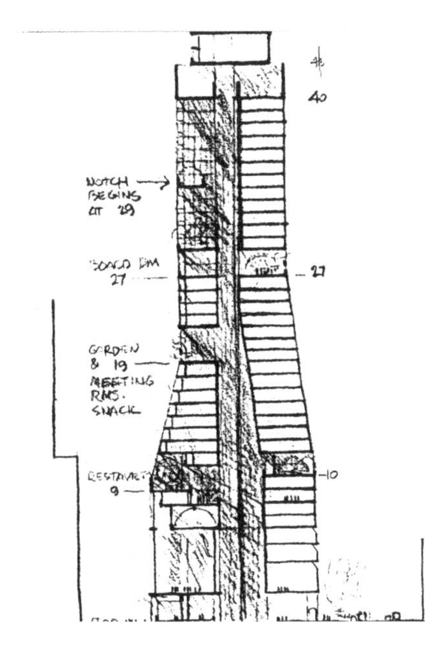

图 5-11 百老汇统一基督教堂和办公楼，纽约，纽约州，1966—1968 年，剖面图

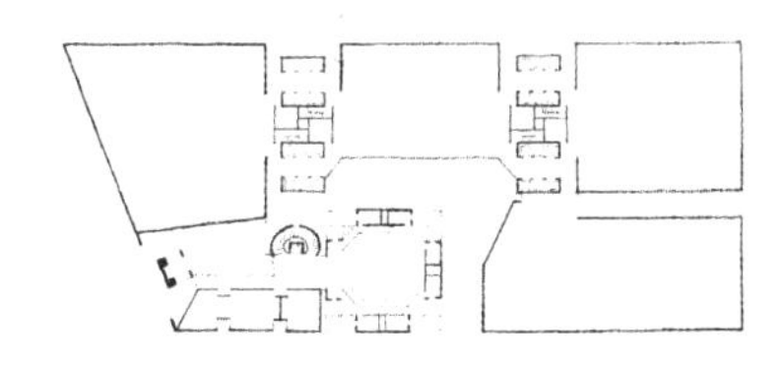
图 5-12 百老汇统一基督教堂和办公楼，平面图

现——康没有采用任何修饰。休·费里斯（Hugh Ferriss）在很久之前曾经提出过类似的外形来说明这些同样的法规，但是他肯定没有进行这样的文字解释。毫无疑问，这种破碎的效果也表现了路易斯·康对结构清晰的关注；他批评像密斯·凡·德·罗这样的建筑师（在像西格拉姆大厦这样的建筑中，1956—1958 年）不能表达高层建筑中的低层部分的不同的结构要求，在那里无论是风压还是集中荷载都要求结构有所增加[27]。

教堂的代表们很支持路易斯·康的方案，但是开发商觉得很不踏实，并且要求做一个更加常规的解决方案[28]。市场的力量也不支持这样的建筑复杂性：约翰·波特曼的盈利的、自筹经费的亚特兰大筑悦酒店仅在 1967 年得以完成，后来的像纽约花旗银行大楼这样下面有一个教堂的办公楼的例子在那个时候还没有被想到过，后来业主考虑由康来担任那个项目的主要建筑师[29]。

在开始百老汇教堂和办公楼的第二个方案之前，他把他的注意力转到了堪萨斯市的办公楼上。这是一个那个时候更加典型的项目，包括地下停车场、首层商场、健康俱乐部和上面楼层的酒店，甚至有一段时间还包括一个直升机机场。这个项目从 1966 年 7 月就开始讨论了，当时它的开发商，理查德奥特曼（Richard Altman）和阿诺德·加芬克尔（Arnold Garfinkel），在费城拜访了路易斯·康，并且请他来设计一座希望在他们的城市里有着特殊品质的建筑[30]。一直到 1967 年 1 月康才提交了他的初步方案，并在 5 月份完成了他的第一个模型[31]。接着康又开始重新研究这个问题的真正本质，其出人意料的方案表现了结构的决定作用：在每一个角上，都有 4 个空心的、房间大小的柱子来支撑顶部的多层构架，在这个高度上居中的空间中他将采用悬索结构（图 5-13）。和康一起工作的考曼顿特为建筑的施工设计了一个精心策划的操作系统：用滑动的形式先把角部的柱子和构架立起来，接着从顶上开始浇筑独立的楼板。路易斯·康用给角部的办公室采光的圆形

图 5-13 堪萨斯市办公楼，堪萨斯市，密苏里州，1967—1973 年，第一版立面图

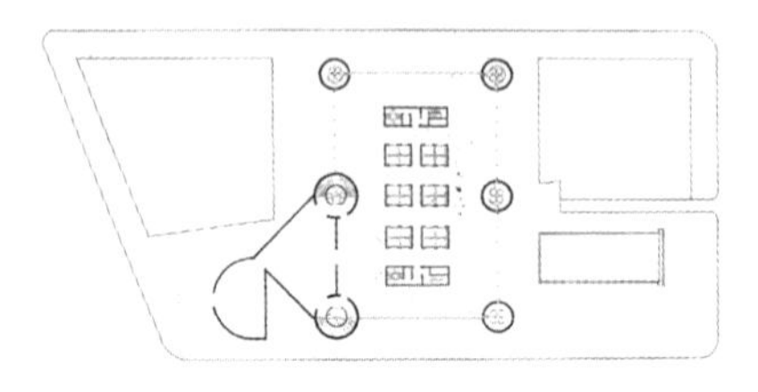

图 5-14 百老汇统一基督教堂和办公楼，平面图

洞口来装饰这些空心的柱子，内部的酒店和俱乐部通过界定顶部空间的局部拱形采光。正如一位助手所说的：“这是一项非常精彩的工作，因为他在思考新的建设和表现摩天大楼元素的本质的方法[32]。”

在接下来的一年中，无论是百老汇还是堪萨斯市的项目都进行了重新设计，形成了更加清晰的滑动形式的施工方法。迫于业主要求，比较简单的楼层平面和一个单一的电梯核的压力——这两点被认为是对于盈利来讲非常重要的——路易斯·康第一次修改了纽约的方案，并且在1967年9月提出了他的第二个方案[33]。复杂的外形和精致的平面不见了，取而代之的是一个简单的有圆形柱子支撑的矩形平面的结构形式（图5-14、图5-15）。只有局部突出于悬挂的楼板之上的教堂没有遵守死板的规则[34]。当时正在施工的由凯文·罗奇（Kevin Roche）在纽黑文设计的哥伦布骑士会总部的结构形式给他带来了灵感[35]，但是康早期在埃尔比（Albi）的旅行速写也有着类似的作用。百老汇塔楼的滑动形式的施工方法给纽约的开发商带来了灵感，可是这个项目却依然处于悲惨的境况之下[36]。不过堪萨斯市的工作还在继续。到1968年秋天，一个修改模型完成了，尽管它没有不同寻常的施工形式，但是也被大大地简化了（图5-16）。现在，屋顶构架被简化为一个优雅的反转的拱形，角部的柱子也不再是空心的，而是变成了有凹槽的茎干。康的设计被接受了，但是在经济准备前，获得了一块新的更加有优势的基地之前，路易斯·康又修改了他的设计[37]。1972年3月康说最后版本的设计将在施工过程中出现；它增加了置于容纳相关设备的方形

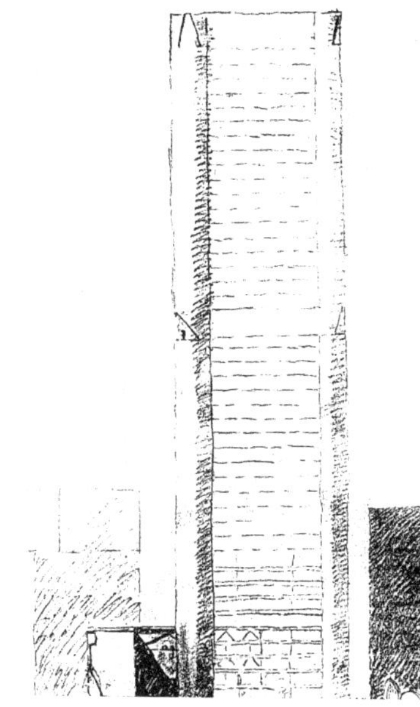

图5-15 百老汇统一基督教堂和办公楼，纽约，纽约州，1966—1968年，立面图

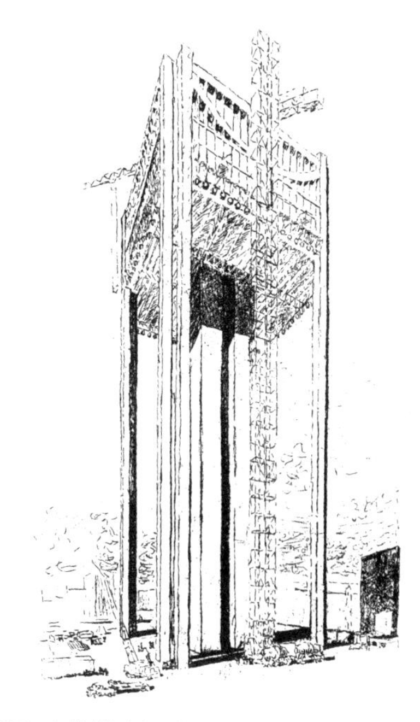

图5-16 堪萨斯市办公楼，第三版透视图

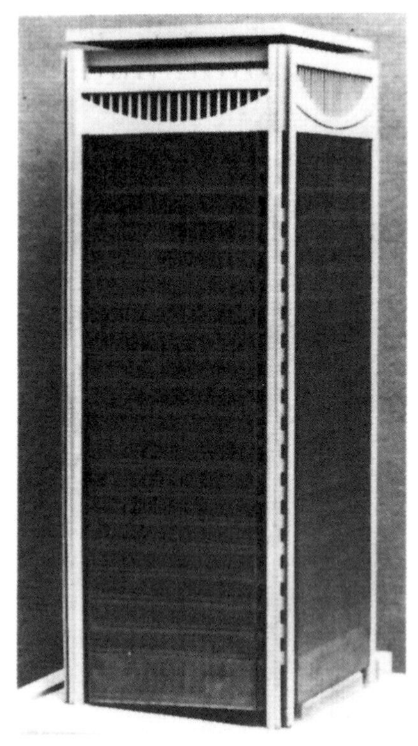

图 5-17 堪萨斯市办公楼，第二版透视图

基座上的十多层楼，角部的柱子也变成方形的了（图 5-17）。但是，无论这个形象多么引人注目，也不管他的业主有多么支持，事实证明它的不同寻常的结构对于造价来说是不可能的。考曼顿特后来提出了他自己的观点，但是它还是没能实现[38]。

1971 年巴尔的摩内部港口扩建工程给路易斯·康带来了一个更大的机会，因为在俯瞰海滨的广阔的基地上要建成一个包括办公楼、公寓、旅馆和大规模商场在内的城市核心[39]。这个建筑群的发展是巴尔的摩充满野心的综合计划的一部分，这个项目受到了严密的监控；开发商希望挑选一名杰出的建筑师，作为对城市允许他们在这个刚刚征集到的基地上进行建设的回报，并且提出了包括限高约 23 米在内的严格要求。康的第一个想法是想把与他在别的地方设计相一致的形体之间的积极作用带到这个方案中来。到 1971 年 11 月他的第一次汇报为止，这些形体更加突出了，但是并没有丢掉它们的自发性（图 5-18）。不同于他早期摩天楼中的试验性结构，这一次路易斯·康非常务实地采用了传统的框架，但是仍然有着独特的形式，包括表现风压的斜线和为了获得更多的可以出租的空间而增加的金字塔形屋顶，同时仍然满足限高的要求。他以创造城市的活力感的手法，用纪念性的楼梯和宽阔的桥将单独的结构联系起来，满足总平面中上层步道结合起来的要求，以及开发商关于设置一个高的基座将由港口地下水位较高而造成的问题最小化的要求（图 5-19）。正如康所解释的："主要的想法是形成大量的充满可用性的空间……我们想在建筑之间形成相互交织的关系，这样视线不会被遮挡。这样使得建筑有了很多个面而不仅仅是四个面：旅馆、公寓和办公楼都能彼此尊重[40]。"就像它是这样的复杂计划的典型而且甚至比康想象的还要复杂一样，他进行了许多不同的探索。到 1972 年夏天为止，虽然主要的元素还保留在它们的位置上，但是很多部分被去掉了，形式也进行了一定的简化。那时，办公室的助手们对扩建工程的前景失去了信心，他们觉得康的天赋受到了开发商不公平的对待[41]。

1973 年路易斯·康与内部港口的合约终止了[42]。两个月后在巴黎，当他将类似蒙帕尔纳斯旅行大厦（Tour Montparnasse）这样的办公楼的特征描述为"只和钱有关"的时候，似乎在表达

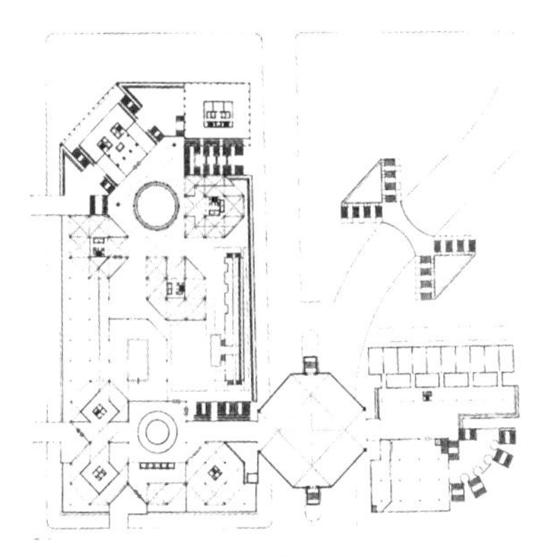

图 5-18 内部港口，巴尔的摩，马里兰，1969—1973 年，总平面图

图 5-19 内部港口，从东面看透视图

图 5-20 阿巴萨巴德发展计划，德黑兰，伊朗，1973—1974 年，总平面分析图

对开发商的不满，并且他还接着说“我们的建筑（在美国）有着高度的经济感。后者（在欧洲）是‘建筑学的’，它们仅仅是石头的堆积[43]。”但是在他去世的时候，路易斯·康又一次加入到：投机的冒险活动，这一次是在伊朗，在那里他在丹下健三（Kenzo Tange）的帮助下，将要修改阿巴萨巴德（Abbasabad）的总体规划，在德黑兰北部外围的一个广阔的商业和居住发展计划（1973—1974 年，未建成）[44]。根据一封感谢伊朗王的妻子的信来判断，也许路易斯．康觉得皇室的赞助能够确保更好的结果，并且，他对“这个古老的土地上的力量和诱惑[45]很感兴趣，当显然没有什么预期的东西的时候，他试图找到一些意义。在 1973 年 11 月他第一次参观基地之后他开始了设计，但是接下来几个月中的图纸没有达到他所说的效果。由于缺少一个详细的计划，他和政府和文化机构进行了广泛的合作，甚至包括一个“会议宫”（图 5-20）。保存在路易斯·康的设计文件中的形象之中有波斯波利斯（Perspolis）、伊斯法罕（Isfahan）、梵蒂冈市的平面图和一些棋盘——后者也许是他为阿巴萨巴德方案中较矮部分的设计的灵感来源[46]。

在从事几乎难以说明其复杂性的工作的这些年中，私人住宅的设计也许给了路易斯·康一些自信心。康与他的朋友在一起的时候，没有什么工作的压力，而且有更大的实施可能性。但是这些住宅也有它们自己的挫折。1963 年，康表达了对他设计住宅的能力的不满，承认不能为 3 年前委托给他的，物理学家诺曼·费舍（Norman Fisher）和他的妻子在费城近郊的基地上的住宅，提供一个合适的方案[47]。正如第三章中所说明的，几个月后他的解决方案（图 5-21）与他为达卡设计的第一轮方案中的几何形体很像，这种几何形式后来在城市综合体的设计中有了更加全面的探索[48]。大概在 20 年前，康把每一栋住宅都称为一个“房间的社会”，与城市相平行[49]；现在，他试图创造与“可用性”平行的感觉。在他后来的住宅设计中，其中费舍住宅是第一个，也缺少一种对称的平衡，各个精心设计的元素活跃地并列在一起，没有谁能够占据统治地位。一个更加支持个体的选择的构架将从这个对传统等级制度的淡化和对个人选择性的包容中产生。这些实际的住宅设计与金贝尔艺术博物馆（1966—1972 年）那种理想化的家庭生活是不一样的，在后者的设计中占主导地位的是一种更加宁静的秩序。

路易斯·康尽量避免把他自己对住宅的选择强加到设计中去。中立的结果——最典型的是垂直的木质壁板——明确了体量的界定，细部的设计也很节制。那些细部证明了他对即使是最小的部分也很关心，它有着一种只能在更大尺度的、未建成的项目中看到的优雅的闲适感。康在他生命的最后几年中为一位年轻的开发商和他的家庭在费城郊区设计的史蒂文·考曼住宅（1971—1973 年）的第一轮平面中，包括了和费舍住宅一样的有角度的元素（图 5-22）[50]。到 1972 年 8 月，康对设计进行了简化，但是他保留了对每一个家庭成员的房间的明确的定义。当它建成的时候，考曼住宅也表现出了康对细部的敏感[51]。考曼住宅是康的最后一个在费城地区或者宾夕法尼亚州建成的设计；其他的、更具有野心的设计波科诺（Pocono）艺术中心（1972—1974 年）和费城 200 周年纪念展（1971—1973 年）——都没有建成。

和大概 10 年前开始的福特・韦恩项目一样，波科诺艺术中心想要建成一个视觉和表演艺术的中心，它也是由公共资金赞助的，不过这次是由宾夕法尼亚公共福利提供资金的。基地位于离怀特黑文（Whitehaven）8000 多米的波科诺山脚下，这个项目包括室内和露天的剧院、美术馆和在夏季为费城和匹兹堡管弦乐队提供住所的艺术家工作室，这个项目将为艺术家们提供全年的设施。丰富的承诺和宽松的计划激发了路易斯・康的兴趣。他于 1972 年 7 月开始设计，刚好在他的委任书在 11 月份被证实之前[52]。到第二年 1 月签署正式协议时，康已经为第一轮设计提出了一个模型。在接下来的几个月中，纪念性平台的样子基本上没有什么改变（图 5-23）。

当米尔顿・夏普（Milton Shapp）州长努力说服州立法机构这个项目极具价值的时候，路易斯・康说：“我们可能会得不到一些机构的鼓励，但是它们的潜力——也就是我所谓的它们的‘可用性’——还会保留下来。波科诺艺术中心

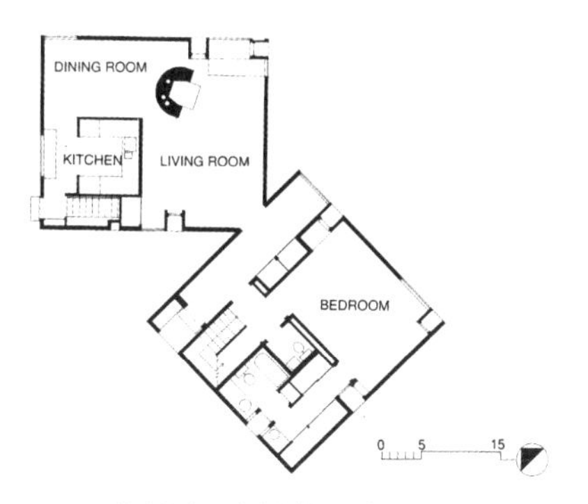

图 5-21 费舍住宅，哈特伯勒，宾夕法尼亚州，1960—1967 年，一层平面图

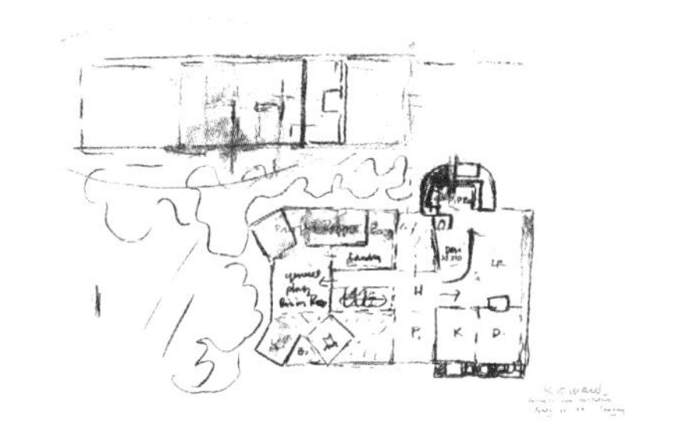
图 5-22 考曼住宅，华盛顿堡，宾夕法尼亚州，1971—1973 年，一层平面图

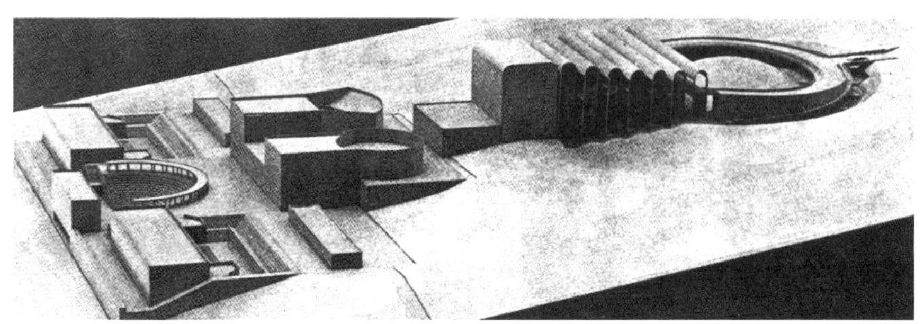
图 5-23 波科诺艺术中心，路泽恩县，宾夕法尼亚州，1972—1974 年，模型

将成为一块实用的艺术瑰宝[53]。”在建筑群的顶上，康布置了主要的音乐厅，它有屋顶，但边上是露天的，通过一条优雅的曲线拱廊进入其中。沿着下面的轴线布置了两个小一点的剧院，全年的设施围绕在其周围。在侧面与工作室相接的露天剧场与下面的轴线端头的设施相连。

在艺术中心田园般的建筑中，路易斯·康在城市综合体中喜欢使用的活跃的、不确定的几何形体被平衡的秩序所取代，与他后来的其他作品一样，它似乎呈现出令人尊敬的一面。在它的纪念性的景观堤中表现出了与晚期的古希腊卫城，或者更近一点的类似于普莱奈斯特（Praeneste）的命运女神圣堂的罗马共和政体时建造的建筑群相似的特点[54]。康是否知道这些原型，比这些单个建筑所表现的相似性更加难以推理出：他一直以来对古代世界的精神和隐藏在高贵的纪念碑之下的永恒的原则的认同。

也许没有什么设计能够比他最简单的建筑——费城200周年纪念展（1971—1973年），更好地反映路易斯·康对建筑是社会艺术的信仰，一直到他去世的时候他还在参与这个项目。虽然康在1971年才真正开始200周年纪念展的设计，但是他从1968年就开始考虑它的可能性，当时有人请他为出版物提一些建议[55]。他竭力主张应该强调200周年纪念展是一个事件而不是创造永久的纪念性建筑：“这不是一个完成的作品的展览。它应该是对还没有完成的东西的思考……人们在它的空间领域中聚会，这个空间能够提供所有的交流方式，所有的会议场所和展示的场所[56]。”当后来有人请他做一个真实的设计的时候，他想要做的就是这样一个无组织的集会场所。这个设计被看作是没有特定的形式的、与街道相连的建筑，他把它叫作可用性的论坛（图5-24）。在哈利特·帕提森的力劝之下，他用一条运河作为这次活动的运输方式，并且为所有参展国家的展厅提供了一个像矩阵一样的花园[57]。对于发起人来说，图纸和后来的模型（图5-25）都缺少了他们所期望的建筑的豪言壮语。但是他的设计产生了多种效果，因为他没有专门为纪念200周年而建立的结构，而且路易斯·康的想法也没有受到材料限制的影响而保持着它们的存在。但是他没有像他的其他设计那样，说这些想法是他个人的发明；他只是在他临死前几个月的时候说：“我相信一个人最伟大的价值就存在于他没有署名的地方[58]。”这也许就是他的伟大成就：不是那些为整整一代建筑师提供了灵感的特殊的形式，而是那些没有形式但将永垂不朽的思想。

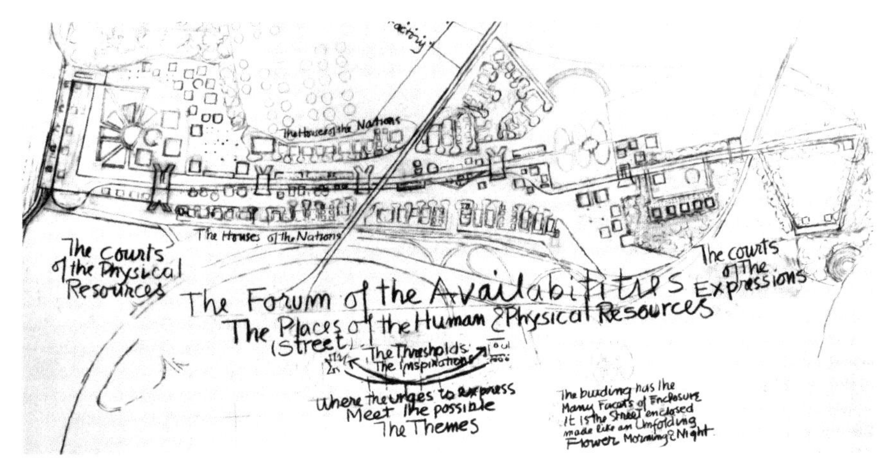

图 5-24 200 周年纪念展，费城，宾夕法尼亚州，1971—1973 年，总平面图

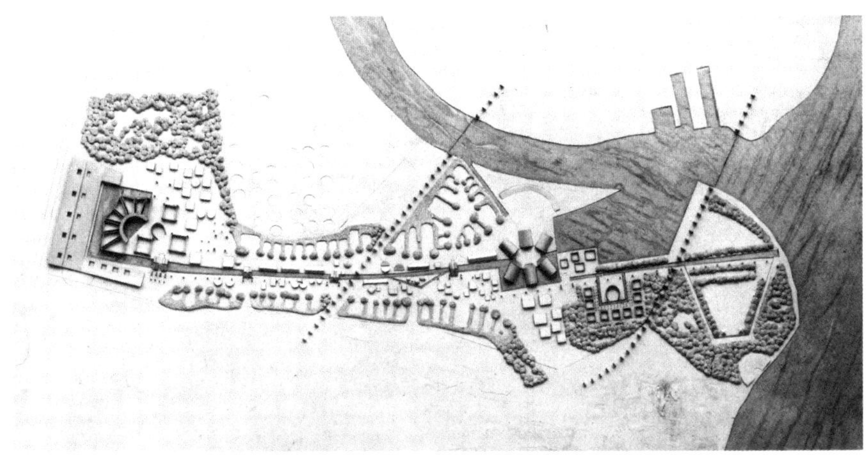

图 5-25 200 周年纪念展，模型

6. 光，存在的给予者

献给人类的努力设计

路易斯·康重新把世界上最困难的工作交给了现代建筑，但是他同时也为它们打开了全世界的资源。他给了它们使人畏缩的责任和惊人的自由。正如文森特·斯科利所说的："他打破了既定的模式，把他最好的学生解放了出来"。

到 20 世纪 60 年代，路易斯·康已经从事教育工作近 20 年，他的作品也遍布世界各地。当许多人开始把现代建筑简单地视为实用性设施的时候，他在道德上赋予了现代建筑重要性，而且在艺术上再一次富有挑战性。

在路易斯·康生命的最后 10 年里，所有创造性的工作变得愈加重要，也更为艰难。美国在它被种族冲突和因越战而造成伦理谴责、物资缺失所侵蚀的权力重负下艰难前进。康一直以来主张建筑应为人服务，但他意识到自己的国家正处于危机之中。1967 年 11 月他哀叹道："我们所有的制度和机构都在经受着考验。"但是，在这段令人可怕而暧昧的时期，康创造了职业生涯中最简洁且最富力量感的作品：菲利普·埃克塞特学院的图书馆、金贝尔艺术博物馆、耶鲁大学英国艺术中心和富兰克林·德拉诺·罗斯福纪念公园。

这些后期建筑的力量感大多来自于它们体量和空间的融合——路易斯·康一直追求的基本的和表面上互相对立的建筑元素之间的结合，而这些元素构成了一整座建筑。对于康来说，体量常可以通过像对待结构问题一样进行理性分析——对建筑的物质部分的理性分析来解决，而空间是由更加神秘的光线——给空间带来生命的力量来界定的。无论是对结构还是对光线的处理，对于创造"空间"来说都很重要，康一直保留着建筑的基本组成元素，他相信它们能够一起发挥作用。他喜欢说建筑本身开始于"墙体断裂而柱子形成"，同时接纳光线，创造一个支撑系统[2]。因此，最早的希腊神庙出现（图 6-1）。1971 年，康总结道："空间是建筑的开始，也是精神的场所。你处在空间里，就和它的尺寸、它的结构、对它的特征起作用的光线、它的精神的光芒在一起，你会意识到，不管人类的诉求是什么，创造了什么，它都是有生命的。

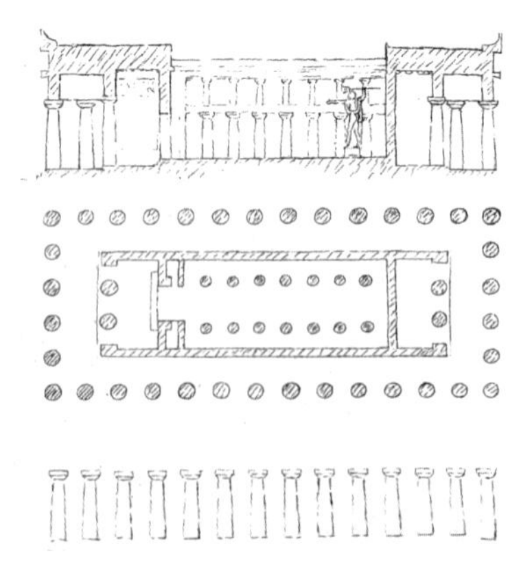

图 6-1 赫拉神庙二号殿下，帕埃斯图姆，出自康的速写本，1969 年

房间的结构在房间中必须很明显。我相信，结构是光的给予者[3]。”这是他不断和学生们讨论并且试图把它描绘下来的一个概念（图 6-2、图 6-3）。

在特伦顿浴室这样一个规模小且不用担心眩光的情况下，路易斯·康能够把结构和光线按照房间创造的要求结合起来，木质的金字塔式的屋顶由混凝土承重墙支撑，通过这个办法，光线通过结构流进房间。从那时候起，康一直在研究能够用于更大规模的、更复杂的建筑中的系统，就像他为热带国家设计的巨大穿孔幕墙和为密克维·以色列犹太教会堂、达卡清真寺设计的高耸房间一样。到 20 世纪 60 年代末，康为这个恼人的问题提出了几个特殊的解决办法：他在金贝尔艺术博物馆中采用了条形采光的筒形拱顶，透过埃克塞特图书馆外面格子的相互贯穿的光线，耶鲁大学英国艺术中心明亮的表面和犹太大屠杀纪念碑上发光的玻璃塔都取得了成功。

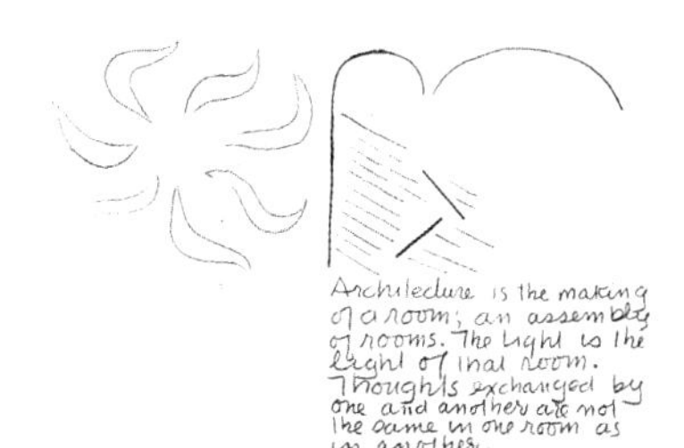

图 6-2 康速写作品

图 6-3 康速写本中的“空间”

路易斯·康在由结构和给他的设计带来宁静的光线共同界定的空间中取得了成就，这绝非偶然。他后期的作品降低了那种修道院平面中动态的不对称性，并减少了曾在亚洲建筑中采用的巴洛克斜线，而是重新强调了建筑自身强烈的内部空间和紧凑对称的布局。通过这个方法，在康多年不断的艰辛尝试之后，美术学院最初端正沉稳的平面又重新出现在了他的设计中。当然，对结构本质和光线的关注，也是康曾受美术学院教育影响的一个体现。康逐渐开始喜欢讨论建筑“将会变成什么，源于它曾是什么”，这句话也可以用来诠释他选择重新回归这一形式的原因[4]。

路易斯·康的设计很少非主流，因此，最后一组设计也很平顺，几乎没什么“奇形怪状”。在沃思堡展出金贝尔的收藏的博物馆和耶鲁大学的保罗·梅隆（Paul Mellon）的收藏品的博物馆非常相似，都被看作是一个充满艺术品的大房子，或者，这是另外一种把它看作没有什么实际功能的人类活动纪念碑的看法。康在 1972 年说：“博物馆看上去是一个次要的东西，除非它是一个巨大的宝藏[5]。”埃克塞特大学图书馆中充满了具有本土特色并且造型令人产生敬畏的混合；当然，像那些大屠杀牺牲者和富兰克林·德拉诺·罗斯福纪念公园那样的建筑是真正

“不受功能限制”的，就像康最崇拜的古代遗迹废墟那样[6]。尽管要求十分苛刻，20 世纪 60 年代初大型机构的平面处理依然做到随性简约。

这种向着近乎古典一致性的变化，于当时看到路易斯·康的作品的人来说不明显。因为果实是一点一点成熟的。虽然这个变化过程所在的这些项目占据了康事务所从 1967 到 1968 年间的所有时间，第一个项目将要完成，1972 年 10 月专注于埃克塞特图书馆和金贝尔博物馆，不到一年半的时间之后，康就去世了。耶鲁大学艺术中心是在他去世后才完成的，犹太大屠杀纪念碑和罗斯福纪念碑最终没有完成。

观察者们接着说，一个完全不同的变化正在进行，因为在路易斯·康越来越频繁地进行的漫谈式的演讲中，他很少谈到他最近的作品。相反，他更多地回顾他 50 年代和 60 年代初的作品，他用越来越神秘的词汇来掩饰他的方法。这种变化连那些最喜欢他的人也感到了恐惧。文森特·斯科利回忆说：

> “有时候甚至我和那些最爱他的人都发现很难让他这么做，听他说这种可怕而含糊的东西，和那些甚至有点错误的言论。然后，听说有这么多的人把它们当作真理，把它当成路易斯·康那种哲学的真理，这是令人非常苦恼的事情，因为在他的晚年时期，他真实的方法周围除了烟幕之外什么都没有[7]。”

即使是像对耶鲁大学英国艺术中心表现出浓厚兴趣的业主朱尔斯普隆（Jules Prown）一样，在这个时期第一次遇见路易斯·康的人，也能察觉到他在工作中接触的“非常实际、非常直接”的人和当他紧张和试图留下深刻印象的时候说话“非常抽象、非常诗意”的人之间的区别。当康和他会见保罗·梅隆或者耶鲁大学校长金曼·布鲁斯特（Kingman Brewster）的时候，普隆发现他自己“扮演着他们之间的媒介之类的角色，努力地让他们相信这个家伙不是个疯狂的诗人[8]。”康长期的助手马歇尔·梅耶（Marshall Meyers），以过一天算一天的态度对待这种行为。他是在 1967 年这些项目开始的时候返回事务所的。他抱怨说：“在后来的几年中，康在办公室里留了许多把他当作神的人，这是工作的一大难题[9]。”

事实上，路易斯·康的想法并没有什么改变。他依然相信理想主义的建筑，追求事物的永恒本质，他所讲的观点还是来自于柏拉图主义在根本上对“形式”和“设计”的区别，通过细心的工作得出结果，然后用简单的力量在 I960 年的美国之音广播中进行表达。然而，改变的是他用来表达这种通用的理想主义的语汇，他的话中不断增加的模糊性让某些人相信他在说些不同的东西。

在成功地把潜在的“形式”和注重失效的“设计”重新命名为“规律和规则”（1961）[10]，“信仰和手段”（1963）[11]，“存在和表现”（1967）[12]之后，到 20 世纪 60 年代末，路易斯·康得出了一个颇受欢迎的公式，这个公式更加神秘：静谧与光明。1967 年 11 月，他第一次公开解释这个新词汇，康对一个波士顿的听众说，建筑生自于静谧的理想和现实的启发之间的一个点，也就是他所谓的“静谧与光明交汇处的门槛，静谧带着它想要存在的愿望，而光明是所有存在的给予者”。这个艺术性的工作场所也是“阴影的宝库”[13]。一年后，在古根海姆博物馆，康详细阐述了这个题目。静谧是理想的真理王国，它甚至早在金字塔建造之前就已经在——“在第一块石头被放上去之前”。在另一方面，光明是真实的能量：“我感觉光明是所有存在的创造者，而材料是用尽了的光明。光明创造的东西投下阴影，阴影属于光明。我感觉到一个门槛：光明到静谧，静谧到光明——一个充满希望的氛围，想要成为什么的愿望，在可能的交叉点上表达[14]。”在对古根海姆讲座的出片做准备的时候，路易斯·康画了一系列这个建筑世界的图解。静谧与光明之间的对话关系由反转书写来表达，并且被一个名字塔所覆盖（图 6-4）。

虽然很少有观察者注意到这一点，是这个对“形式”和“设计”最诗意的渲染牢固地扎根于路易斯·康从 50 年代以来一直使用的语汇中。他一直以来都认为光明在建筑创作中起着关键的作用，他一直坚持“只有有自然光线的空间才是真正的建筑空间[15]。”关于艺术家是在真实和理想之间的“门槛”上进行创作的这个概念在之前也用更加简单的方式表达过。“在我看来，伟大的建筑必须从不可丈量的东西开始，并且经历设计中不可丈量的过程，”康在他 1962 年出版的一本书的前言中写道，“但是它的结果也必须是不可丈量的[16]。”对他所崇拜的权威的暗示在多大程度上巩固了这种新的语汇，也没有被人们所认识到。最基本的，将理想的世界从日常生活的体验中区分出来的光影效果所起到的作用是对在柏拉图的《理想国》中同一个题目的讨论的回应——关于囚犯对外面世界的窥探就来自投射在他们墙壁上的阴影的寓言。康用静谧对理想建筑做出的看似奇怪的定义，正如他所说的，取决于大家最熟知的战后对视觉文化的分析：安德烈·马尔罗（Andre Malraux）的《寂静之声》（1953 年）。

然而，在最后，路易斯·康的诗意是他自己的。他用和他在建筑中为了推敲一个词汇或者一个平面而投入的精力一样不知疲倦地努力地创造字句。如果他的字句不能提升和阐述他的主题，那么也许会理所当然地被指责为故弄玄虚。如果他的建筑创作在最后几年中发生了动摇，也许会有人说他在鼓吹一些自己做不到的事情。但是他的字句是很有说服力的，而他的建筑则更加深刻。

第一座能够清楚地看到路易斯·康最后风格痕迹的建筑是设计于 1966 至 1968 年的菲利浦·埃克塞特大学图书馆。在这个设计中，他在一个简单的平面上建了一个巨大的、充满阳光的房间。它在功能上是一个图书馆，在精神上是一个神殿。康一直都非常爱书，他喜欢在书店里逐本逐页地浏览，带着真挚的敬意购买书

图 6-4 康速写本中的一页

籍，但是，他直率地承认，除了第一页之外几乎不看其他的东西，因此书通常不是有用的东西。“书是极其重要的”，在1972年阿斯彭设计研讨会上说，“没人真正付过书的价钱，他们仅仅付了印刷的费用。但是一本书实际上是一个贡献，而且必须被这么看待。如果你尊重写书的人，那么你的尊重中就会有一些进一步促进写作表现力的东西[18]。”因此，图书馆一个虔诚的场所。

路易斯·康对于书是一个贡献的看法是如此强烈，以至于他认为在他后来没建成的伯克利神学联合图书馆（1971—1974年）的设计中，采用罗马君主台地的、布置得很接近的陵墓非常合适[19]。然而，对于埃克塞特来说，并没有考虑这样的纪念性；相反，这个项目提倡能够“鼓励和确保阅读和学习的愉悦性的”的家的氛围[20]。也许，这就是书要求的所有的敬意。

路易斯·康对埃克塞特图书馆最初的考虑表现了在大体上他受到了中世纪，尤其是修道院的暗示所包围的修道院设计影响。角部的塔楼和室内外的拱廊在1966年5月的第一轮设计中透露出一种城堡的感觉，路易斯·康解释说他的作品受到了修道院的图书馆的影响[21]。埃克塞特的项目在设计的初级阶段增加个邻近的食堂的时候，他采用在野漠修道院和梅地亚女修道院中使用的偶然的、对话的角度来建立它们的关系。

然而，当设计进行到1967年的时候，路易斯·康自己的中世纪风格的塔楼和拱廊都不见了，它们被一种平静的、规则的，而且是对称的语言取代了。最终的结果是一个朝向路易斯·康的主要房间的非常古

图6-5 菲利普·埃克塞特图书馆，埃克塞特，纽黑文，1965—1972年，中心大厅

典的设计（图 6-5）。在这里，在地面之上的一层，读者被一个非常沉着的、用结构和光界定的方形空间引导到建筑中：混凝土的圆形界定了每一个室内立面，并且对主要的角墩进行加固，阳光从上面进来，使整个空间沐浴在宁静的光明之中。静止而平衡的中央大厅把方形中的圆形作为它的主题种为罗马建筑师维特鲁威对自然秩序的图解的庄严的圆形中的方形的倒置，这种圆形中的方形之前曾经在康为萨尔克会议室所做的设计中出现过。

布置在中央空间周围的是书架，它们的楼板像角墩之间一个巨大的书架的隔板。虽然在圆形洞口中大胆暴露的隔架实现了路易斯·康想要的“来自书的邀请”的效果，但是书本身却被保存在相对暗一些的地方[22]。在周边的建筑中，只有在书架的地方，才允许自然光穿过墙体进入两层高的阅览空间中。在每个阅览区中，一个期刊阳台在书架附近创造了一个上部的工作层，一排单独的木质研究室沿着外墙排列，每个研究室在桌子的高度上都有自己的百叶窗（图 6-6、图 6-7）。这个环境可以根据路易斯·康认为很独特的读者的行为做出反应：“一个人夹着一本书走向光明。图书馆就是这样开始的[23]。”为学生提供看得见的或者封闭的空间的研究室还为他们提供了本质上的独立。路易斯·康在大体上谈到了学校：“窗户应该为满足一个想要单独待会儿的学生的要求进行特殊设计，哪怕他正和许多人在一起[24]。”

在平面中，大厅、书架和阅览区的同中心布置与之前理查德楼和罗彻斯特犹太教会堂中服务和被服务的空间等级关系取得了呼应。这一次，就像在埃德曼大厅中一样，可靠的服务功能（电梯、次要楼梯、卫生间、影印室等）集中在角部，因为同中心模式的视觉清晰性，所以路易斯·康非常直率地采用了这种方式。在埃克塞特食堂双向的对称中，康对秩序的追求变得更加明显，它的每一个立面都伸向一个中心的烟囱。

图书馆哥特建筑似的砖立面向周围新乔治亚式的校园建筑表达了敬意，因为

图 6-6 菲利普·埃克塞特图书馆阅览室，路易斯·康画

图 6-7 菲利普·埃克塞特图书馆，管理员办公室

图 6-8 菲利普·埃克塞特图书馆食堂大厅，北侧立面

路易斯·康说他“不想做什么突出的东西”（图 6-8）[25]。但是承重的外墙也表现了他一直以来对诚实的砖结构的深爱，一开始的时候，他想在室内外都采用这种材料。通用的平拱横跨在洞口之上，路易斯康在下面把墙体进行了加厚，并且把上面的窗间墙变窄，清楚地描绘了不同立面的标高上荷载的不同。他用典型的语言解释了他是在和材料讨论之后才做出结构的决定的：“砖一直对我说，说你错过了一个机会……砖的重量让它在上面像仙女一样跳舞，而下面则发出了呻吟[26]。”

立面所讲述的真理包括木质研究室单元的外表，但是没有表现其他功能元素的标志，最引人注目的是入口的位置。它位于环绕建筑的低矮的、被覆盖的通道之内，路易斯·康用毫无说服力的理由把它的模糊性解释为一个优点：“从每一边看都有一个入口。如果你正在雨中急急忙忙地往建筑中跑，那么你可以从任何一点找到入口[27]。”很明显，他只是想用一个纪念性的入口来打破立面紧张、重复的节奏。他消除了造成问题的元素，而不是向它妥协。

路易斯·康用类似的办法去掉了图书馆的角部，而不是掩盖邻近的立面系统的冲突或者为这个古老而经典的“转角”问题寻找另外一种妥协的解决办法。他在布利莫尔的项目中用类似的理性主义手法解决了这个问题，让三个宿舍单元的角部互相消隐，他重新回到了在埃克塞特中探讨的美术学院备受争议的论调，对此他非常坦率地说：“角部处理一直都是一个问题。你是突然引进有角度的元素，还是在这一点上做一个额外的矩形结构？这样的话，为什么要消除这个问题呢[28]？”这种打破旧习的做法保持了设计的纯粹性。

埃克塞特图书馆最后一轮设计于 1967 年定型，但是路易斯·康把注意力转移到了他后来最负盛名的建筑——得克萨斯福特沃思市的金贝尔艺术博物馆。他的业主是博物馆的首席执行官——理查德·布朗，他被非常宽容的执行官们委以重任，全面负责这个项目。路易斯·康已经被列在他自己要会见的少数几个建筑师名单之中了[29]。

布朗让自己在路易斯·康的“形式”与“设计”的系统中扮演了一个理想的业主的形象，一开始，在邀请康之前，他就提出了一个概念化的“建筑前的任务书”。它把博物馆的精神定义得和功能一样明确，在它对美术馆中的自然光和一个舒适的人的尺度的要求中，已经把这个项目引到了康迫切希望的一个方向上[30]。

在大的尺度上，金贝尔的设计师路易斯·康对他自己在耶鲁美术馆设计的开放式平面进行了重新思考。在这个设计中，能够满足博物馆后来的执行官所要求的自由的、灵活的平面改变了路易斯·康的室内空间的本质。而且，当路易斯·康开始把不连续的“房间”看作是基本的建筑元素时，他花在开放平面上的精力也开始减少了。到1959年，仅仅在耶鲁美术馆开放几年之后，他已经想要宣布他的下一个博物馆将会根据“某种连续的特征”[31]进行划分。这些特征之一就是自然光。

路易斯·康关于天窗采光的建筑概念与布朗的新博物馆的愿望非常一致，他们一起创造了一座尺度宜人的建筑，它与凯（Kay）和维尔玛·金贝尔（Velma Kimbell）中等大小的绘画收藏非常和谐。他们都不喜欢巨型的展览和烦人的喋喋不休，他们把这两个东西都消除掉了。关于布朗对通常言过其实的展览所造成的疲劳的担忧，路易斯·康承认说：“在大多数的博物馆中你最想得到的是一杯咖啡。因为你很快就会觉得筋疲力尽[32]。”

从一开始，路易斯·康就把设计的基本单元（或者说房间）设想为一个筒形拱的空间——布朗记得这个想法“已经在路易斯·康的大脑里了很久了”[33]。虽然他最开始的时候尝试了多边形拱形圆顶的褶皱板结构，但是设计过程中更多地关注片断的拱顶，路易斯·康的博物馆的项目负责人马歇尔·梅耶为这个结构发明了一个摆线的剖面（图6-9）。它也许是像包蒂克斯·艾米利（Porticus Aemilia）那样的有着集中的筒形拱顶的古罗马仓库的一个例子，它们给路易斯·康头脑中灌输了这个形式，但是勒·柯布西耶在他20世纪50年代的民用建筑中也经常使用这种窄窄的拱形，其中最引人注目的是阿赫姆德巴德的曼诺拉玛沙诺巴伊（Manorama Sarabhai）别墅（1951—1955年）。当康在设计印度管理学院的时候经常表现出对沙诺巴伊别墅的喜爱。而且，康把许多这样有着独立屋顶的元素聚集起来形成一个大型建筑的做法，是受到了勒·柯布西耶在他的《作品全集》第四卷中发表的绿色工厂（Usine Verte）的设计（1944年）中那样的尺度比较大的建筑的启发。在他去世前的几个月，路易斯·康坦率地提到了这些设计对他持久的影响：“有人问我，勒·柯布西耶在你的头脑中的形象淡化了吗？我说，没有，它没有淡化，但是我不再去翻阅他的作品了[34]。”他不再需要翻书就能记住他的作品了。

金贝尔博物馆是由独立的拱形单元所组成，这和路易斯·康在从理查德楼和埃德曼大厅到修道院使用的元素的集合是不无关系的。但是与他早期作品中如画般的感觉和斜线的亭子所不同的是，金贝尔博物馆从一开始就是一个正交的设计，即使是在早期布朗因为规模太大，与他想

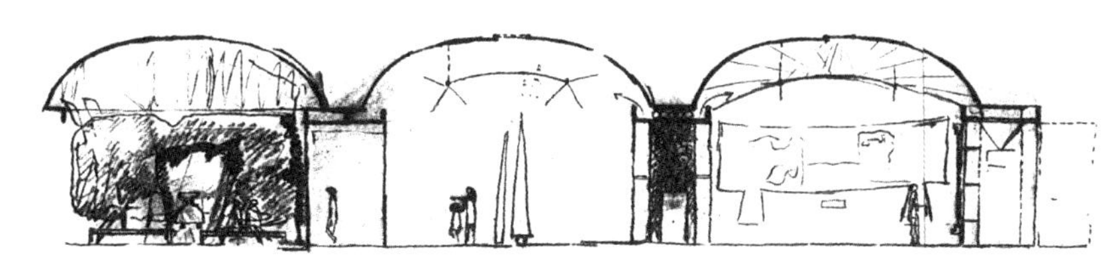

图6-9 金贝尔博物馆，沃思堡，德克萨斯，1966—1972年，手绘部分

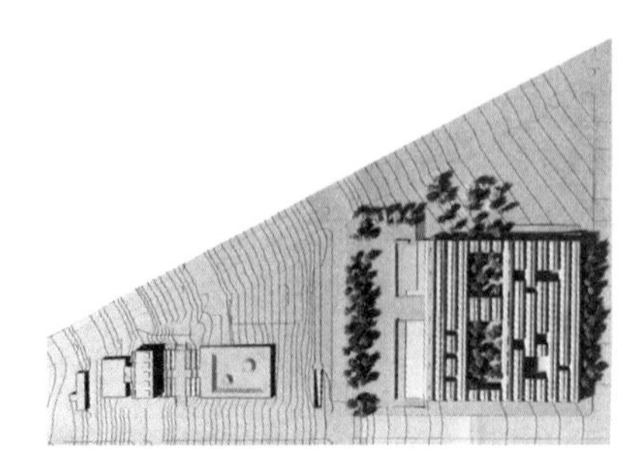
图 6-10 金贝尔博物馆模型

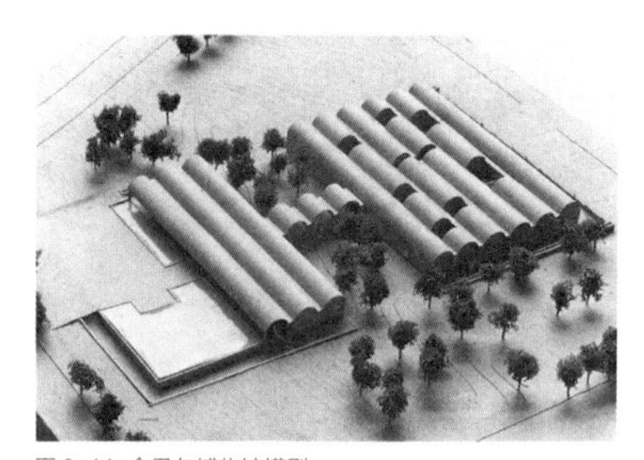
图 6-11 金贝尔博物馆模型

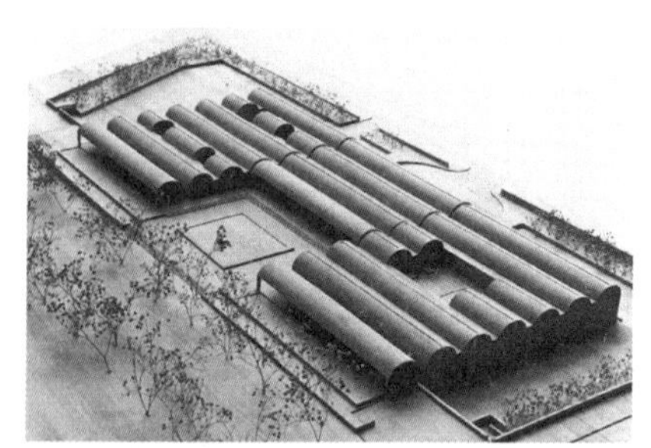
图 6-12 金贝尔博物馆模型

图 6-13 金贝尔博物馆西立面

要的简单的博物馆不符的那个宏伟的方案中也是这样（图 6-10）。第二个方案保留了第一个方案中的半圆形拱，路易斯·康的第二个比较小的方案中的模数拱系统暴露在立面上，可以断言这是一个不断加强的古典控制法则的运用（图 6-11）。这种古典法则的加强是在 1968 年秋天，这个比较小的方案也被推翻的时候开始的，因为布朗意识到它的设计将迫使参观者在进入建筑的时候，必须要穿过一个经常空着的临时展厅。路易斯·康几乎是从涂鸦中开始创造一个在本质上更加古典的 C 形的、前院居中的设计，尽管他没有用强调中心轴线的陈词滥调（图 6-12）。在施工之前，为了节省开支删掉了一个开间，这加强了局部的存在和相互联系的清晰性（图 6-13）。这个设计中有着和勒·柯布西耶设计中的粗糙完全不同的晶体般的组成。

金贝尔博物馆的尺度很小，是公共空间的组织惊人地直接，实现了布朗想要的民用建筑的精神。就像一个富有的收藏家家里的入口大厅一样，门厅几乎能够看到建筑中所有的公共部分：劳顿的参观者能够找到一杯咖啡的咖啡厅（类似于住宅的餐厅）、书店（类似于图书馆），以及分布在两侧的美术馆（代替挂满了画的娱乐室）。路易斯·康把这个博物馆叫作“友好的家”[35]。

在一定程度上为了减轻参观者的疲劳，路易斯·康在前院种了成组的代茶冬有的小型树林，集中在两个不断地从边上溅出水花的反射池中间。在金贝尔开张不久之后，他解释说这些设施是必需的，因为“博物馆需要一个花园。你在花园中散步，你可以进来，也可以不进来。这个巨大的花园告诉你，你可以进来或者你也可以出去。完全是自由的[36]。”但是前院的植物也表现了有序的自然世界，康认为所有的人类劳动，特别是像他自己那样创作理想主义的建筑的活动，都是在这个世界中完成的。在树丛掩映中的建筑映入眼帘之前，观者的身体就会被引向这片自然风景（路易斯·康自己从来都不开车，所以他从来都不接受得克萨斯人开车来，穿过停车场到达博物馆后门的这个事实）。和他六七十年代的大多数景观和总平面设计一样，这个精心设计的景观是在哈利特·帕特森的指导下进行的，帕特森很高兴能够形成一个经过计算的环境效果。她那时候正在为路易斯·康这个项目的景观设计师乔治·帕顿工作。

在室内，金贝尔博物馆被看作一连串的由结构和光的系统共同界定的房间。在这方面路易斯·康在这里取得了最大的成功。建筑中三个没有墙的开间坦率地向参观者展露它的支撑系统，这三个开间构成了一个类似于传统博物馆的柱廊的开敞门廊。在这里，路易斯·康说：“在你进入建筑之前就已经很清楚它是如何形成的，”所有的东西都可以经受吹毛求疵的挑剔：四个混凝土柱墩支撑着一个精巧的延长混凝土壳体，这个壳体的形状就是摆线拱形的[37]。它们和附近的围合开间一起展示了石灰华的墙体是非承重的，它们的作用和混凝土的关系是经过精心设计的。就像在同样使用石灰华的萨尔克学院一样，这种纯粹的混凝土的效果来自于辛苦的模板设计和不可预见（但是可以期待）的偶然的着色和质感。

这种在外立面上强调的结构体系一直延续到了室内。路易斯·康的“只有当你找到这个空间是如何形成的证据的时候它才成为空间”的格言抛弃了耶鲁艺术馆里可以无限划分的开放平面，这个系统是他从密斯·凡·德·罗的作品中概括出来的[38]。从入口开始，30 米 ×7 米的拱顶往各个方向扩散，每一个拱顶下面都有四个支撑柱并且都有一个有着“房间似的品质”和“未完成的特点”的空间单元，尽管它的总平面是非常开放并且能够用可以移动的隔板进行划分的[39]。甚至连图书馆和报告厅也是围合在单个的拱顶下面的，尽管两个拱顶之间比较低矮的、平顶的空间被很含糊地处理为康的服务与被服务系统中的服务空间使用。

统一的自然光加强了每一个美术馆房间的整体感。在福特沃思市，路易斯·康创造了史无前例的天窗采光系统，用他一直以来推荐的——通过分离结构并且把支撑系统和照明交织在一起的做法把建筑向太阳敞开。正如他在 1972 年所解释的：“结构是光的制造者，因为结构释放其中的空间，那就是采光[40]。”但是，尽管路易斯·康相信最初的建筑形成于不透明的、原始的墙体被打破而形成柱子的时候，但是在金贝尔博物馆中被打破的不是墙体而是屋顶，每个拱顶都有一条通长的缝。当然，这个采光天窗位置上的锁石表明这个结构不是真正的拱，而是曲线的现场浇筑的后应力混凝土梁，每个约 30 米长。和往常一样，出于视觉清晰性的要求，路易斯·康喜欢掩盖真实结构的复杂性。

阳光的碎片穿过肯贝尔博物馆的混凝土，像路易斯·康后来在许多讲座中所提到的那样在空间中舞蹈，正如他试图解释自然光把意义渗透到空间中——创造房间的能力一样。他经常错误地引用哈利特·帕特森给他看的一段神秘的诗：

“伟大的美国诗人华莱士·史蒂文斯（Wallace Stevens）追着建筑师问：‘你的建筑中有什么样的光线？’反过来：什么样的光线进入你的房间？从早到晚，从一天到另一天，一季又一季和整整一年中，光以什么样的状态在空间中漫游？令人满意而又不可预料的效果，是建筑师通过对洞口的选择而实现，光从那里进来，在那里移动，又从那里消失，并且在洞口的上下左右轻盈地漫舞。史蒂文斯似乎告诉我们说，直到太阳碰到建筑的侧面之后，它才知道自己的神奇[41]。”

说到这种展览精髓时，路易斯·康预言说用天窗采光的金贝尔博物馆将“有着能够让人知道处于一天中的什么时间的舒适感觉[42]。”然而，这种感觉被路易斯康为了避免得克萨斯强烈的阳光所造成的破坏而采用的所谓的“自然光的固定装置”[43]消除了。这些装置把所有的阳光都转变成洒在拱顶下面的均质的银色光线。小型的、四周围着玻璃墙的庭院比较成功地传达不同的自然光效果，通过这个庭院，路易斯·康把外面的世界直接引到了美术馆内。他说“露天庭院的对位，有着适当的方向和特征，根据我预期的比例、叶子生长的状态，或者它们在表面上或者水面对天空的反射所形成的光的类型，分别命名为绿色庭院、黄色庭院、蓝色庭院[44]。”

由于这些照明工具的成功，金贝尔博物馆得到了几乎每一位可能的批评家的好评，路易斯·康告诉那些最亲近的人说这是他最喜欢的建筑[45]。摆线拱实现了他最伟大的梦想——用光和结构的统一来定义空间（虽然它在一定程度上稍微掩盖了一些结构的真实状态），他发现很难拒绝重复他的成功。在耶鲁英国艺术中心的美术馆（1970 年）、特拉维夫（Tel Aviv）大学的沃夫森（Wolfson）工程中心（1971 年），以及休斯敦的德·梅尼尔基金会等项目中，他设计了同样的拱顶；这种做法在耶鲁遭到了拒绝，而德·梅尼尔基金会没有建成，但是在路易斯·康去世后，沃夫森中心的一部分在没有美国人的监督下完成了。

虽然金贝尔的拱顶远近闻名，但是它并不是路易斯·康唯一的一个把光和结构结合起来的例子。1967 年，当他正在深化金贝尔设计的同时，他为宾夕法尼亚州哈里斯堡附近的奥列维蒂·恩德伍德（Olivetti-Underwood）商业机器工厂提出了建立在完全不同的原则上的解决方案。这里的问题仍然是为一个室内空间创造特殊的肌理，同时保留开敞平面实用的优点，因为这栋建筑必须“随时准备一夜之间的猛增和变化[46]。”在考虑过一个顶部采光的金字塔形屋顶网格之后，康和他的顾问工程师奥古斯特·考曼顿特提出了一个解决方案，由自承重的混凝土屋顶部件所组成的体系，每一个屋顶部件都在一根柱子上取得平衡，就像他自己的帕拉索尔住宅和赖特的约翰逊制蜡公司管理大楼中所做的一样。经过修剪的屋顶单元的角部交会的地方形成了一个菱形的天窗，这一点对于整个系统来说非常重要。现在，路易斯·康用我们非常熟悉的语言来解释这种做法：“我们想要创造能够成为光的给予者的结构，但是，在这个设计中，我们创造的是光的创造者。它包含了天窗，它是我们真正的窗户[47]。”

由这个屋顶系统形成的空间控制是非常强烈的，尽管工作地面几乎没有任何阻碍。空间的布局并没有遵循柱子所形成的正交网格，而是根据天窗形成的斜线系统进行了独特的重新定位，并且由悬浮的光进一步加强（图 6-14）。奥列维蒂工厂因此保留了一些路易斯·康在 20 世纪 60 年代中期的作品中巴洛克式的平面能量，虽然在这里它被包围在一个平静的矩形空间中。

包括起结构作用的屋顶系统和自然光在内的第三套模数空间体系是为耶鲁英国艺术中心而设计的，当路易斯·康去世的时候，这座建筑已经快要建成了。这个项目为路易斯·康提供了另外一个甚至更加动人的机会来反思耶鲁艺术馆的设计，它就在卡贝尔（Chapel）街这个新项目的马路对面。

和金贝尔博物馆一样，耶鲁中心也是在能干的朱尔斯·普隆（Jules Prown）的领导下进行的，他为这些私人的收藏设想了一套自然照明的住宅似的装置。然而，与金贝尔博物馆不同的是，这个基地绝对是城市的，而且这个设计由于（保罗·梅隆的）收藏品的特质和耶鲁中心所担负的教育作用而变得很复杂。这栋建筑包括大型的学习印刷和绘画的设施，博物馆和一家图书馆——有一段时间还包括大学里主要的艺术图书馆。而且，在与纽黑文的一座城市打交道的时候，同意在底层加入零售店来增加城市的税收。

这些条件为这栋建筑提出了一个很好的对象，它就是路易斯·康在 1970 年初画的草图：顶层是天窗采光的美术馆，底层是商业空间，在中间的其他东西都沿着两个庭院布置。这种建筑类型在历史

图 6-14 奥列维蒂 · 恩德伍德工厂，哈里斯堡，宾夕法尼亚州，1966—1970 年，鸟瞰图

上的一个明显的类似物就是意大利文艺复兴时期的大型城市住宅，这些庭院居中的宅邸的底层经常出租给小商人。路易斯·康知道这种暗示就是早期被称为“帕拉佐·梅隆尼（Palazzo Melloni）”的立面研究（图6-15）。

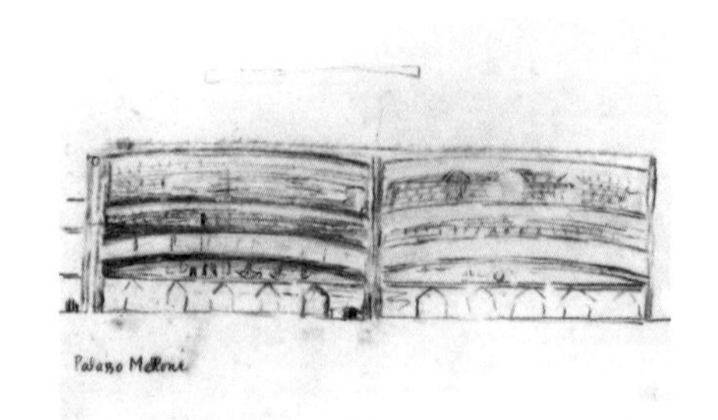

图 6-15 耶鲁大学英国艺术中心，纽黑文，康涅狄格州，1969—1974 年，北立面

他的第一轮非常有影响的方案中体现了同样的立面，这个方案设计了一套结构和光相结合的系统，两个长长的、低矮的拱沿着建筑的全长交替前进，并且把天窗转到北边。然而，普隆很担心这座强大的建筑会压倒梅隆收藏的小东西——这正是布朗看到路易斯·康为金贝尔设计的第一个巨大的方案时所担忧的事情。普隆回忆说：“最后我们不得不说‘不’[48]。”

图 6-16 耶鲁大学英国艺术中心，有着半圆形楼梯的庭院

路易斯·康在 1970 至 1971 年冬季所设计的第二轮方案中，采用了金贝尔博物馆中的筒形拱的变异，这一次是在北面装上玻璃而不是在顶部开槽。机械设备被放在四个半圆形的角部塔楼之中，外面覆盖着钢板来象征它们的内容，在入口庭院（现在也盖上了筒形拱）中路易斯·康设置了一个巨大的螺旋楼梯（图 6-16）。1971 年 4 月，当这个方案也被推翻的时候，它已经很深入了——当梅隆支付了贝聿铭设计的耗资巨大的华盛顿国家美术馆东馆之后，这个方案成了通货膨胀的牺牲品。

在耶鲁的项目缩减掉 1/3 以后，实施方案的设计工作开始了。这个建立在同样基础上的方案用两个有顶盖的庭院解决了问题。第一个位于一层的庭院被用作门厅。第二个位于图书馆上一层的庭院通过主要楼梯和第一个庭院相连，螺旋楼梯依次穿过这个“图书馆庭院”而为上面的楼层服务。这些庭院空间的周围是美术馆，它们可以通过巨大的窗户看到庭院里的景致，这些庭院被镶板和绘画转变成了类似于乡村住宅的接待室的东西。它的风格从意大利的隐喻转变成了与英国艺术的一致，路易斯·康解释说：“我把梅隆美术馆设想为一个英国的大厅。当你进入这个大厅的时候，你就被引进整个房子。你可以看到室内是如何设计的，空间是如何使用的。就好像你走进一间房子，看到了整间屋子，然后说：‘哇哦，我觉得你真伟大[49]。’”事实上，在图纸上很明显的平面的清晰性在现实中被一个主要的障碍——直接从这个庭院看到那个庭院的可能性以及因此理解建筑的骨架——弄得模糊不清了。

在上面楼层中的小美术馆中，民用建筑的形象在一系列6米×6米的“房间”中得以延续，这些房间是由有着方形天窗的强大的混凝土框架界定的。在这里，又遇到了为布置表达很清晰的结构体系中的艺术品提供一个自然采光的环境的问题。就像在金贝尔博物馆中一样，必须采用基本的两分法；“当然，”路易斯·康说，“有些空间应该是灵活的，但是还有一些空间必须是完全固定的[50]。”结果是在轮廓很结实的顶棚底下布置了一些可以灵活移动的隔墙板。天窗的扩散体系统，虽然路易斯·康在去世之前进行了长期的研究，但还是直到后来马歇尔·梅耶接手之后才设计出来。

耶鲁中心的外部包括上一轮方案中的服务塔楼，在这个设计中变成了一个沉默的棱柱体，在它的容积和模数上有着天生的古典感觉，但是这些东西很清晰地通过复杂的手法表现了出来。立面直接表现了混凝土的骨架，柱子随着楼层的上升和建筑自上而下的重量的减少而逐渐缩小，就跟埃克塞特中的柱子的做法一样。填充墙——对它的选择，和许多室外的细部一样，被路易斯·康尽可能地拖延到了最后的一刻——是黑色的亚光不锈钢。路易斯·康不顾朱尔斯·普隆的反对而选择了这种材料，也许他是受到了保罗·梅隆规定参考灰色的花岗岩和耶鲁附近新哥特式的建筑中盛行的灰色调的影响”。路易斯·康在之前的项目中渐渐熟悉了不锈钢的特性，在那些项目中的不锈钢都是被用作装饰，在耶鲁中心的方案中，这种材料一开始就被用在后来被去掉的服务塔楼上。他喜欢它可以感知的质感和色彩的变化，并且非常欣赏它在不同环境中的轻微的反射。他对普隆预言说：“在阴天，它看上去就像一条毛毛虫；在晴天，它看上去就像一只蝴蝶[52]。”他想要通过把它和石墨与白蜡的比较，把不锈钢变得高贵（也许是出于对普隆的利益的考虑）。

在室内需要阳光的地方，窗户取代了钢板在立面上的位置，内部两层高的空间在外面表现为贯通两层的钢和玻璃。然而，这种谦逊的外表绝不可能使耶鲁中心看上去性格外向，虽然一层的商店的确为这座建筑带来了街道的活力，但是它仅仅用保守的城市礼仪作为回应。就像埃克塞特一样，最后的设计几乎没有花力气去表现它被塞在一个角落里的入口。任何打破建筑整体的棱柱感觉的东西都是不允许的。文森特·斯科利很高兴看到最后的效果，一开始他认为应该把这个项目交给罗伯特·文丘里或者另一位年轻的建筑师而不是这位他现在建立起深厚友谊的朋友。“我觉得它非常棒”，他在1982年说，“这么安宁，这么寂静，这么永恒。它就是路易斯·康一直说的真正的静谧与光明[53]。”

耶鲁中心于1973年开工，当时路易斯·康正在为一个私人收藏家——或者，更正确的说，约翰和多明尼克·德·梅尼的几个收藏家（包括超现实主义绘画、希腊古董和非洲雕塑）设计的第三个博物馆进行初步设计。他是在1967年多明尼克德梅尼在休斯敦圣托马斯大学组织的“视觉建筑师”展览上认识他们的，在那次展览上，路易斯·康做了一个诗意的目录介绍。她也参与了路易斯·康1969至1970年间做的莱斯大学不了了之的艺术中心设计。

德·梅尼尔基金会的设计是复杂而且很宽松的，不仅包括一个博物馆（它被设计为馆藏品简易的、非正式的入口）而且还包括一个会议中心和住宅。所有这些都位于罗思科教堂附近，与菲利普·约翰逊的圣托马斯校园相距不远。对于路易斯·康来说，这种包括很多内容的项目是非常令人激动的，他的总平面图表现了与拱顶的美术馆类似的博物馆，罗思科教堂则位于中心草地的对面。新的住宅和会议大厅被布置在西侧，而现存的圣托马斯宿舍占据了基地的东侧。1973 年约翰·德·梅尼尔的去世减慢了这个项目的进程，到一年后路易斯·康去世的时候，这个项目被暂停了。在搁置了几年之后，这个博物馆根据伦佐·皮亚诺的设计建成了。

路易斯·康这个时期最有影响力的作品中包括纽约的那些纪念性建筑——但是它们都没有建成。它们是大屠杀遇难者纪念碑和富兰克林·德拉诺·罗斯福纪念公园。康借此表达了他自己生命最后 20 年的悲怆和雄心。

虽然这两个项目都对增加叙述性的或者图示性的元素做出了让步，但是它们还是给路易斯·康提供了创造接近纯粹的建筑的机会，把他从普通而实用的限制中解放出来。路易斯·康用柏拉图式的语言描述了这个宝贵的机会：

“建筑跟解决问题没有太大的关系。问题是一般性的。解决问题对于建筑来说是一件苦差事。虽然它极其令人愉快，但是愉快并不等于建筑自身的实现。有东西在拉着你，就好像你正在追求一些原始的东西，那些在你之前就已经存在的东西。当你在建筑的王国中你就会意识到你正在触摸人类最基本的感情，如果建筑首先不是真理的话，它永远不会成为人性的一部分[54]。”

他也会非常传神地解释说：

“在脑海里……有一座神庙，但是它还没有建成。它是渴望而不是需要的表达。需要是如此的疯狂。需要就是一个火腿三文治[55]。”

600 万犹太殉道者纪念碑的设计是由对这种拒绝表达的数量和复杂性的人文的同情来进行的。事实上，在 1966 年之前，当路易斯·康被它的精力充沛的主席、慈善家和收藏家戴维·柯里格（David Kreeger）邀请来参加一个纪念碑新的顾问委员会的时候，曾经设计和推翻了好几个方案。路易斯·康接手这个项目的几个月后，在 1967 至 1968 年的冬天，他尽他最大的努力为曼哈顿最南端的巴特利（Battery）公园里的特殊的基地提出了建筑的解决办法。

几乎在一开始的时候路易斯·康就决定这个纪念碑应该是一组由透明玻璃这种非常纯粹的材料做成的塔组成的。采光是这个设计的重要组成部分，就像它在同代的金贝尔博物馆的拱顶中所处的地位一样，他用类似的话解释了他在这个纪念碑中的效果：“光、季节、气候的变化，以及河水的波动会把它们的生命传送到纪念碑上[56]。”然而，这个玻璃的结构甚至比金贝尔的混凝土拱顶更加能称得上是“光的创造者”，这个词用在这里是再恰当不过了[57]。最后形成的是对他在 1944 年提到的决定“纪念性”的“结构内在的精神品质”，一个令人印象深刻的表达[58]。

1967年秋天提出的这个纪念碑的第一轮方案是最不妥协的一个：一个耸立在底座上的3×3的矩阵（图6-17,图6-18）。网格状的布置方式显示了在路易斯·康后期的作品中常见的古典原则，但是，和往常一样，这个原则不至于让他的美术学院的论调沦为陈腐的可预言性。因此中心的轴线被塔所占据，而不是想象中的通道，塔之间的空间使塔本身在各个方向都是平等的。后者建立了实与虚之间令人不安的平等，就像有时候在当代欧普艺术和早期的多立克神庙中所见到的一样，在那里柱间的空间和柱子的直径几乎是相等的。

图6-17 600万犹太遇难者纪念碑，纽约，纽约州，1966—1972年，模型

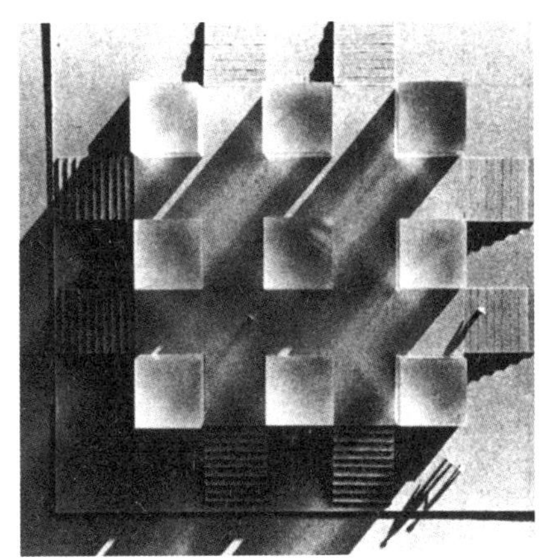
图6-18 600万犹太遇难者纪念碑，模型

这个白天传送光线而晚上闪闪发光的纪念碑，让人们看到了通常不可见的纯建筑的秩序。他是对被纳粹可怕的现实消灾的人类理想主义难以描述的痛苦的象征。但是它也是对那些目睹令人毛骨悚然的大屠杀的细节的委员会成员的抽象，根据他们的建议，路易斯·康在1967年12月修改了这个设计。他用更加复杂的7个塔的形式取代了这9个同样的塔：沿着平的周边布置6个塔，象征着600万死难者，第7个塔布置在中间，镌刻着说明的碑铭。这种7个塔的布置方式明确地阐明了纪念碑的意义。通过模型尝试了几个不同的变化，把中间的塔转变成一座教堂似的结构。在这次修改的最后，教堂有了一个圆形的室内空间，就像在一个用微型的树脂玻璃砖在铅皮方形底座上制成大型的制作精细的模型中所看到的一样（图6-19）。这个模型1968年11月在现代艺术馆展出，但是这个方案却没有激起犹太社区的资助热情。虽然康在1972年再一次修改了他的设计，采用了更加便宜的施工方法，但是这个纪念碑

图6-19 600万犹太遇难者纪念碑，模型

还是没有建成。

一次偶然的机会，在大屠杀纪念碑的设计结束的几个月之后，路易斯·康接到了纽约市激动人心的滨水地区的另一个纪念碑的任务。这次是富兰克林·德拉诺·罗斯福纪念公园，它的基地位于东河威尔费厄岛（后来被更名为罗斯福岛）的最南端。联合国大厦就在对岸几百码的地方。这个项目来自于纽约州城市发展公司，它们后来拆除了威尔费厄岛上的公立医院，建设了一个新的城市社区，总体规划是由菲利浦·约翰逊和约翰·布吉在1968至1969年设计的。

整个1973年路易斯·康都在为罗斯福纪念碑工作，重新回到了这个他在1960年思考的题目上，当时他在华盛顿特区的罗斯福纪念碑第一轮设计竞赛上提交了一个不太成功的作品[59]。那个纪念碑位于波多马克（Potomac）河与被樱桃树环绕的泰德（Tidal）盆地之间的西波哆马克公园中。根据说明书的要求，路易斯·康的设计服从了基地和附近的林肯和杰斐逊纪念碑的精神（图6-20）。它由60个有着传统外形的喷水池所组成——每一个都往空中喷射约15米高的水柱，并且形成一个将近半一千米长的巨大的弧线。最后形成的结果是一个曲线的水幕，效果很抽象，但是在建筑细部上却是保守的。

13年后，路易斯·康试图在罗斯福岛上用自己的建筑语汇来解决这个问题[60]。对于他来说，这是一项重要的任务，因为他是新政的热烈支持者，根据发展公司的设计负责人西奥多·理柏曼（Theodore Liebman）所说，他“非常喜欢罗斯福，对他的了解比我们大多数人都要深入[61]。”路易斯·康把这座纪念碑想象成两种恰当的原型的结合：“我认为这座纪念碑应该是一间房间和一个花园。这就是我的全部想法。为什么我要一间房间和一个花园呢？我只不过是拿它作为一个出发点。花园有着某种私人的特质，是人对自然的一种控制，一种自然的聚集。而房间则是建筑的开始[62]。”康再一次和哈利特·帕特森密切合作，他把这种理想化的房间放在岛的边缘，通过被密植的树木界定的草坪进入其中。一开始，他把房间设想成由巨型板来界定，在尺度上接近于列杜或者布雷的作品，但是当1973年4月26日模型完成的时候，它被减小成

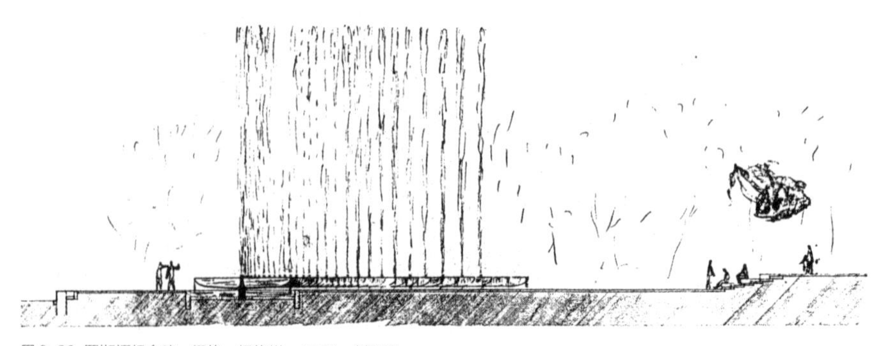

图6-20 罗斯福纪念碑，纽约，纽约州，1960，剖面图

图 6-21 罗斯福纪念碑，透视图

了两边有着庇护所的铺砖平台[63]。这一次，到那年夏天的时候变成了有着两片料石墙的露天房间，罗斯福的雕像就和分成两排的 4 根象征着罗斯福在 1941 年 1 月提出的作为美国生活基础的“4 种自由”（言论自由、工作自由、远离恐惧的自由和需求自由）的柱子一起站在这里（图 6-21）。这些墙体将用尽可能大的石材来建造，通过它们精确地对缝将会允许在每年罗斯福生日那一天黎明的朝阳和去世那一天黄昏的落日照到里面来[64]。这种做法精确地暗示了路易斯·康的建筑开始于墙体分离时候的说法。

在路易斯·康去世前几个月完成最后一个更加简化的方案。象征 4 种自由的柱子被去掉了，在横穿过帕特森连续的漏斗形的花园之后，参观者就进入了路易斯·康设计的房间：他的建筑简化为一种最简单的经典，他把它称为“希腊神庙之前的空间”[65]。纪念碑的房间以毋庸置疑的构造真实性做成的石墙和以天空自身的光线做成的屋顶，往外只能看到南面的景观，沿着河流，穿过联合国大厦，一直看到威廉斯堡大桥。附近的曼哈顿的喧闹以及它的刻板的市中心的天际线都被屏蔽在视线之外。这里是一个宁静的终点。

路易斯·康生命的最后几年充满了成就和荣誉。1972 年的贝斯 - 埃尔（Beth-El）神庙，金贝尔博物馆以及埃克塞特图书馆，紧接着是 1973 年的福特·韦恩的一家剧院。金贝尔博物馆和埃克塞特图书馆既是他最伟大的作品，也是 20 世纪最伟大的建筑之一。路易斯·康的建筑是纽约现代艺术博物馆的回顾展（1969 年）和苏黎世联邦高等工业学校（Eidgenossische Technische Hochschule in Zurich）回顾展（1969 年）的主题之一，它还是《今日建筑(L'architecture d' aujourd' hui)》（1969 年）、《建筑论坛》（1972 年）和《建筑与都市》（1973 年）深入研究的专题。在他去世前一年，有两组作者已经准备好了关于他的书，罗曼尔多·乔格拉和加明尼·梅塔（Jaimini Metha）的《路易斯·I·康》（1975 年）和海因茨·罗纳（Heinz Ronner）、莎拉德·贾夫利（Sharad Jhaveri）以及亚历山德罗·魏思尔（Alessandro Vasella）的《路易斯·康：全部作品，1935—1974年》（1977年）。

路易斯·康职业生涯中的所有最高荣誉都在这些年中接踵而来：美国建筑师协会费城和纽约分会1969至1970年度金奖，美国建筑师协会1970年国家金质奖章，1971年英国建筑师皇家协会金奖。还有无法忽略的1971年根据它的赞助人爱德华·W·博克命名的“博克奖”的费城奖章。这是康家乡人民眼里的最高荣誉。

当然，他的建筑工作还在继续，而且大部分还要耗费大量的心血。阿赫姆德巴德的学校和加德满都中心的一座住宅还要修改。达卡的施工还要根据孟加拉国独立战争之后修改的任务书重新设计，还有来自摩洛哥、以色列和伊朗的新项目要做。更加现实的是，路易斯·康还要从事和在宾夕法尼亚大学一样多的教学工作，虽然他现在在学术上是一位退休的教授。讲座的邀请仍然蜂拥而至。

在1966年的白内障手术挽救了他的视力以及1972年治愈了疝气之后，路易斯·康进入了他非常健康的古稀之年。事实上，他看上去通常都充满精力而且精力充沛，即使在历尽艰辛的亚洲之行也没有打垮他，他在路上还要停下来做一些讲座或者处理一些事情，当他赶回费城的时候往往正好赶上上课或者在一座遥远的城市会见美国的业主。然而，他开始向医生咨询令人不安的心脏状况，他的朋友和家人经常注意到他偶尔看上去面容灰暗，筋疲力尽。

在这些荣誉和累人的活动之中，也有一些令人失望的东西。当路易斯·康被他的同事称为“建筑师中的建筑师”，并且受到许多学生崇拜的时候，他的影响还是局限在小范围之内。他很难得到他最想要的来自那些他认为掌握着建筑师最重要的项目的大型的公共机构的支持。虽然他曾经受到像乔纳斯·萨尔克、理查德·布朗和朱尔斯·普隆这样有眼光的个人的尊敬，但是这种个人的支持无法保证他最大型的设计的成功。许多雄心勃勃的项目因此而被放弃了：伊斯兰堡的总统官邸、甘地纳加尔的新城规划、纽黑文的希尔区重新发展计划、威尼斯的集会大厅、莱斯大学的艺术中心，以及（部分完成了的）韦恩艺术中心。在他去世前一年，他正面临着包括费城为庆祝美国独立200周年而进行的设计，以及两个他在花费了大量精力而最终被取消的商业发展项目：巴尔的摩内部港口和堪萨斯市的摩天大楼。只有在印度和孟加拉国他才完成了大型的项目，在那里他的工作受到了当地代表的大力支持，对于他们，路易斯·康不得不承认他们的判断力。

即使在那些尊敬路易斯·康的同事和学生之中，也很少有人认识到他的哲学要求每一位建筑师对人类的机构有他自己的理解，然后为自己试验形成设计的限制条件的自然规律。他们能够清楚地看到的，仅仅是路易斯·康自己的强大的作品，这也就是他们能够效仿的。结果往往是不愉快的，因为没有人能够在往坚硬的材料中注入人性或者用程式化的模式创造出一个复杂的设计这两个方面平衡他的能力。只有在南亚（这又是一个例外）和其他的发展中地区，路易斯·康的作品才能激发一种鲜明的砖的乡土风格；在其他地方，那些经常受益于他的榛样的建筑看上去像是派生的或者更糟：粗野的立面和人造的平面。因此，1974 年 3 月，带着许多没有实现的梦想——以及对他的巨大的成功的认识，路易斯·康开始了他最后一次的印度之行。

回过头来看，很多人发现在路易斯·康去世前的那段时间有着许多的征兆。埃瑟·康记得他长期的消化不良开始恶化，他的女儿苏·安注意到了他的疲劳[66]。在他离开前的那天晚上，他至少还有时间浏览一下几个月前以他的名义举行的家庭聚会的照片，就在几天前，他和埃瑟还跟史蒂文和托比·考曼夫妇在路易斯·康为他们设计的刚刚竣工的华丽的住宅中共进了晚餐。考曼夫妇记得他们的客人一直待到很晚，最后好像说他们觉得很孤独[67]。

路易斯·康飞往印度，在那里待了一个星期，在福特基金会的资助下举办讲座并且视察印度管理学院，以及探望他在阿赫姆德巴德的老朋友包克利西纳陶希。在参观结束后，陶希把路易斯·康送到了 3 月 16 日星期六凌晨 1:15 从阿赫姆德巴德飞往孟买的航班[68]。在孟买，康登上了一家印度航空公司飞往伦敦的航班，途经科威特、罗马和巴黎，最后在伦敦换乘美国环球航空公司的飞机在周日下午到达费城。他打算周一去上课。结果，他错过了美国环球航空公司的航班，只好改签了印度飞往纽约的航班。

这一下子变成了一次非常漫长的旅行，路易斯·康有理由觉得疲劳。他非常暴躁，在此之前他于 2 月份去了德黑兰，1 月份去了达卡，12 月份去了特拉维夫，在之前的 12 个月里他另外还出了 4 趟国，一次或多次去往达卡、布鲁塞尔、巴黎、特拉维夫、拉巴特和加德满都，但是在他星期天到达伦敦希思罗机场的时候，他明显地处于痛苦之中。史丹利·泰格曼（Stanley Tigerman），路易斯·康最后几年中在耶鲁的一名学生，正要去视察他自己在孟加拉国的作品。在希思罗机场中泰格曼遇见了他：

“我在机场看到了这位老人，他看上去像是视网膜脱落似的，真的非常狼狈，他看上去就像是个流浪者，他就是路易斯·康……我们在一起待了 2 个小时。我们的谈话主要是关于把我带到孟加拉国的我的一位朋友马扎鲁尔·伊斯兰（Muzharul Islam），他后来放弃了建筑，负责为路易斯·康揽活收钱……康和我坐在那里谈话，他想不通伊斯兰为什么放弃建筑，我们想起了过去。谈话很愉快。他看上去筋疲力尽，情绪低落。他看上去就像在地狱里一样……他的谈话主要是关于马扎鲁尔·伊斯兰的状态，马扎鲁尔·伊斯兰为路易斯·康做了非常出色的事情，他之所以放弃建筑主要是由于政治原因。路易斯·康说：‘我对’生活知道的是那么少。除了建筑之外我什么都不会做，因为它是我知道的全部内容”。

在与泰格曼谈话之后，路易斯·康登上了印度航空公司飞往纽约的航班。他于下午 6:20 通过肯尼迪机场的海关，并且赶往宾夕法尼亚火车站乘坐前往费城的火车。在那里，在火车站的男洗手间里，路易斯·康因为心脏病突发死于 1974 年 3 月 17 日星期天的下午 7:30 左右。

纽约警方立即用电报通知了费城当局路易斯·康去世的消息，但是他们只提供了他的办公室地址，由于星期天的晚上办公室空无一人，他们没有办法通知到他的家人[70]。星期一，他的同事和家人看到他还没有回来的时候，他们有了不祥的预感，开始追踪他的路线。由于他改变了路线，以及缺少一些旅客的名单，所以调查工作变得非常困难，但是在星期二，他们至少从美国海关那里知道了他在星期天的晚上到达了纽约市。现在他们的注意力转移到了纽约的医院和太平间。路易斯·康的尸体被存放在曼哈顿的殡仪馆，他的遗孀在那里确认了他的尸体。

丧礼定于 3 月 22 日星期五在费城举行，第二天为他的学生和同事在宾夕法尼亚大学他的工作室里举行了纪念会。4 月 2 日举行更加公开的纪念活动。经常说起他的一个反复出现的话题是 73 岁的他看上去还是那么年轻。由于大萧条和战争延缓了他的职业生涯的开始，所以路易斯·康最值得纪念的建筑大多是最近才以一种迫切的创作激情来完成的。而且，他经常被看作是一个充满孩子气的热心人，他刚刚爱上了他毕生的事业。乔纳斯萨尔克说："50 年来他为自己做好了准备，把别人想分成五半的事情分成了两半[71]。"美术系系主任霍姆斯·帕金斯的接班人彼得·薛菲尔德（Peter Shepheard）简单地叙述道："在那一段我们中的许多人都认为建筑的乐趣已经消失了的单调岁月之后，康又把它找了回来[72]。"

除了建筑创作的快乐，路易斯·康还重申了它的重要性。他把现代主义建筑从在商业上取得成功的平庸之作中挽救了回来，重新赋予了它们严肃的主题：为人类机构提供庇护所，用结构界定空间、体量和光。当然，这并不是说这些基本问题在 20 世纪早期被忽视了，在格罗皮乌斯和那些为公共住宅而斗争的第一代美国建筑师的作品中，路易斯·康看到了、知道了建筑中的社会运动。他把勒·柯布西耶看作是一位强有力的结构和神奇光线的雕塑家。在某种程度上，路易斯·康恢复了现代运动在它开始时强调的精神和艺术的重要性。

但是路易斯·康还做了他的前辈们无法做到的事情。除了偶尔回顾一下过去之外，他不再害怕创造力会被冻结，因为他可以通过借鉴历史上艺术和哲学的宝藏来自由地丰富他的建筑。这种做法产生了两个重要的后果。正当 20 世纪的建筑即将坠入自我模仿的深渊的时候，他拓宽了它的肢界，他通过把抽象艺术明确地与它的柏拉图和古典的根源连接起来，让有时候显得很神秘而浮夸的抽象艺术变得明朗而高贵。

因此，路易斯·康重新把世界上最困难的工作交给了现代建筑，但是他同时也为它们打开了全世界的资源。他给了它们使人畏缩的责任和惊人的自由。正如文森特斯科利所说的："他打破了既定的模式，把他的最好的学生解放了出来"。

PART 2 建筑篇

1. 耶鲁大学美术馆

2. 理查德医学研究所

3. 萨尔克生物研究所

4. 第一唯一神学教堂与主日学校

5. 布林莫尔学院埃莉诺礼堂

6. 印度管理学院

7. 孟加拉国达卡国民议会大厦

8. 菲利普·埃克塞特学院图书馆

9. 金贝尔艺术博物馆

10. 耶鲁大学英国艺术中心

1. 耶鲁大学美术馆

纽黑文，康涅狄格州，1951—1953 年

(图片参考：图集篇 1-1 至 1-7)

1951 年 1 月，路易斯·康接到耶鲁大学美术馆扩建的项目，当时他还住在位于罗马的美国学院。耶鲁大学美术系主任查尔斯·H·索耶（Charles H. Sawyer）和建筑系的新主任乔治·豪（George Howe）以及正在做耶鲁大学物理实验室扩建项目的建筑师艾罗·沙里宁（Eero Saarinen）组织了一个会议，决定请康来做这个设计。沙里宁自己拒绝了这个项目，由索耶给正在罗马的康写信，请他做“设计的主要负责人”，并且由当地建筑师道格拉斯·奥尔（Douglas Orr）担任他的助手。奥尔将和耶鲁大学一起讨论整体计划并为最终的图纸设计做好准备工作。[1] 对于康来说，这是他第一次有机会参与引起广泛关注的项目；对于耶鲁大学来说，这将是以哥特式风格和美术学院风格闻名的众多大学中第一座现代风格的重要建筑。[2]

耶鲁大学美术馆收藏了美国大学美术馆中最古老的藏品，而且藏品的规模一直在稳步增长，尤其是 1941 年 10 月凯瑟琳·S·德赖尔（Katherine S. Dreier）捐赠了她的匿名公司收藏之后：她从 1920 年以来购买的 600 多件与马塞尔·杜尚有关的 20 世纪的绘画和雕塑作品。这些藏品至今仍被看作是所有大学博物馆中关于 20 世纪艺术最好、最全面的收藏。[3]1941 年 12 月的时候已经为这些新增的藏品进行了一次扩建，由 1938 年设计了里程碑似的纽约现代艺术博物馆的建筑师菲利普·古德温（Philip Goodwin）和爱德华·达雷尔·斯通（Edward Durell Stone）一起担纲设计。因为二战影响了它的施工，但是 1950 年古德温又提出了第二版方案。[4]

新建筑拟建于由埃杰顿·斯沃特乌特（Edgerton Swartwout）1928 年设计的美术馆旁边，南侧朝向市界的教堂街，向西一直延伸到约克街的角落，那里当时还是一排小商店。[5] 北侧有一个庭院，把基地与威尔大厅（Wier Hall，一栋教学楼）、学院俱乐部和宿舍楼分开。古德温决定扩建部分的高度与原有美术馆保持一致，尽管其风格将会是与原有美术馆形成强烈对比的现代式。但是大学的管理部门觉得古德温的方案造价太高了。

1950 年末，古德温因为要做眼科手术退出了这个项目。这给启用路易斯·康创造了机会，他从 1947 年秋天起就在耶鲁大学建筑系教书了。康延续了古德温关于基地和风格的设计思路，但是没有受其他的束缚。实际上，他想找到一个满足要求的新的解决方案。因为早在古德温退出之前，作为耶鲁美术馆的业主，查尔斯·索耶就表达了对设计的保留。新上任的校长 A·惠特尼·格里斯沃尔德（A. Whitney Griswold）认为教育需求是头等要事，对于耶鲁大学的艺术品来说，新建筑决不能只解决功能性问题；它应该是耶鲁大学与当代艺术和设计之间紧密结合的象征。它的重要性远不是“扩建”这个词所能表达的，实际上旧馆将变成它的附属。

1951 年 1 月，康接受委托的几个月后，由索耶主持的大学委员会提出了一个有专门的教育场所并且为未来调整预留最大灵活性的任务书。[7] 康自己依然住在罗马美国学院，但是在纽黑文办公的道格拉斯·奥尔出席了的会议。[8] 任务书主要由康的朋友兼同事、著名的美国本土现代建筑师乔治·豪执笔。[9] 除了增加美术馆空间之外，还要为设计和建筑系提供教室、工作室和办公室。只有在将来不确定的时间里，这座建筑才会整体归博物馆使用。耶鲁大学领导层另一个重要的想法是在 150 万美元的预算内尽可能多地提供可用空间。

因为康在罗马一直待到了三月中旬，所以几乎没怎么参与任务书的制定，但是从一开始他就意识到了这个机会对他的重要意义。和他一起参与美术馆项目的安妮·唐（Anne Tyng）说过：“这是他第一次做有影响力的大型项目，他非常紧张。”[10] 早期的教堂街立面透视草图表现了他设想的体块和力量感，在气质上更接近于传统建筑，而不是当时备受推崇的现代运动那种没有重量感的立面。康决定遵照任务书的建议，在矩形的平面上通过一个阁楼与老馆相连。凭着他设计经济高效的公共住宅的经验，他把服务区和楼梯间组织成了一个核，布置在建筑主体的中间。

1951 年 4 月初，康向委员会提交了多个新旧美术馆连接的方案。[11] 第一个方案体现了豪的建议，在康从罗马回来之前索耶曾向他解释过。在这个方案中，新馆上面的楼层变成了通往旧馆的“桥”，这个设计会“把威尔大厅的庭院向街道敞开。”[12] 另一个（康自己的）方案是把首层围合起来，通过北侧和西侧的露台把建筑与基地结合起来，在不同的标高之间进行转换。最后中选的是后一个方案。委员会遵从康的意见的决定表现了同事们对他能力的认可。很快在 1951 年 6 月初，耶鲁大学董事会批准了初步设计方案，这既反映了尽快推进项目的迫切性，也证明了康的方案是简单而切中要害的。[13]1951 年夏末，为了增加服务入口和工作区，对地下室和首层平面进行了调整和扩大。索耶同意了，因为他认为这么做无论对建筑的综合利用，还是未来作为美术馆的使用都是有好处的。[14]

康想寻求一个任务书所要求的那种既有效、又有视觉表现力的把阁楼空间跨过去的方法。他一开始想用一系列窄的、不起结构作用的拱，[15] 但是又不想做吊顶。当他意识到可以把巴克敏斯特·富勒（Buckminster Fuller）的四面体 - 八面体系统——安妮·唐那年夏天在她的一个小学设计中用过这个系统[16]——用作美术馆的结构之后，他找到了解决办法。随着设计的深入，他发现结构板上的三角形空洞在满足无柱大跨要求的同时，还能形成一个连续的空间。[17] 结构顾问亨利·A·普菲斯特尔（Henry A. Pfisterer）把大概完成于 1951 年 9 月的康的概念模型描述成一个“等边三角形多平面桁架系统（空间框架），其整个顶面被填实以形成楼板，并且在三维空间中的各个方向对倾斜的三角形的其他面也进行填实。”[18]

尽管 1952 年 3 月由于钢材的短缺和

造价的限制，这个方案基本被放弃了，又“回到最初的梁板体系”，但是康对采用创新结构概念的热情已经传到了索耶、豪和建设委员会的其他成员的耳朵里。[19] 当纽黑文的建筑检察官通知普菲斯特尔这个结构不满足城市设计条例的时候，康和普菲斯特尔又提出了一个经过修改可以满足建筑规范的体系。[20] 普菲斯特尔称最后的结构就像是“中心跨距为 12 米（40 英尺）的 T 形混凝土斜梁与模仿最初概念的三角形斜向桥接元素的结合”。[21] 虽然这个体系比空间框架显得更加常规一点，但是通过三角形的洞口，康用它们来安装照明灯具、空调和设备管道，它看上去很像一个空间框架。

鉴于乔治·B·H·麦康柏公司（George B. H. Macomber Company）表现出来的可靠性、质量控制能力、合理的造价估算、以及他们对康的设计的兴趣，奥尔和康向耶鲁推荐该公司作为建造商。[22]1952 年，由于朝鲜战争的原因，政府采取了钢材配给制，但是麦康柏公司手上有货源，并且后来耶鲁又用自己的份额补充了一部分。麦康柏公司对四面体的钢模板进行了优化，并且在同年八月用样板做了强度试验。《进步建筑》的一位编辑听说这个试验后产生了浓厚的兴趣，要求让他见证试验的过程。[23]

虽然很长时间以来，暴露的建筑混凝土一直是欧洲现代主义者们钟爱的材料，但是在美国，除了一些功能性很强的建筑之外，其他建筑上的应用还是非常有限的。麦康柏公司是为数不多的能够提供完美的浇筑工艺的建造商之一，康觉得这一点对建筑的外观非常重要。在康和奥尔写给可能的承包商的一封信中，强调了混凝土处理的重要性，尤其是模板（“要用窄的竖条板而不是木制的胶合板”），并且提醒在操作过程中也必须十分精心。“以暴露混凝土的特殊方式浇筑每一层楼板会是一件非常有趣的事情，要求承包商的通力合作，最后形成‘建筑的’混凝土。”[24] 麦康柏公司有这方面的专家，并且非常切实地履行合同中关于项目管理和预算的约定。公司的总裁相信康“富有前瞻性和实验性的理论”是“切实的”“和标准的施工工艺一样经济的。”[25]

美术馆的工作一直持续到了 1953 年 9 月，在完成基础准备工作大概 15 个月后，学生和职员们已经在教室和车间里开始新学年了。1953 年 11 月 6 日举行了正式的落成仪式和美术馆及设计中心开馆仪式。[27]

建筑简洁大方，少有装饰，其开放式的平面设计、北侧和西侧立面窗间墙的应用以及缩进的入口、对当代材料的强调，都清晰地表达了 20 世纪中期现代主义的风格。教堂街立面上灰褐色的砖墙面上，只有标志楼层线的石材滴水线和与老馆的连接处有一条玻璃缝进行划分，与老馆雕梁画栋的立面形成了鲜明的对比。建筑外部充分考虑了新的建筑风格与大学校园和城市的关系。室内也采用了同样的方法，康的贡献是不容忽视的：强烈的雕塑元素——四面体的顶棚和圆柱形的楼梯间，所有这些都是用没有装饰的混凝土来表现形式——定义了美术馆的特征。开放的阁楼空间为早期的使用者提供了灵活性，在展览区，顶棚界定了空间，绘画作品挂在可移动的展板上（乔治·豪称之为“弹簧板”）。

1954 年夏天，在美术馆投入使用一

年之后，康又开始了这个项目的收尾工作，对约克街安全门和公共入口楼梯扶手进行改造。约克街的这个门是二楼通往露台的，但是对于雕塑庭院里来说，它就和首层的门差不多。在美术馆馆长的要求之下，他还提出了一个完善雕塑庭院的方案。[28]20 世纪 50 年代末至 20 世纪 60 年代初，美术馆在没有征求康的意见的情况下进行了改造，包括给混凝土墙体和柱子做上饰面和增加隔墙，这件事让康觉得很不满。但是整体结构几乎没什么变化，1988 年美术馆恢复了之前被遮挡住的圆形楼梯间。这次修复的目的就是希望让美术馆重新回到 1953 年的样子。

这座建筑作为美术馆的优秀特质、它对耶鲁校园建筑的贡献，以及它在建立康的国际声望中的作用是大家所公认的。在美术馆获得的各项荣誉中，还包括了 1979 年美国建筑师协会颁布的 25 周年“持久意义”建筑奖。[29]

2. 理查德医学研究所

费城，宾夕法尼亚州，1957—1965 年
（图片参考：图集篇 2-1 至 2-10）

1956 年初，宾夕法尼亚大学医学研究所开始着手整理为研究和教学“建一座新楼的各项要求”。[1]四年后，阿尔弗雷德牛顿·理查德医学研究所正式启用。整个设计过程分为三个阶段，从一开始项目的控制权主要在医学院手里，到由康负责，再到最后由学校的董事控制。对于最后的建筑外观来说，每个阶段都产生了重大的影响。

刚开始的时候，相对当时医学院的大幅扩张来说，理查德医学研究所是一个相对低调的项目。二战之后，医学院的招生量和员工数都有了大规模的增长；同时，医疗从业人员的社会地位也有了很大的提高，很多有前途的年轻科学家的时代到来了，医学研究所资金充足，建设过程进展顺利。到 20 世纪 50 年代末，宾夕法尼亚大学的空间问题变得非常突出。[2]医学院的领导人相信这个问题是可以解决的，学院已经为未来预留了扩建的可能性；截止到 20 世纪 57 年，拨给外科、医药、放射科和科研的专项经费已经达到了 1000 万美元。[3]医学研究所只是 1950 年代末众多建设项目中的一个，而且还不是最重要的一个：它被看作是一栋普通的多功能建筑，既没有强大的靠山部门，也不像（以研究外科系主任的名字命名的）伊西·拉夫丁外科研究院那样，有着重要的象征意义。[4]但是，这座建筑是实际需要的，医学院委员会于 1956 年夏天提出了主要的设计要求。

这座建筑将归生理学系、微生物系、研究外科系、公共健康系和约翰逊基金会五个部门使用，[5]他们对空间大小、研究需求以及在楼里利益有着截然不同的要求。外科系有 150 名员工，在新医院部分（拉夫丁学院）的设计中占了比较大的面积，而约翰逊基金会的 25 名生物物理学家被从他们的老楼里赶了出来，所以他们对整个设计过程都保持着高度的关注。[6]新的建筑将建造在医学院主楼和莱迪生物楼之间，横跨在从本科四角楼那边过来的一条通道上（这些建筑都是由柯普和斯图尔逊事务所（Cope and Stewardson）在世纪之交设计的）；建筑为八层，宽和长分别为 15 米和 61 米。关于建筑内部布局的事情基本没怎么提到；但是委员会的一名成员呼吁道，别的医学楼已经证明“有通风井的港湾型建筑……有很多优点。”[7]委员会也许想让建筑有模数化的港湾和垂直的通风井，因为几乎战后所有的实验楼都采用了这种有灵活的实验空间和服务区域的模式。[8]1956 年 10 月，大学层面的规划委员会，主席是副校长诺曼·托平（Norman Topping），同意了设计任

务书，使用建设资金的申请也发到了（曾经由诺曼·托平担任主管的）公共健康服务部。[9]1月，公共健康服务部同意拨款160万美元，但也提出了一个要求：他们规定这座建筑里必须设置与实验室隔开的动物收容空间。[10]

1957年1月，规划委员会请美术院的院长G·霍姆斯·帕金斯（G. Holmes Perkins）和董事悉尼·马丁（Sidney Martin）为这个项目推荐一位建筑师。帕金斯对当时医学院的建筑质量很不满意，他和马丁都想把这个任务交给一位著名的建筑师。最有希望接手这个项目的两位建筑师分别是康和艾罗·沙里宁；凑巧的是，在接到委员会推荐要求的同一天，帕金斯还收到了一个为第一座“女子四角楼”推荐一位建筑师的请求。马丁选择了沙里宁来设计这座女生宿舍，让帕金斯推荐路易斯·康。[11]

1957年2月，委员会接受了康，这标志着设计的第二阶段开始，从此项目的控制权从医学团体转移到了建筑师手里。8月，康分别请了科缅丹特（Komendant）和伊恩·麦克哈格（Ian McHarg）作为结构工程师和景观设计师。据科缅丹特说，他们三个野心勃勃地想要“干件大事”。[12]5月份康约见了五个系的领导，整个夏天他一直都在跟他们沟通。[13]也许在此之前康就很清楚这是一个复杂的项目：不仅要容纳不同的实验室、设备和研究团体，而且还将成为一个致力于科研的标志。

1957年6月，康向医学院和大学的领导展示了他的基本平面图。正如建筑未来的使用者和公共健康服务部门规定的那样，建筑的高度是八层，楼层面积一共697平方米，有单独的动物收容空间。室内空间被分成了很多个开放的港湾，设备穿过吊顶和垂直的服务塔。康打破了传统的水平向实验室的模型，把它们布置到了四个大塔楼里，三个归研究部门，一个住动物。住动物的塔楼与旧的医学院大楼相连；研究部门的三个塔楼均有独立的通风和楼梯间。实验室的港湾很明显地被设计成开放的空间，尽管科学家们试图把它们分隔成小间的实验室和办公室。[14]康的平面强调了他所谓的“被服务”空间和“服务”空间之间的区别。几十年来所有的实验室都是按模数划分的，形成灵活的工作空间和服务空间，康早期的耶鲁大学美术馆已经显示出了类似的划分方法；但是现在，被服务空间与服务空间之间的区别已经上升到了设计组织原则的高度，康在他后来的职业生涯中一直在用着这个原则的不同形式。

夏天的时候平面取得了重大的进展。[15]从1957年7月的一张图纸中我们可以看到以砖和混凝土饰面的矩形通风塔；接下来的一个月里康对它们的功能进行了细化，把它们设计成了一组管道。[16]他还尝试了不同的开窗形式，到9月份的时候确定为弧形窗，接着，10月份的时候又改成了矩形窗。[17]在夏天的时候康还根据生物系主任戴维·戈达德（David Goddard）的要求开始了第二栋相邻建筑的设计。一开始的时候它由两栋四层的研究楼、一栋高一点的服务楼以及一栋与旧的生物楼相连的八层研究楼组成。[18]科缅丹特建议用空腹桁架来解决悬臂跨度的问题：荷载会集中在中间，窗户也可以做成康想要的形状，而且桁架还可以为水平管线提供空间。康接受了科缅丹特的想法。[19]1957年10月画的图中理查德楼和生物系的楼都已初具规模：动物楼被挪到了后侧，排风塔悬挑出去，楼梯间微微呈锥形，弧形窗被矩形窗取代了。[20]

但是到秋天快过去的时候，医药学院又提出了新问题。整个夏天该系的领导都在与高层管理者争取他们的空间分配。[21] 同时，系里的一些教员开始公开质疑康的设计依据和他过去的工作。[22] 更多的教员在 9 月份与康的两次会面中第一次看到了建筑平面，之后也开始表示出忧虑。[23]10 月初，规划委员会主任诺曼·托平被各种抱怨包围了，有关于动物楼和实验室整体布局的、有关于采暖和制冷的能耗的、还有关于建筑整体外观的。[24] 项目协调人、副院长托马斯·惠恩（Thomas Whayne）对教员的抱怨很头大，也非常怀疑康解决这些问题的能力。[25] 在这种情况下，对抗在所难免。1957 年 10 月 29 日，教员们和康进行了会面；随之而来的是一场激烈的争论，康、戈达德和约翰逊基金会会长布里顿·强斯（Britton Chance）为建筑做出了辩护。戈达德和强斯的后盾，以及先进的设计决定了这个问题。校长盖洛德·哈恩韦尔（Gaylord Harnwell）和托平还是让康绘制最终的平面图。[26]

康确实对平面进行了修改，但是不是按照使用者们的意见进行修改：他这么做是为了节省几十万美元的造价，因为这时候大学发现自己已经资金短缺了。在这个设计的第三阶段，从 1957 年末到整个 1958 年，经济压力一直驱使着设计的进展。1957 年 12 月 26 日，康提醒他的员工有可能要进行大规模修改了；这一点在 1958 年 1 月与规划委员会的会议上得到了证实。[27] 秋天的时候预估的建筑造价已经从 240 万美元涨到了 300 万美元，而可用的资金却从 310 万美元降到了 280 万美元。[28] 整个 4 月份康和他的同事们都在进行图纸修改。1 月份出现在图纸中的圆形楼梯塔和耶鲁大学美术馆的楼梯间很像，后来消失了。[29] 无论是楼梯间还是悬挑的通风塔都被改成了以砖饰面的长方形现浇混凝土塔。动物楼从十二层降到了十层。[30] 双层隔热窗被换成了矩形的玻璃，百叶被去掉了，保温层也取消了。4 月份空腹桁架体系也进行了调整：去掉了一半次要的桁架单元，这样不仅节省了造价，而且可以让窗户变得更大、更简洁，但是这么做也破坏了精心设计的楼层平面。新的平面是匆匆忙忙赶出来的，“既没有融入科学家们的意见也没有经过仔细的推敲”，它们将会暴露在光和热之下，而办公室都挤在港湾的中间。[31]

康原打算在 4 月 1 日完成设计；一个月后，5 月 1 日，规划委员会的成员和康的工作室确认了“最终的建筑平面”。[32] 设计说明完成于 1958 年 5 月 19 日，一周后开始了施工招标。中标人在 8 月份收到了第一张支票。当月末地下室和基础开始了浇筑，接着是动物楼。1959 年 6 月第一个部分空腹桁架安装完毕；在解决了一些调度问题之后，工人可以一周建完三层。年末的时候完成了楼梯间的施工。1960 年春天窗户的玻璃、采暖系统和设备管线也都安装完毕，康的工作室开始把注意力转移到装修和粉刷上。[33]

1960 年 5 月 19 日，大楼落成。前一年就已经决定它将以著名学者、二战期间医学研究委员会会长、宾夕法尼亚大学教授阿尔弗雷德·牛顿·理查德的名字命名。理查德一开始拒绝接受这项荣誉；最后，他感激地接受了，他写道“我非常珍惜这个想法，它让我通过把名字刻在石头上的方式成为未来生物学和医学发展中一位隐形的参与者……分享发明所带来的快乐。”[34]康错过了落成典礼，因为当时他正在日本开会，但是他很快听到了评论家们对他的建筑的赞扬：文森特·斯库利（Vincent Scully）称其为“现代主义时期最伟大的建筑之一。”[35]

各界对康的好评被设计的第二阶段——新的生物楼设计——中在大学内部的失宠抵消了。康从1957年夏天就开始做这个设计，设想中的生物楼包括两栋五层的研究楼、辅助的楼梯和通风塔、一栋服务楼、一栋七层的研究楼，以及一个两层的门厅。[36]在理查德楼投入使用后不久，出现了经济问题，康必须从生物楼的造价中减掉80万美元。独立的通风塔和一半的窗户被去掉了，服务楼和楼梯间也被改成了便宜的混凝土框架体系。[37]秋天的时候门厅和最高的那栋楼也消失了。1961年3月康和科缅丹特与管财务的副校长亨利·彭伯顿（Henry Pemberton）和物理设备策划主管乔治·特纳（George Turner）开会讨论去掉另外一栋楼，但是这个想法被拒绝了。[38]

到4月份的时候，康在医学院的地位变得更低了。也许是空调、石材加工、窗户，以及理查德楼的服务等问题损坏了康在科学家中的声誉。[39]虽然他进行了修改，但是生物楼依然超出了预算，而且在其中的一笔资金到位之前，时间已经所剩无几了。1961年4月14日，董事们聘请联合工程（United Engineers），一家施工管理公司，来完成设计并监督施工。[40]康对董事们的决定感到很难过，并且向彭伯顿和戈达德提出了抗议。“建筑师……必须对设计负全责并进行监督”，他写道。“理查德医学研究所有限的预算不会妨碍建筑很好地满足要求。”[41]但是这一次，预算的问题打败了康。生物楼接下来的设计调整，包括1962年末在研究楼上加建第六层以及在服务楼上增加第八层和窗户的工作，都是由联合工程完成的。[42]

3. 萨尔克生物研究所

拉霍亚，加利福尼亚州，1959—1965 年
（图片参考：图集篇 3-1 至 3-16）

1959 年秋天，一位朋友在匹兹堡听了路易斯·康的讲座之后把他的作品介绍给了乔纳斯·萨尔克（Jonas Salk）并引起了他的注意。[1] 卡内基工学院邀请了康和其他八位小组成员一起讨论“艺术和那些真实的东西之间的关系”。[2] 康 10 月 10 日做了一个题为“科学和艺术中的秩序”的讲座，[3] 他在其中讨论了当时正在施工的宾夕法尼亚大学理查德医学研究所的设计。座谈会后两个月，萨尔克在去纽约的路上拜访了康在费城的办公室。他正在做一个新的项目，加利福尼亚州的一个生物研究所，他想问康该如何挑选建筑师。但是这个问题一直没有提。[4]

在他们的第一次会面中，康带着萨尔克参观了宾大的新实验楼。他们谈得很愉快，虽然萨尔克承认他对理查德医学研究所的印象没有对康本人的印象深，但是这个建筑给了这两个男人一个讨论萨尔克在加利福尼亚州的项目的基础。[5] 萨尔克说他要为每十位搞研究的科学家提供 1 万平方英尺（929 平方米）的面积，建筑的整体规模和理查德医学研究所差不多。[6] 萨尔克接着又提了一个要求：他说他想把毕加索请到实验室去。[7] 萨尔克和康很快发现他们趣味相投——实际上，他们都认为对方是自己的合作者。[8] 他们工作关系的特点就像他们的某次谈话一样，会时不时地进入到抽象和哲学的领域。对于萨尔克来说，在生物科学的前沿工作必然会对人类的未来提出大量的问题——关于生命的意义、价值和人的本质。[9] 康非常欢迎这些话题。萨尔克回忆说“别人常常会看着我们、听我们说、然后露出一脸的困惑，”尽管他们彼此之间非常理解。[10] 实际上，康做第一版方案的时候，连书面的任务书都没有：“一切都来自对话。”康和萨尔克刚开始工作的时候谈到的所有概念都和严格的形式或者空间要求无关；“我们就是开始玩，”萨尔克回忆道。

这样的思想游戏并非没有历史先例。在他们早期关于建筑的讨论中，萨尔克经常会提到他在 1954 年参观过的阿西西修道院。他后来说修道院的寺院——它的拱廊、柱子，以及庭院——让他对新的研究所有了建筑上的想象，并且符合他关于社会和智力组织的理念。[11] 康对这些形象非常熟悉，因为他在 1929 年去过阿西西修道院，并且画了几张教堂建筑和拱廊的速写。[12]

1959 年秋天，圣地亚哥的城市官员了解到萨尔克要在他们那里建一个重要的研究院，于是提出了个有几个位置可供选择。[13] 萨克非常明智地从中挑选了一块位于多利松平台（Torrey Pines mesa）的场地——“它不仅仅是一块地或者仅仅是一块好地，而是拉霍亚最美的海岸和悬崖。”[14] 1960 年初，萨尔克和康一起去那里做了第一次踏勘。[15] 萨尔克把确定基地形状的功劳归功于康，它被海边的一个峡谷所包围，萨尔克把它生动的地貌特点比喻成“脑卷积”。[16]1960 年 4 月 26 日市议会通过决议把土地以契约的形式转让给他。

康在一系列没有写日期的草图中记录了他对基地的第一印象，这些草图应该是他 1960 年第一次到访的时候画的。[17] 同时他还勾画出了三组独立的建筑，这些建筑基本确定了设计的整体布局，并且在去过拉霍亚之后不久把这些建筑变得更加具体了。他为两个主要的“论坛”确定了功能和要求，在基地的西侧靠近海边的地方布置了一个会议厅，实验室布置在东侧，临近主要的公共道路（第三个组成部分是宿舍）。[18] 官方文件显示，康是在 1960 年 3 月 15 日，萨尔克正式向公众宣布这个项目的时候在圣地亚哥提交第一版方案的。[19] 这个布局非常理性的项目中的实验室部分明显是费城理查德医学研究所那些垂直结构和错落有致的塔楼的变体。每一个实验室都像是从沿着公共道路布置的巨大的圆形平台上长出来的。西边两个小一点的圆形平台上是两栋服务楼，它们的轮廓线略低一些。四组实验楼通过切线方向的服务车道相连，横向设置在两栋小一点的建筑之间，这让整个平面看上去像是皮带轮。矩形的会议厅布置在基地的另一侧，正好在一条很长的服务车道的尽头，俯瞰着太平洋。沿着服务车道，康在实验室和会议厅之间布置了一大串娱乐设施；在南侧，跨过峡谷，是类似的、但是规模稍微小点的宿舍楼建筑群。

在萨尔克看来，康的第一版方案是“一个早期的幻想”。[20] 康在 1960 年 9 月写给美国国家基金会主席、项目的主要出资人巴西尔·奥康纳（Basil O'Connor）的信中提到了这件事：“我保证”，康有点歉意地说，“等我把空间要求用建筑语言表达出来之后，它（这项工作）会变得更符合实际。”[21] 接下来的十二个月里，建筑师、业主和建造及工程顾问之间频繁地开会，明确了三个部分各自的空间需求、服务设施。建筑目标的明确和数量的限制并没有阻止康对阿西西的思考：1960 年 8 月，在写给历史学家威廉·H·乔迪（William H. Jordy）的信中，他表达了想去欧洲，尤其是意大利北部的愿望，“想再去看看那些精彩的寺院，它们有我正在为圣地亚哥的萨尔克博士们所做的项目的气质。”[22]

1961 年 4 月，经过将近一年的深化，康的第二版方案出现在了《进步建筑》杂志一篇很长的文章里；同月，康在哈佛大学一次关于城市设计的会议中把新的总图作为一个案例进行了分析。[23]1961 年 6 月，康草拟了一个任务书，并将其进行完善和打印。[24] 任务书描述了实验楼和会议室的空间和功能需求，其中还结合了运动和娱乐设施；第三个部分——员工宿舍——也提到了，但是没有详细描述。在 1961 年 8 月到 1962 年 4 月之间，康对第二版方案进行了深化，但是他的调整没有改变整体布局。1962 年 4 月 1 日，签署了实验室的施工合同；它是根据第二版方案签订的。

在 1961 年到 1962 年这个第二设计阶段，康在山谷尽头布置了四栋两层高的实验室。实验室被布置成镜像的两组，每组中间都有一个花园。附属设施是为实验室的主要工作提供支持的——包括研究室、服务区和动物区，以及容纳办公室的行政区、技术图书馆和餐厅。康把动物楼和实验室的服务车道布置在建筑的东侧，行政办公室和实验室布置在西侧，俯瞰着峡谷。在基地的东北角，他布置了一个入口和一个与停车场相连的广场，这个广场沿着约 183 米长的林荫步行道一直延伸到会议室。

康在每组实验楼之间都设计一个“水的建筑”，包括水池和水渠，它的灵感来自于阿罕布拉那些用来灌溉花园的喷泉。[25] 这两个中央花园的两侧是 32 个研究室，每栋楼 8 个——康将它们称作是“橡木桌子和地毯的建筑”从而将它们与科学设备区分开来[26]。研究室都是成套的，每一套都通过自己的楼梯与实验室相连。康用他所谓的“拱廊”来支撑楼上的研究室，尽管他并没有用拱——它的“柱廊”是由矩形的混凝土墙组成的。研究室可以看到花园的景观，并且可以上到行政楼的屋顶露台。

1961 至 1962 年的这版方案中，实验室被看作是“有着洁净并且可调节的空气的建筑”——宽敞、灵活、无柱的竖向阁楼空间，其面积为 187 米 ×116 米。[27] 康在奥古斯特·科缅丹特的帮助下提出的结构体系表达了康关于“服务”和“被服务”空间的概念。巨大的折板横跨在间距为 40 英尺的五根箱型梁上。折板成对布置，这样形成了相扣的空腔；管道和管线就布置在天花板结构的这些纵向“褶皱”里，然后横向穿过五个箱型梁进入布置在每个实验楼外侧的垂直井道里。当康解释结构和设备体系结构的时候，他给业主打了个比方：“这一切都来自萨尔克博士所谓的间充质空间”，他说，“一个服务于身体，另一个就是身体本身。”[28]

1962 年 4 月，几乎就在萨尔克与承包商签署了按这版方案施工的协议之后，他又对实验室的布局提出了重大修改。他对这个四栋楼的方案的两个问题感到很麻烦。首先是这两个庭院有可能会导致非生产性的竞争——萨尔克担心可能会导致“A 庭院的人和 B 庭院的人”之间的不团结。[29] 其次是结构体系的灵活性不够，无法满足实验室按照 3 米的模数进行划分的要求。萨尔克和康与项目团队研究这些意见，1962 年 5 月 3 日，萨尔克要求康对实验室的设计进行修改。[30]

1962 年 6 月，康向萨尔克提交了第三版和最终版的实验楼图纸。第二版中的基本的设计理念和组织原则直接改成了第三版的样子：研究室与实验室分离，在中间设置“拱形”花园，服务空间朝向东侧，行政办公楼和图书馆朝西。但是康把建筑的数量从四栋减少到了两栋。他编了一个路基的故事，这样修改后的两栋楼每栋都有三层实验室，每层的面积都是 20 米 ×75 米。他用现浇混凝土空腹桁架代替了第二版方案中的折板梁和巨型的箱型梁。横向的桁架支撑在两端的柱子上，跨度为 18 米。每十三个 2.7 米高的桁架负责支撑六个实验室中的一个，一共七十八个桁架。整个由巨大的桁架支撑的空间变成了下面实验室的服务层，必要的管网和设备都将从这里穿过。

两栋楼都是六层高（三层实验室加三个服务层）；与之半脱离的研究楼沿着朝向庭院的一侧布置，均为四层楼。康决定把最底层的实验室及其服务层放在地面以下，他的这个决定形成了每栋楼南北两侧都有下沉庭院的设计，这些下沉庭院给实验室带来了自然光；每栋楼都有八个这样的庭院，南边四个，北边四个。

康用五个楼梯间把它们进行了均匀的分隔。这些楼梯间解决了三个实验室楼层、中心庭院和两个研究室楼层之间的交通。萨尔克原来想把研究室做成像修道院的房间那样，他让康把研究室从实验室中隔离出来，然后建筑师提出了这样一个分隔方案——在橡木和地毯区域和不锈钢区域之间。[31] 楼梯间界定了这个空间，并且在实验室和研究室之间做了一个桥，不过这个桥只有地面和楼上的实验室楼层有。康用标高的变化强化了实验室和研究室之间的分离：研究室不是与实验室的楼层而是与上面的服务层对齐。

在中心庭院的标高上，研究室下面的空间形成了一个开敞的拱廊，提供阴凉和庇护。在实验室的最上面一层，在两个研究室的标高之间，康插入了一个开放的门廊，可以从楼上俯瞰中心庭院。每个门廊都可以作为非正式的室外会议空间，这个居中的位置对于实验室和研究室来说都很方便。为了与萨尔克对逍遥学派和修道院回廊的看法保持一致，康非常恰当地在门廊中采用了干挂黑石板的做法。

在最后一版方案中一共有十栋研究楼，庭院每边各五栋。里面一共有三十六个研究室（每 15 米的实验室分成四个）；每栋楼都有四间办公室，除了最东面的那栋，它只有两间。建筑的布局解决了采光、视线、结构和功能的问题（见图 161）。在平面中，这些充满力量感的元素像手指一样从实验室的体量中伸出来，虽然从剖面上看它们就像是巨大的空心柱，沿着巴西利卡式的中心庭院布置并界定了这个空间的边界。每栋楼都有两道 45 度的斜墙，它们形成的三角形通高开间里可以看到海，每个研究室都有一个这样的空间。[32]

在整座建筑里，尤其是在十栋研究楼里，康通过暴露的结构来表现开洞和围合的边界。他表现了墙和楼板的边界，并且通过它们的厚度展现了他布局的控制线。研究楼底层裸露的承重墙形成了一个界定中心庭院走道的柱廊。在上面，在研究室的标高上，墙体之间的洞口被柚木窗板堵上了。每一块板都有一个收纳推拉窗三要素——玻璃、纱窗和百叶——的口袋。

在实验室的模板设计中，为了表现构造的逻辑和混凝土的特性，建筑师对每个节点和缝都进行了精心的处理。[33] 对于康来说，色彩是一个非常重要的元素。他把不同类型的加州混凝土跟火山灰和其他混合物搅拌在一起形成一种温暖的色调。[34] 胶合板模板上涂有聚氨酯，以保证浇筑出来的墙面颜色的统一性；同样，木板也没有做任何处理，这样可以让柚木随着天气自然地变化。康曾经想在中心庭院里铺上墨西哥石材，后来又改成了意大利石板。但是后来证明石灰石会比石板要便宜得多；于是他决定使用这种价格便宜、色彩明快的材料，而且他发现石灰石与混凝土的结合非常协调，后来他说正是这种结合让这座建筑有了古老、沧桑的感觉。[35]

尽管实验室的建设从 1962 年 6 月一直持续到 1985 年 8 月才完工，但是中心庭院的设计问题仍然没有完成。康和萨尔克一致认为一个庭院会比两个更有场所感，但是对于康来说，设计两个庭院要比设计一个简单得多。他把中心庭院作为一个礼仪空间的想法慢慢被打消了，它的象征性和超脱性越来越强。庭院的格局最初来自于四栋建筑那一版方案——庭院被一条狭长的水渠切开，沿着水渠康种了两排柱状的意大利柏树。然而，随着实验室施工的进展，他越来越怀疑这个方案的适合性。

1966 年，为了更新自己的想法，康邀请了著名的墨西哥建筑师路易斯·巴拉干（Luis Barragan）作为中心庭院的顾问。1965 年 1 月，在实验室即将完工的时候，他给巴拉干写了第一封信。他高度赞扬了当时纽约现代艺术博物馆举办的巴拉干作品展，并且提出是否可以在拉霍亚的庭院项目上进行合作。[36] 等康再次联系巴拉干的时候已经过了整整一年；但是这一次他给巴拉干寄去一张往返圣地亚哥的机票。[37] 巴拉干于 1966 年 2 月 23 日到达拉霍亚；第二天康带着他一起在中心庭院的位置会见了萨尔克和项目建筑师约翰·E·麦克里斯特（John E. MacAllister），当时那个地方还是两栋新实验楼之间的一片泥地。[38] 在他和巴拉干见面之前，康曾经想过用树来美化中心庭院。“我一见到他就说……一片叶子也不要……”，巴拉干后来回忆说：“一片叶子也不要放进来，不要树、不要花、不要泥。什么都不要。我告诉他，一个广场——就可以把两栋建筑连接起来，而且在广场的尽头，你可以看到海平面。”[39] 十分钟后萨尔克到了，巴拉干回忆道。他和康向萨尔克提出了这个想法，他接受了。“路易斯在想”，巴拉干接着说，“接着提出了一件非常重要的事情——这个表面就是朝向天空的立面，它把两栋建筑联系起来，就好像所有别的东西都被清空了。”对有些人来说，似乎这次会面一劳永逸地解决了中心庭院的问题。[40] 但是“对于那些没有见过巴拉干的作品的人来说”，康后来回忆道，“一个只有铺砖的广场是一个很难接受的方案。”[41]

为了减轻一个空空的庭院所带来的严肃感，康和萨尔克请旧金山的景观建筑师劳伦斯·哈尔普林（Lawrence Halprin）提出不同的方案。哈尔普林在 1966 年 10 月和 11 月提交了两个不同的方案，分别采用了橘子树和别的树种。接下来的一个月里，在写给萨尔克的一封长达三页的信里，康列举了他对哈尔普林的方案的反对意见，坚决拥护巴拉干的想法。[42] 他建议整个庭院都铺上石材，紧密铺砖，不用砂浆。从之前的想法中，他又发展出了在中间设一条有持续流水的水渠的想法。水渠在庭院的入口与一个小小的方形池塘相连，在西端则与一个大的方形水池相连，水从这里通过一面墙再涌向下面那个花园的小水池里。虽然在接下来的几个月里康又想了其他几个有树荫的喷泉方案，但是今天实际建成的庭院的图纸在 1967 年夏初就已经画好了。[43]

在康对整个研究所建筑群的想象中，实验室只是其中的一个组成部分，他建议为合议会议、综合研究和社交活动——研讨、音乐会、讲座、非正式的讨论、就餐以及个人研究和学习——设置一个单独的会议空间。作为补充，他还提出设置员工和健身设置的用房。在（1960 年 3 月 15 日在圣地亚哥提出的）第一版总平面图中，康把会议空间布置在离实验室尽可能远的地方，紧贴着悬崖的边缘。一条又长又直的服务车道从公共道路一直延伸到建筑的入口，一条很深的沟把它和基地上的其他东西隔开，上面有一座桥跨过去。康建议做一栋低矮的方形大楼，把结构框架暴露出来，里面通过不同大小的模数和高度来示意不同的室内功能。

在康第一次做汇报的那一年里，通过萨尔克与城市方面的沟通对基地的大小和形状进行了调整。因此，第二版方案中的会议楼（和四栋低矮的实验楼）更靠里了，移到了基地北端的一个钟形的喇叭口里。在第二版方案里，会议和健身设施结合到了一起，这给康带了巨大的困惑——报告厅、经理公寓、图书馆、宴会厅、多功能厅、客房、健身房、游泳池，还有花园。1960 年夏秋，当他在做新方案的时候，康试着用一个有力的方形和矩形网格把这些独立的要求组织到一起，就像通过对称的布局来平衡不规则的基地一样。然后，似乎后来的每一分努力都只会更加强化基地对纯粹的正交体系的抗拒。

这个困境在 1962 年历史学家文森特·斯库利（Vincent Scully）描述的一个环境中得到了解决。斯库利说：“从某种程度上是个玩笑，一个工匠从哈德良别墅一个单元的平面图中找出了早期的草图。‘就是它’，康说。”[44] 这里提到的工匠是建筑师托马斯·弗里兰（Thomas Vreeland），后来康请这位年轻的设计师一起参加会议楼的方案设计，而他把故事变成了现实。[45] 据弗里兰说，经常当康想要掩盖“不可测量的场所”这个事实的时候，他就会从哈德良别墅中找到灵感。经过多次努力，康终于消除了满脸愁容，拿出了一个满意的方案，弗里兰从图书馆的一本书里拿出了一张哈德良别墅的平面图，并且从中选取了一部分放到了这个烦人的场地里。康没有立刻认可这种嫁接，也没有马上对弗里兰的图纸表现出很大的热情。

经过这次意外之后，会议楼的设计进展顺利。康把任务书的要素分解成独立的部分，然后用它们围合成一个巨大的方形中庭。进入到第二版方案后，他强调了这个空间的多功能使用的重要性，将它称作是“展厅、接待厅和餐厅，并且……把室内的入口空间变成了会见的场所。”[46] 客房、图书馆、餐厅、体育馆和经理公寓沿着中庭周围的走廊布置。康把报告厅变成了一个独立的结构，布置在基地的东南角，靠近会议楼的入口。

餐厅和阅览室的几何形体由方形的内切圆和外接圆组成。这些简单的形体部分来自于康想要创造一种既没有眩光又不牺牲材料特性和景观的围合空间的决定。他用分析图来表达一个古老的隐喻：把建筑包裹在“废墟”中，就像他在安哥拉做的卢旺达美国领事馆一样（1959—1962 年），避免添加任何东西和非结构形成的阴影。在每一栋三层高的楼里，室外的混凝土墙环绕在阅览室小小的玻璃盒子外面；它们之间的空间是开敞的。“这是我对爱德华·斯通（Edward Stone）的花格窗的回答，它几乎没有眩光，同时也遮挡了其他人的视线，”康说，他提到的是新德里美国大使馆（1957—1959 年）的建筑师。“我让你看到一朵鸢尾花。”[47]

从 1961 年秋天到 1962 年春天，康对会议楼的设计进行了优化，尽管他并没有太颠覆它的平面。第三版方案比第二版的表现力更强，更关注层级的区分以及连接主要几何形体的小空间。康进一步区分了图书馆和餐厅的平面，把圆形和方形的元素限制在五个附属建筑中，它们像文艺复兴广场上的几何形体那样精美。巨大的钥匙孔形窗户来自于之前项目中的“防眩光墙”形象，这个窗户让会议楼的西立面有了一个令人印象深刻的拟人化特征。为了让空间更加明确和紧凑，康灵活地运用了南侧建筑群一直通向峡谷的轴线，这样它就不再是平行于实验楼的中轴线了。

为了强调这个格局，康把第三版方案中报告厅的中轴线扭转了5.5度。第二版方案中方形的报告厅被一个古典的半圆形剧场取代了。康把主入口布置在朝向会议楼的地方，位于报告厅充满力量感的条形围护结构和沟之间，强调了连接实验楼和会议楼及其庭院的长廊在这里的转折。接着康又用一条有一个“喧闹”的喷泉的通道把这个空间标识出来，他从这里引了一条长长的水道出来。这条水道在纵向上把会议楼的庭院切成两半，终点处是一个被巨大的方形栈道保卫的“安静的”喷泉。他把这个露天的流动空间称作是“宗教场所”。[48] 从会议楼跨过山沟，在相对宽敞的西侧，基地的南侧像是一条巨型的手臂，康把员工宿舍布置在那里。在1961年6月的方案中，康设计了由供访问学者和科学家临时居住的单个房间和公寓组成的建筑。[49] 居住用房在第一版方案中就出现过，当时是位于山谷南侧那些小的、随意散落的庭院式建筑。在第二版和第三版方案中，许多实验楼和会议楼中的设计细节被搬到了这些居住用房的设计中——防眩光的墙、庭院、平屋顶、暴露层高线的混凝土结构以及钥匙孔形的窗户。在第二版方案中，这些元素是表现在由沿着位于人行道布置的小公寓所组成的弧线中的。这条人行道位于建筑和一个平行的停车场之间，有一条种着行道树的车道沿着基地的南侧进入停车场。在第二版方案关于员工宿舍的图说中，康将48套公寓比作是“庞贝古城……一个由庭院、步道和喷泉组成的迷宫，房子通过花园连接起来……每一间卧室都有一个能够看到山谷或者大海的门廊。”[50]

在第三版方案中，员工宿舍经过了1962年初的修改变成了七个不同的两层楼，有着宽敞的门廊和沿着狭窄的步行道两侧的阳台。它们一共可以容纳50名住户和客人。在另一头，两居室的房子与旁边的客房楼共用几个小广场——更大的宿舍位于能俯瞰大海的西侧。步行道在立面上降了12米，它们形成的弧线正好与地貌相反。大概在建筑群的中间，正对着一栋社区建筑，狭窄的步行道逐渐变宽，并且有台阶可以下到山谷一侧的游泳池。池子的周围是一排栈道，与峡谷对面会议楼庭院中的栈道相呼应。

萨尔克生物研究所是一个未完成的项目。1963年8月29日康和萨尔克签署了一个补充协议，暂停了建筑师关于会议楼和居住用房的工作“有待设计前提的进一步调研。”[51] 虽然并没有明确说这次推迟的主要原因是资金的限制，但是没有足够的钱进行后续的建设是一件很明显的事情。1965年7月南侧的实验楼还只是一个没人使用的壳。到那个时候为止，萨尔克生物研究所已经为实验楼的建设花费了将近1450万美元，这还不包括150万美元的设计费。在萨尔克看来，会议楼和员工宿舍处于随时可能起动的状态，“既不否定也不取消”。[52] 在接下来的几年里，随着资金的到位，南侧的实验楼慢慢装上了机械和电气设备。三层实验楼中的一层现在改成了行政管理办公室和研讨室。第三栋实验楼的空间会在新的行政办公楼建完之后投入使用，行政楼的平面已经在设计中了。新楼的选址定在建筑东侧的桉树林里，就是康在1964年5月4日的图纸中布置庭院和服务楼的地方。[53]

4. 第一唯一神学教堂与主日学校

罗切斯特，纽约州，1959—1969 年
（图片参考：图集篇 4-1 至 4-9）

1959 年 4 月，纽约罗切斯特第一唯一神教堂的代表首次和康取得了联系，表达了想请他作为他们的新建筑的候选设计师的愿望。[1] 这些人不可避免地面临着被从 1859 年由理查德·厄普约翰（Richard Upjohn）设计的教堂中赶出来的命运，因为那个地方要重新开发。在 19 世纪著名建筑师设计的房子中待久了之后，教堂会众“觉得有责任用一座 20 世纪领军建筑师的作品来替代它，给社区带来一个高贵的当代建筑作品。”[2] 研究委员会联系了包括康在内的六位国内知名的建筑师。[3] 在 5 月 9 日到他费城的办公室见康之前，他们已经见过了其他的建筑师。[4] 在和他见面之后，委员会成员一致同意“外地建筑师中他的教育背景、成就以及实现我们脑海里有创意的想法的能力都是最适合的。”[5] 他们对康的认可来自于他的理念和唯一神的思想，就像委员们高瞻远瞩的想法那样，有着高度的兼容性，他们认为他们正进入他的职业“新化身的首层”。[6]

唯一神教堂的发展经过了三个阶段。第一个阶段是 1959 年 5 月到 6 月初，建筑师还没有去过罗切斯特，仅仅是勾了一些圆形和八角形的草图。第二个阶段，因为快要交图了，所以在 1959 年 12 月有了后来康所谓的“第一版方案”。在 1960 年 3 月初业主要求重新开始第三阶段之前，他一直坚持采用正方形，尽管委员会很有疑虑。根据他们想要做成两栋建筑的要求，康进行了妥协，把集中式的平面改成了一个松散的、拉长的平面。他把这个平面深化成了 1961 年 1 月的最终版设计。1964 年，教堂会众又请康设计了一个扩建项目，该项目完成于 1969 年。

1959 年 6 月 2 日，康收到了任务书的复印件，题为“新唯一神教堂建筑概要”，这份任务书概述了教堂会众的想法，是从调查问卷中提炼出来的。[7] 他们要求“当代——或者现代——设计的教堂，具有永恒的美感和真正的艺术价值——不要‘夸张的’‘奇怪的’‘时髦的’东西。”他们对永恒的兴趣，以及他们对砖或者石头的偏爱，与康在 20 世纪 50 年代后期的建筑中越来越明显的厚重感非常契合。有意思的是，虽然这座建筑后来进行了扩建，但是任务书里专门强调了这座教堂“绝对不是为了未来的扩建而建的。”

康大概是在 1959 年 6 月初开始工作并为 6 月中旬他在罗切斯特的汇报做准备的，在那次汇报中教堂会众将投票决定是否同意委员会的选择并且聘用他。[8] 从一开始康就选择忽视（任务书中暗示的）唯一神教堂布局中把学校和礼堂分开的标准。他想做一个集中式的平面，学校环绕在礼堂的周围。康后来说这个布局的灵感来自于关于他和教堂会众第一次见面时牧师关于唯一神的讲演。[9] 这一点是值得怀疑的，因为他并没有在罗切斯特见过牧师。不过，他确实在见业主之前在费城与一位牧师讨论过唯一神的教义。[10]

康在最早的草图中就表达了集中式平面的概念。简单的圆形或者八角形以及明显的放射形对角线与后来占统治地位的直线形成了鲜明的对比。显然他想要在创造一个适合唯一神教义的、简单、统一的结构的想法之外，还有一些其他的灵感来源。虽然他后来说他的概念避免了“已经被表达很多次的东西”，但是这些推敲还是表明过去的教堂方案对他的影响。[11] 其中最大的影响就是鲁道夫·维特克夫（Rudolf Wittkower）分析集中式布局的文艺复兴教堂的《人文主义时代的建筑原则》。[12]

1959 年 6 月 17 日康第一次到罗切斯特会见建筑委员会和教堂会众。[13] 在教堂会众的会议上，他汇报了他那张著名的“形式”图，这张图表达了他的设计理念，他关于设计思想的哲学讨论把在场的人都说晕了。[14] 教堂会众毫不犹豫地投票赞成请他。[15] 他的任命比选址还下来得早；在这次会面中，他和研究委员会的吉姆·坎宁安（Jim Cunningham）一起分析了建筑的选址，吉姆后来称自己是康“在罗切斯特的弟子”，他们一致同意选择后来买的位于南温顿路上那块地。[16]

接着，在 1959 年 11 月末或 12 月初，康把注意力集中到了教堂上。迫不及待的建筑委员会计划在 12 月 31 开一个会，他们希望康在会上提交一个切实的方案。[17] 在这个第二阶段中，他快速推进设计，保留了最初的集中式布局，但是现在变成了一个正方形平面。在会上康汇报了他的“第一版设计方案”的平面和模型。[18] 四层高的塔楼界定了这个严格对称的建筑的四角，里面包括了图书馆、礼拜堂和办公室。教室布置在塔楼之间的三层高的体量里。建筑的中心区域上面是十二边形的鱼腹桁架屋面结构，包括一个方形的礼堂和周围的同心回廊。康通过两个交通空间来表达不同的信念程度，这一点深得建筑委员会的喜爱。[19]

然后，当他们得知这个项目的造价需要 200 万美元，而他们仅有 40 万美元的预算时，业主对设计的支持就消失了。[20] 收到关于造价的抱怨后，康马上从设计中减掉了一层。[21] 但是尽管做出了这么大的调整，1960 年 1 月初建设委员会还是表示不满意第一版方案。“大家喜欢你原来的基本概念，但是我们都不喜欢后来的版本”，建设委员会主席海伦·R·威廉姆斯（Helen R. Williams）后来跟他说。[22] 他们的不满意主要来自平面不够灵活、缺少教室空间并且与基地明显不协调。在同一封信中威廉姆斯表示：“我们觉得在现在的平面上继续深化是徒劳的情况下，最好还是再做一个全新的设计。”

在一张没有注明日期、也许绘于 1960 年 2 月的草图，反映出康正在往这个方向前进。他放弃了之前特征明显的圆形和八角形，采用了一个全直角的方案。这样康就很容易满足不同空间的大小，实现之前缺乏的灵活性。虽然他拒绝采用任务书中提到的两栋建筑的模式，但是这个平面体现了唯一神教堂的原型、弗兰克·劳埃德·赖特的橡树公园统一教堂（1904—1905 年）的影响，那个教堂就是把学校从礼堂里分离出来的。[23] 赖特的设计反映在角部的楼梯间、侧翼的矩形体量、特别是方形的圣坛中。

建筑委员会认为这个新的方案也没有满足他们的需求和预算。在 1960 年 2 月 28 日的一封信中，威廉姆斯总结了他们的意见：

> 上周我们举行了几次会议，结论是我们对你提交的概念一点儿都不满意。两张日期为 1960 年 2 月 16 日的草图（现在找不到了）说明你对原来的想法进行了调整以满足我们对空间和预算的要求……但是我们觉得我们无法满怀热情地向教堂会众们推荐这个想法。修改后原来的想法中最有魅力的东西没有了……我们最关心的是建筑内在的“方正”。[24]

最后一句话把美学问题提到了重要的高度，反对赖特式的几何形体设计和继续采用严格对称的布局。一个星期后威廉姆斯的语气变得更加严厉：“我们坚决要求你提交一个全新的想法，对第一版方案和它的修改版都不满意。”[25] 在那之后不久，威廉姆斯因为无法协调教堂的要求和康的设计之间的矛盾而退出了建设委员会。[26] 由新主席毛里斯·凡·霍恩（Maurice Van Horn）领导下的建设委员会“因为反对（康）而痛苦不堪……怕他会趁机说‘好吧，你们想要换人，就付钱给我’，这样钱就更加不够了。但是他们最后决定必须这么做，并且很高兴地发现他接受了，并且开始重新设计。”[27]

打破了这个僵局之后，1960 年 3 月初，开始了设计的第三个阶段。为了让康“脚踏实地”，建设委员会建议他做一个两栋楼的方案（类似统一教堂），因为这会是最便宜的建筑（形式）。[28] 据董事会主席罗伯特·乔纳斯（Robert Jonas）说，这个建议“是要让他意识到我们很清楚我们的资金限制。”[29] 在这样的压力下，康明确地响应了他们的建议，就像我们在日期为 1960 年 3 月的第二版模型中看到的那样。[30] 康去掉了第一版方案中角部的塔楼，取代它们的是东侧的两个房间和西侧的牧师办公室。通过把之前被塔楼占据的空间挪到两侧，康建立了一条新的、纵向的轴线。虽然模型没有完全采用两栋建筑的形式，但是说明康已经对集中式平面的想法做出了重大的调整。在这个阶段他还引入了新的混凝土柱帽屋顶的结构，每一个柱帽都在金字塔的顶部形成一个十字形，开口部分形成四个“天窗”。

3 月 26 日康向建设委员会汇报了这个方案。[31] 4 月向教堂会众展示了这个方案。[32] 凡·霍恩表达了对康的屋顶结构的怀疑，他算了一下每个 6.7 米见方的混凝土“屋顶天窗”都重达 33 吨，并且提出了“支撑的问题，尤其是在礼堂里”。[33] 接下来的一个月里康提出用窗间墙来支撑礼堂的屋顶，但是委员会拒绝了这个想法。[34]

1960 年 6 月中旬，尽管屋顶有争议，但是委员会还是批准了这个方案。[35] 两个月后凡·霍恩报告说“委员会一致同意 6 月份提交的整体方案并且（它）也得到了全体教堂会众的认可。”[36] 这时候康已经修改了礼堂的屋顶，增加了采光塔，这一点委员会给出了重要的意见，仅在内侧使用玻璃，用可调节的窗板来调整礼堂的亮度。[37] 当康进行这些工作的时候，曾经因为在理查德医学研究所中采用空腹桁架系统而声名鹊起的奥古斯特·科缅丹特（August Komendant）找到了一个采用同样的预应力混凝土技术来解决唯一神教堂礼堂跨度问题的办法。[38]

到 1961 年 1 月康已经完成了最终的设计。他把平面变得非常紧凑，以致于最后整体形状又回到了一个正方形。康是通过简化礼堂周围的房间布局来做到这一点的。他通过压缩突出于礼堂的前厅并且把一个小会议室合并到正对入口的南侧使得平面变得更加紧凑。他还用凹进去的窗户上不同却又类似的图案让整个外立面变得协调。

康对这个设计感到非常自豪，并且把它寄给了《进步建筑》和《建筑设计》；他还给后者寄去了自己的论文《形式与设计》。[39]从1月到6月基本没有什么改动。尽管建筑委员会提出了礼堂的声学问题，但是到 5 月中旬已经邀请了九个承包商参加投标。[40]委员会对预算的焦虑使得他们产生了要不要继续这个设计的怀疑，这促使康在 6 月 15 日给他们发了一封热情洋溢的电报：

> 我希望能够加强对我们设计的建筑信心，并且尽快按照现在的样子进行建设。我相信，我们的工作，以及你们委员会的工作，已经形成了一个简洁而又鼓舞人心的结果。虽然投标价比我们的预算要高了一点，但是我们相信这是一次公平的竞标。我们的经验显示把时间浪费在修改上将会浪费更多的钱。我希望教堂的会众发现它已经可以按照设计好的开工了。[41]

两天后，建筑委员会和罗伯特·海兰及其儿子公司（Robert Hyland & Sons）签署了合同，并于 6 月 23 日认真地开始了现场准备工作。[42]1962 年 12 月 2 日教堂如期完工。康对此非常高兴，所以他在庆祝仪式上向所有教堂会众做了一次“布道”，其中谈到了建筑和宗教的关系。[43]

在得到建筑委员会的认可之前，康就已经毫不掩饰他对第一唯一神教堂的热情了。早在 1960 年 10 月，在加利福尼亚州的一次讲座中，他就用它来说明两个词——“形式”和“设计”——是他的哲学中的两个关键词。[44]他用这两个词来描述他对建筑的认识——尤其是在设计过程中——是把无形的东西变成现实的转化手段。正是这一次康神话了教堂的设计方式，撰写了一篇发表于 1961 年 4 月、后来被看作是对他的设计方法阐述最清晰的文章（还有现在非常有名的分析图）。[45]康的阐述从那次著名的会面开始：

> 听完了牧师的话……我意识到了形式的问题，唯一神教堂的形式化过程就是围绕着哪个是问题展开的。我在黑板上画了个分析图，我相信它就是教堂形式的图纸，当然，不是说成为一个别人建议的设计……在某个讨论阶段，有人甚至坚持要彻底把圣坛和学校分开。很快所有人都意识到……一旦分开，教室就失去了它们的宗教和精神用途，而且，就像溪流一样，它们都回到了圣坛周围……所以，最终的设计虽然和第一版方案不一样，但是形式保留了下来。[46]

这篇文章给人造成一种错觉，认为在一次简单、激烈的会议——与教堂会众的第一次见面——中，康就自发地想到了“形式”并且成功地劝阻了业主采用两栋建筑的方案。实际上他关于形式的想法是在长达几个月的时间中发展而来的，在一大半的过程中两栋建筑模式都对他有影响。这篇文章还暗示一旦平面确立，建筑师的设计就基本完成了，而实际上当时地上的平面都还没有解决。虽然可能有人会说康讲的故事只是讲了一系列实际事件的浓缩版，但是这样的精简变成了完全不真实的画面，显得他的从形式到设计之路走得很轻松、简单、有效。更重要的是，他的过度简化掩饰了各种历史上的资料对他的设计的影响。[47]

1962 年，康设计了挂毯，它的图案表现了光谱中的散射光，用它来装饰礼堂的灰砖墙。[48] 因为编织工艺错综复杂，挂毯延迟了两年才被挂到礼堂的侧墙上。[49] 到这时候，教堂建成还不到两年，教堂的董事会就发现他们已经需要进行扩建了；1964 年 9 月，虽然有悖于他们的初衷，他们还是决定扩建。[50]1965 年 3 月，教堂会众投票选择再次请康来设计，以保证与之前的建筑的一致性。[51] 扩建部分从门厅区域往东延伸，提供更多的空间给教室、办公室和成人活动。它含糊不清的外墙面和矩形的体量很好地衬托了原有建筑丰富而具有雕塑感的造型。施工开始于 1967 年秋天。扩建部分完工于 1969 年 3 月 25 日，它的规划和设计比教堂本身还要长。

5. 布林莫尔学院埃莉诺礼堂

布林莫尔，宾夕法尼亚州，1960—1965 年
（图片参考：图集篇 5-1 至 5-10）

路易斯·康的布林莫尔学院埃莉诺礼堂是他所有作品中第一个为他赢得国际声誉的项目。平面的三个方块是设计中最吸引人的部分，也是他十年来对集合形式的推敲集大成者，也是更长时间以来他对私密和公共空间特征研究的综合。布林莫尔学院不是一个典型的案例。与康的其他多少有点线性设计历史建筑不同，布林莫尔学院的发展过程不是一个而是两个平行的方案，同时并且分头进行，最后又慢慢合并成实际建成的样子。

虽然布林莫尔学院的业主是学院，但是跟康打交道最多的就是一个人：凯瑟琳·伊丽莎白·麦克布赖德（Katharine Elizabeth McBride），她自 1942 年以来就是学院的院长。[1] 麦克布赖德是布林莫尔 1925 届的学生，在她返回布林莫尔之前曾经担任拉德克利夫学院的院长。她延续了由 1885 年学院成立后担任院长一职长达半个世纪之久的 M·凯里·托马斯（M. Carey Thomas）建立的意志坚强、精力充沛的院长传统。在麦克布赖德任职的前十七年里，学院里几乎没有什么建设工作，但是到 20 世纪 50 年代末，有了明显的建设新图书馆和宿舍的需求。麦克布赖德对在布林莫尔学院的建筑中落实她的管理这件事情很感兴趣。这个事情在布林莫尔学院是有先例的：托马斯院长就曾把自己变成了一个苛刻的建筑师，和建筑师沃尔特·柯普（Walter Cope）一起，创造了由灰色瓦砾墙壁和白色石灰岩组成的哥特式校园，而康的作品即将位于其中。[2]

麦克布赖德并不是直接找到康的。1959 年秋初，她问她的朋友、董事局成员埃莉诺·马昆德·德拉诺伊（Eleanor Marquand Delanoy）怎么才能找到一位建筑师。要不要搞一个竞赛？还是由学院为所有的建筑指定一名建筑师？住在普林斯顿并且与那所大学有联系的德拉诺伊 10 月 24 日给麦克布赖德写信说，普林斯顿大学的原则是不同的建筑请不同的建筑师来设计。她在普林斯顿的朋友推荐了诸如理查德·尼特拉（Richard Neutra）和马塞尔·布劳耶（Marcel Breuer）这样“世界知名的名字”。[3] 她觉得用一个外地的建筑师比较靠谱，但是如果想找一个费城人，那么她推荐“正在设计宾夕法尼亚大学科学楼 [理查德医学研究所]”的康。麦克布赖德一开始倾向于尼特拉，并且通过德拉诺伊安排了和他的见面。但是尼特拉年纪很大而且很忙，原定十月份来普林斯顿的计划一直推迟到了 1960 年 4 月，麦克布赖德转向别的地方。[4]

在这个重要的时刻，麦克布莱德的另一个朋友站出来为康说话了。学校的董事之一兼宿舍建设委员会的成员菲利斯·古德哈特·戈尔丹（Pyllis Goodhart

Gordan）对康的作品也非常熟悉。她和万纳·文丘里（Vanna Venturi）很熟，后者的儿子罗伯特曾经和康一起工作过。[5] 很明显，是文丘里向古德哈特推荐了康，然后古德哈特又推荐给了麦克布莱德。好歹，当 1960 年早春布林莫尔找到康的时候，他立刻给万纳·文丘里写了封信表示感谢。[6]

布林莫尔找康是试探性的。学校的资金非常少而且这个房子也没有确定的捐赠者。麦克布莱德完全指望着她的朋友、学校的董事埃莉诺·唐纳利·厄尔德曼（Eleanor Donnelley Erdman），她之前曾打算给学校 100 万美元。但是当 1960 年 1 月初埃莉诺逝世的时候，她的意愿还没有完成。[7] 尽管如此，康表示了他的兴趣，而麦克布莱德开始准备建筑任务书。这项工作完成于 1960 年 5 月 5 日，并于 5 月 24 日发给了康。[8]

任务书确定了宿舍楼要在“不同尺寸和形状的房间”里容纳 130 个学生。虽然这栋建筑明确是现代式的，但还是希望能够保留一些柯普和斯图尔森的宿舍楼的便利设施：房间里要有靠窗的座位和“隐蔽的挂镜线”。还要避免最近大学建筑“过量的玻璃”。但是最重要的是，任务书非常关注宿舍的居住品质。宿舍系统让学生在布林莫尔的生活变得丰富多彩，每栋宿舍楼都有食堂、社交房间和住家女佣。因此校方希望新的宿舍也有自己的食堂、“可以喝茶的大接待厅”、几个小接待室，以及“一间里面有壁炉的、宽敞、‘喧闹’的吸烟室。”[9]

1960 年 5 月，康参加了东京的世界设计大会，但是月底他给麦克布莱德写信说他要回来了，打算“在一个星期左右开始研究。”[10] 只有几张图纸记录了这个探索性的研究阶段，这些图纸都没有标注日期，而且有的只留下了照片。这些图纸可以分成两组：按要求的房间数量布置的草图和进一步深化的平面草图，这些图纸把任务书的要求变成了相互连接的矩形图形。[11] 在所有图纸中，基本的原则就是用宿舍本身把几个大的公共空间统一起来。

依然没有找到建设资金的布林莫尔没有给康施加压力。当 8 月 26 日学校的保险代理罗伯特·M·库克（Robert M. Cooke）来康的办公室拜访的时候，他发现平面“没有进展”，建筑师只能向他保证宿舍有混凝土楼板和屋顶，不会着火。[12] 直到 11 月份麦克布莱德邀请康向学校做一次方案汇报的时候，按比例的图纸才准备好。

康长期以来的合作伙伴安妮·唐（Anne Tyng）为第一次会议准备了主要的方案。在形式的选择上，唐复制了与特伦顿犹太社区中心（1954—1959 年）相类似的母题。和特伦顿犹太社区中心一样，她的平面是建立在两个相互交错的多边形的不断重复上：一个小一点的正方形和一个大一点的八角形构成了可以无限延展的结构模数。[13] 这个几何图形为宿舍房间提供了一个解决方案，每个都有一个八角形，而服务设施布置在旁边的正方形里。唐把八角形的房间用一个分裂成六瓣的结构连接起来，形成一个尺度宏大的布局。它复杂的三维几何让人联想到当时詹姆斯·华森（James Watson）和弗朗西斯·克里克（Francis Crick）研究发明的 DNA 模型，麦克布莱德给这个方案取了个外号叫“分子平面”。[14]

在快要进行11月25日的汇报时，康在刚从宾夕法尼亚大学毕业的青年建筑师戴维·波尔克（David Polk）的辅助下准备了第二个方案。波尔克在20世纪50年代曾经为康工作过，一个星期前又回来了。[15]这个设计的特点是在一个巨大的矩形体量中插入了两个采光庭院，围绕庭院布置矩形的宿舍房间。这个平面的完成度没有唐的方案那么高，更像是一张示意图。庭院和房间的块状布局与功能分析图非常接近。但是相比建筑附属部分的模数化设计来说，康好像对建筑的空间品质和它的中心庭院更感兴趣。准备两个方案，尤其其中一个又是做得这么仓促，对于康来说是很少见的，也许这也说明了康对唐的方案是不满意的。通过提交自己的方案，他给自己再提出其他想法保留了可能性。

业主让康研究一下平面，他没有承诺就哪个方案继续深入。[16]麦克布赖德对两个方案都很满意。"八角形的"或者说"分子形的"方案对于单个宿舍房间来说是非常巧妙的，但是它这种小尺度的细胞式结构很难解决公共空间的尺度问题。而且这个叶片蔓延式的布局更多地暗示了一种生长的态势而不是形式的规划。但是如果说唐的方案布局有点混乱，那么第二个方案也许就有点太平淡了，除了里面插了两个采光庭院的矩形之外就没什么东西了。

没有承诺就哪个方案进行深化，而是同时进行的决定对于埃莉诺礼堂设计的命运来说是至关重要的。这接下来的整个设计过程中，一直到1962年，康的团队都会同时做两个方案——他们通常是不会这么做的。唐基本上一直在继续完善她的方案。另一方面，康要焦虑得多，而且他后来的方案出现了突然的改动而且忽然偏离了原来的平面。他想把主要的注意力集中在建筑中的大空间上，比如说食堂和门厅，而唐更专注于确定建筑模数的小房间上。私底下康是不同意唐的方案中附加的细胞式结构的，他把它叫作"藻类"。[17]他坚持他采光庭院的想法，改成在剖面上而不是平面去推敲采光和庭院的空间品质。[18]

1961年4月初，建筑师们向麦克布莱德提交了修改后的平面图。唐提交了八角形的方案，这一次它的布局变得更加紧凑了，之前相互独立的花瓣被连成一个拉长的长方形体量。[19]麦克布莱德表示她对这个方案"更感兴趣"，对康修改后的设计感到稍有些困扰，因为"完全和原来不一样了"。[20]但是她觉得委员会可能会"更支持"康的方案而不是唐的，所以她还是拒绝表态要哪一个。

在接下来1961年5月23日有康和其他两位建筑师——估计是唐和波尔克参加的汇报会上，麦克布莱德还是拒绝表态。[21]康还在为大的公共空间和小一点的宿舍房间之间的对话而纠结，现在他建议在把公共空间放在建筑的前面，把私密空间放在后面。为了进一步强化两者的区别，他采用了两种不同的几何形式。食堂和起居室采用的是具有纪念性的简洁形式：一个正方形和一个圆形，然后把它们分别放到一个更大的正方形里面。卧室他选择了更加错综复杂的形式：在第一版方案中布置简单的矩形单位的位置，他用了一个波尔克建议的不规则的L形。[22]

唐在她的方案中继续按照布局的几何原则前进。[23]她放弃了在整个建筑中延续八角形模数的想法，而是和康一样，为公共的功能设计了大一点的、几何关系更加明确的空间。这些形体形成了三个大的正方形，里面插了一个菱形的休闲区、一个圆形的门厅和另一个菱形的食堂。这显然是受到了康的影响。但是尽管康的设计中这些空间是沿着建筑的侧边布置，唐把它们布置在了中间，周边围绕着宿舍房间。

这里第一次出现了埃莉诺礼堂设计中最具特色的东西：在比较小的私密空间中围合了一个有着纪念性尺度的公共空间。麦克布莱德向之前推荐康的埃莉诺·德拉诺伊描述了这个设计。她觉得这个新的设计"很有希望"，"在由几个四边形组成的长矩形中重塑了……八边形的平面，每个八边形的内部都被用作公共空间。"[24]她说，虽然这个设计还有"很多事情要做"，但是她还是更倾向于康的设计。因为"虽然在我看来……也不是很有希望。但是，康保持了他的兴致，我觉得可以继续往下做。"

从 1961 年的夏天到秋天，康的工作室都在做这个项目。唐继续探索八角形平面的变化。[25] 但是在她持续地推敲她的模数系统的时候，康在 10 月份的时候又把方案推翻了，把他 1961 年 5 月那一版方案里的大部分东西都抛弃了。[26] 他仅保留了波尔克的 L 形房间，把它们做成了围绕一个开敞庭院的四栋塔楼。这个效果很像理查德医学研究所那些分离的塔楼。显然康已经接受了唐的想法，用小空间包围大空间；问题在于如何把这个原则转变成一个统一的布局。[27] 对于这一点他还没有找到答案。10 月 23 日他在布林莫尔学院做了一次题为《建筑中的法律与规则》的公开演讲，他承认自己快崩溃了。[28] 他把布林莫尔学院的宿舍楼称作是他碰到过的最棘手的问题，康说他正在努力寻找"能让一所学校显得很伟大的品质。"他跟学生说，这个品质是伴随着"空间的使用而产生的，建筑本身变成了'空间的思想产物'。"但是对于布林莫尔学院来说，最要紧的问题是"区分每个空间，把每个房间作为一个个体，而不是一系列的隔断。"显然他仍然是把设计看成是把许多离散的个体统一起来的整体，类似唐重复的八角形模数或者是波尔克的 L 形。关于形式的统一性或者建筑整体的纪念性并没有讨论。

之后发生的事情极大地加快了工作的步伐。埃莉诺·唐纳利·厄尔德曼还没有来得及兑现她对学院的承诺就去世了，她的家人声称为了纪念她，会完成遗赠。因为她的儿子唐纳利正在普林斯顿大学攻读建筑学，康还在那里做过讲座，所以觉得向建设基金会进行捐赠看上去合情合理。她的丈夫，C·帕迪·厄尔德曼（C. Pardee Erdman）从圣芭芭拉给凯瑟琳麦克布莱德写信道："我很想在布林莫尔学院建一座纪念埃莉诺的建筑。也许你不需要别的建筑了，也许没地方建了……但是你能稍微考虑一下吗？"[29] 麦克布莱德收到这封信的时候差点没跳起来。唐纳利这项捐赠唯一的附件条件就是希望能够参加汇报会。1961 年 12 月，厄尔德曼捐了一百万美元。[30]

随着建设资金相对有了保障，开放的日期也暂定在了 1963 年 9 月，康的工作室开始努力完善这两个方案。康、唐和波尔克一直在研究，新加入的戴维·罗斯坦（David Rothstein）也来帮忙了。经过 12 月中旬疯狂的三天，方案终于确定了。唐在 12 月 12 日修改完了她的八角形方案，放弃了之前 5 月份把建筑看作一系列分离的方形体量并各有一个公共空间的想法。她现在把她的八角形房间放到了一个整体的体量里，以规则的间距凸出矩形主体建筑体量的房间消除了建筑的压迫感。[31] 一直以来，唐的工作轨迹都是通过八角形模数形成的连续的几何形体来统一整个布局。现在，通过引入中央公共空间的主题，这个想法被打破了。两天后，康把这个想法捡起来了。[32] 结果是有着所有类似元素的第一版平面建起来了：三个斜方块（或者说菱形）在角部连接起来，中间是比较大的公共空间，周边布置不同的相互咬接的房间。

这是第一次用一个简单的模式解决任务书的各种要求并且同时创造了比较正式的平面和有纪念性的外观。当康向麦克布莱德汇报这些平面的时候（立面还没有准备好），他画了一张主入口的草图来传达外观的构思。草图上有三个处于强光下的体量，强烈的斜向阴影强化了三个方块的体量感。平面和立面非常统一，都体现了方形和斜线这两个母题的结合。麦克布莱德最后收到的是融合了康和唐两个人的想法的设计，这个方案得到了她的支持。

随着基本方案的确定，剩下的主要设计问题就是内部公共空间的特质。在 1962 年 1 月初到 5 月初这段方案深化的时间里，这个问题有了很大的进展。[33] 在早期还保留了许多唐的八角形模数的那版方案中，浴室位于三个斜方块的连接处。到 4 月 6 日，浴室被挪到了中心空间的角部。

浴室布局的变化是随着公共空间的深化而产生的。首先，插到方形里面的东西只有圆了。这些圆形很快又让位于建筑两端、最后又回到中间的方形（1 月 26 日）。[34] 因为这些空间调整了，特别是随着大量自然光的引入，它们变得更加公共和具有纪念性了。在 3 月 15 日提交的图纸中，中间的空间稍微抬高了一点，形成了一个天窗，光线可以从窄窄的半月形窗户中射进来。[35] 到 4 月 6 日，天窗被抬高了，还在每个方形的一角增加了一个采光塔。[36] 这些从垂直的塔中进来的间接光源是康同时期其他作品的主题，比如说罗切斯特教堂的采光塔或者埃西里科的光罩。到 5 月 2 日汇报的时候，天窗消失了，光都通过四角的采光塔进来。[37] 采光塔的布局是平面最后一个需要解决的大问题；到 1962 年 5 月 10 日，康给麦克布莱德写信说，埃莉诺礼堂的设计“基本完成了”。施工图将于 7 月底完成。[38]

实际上，它们直到 1963 年 3 月 25 日才完成。[39] 它们的准备工作比计划要慢得多，而且康的一些想法受到了学院管理部门的抵制。从对材料的尊重上来说，这是非常正确的。在麦克布莱德一份日期为 1962 年 8 月 1 日的备忘录中，校委会对设计的某些方面提出了批评。最重要的是，校委会写道，“我们反对在所有的地方都是用裸露的混凝土。”[40] 但是麦克布莱德非常忠实地支持康。但是还是做了妥协，尤其是在外观上，最后采用了宾夕法尼亚石板做了饰面。[41]

建筑的招标开始于 1963 年 3 月 29 日，5 月 4 日承包商内森与卡伦（Nason & Cullen）接到了中标通知。[42] 7 月开挖，1963 年整个秋天以及 1964 年的春天和夏天都在进行预应力混凝土的浇筑工作。学院于 1965 年 5 月正式接收。一直到最后，当埃莉诺礼堂接近完工的时候，康自豪地写道，“建设委员会非常喜欢我的建筑……我一直对此很有信心。”[43]

6. 印度管理学院

艾哈迈德巴德，印度，1962—1974 年
(图片参考：图集篇 6-1 至图 6-18)

印度管理学院是一所成立于 1962 年的商学院，由印度政府和西印度古吉拉特邦运营。学校以哈佛商学院为原型，建在一个工商业区域的中心——艾哈迈德巴德。[1]1962 年，学校的创始人，包括当地有着资助建筑传统的工业家萨拉巴伊家族的成员，主动向委员会提出可以请城里为数不多的受过海外教育的建筑师巴克里斯纳·多西（Balkrishna Doshi）来做这个设计。多西之前曾作为勒·柯布西耶的城市博物馆项目经理来过艾哈迈德巴德（1951—1956 年），他反倒建议请康来做设计，他刚刚在 1960 年秋天在宾夕法尼亚大学见过康。[2] 他相信请康来印度对他在国家设计学院的学生来说是一个很好的机会，可以和大牌建筑师一起工作。[3] 萨拉巴伊家族同意了，1962 年 6 月 6 日，康收到了来自高塔姆·萨拉巴伊（Gautam Sarabhai）邀请他参与一所新学院设计的信。[4] 夏天的时候康一直在和中间人多西商谈项目的条款，1962 年 9 月，康接受了邀请。

设计任务包括整个校园：一栋教学楼；学生、教员和员工宿舍；设备服务楼，以及一个市场（这部分的平面后来丢掉了）。仅教学楼的设计要求就包括六间报告厅式的教室、教员办公室、一个图书馆、一间厨房以及餐厅。1969 年 4 月，又在原来的要求上增加了执行发展部的要求。所有这些都将建在城市边缘一块约 26 万平方米的地上，没有任何城市的文脉，一马平川，尘土飞扬。[5]

据记载，康不是项目的第一位建筑师。这个位置是设计学院假定的，这个项目是多西和康在研究室里教学的课题。1961 年，关于印度管理学院的第一份出版物 Marg 杂志把康列为“顾问建筑师”，而多西是“助理建筑师”。[6] 康多次到访艾哈迈德巴德，设计学院的学生负责把他的草图画成作业图。然后再把图纸送到费城让康审核。整体来说，康的员工是不参与印度管理学院的工作的，除了那些设计学院派到费城的那些人。[7] 他们在那里绘制图纸并制作工作模型。他们中至少有三个人——M·K·萨克雷（M. K. Thackeray）、阿南特·拉热（Anant Raje）和 M·S·沙桑吉（M. S. Satsangi）——后来在艾哈迈德巴德担任重要职务。邮件的不可靠、海关官员的扣押和设计要求的不断改变让项目的进展变得很复杂。偶尔的资金短缺和长期的外汇短缺，导致的无法支付康的机票费或者费城的印度员工的工资这些事情，也带来了很大的麻烦。[8]

第一版签字的图纸完成于 1962 年 12 月，这时候康第一次去现场。[9] 早些时候一张关于整个基地的图纸显示了他对这个项目的想法。他把教学楼布置在了基

地的一角，是一组围绕两个庭院的矩形体量。六个大的宿舍从这两个庭院的外侧斜向凸出来。每个宿舍都由一个靠着教学楼的方形、一个朝向湖面的方形组成，并且通过一个斜向的、可能是门厅的空间把两个方块连接起来。教员宿舍是一组由独户式住宅组成的 L 形体量，湖面把学生区和教员宿舍分开。市场位于最后一栋教员宿舍的东侧；基地南侧是一条蜿蜒的路，把服务区和其他的建筑体量分开。虽然康很快改变了设计的很多细节，但是他一直没有改变这张图所画的教学楼、宿舍和教员宿舍之间的基本关系。

1963 年 3 月，他第二次到现场的时候，康完全推翻了最初教学楼的布局方案，宿舍楼也增加了一层新的细节。[10] 这些改动记录在项目最早的官方图纸和模型中。现在教学楼变成了一个像石室坟墓那样中间是一个高一点的矩形结构，周围是经过雕刻的边和四个被狭窄的通道切开的、矮一点的梯形。在这版方案里原来比较复杂的六个学生宿舍变成了重复的直角三角形。湖的另一边，康把 L 形的教员宿舍的朝向转过来了，由于每个单元的都转成了和主轴线成 45 度角的关系，所以平面变得更加复杂了。这里新增加了供已婚学生使用的小一点的宿舍单元，布置在教员宿舍的西北角。同时，康去掉了分隔不规则的服务用房和校园其他建筑的路。[11]

1963 年，在耶鲁大学的一次讲话中，康解释了斜线在印度管理学院设计中的优势："如果你有一个方形，里面所有的东西都听命于它，那么你就会发现双方都不太恰当。通过使用斜线，你创造了奇怪的条件，但是你确实做出了响应，如果你想的话，你可以征服这个几何形体。你必须牢牢地盯着这个方向，就好像它是你要给别人他们特别需要的东西一样。这是这些形体的基本。"

7 月，多西试着根据主导风向重新调整康 1963 年 3 月那版平面中的元素。[12] 在 7 月和 12 月之间，康把多西的修改融合进了一个差不多和原来是镜像关系的平面里。他还在教学楼和宿舍楼的平面中增加了新的细节。[13]

当康重新思考这个项目的时候，这版方案进行了很大的修改。在 1963 年夏天一份没有注明记录人的备忘录里写着："把图书馆从中间的空间挪走，用一个开放的庭院替代它。"[14] 根据这个要求，康把有钥匙孔形采光井的教员办公室放在了庭院的北侧；图书馆和餐厅对面的两个教室分别位于东西两侧；其他的教室布置在南侧。他用一个帐篷似的顶盖住了庭院的一部分。两个平面均为方形的楼梯间也凸出到庭院里。这个内向型的设计强化了康把校园看作一个修道院的概念。[15] 从石室坟墓般的模型到更加灵活的庭院的改变减轻了要在一个简单的构型里满足不同功能的压力，但是并没有完全消除这种压力。在接下来的三年里，康不断地尝试调整各部分的位置和形式，在形式的统一和功能的分开之间来回摇摆。

直到 1963 年 12 月，他去了一趟艾哈迈德巴德，康的设计仍然停留在平面上，保存下来的模型中几乎看不到他关于立面的想法。但是在这次旅行期间，他准备好了宿舍楼的图纸，其中包括第一版有细节的立面。当月晚一些时间，建设委员会批准了这些图。[16] 和最后敲定的图纸一样，康把学生的住宿区分成了十八个单元，每个单位都是四层，下面两层有微小的差别。在每个单元里，他都沿着等腰三角形两边布置五个带阳台和一个半圆形楼梯的房间，把楼梯周围的空间定义为门厅和偶尔的会面空间，他坚信这些交流空间是教育的一个关键组成要素。在楼梯的另一侧，他布置了一个包括浴室和茶室的方形凸出体块。[17] 1964 年 12 月，他改掉了最后三个宿舍的设计。在宿舍区的东边，他改变了原型，扩大了每栋建筑的主体量，把独立的浴室 / 茶室功能结合进来。没有了这些凸出的方块，这些单元形成了一条明确的边界。[18]

功能与气候的结合决定了宿舍的平面，而气候和材料之间的平衡则影响了它们的立面。印度特定的气候条件要求室内有很好的通风，还要有良好的遮阳措施阻挡古吉拉特邦的阳光。在整栋建筑内，都有阳台、走廊和门廊遮挡直射光。巨大的外墙上有很多巨大的拱券和圆形洞口。

和气候一样，当地的施工方法对康在管理学院的所有建筑的外观也产生了决定性的影响。赞助人相信除了楼板和连梁之外都坚持采用当地制造的砖，这样可以有效地控制成本。也可以用预应力混凝土做，印度的大尺度建筑基本上都是用这个材料做的，但是它的造价也会比砖高。建筑委员会希望尽最大可能使用劳动密集型材料，因为印度是一个劳动力比较便宜的国家，而预应力混凝土中用到的钢需要高价进口。[19] 在最终的立面中，康在非常平整的立面上开了朝向门廊和走廊的巨大的圆形洞口，而首层的扶壁和楼上卧室一侧的阳台有很强的雕塑感。他后来是这样评价他选择的形式的：“我必须从乱涂乱画中学会砖的排法……为什么要掩盖裸露的砖墙的美呢？我问砖它想要成为什么，它说想成为拱，于是我就给了它拱。”[20]

1963 年末，完成了宿舍的设计之后，康在接下来的几年里一直推敲教室的细节。第一版立面完成于 1964 年 7 月。在这一版方案的图纸和模型中，康把他在宿舍楼里采用的不断重复的巨型圆洞和更加细微的尺度和“组织秩序”的肌理结合在了一起，他说这个秩序结合了砖和混凝土这两种材料的特性。[21] 与这些立面相配套的平面图是从他 1964 年 4 月的在中心庭院放一个菱形图书馆的决定的基础上完善而成的。接下来的一个月里他在建筑的另一端布置了两个菱形的餐厅。[22]

第一栋宿舍楼的施工于当年 10 月开始。[23] 第二年，也就是 1965 年，康完成了教员宿舍的设计，因此它的施工也很快进行了。和宿舍楼立面的门廊一样，教员宿舍的立面也完全是二维的，但是因为它们尺度比较小，而且有很多细腻的细节，所以和旁边纪念感很强的邻居有着明显的区别。

1965 年 9 月，建筑委员会拒绝了康关于教学楼的两个方案，这两个都是 1964 年 7 月那版设计的变异，而且面积都超过了任务书要求的 7432 平方米。[24] 宿舍楼的形式对委员会的这个决定造成了一定影响，那个楼里只有一小半的面积满足了委员会任务书的要求。他们的任务书里既没有楼上的门廊，也没有康最后做出来的复杂的通道体系以及那些穿过一层、有时候还穿过二层的多出来的房间，这些东西都增加了造价，延长了施工时间。

1966 年 4 月，宿舍楼的第一个单元和教员宿舍完工了。[25] 同月，康开始设计设备服务楼。那一年他还绘制了位于教员宿舍南侧、小马路对面简朴的教工宿舍的第一版平面图。[26] 同时，他还在深化教学楼的设计。1966 年 6 月，当他在艾哈迈德巴德的时候以及回去之后，他的关注点主要放在入口和图书馆上，并且第一次绘制了非常详细的平面图。为了节约空间，他把图书馆放回了建筑主体里。[27] 同时，经过对建筑另一端的粗略考虑，他降低了餐厅和厨房的高度，去掉了之前包围它们的多余的墙体。他还去掉了他在 1964 年增加的第七间教室。室内空间和室外立面的变化让这一版方案有了线性的连续性，在设计的最后阶段，这种连续性取代了早期方案中更加精细的特点。

最后的平面与实际建成的效果非常接近，但是竣工文件的工作却一直没完没了。和 1967 年到 1969 年之间他对教学楼的微调一样，康改了它的立面，为了体现更加精细的“组织秩序”，他用矩形的洞口和我们从 1965 年的模型中看到的洞口取代了平整的表面。教学楼基础的施工开始于 1968 年 11 月，尽管当时康还没有提交足够的图纸。[28] 次年 4 月，学院急于建成教学楼，开始对康不耐烦了。他们写信说要么他马上飞到印度来解决问题，要么就让一个印度人，最好是多西，来接手。康赶去了印度。[29]

在接下来的人事变动中，设计学院失去了它在这个项目中的地位。工作由多西事务所执行，但是由之前辅助这个项目的阿南特·拉热负责，他成了现场办公室并监督最终的施工。[30] 康和拉热继续彼此沟通，但是康已经失去了兴趣。拉热飞去费城借了几套康别的项目的蓝图，以确保教学楼的细节与康的其他作品保持一致。[31] 但是，他被迫对教学楼的施工和设计做出快速的决定，而这些决定并不都和康的设计思想保持一致。例如，康默许拉热用隐藏的钢来加强外墙，但是他又对这种背离材料本性的做法与他最初的设计思想不一致而感到不满。[32]

拉热按照康的原型在教工宿舍增加新的体块，并且指导最后三栋宿舍楼的施工，这里他也稍稍修改了康的设计。[33] 然后，把教学楼建完是他的主要任务。建成之后的图书馆和教员宿舍立面比康在 1968 画的要平一些，与南侧朝向宿舍楼的教室立面有所不同，那些教室保留了 1964 年模型中展现的南立面。建成之后的立面被调整得平了，缺少了之前版本中与矩形庭院和斜轴线之间的张力。在康关于初始设计理念的最终版图纸中，巨大的中庭西侧是打开的，餐厅则位于一栋单独的建筑内。

1974 年 3 月，他最后一次去学院的时候，康发现除了湖以外，整个建筑群基本完成了。学院的官员担心湖会招来致疟疾的蚊子。[34] 他已经没有最初对项目的热情，他现在对它的辩护有时候很怀旧，有时候很愤世嫉俗。面对来自天天使用这栋建筑的人关于尺度太大的抱怨，他略带讽刺地回应道：“多大算大？你看到的是对楼中楼的诠释。你看到的是一个门廊。那里有一栋与自然交流的建筑，它里面还有另一栋建筑。每个人都用自己的方式疯狂。”[35]

1974 年之后印度管理学院一直在扩大。康去世之后，基地周边增加了拉热的餐厅、管理中心和已婚学生宿舍，这些充分尊重原有建筑的房子满足了一个成功的学院不断夸大的要求。[36]

7. 孟加拉国达卡国民议会大厦

达卡，孟加拉国，1962—1983 年
（图片参考：图集篇 7-1 至图 7-25）

20 世纪最伟大的建筑纪念碑，孟加拉国首都达卡的建筑群，是路易斯·康职业生涯中最具野心的作品。[1]这个项目给了康一个非常难得的机会：在一张白纸上描绘一个国家最重要的地标建筑的蓝图，基本上就是建一座小城市。虽然这样的项目是每一个建筑师的梦想，但是它也是一项非常艰巨的任务。项目始于 1962 年，准备为分裂的巴基斯坦准备第二个首都，内战打断了项目的进程，直到 1974 年康去世的时候都没有完成。在地球另一端一个发展中国家搞建设就会伴随着任务书的不断修改、变化莫测的政治压力这些情况，而且建筑师也没法按时出图。然而，康对一个新首都的纪念性想法最终在世界上最穷的国家之一实现了。

1962 年 8 月 27 日，陆军元帅阿尤布·汗（Ayub Khan）政府决定在巴基斯坦东部和西部建设一些新的都城。三年之后，康收到了一封来自巴基斯坦公共工程部的电报。[2]这封电报是后来数以百计的电报中的第一封。电报很简洁：问他是否对在东巴基斯坦达卡设计新的国民议会大厦感兴趣。康毫不犹豫地表现了他的兴趣。[3]但是，他并不是该政府的首选。根据东巴基斯坦政府高级建筑师、孟加拉建筑师穆扎鲁尔·伊斯兰（Mazharul Islam）的建议，他们想委托勒·柯布西耶，但是他太忙，没法接受一个这么费劲的项目。[4]当时阿尔瓦·阿尔托正在生病，也没法接受这个任务。康 1960 至 1961 年在耶鲁见过伊斯兰，他很快接受了这项重要的任务，尽管他拖了好几个月才第一次去现场。

1963 年 1 月底，康首次前往卡拉奇和达卡，在那里他见到了他的主要联络人、当时巴基斯坦公共工程部的副总工程师卡非路丁·艾哈迈德（Kafiluddin Ahmad）。[5]在为期六天的访问期间，康收到了直白的任务书并且踏勘了毫不起眼的现场：城市北郊邻近机场的一处平坦、开放的农田。最重要的建筑很快获准在政府已经取得的 80 万平方米的土地上开建：包括议会成员及其秘书、政府官员及其员工的办公室和住所，以及总统、发言人和议会秘书长的独立住所。[6]国民议会大厦是其中最重要的部分。它的任务书内容很多，包括一个 200 座的议事厅——康踏勘之后又很快增加到了 300 座[7]——门廊里要设置媒体和访客的座席、一个祈祷大厅、一个清真寺[8]、一个餐厅、无数间办公室，以及为大型仪式和聚会准备的宽阔的草坪。

出于对剩下 300 多平方米土地未来开发的考虑，他们还要求康画一张整个基地的总平面，包括一个最高法院、一家医院、一个图书馆、一个清真寺、一间博物馆、学校、俱乐部、市场、办公、娱乐、一块特殊外交飞地和高低收入住宅区。[9]

虽然在第一次到访的时候并没有签署任何协议，但是康开始争取到了场地接近全部的控制权。政府敦促他和有巴基斯坦设计经验的英国建筑公司合作（实际上，有些公司已经对新首都的地形非常熟悉了），但是康坚持他才是这个项目唯一的建筑师，要求整个场地的规划都在他的指导下进行。[10] 康的首都将会是一个统一的布局，没有因为政治原因而打折扣。

早期设计

在第一次到现场的讨论中，康在笔记本的空白处写下了设计要求。其中有一页可能记录了他最早的想法，希望找一些总平面和议会大厦的基本特征。[11] 这些草图把长方形的基地分成两块：议会大厦所在的那一块稍小一点、面积为 80 平方米的土地位于基地南侧中轴线上。建筑周围阴影很重的部分可能是湖或者草坪。基地侧边的两条斜线通往新月形的住宅区。上面，在议会大厦的轴线上，是一个被其他建筑环绕的椭圆形体育馆。康还勾画了关于议会大厦的初步想法。有几张草图画了大广场中间一个四角有塔楼的圆形房间。其他草图尝试了方形和菱形模式，这是建筑群的基本形体。

在 1963 年 3 月中旬康第二次去达卡之前，他花了一个多月的时间深化了方案。1963 年 3 月 12 日，康跟助手普约尔·瓦洪拉特（Carles Vallhonrat）和结构顾问奥古斯特·科缅丹特（August Komendant）一起提交了图纸和第一版场地模型的。在关于总平面的首次汇报中，康把项目分成两个完全不同的区域：（位于已经获取的 80 万平方米上的）议会大厦和（位于后续开发地块上的）各种机构。这两个建筑群被一个大公园分开，共用一条轴线。总平面是一种平衡但是不对称的布局。

在议会大厦建筑群中最重要的三栋建筑都位于中轴线上。具有纪念性的菱形议会大厦位于湖中央，湖的南岸形成了一个优雅的新月形。议会大厦旁边是有四个宣礼塔的清真寺，最高法院位于庭院对面。两翼低矮的宿舍形成了对称的墙，穿过整个建筑群和湖。康想把所有的建筑都做成有大理石装饰的混凝土结构，尽管这两种材料都需要进口。

公园对面的那些机构一直都没有建，但是在后来所有的总平面图中它们一直都没怎么改。其中三栋围绕公园的最重要的建筑都朝向议会大厦——中轴线上的运动设施、艺术学校和科学学校。康后来是这样解释这个非常有象征意义的布局的，他觉得这种布局是史无前例的：

议会大厦对面的区域留给艺术学校和科学学校反映了一种精神，并且它们与国民议会大厦非常和谐……这个想法来自于实现立法院对人类机构的制裁。艺术和科学是根本——艺术是不可量化的，科学是可量化的。

把艺术学校和科学学校连接起来的是幸福的结构（体育中心），表达了作为对自然馈赠的尊重——健康的身体和心灵……建筑师认为的这种关系在世界上所有的建筑中都没有这样的。[12]

总平面中每栋建筑的重要性对康的设计来说都很重要。位于西侧米尔普路上的医院一开始被描述成四个星形结构。虽然这栋建筑预计很快就会开工，但是康无法从哲学上协调它与议会大厦以及邻近的其他一期建筑之间的关系。[13]

两个月后的1963年5月16日，在他的第一次汇报中，康把第二个场地模型和图纸以及一些文字叙述寄到了达卡（图489）。[14]议会大厦和宿舍的朝向发生了很大的变化。现在它们转了180度，朝向了北面，洞口朝向公园对面的那些机构。两个建筑群之间的距离也变小了，基地压缩到了约250万平方米，这个面积对于政府来说可能更容易一些。之前独立的清真寺现在被去掉了（有些政府官员反对它的位置），祈祷大厅在建筑中进行强调，它在菱形议会大厦中的象征意义也更明显了。康是这样描述这个新的设计的：

> 我们踏勘之后提交的第一版方案表现了清真寺是独立于议会大厦之外的建筑。在新的第二版方案中，祈祷大厅变成了议会大厦体量的一部分。这样它就有了和清真寺一样的重要性，体现了平等精神而不是制造冲突。建筑的所有空间要求都合并在了一个精巧的体量里，形成一个强烈、单一的形象。[15]

实际上，议会大厦是一栋非常雄伟的建筑，鹤立鸡群般伫立在周围的宿舍楼中，它独自站在湖中的位置更加强化了“强烈、单一的形象”。一座步行桥跨过了南侧的湖直接通往祈祷大厅。北面一条两层的路和垂直于建筑的步行道横穿过整个基地。

康的设计从几个重要的方面对恶劣的亚热带气候中炙热的阳光和雨季做出了回应。围绕议会大厦和宿舍的人工湖兼具实用、美观和象征的意义。基地低洼的地方填满了从湖里挖出来的土，形成了一个巨大的防汛池。对于康来说，水是城市生活之源的重要象征，他在最近被发现的费城城市地图上也表达了这个想法。他承认在达卡的项目中如此重视烦人的雨季很大程度上也是出于美学的考虑。[16]和伟大的莫卧儿纪念碑一样，议会大厦也被湖水环绕，这样可以解决混凝土和大理石建筑的反光问题。而且，湖和公园形成了议会大厦的边界，可以保证开阔的景观。

康设想的建筑也对南亚的炎热和强光做出了考虑。达卡议会大厦让人联想到他之前在卢旺达设计美国领事馆和萨尔克生物研究所中的会议室，它有上面开了大洞口的精致外墙保护着室内的空间。他说他的概念是：“议会大厦通过采用悬挂、深阳台和保护墙的建筑手法让室内外空间都免受阳光、酷暑、大雨和眩光的困扰。”[17]精致的百叶可以让光线变得柔和，所有建筑都有开洞的外墙和深阳台。从1963年春天一张秘书宿舍的草图中我们可以看到梯形的洞口（从被拱券挡住的门廊看）。在同一张纸上，康还尝试其他的可能性——圆的、弧形的、梯形的洞口——他在注解中说了百叶窗的作用。议会大厦的屋顶也进行了类似的处理。在之前没有注明日期的议会大厦分析图中，康探讨了最高的屋顶的形状——一个有八个天窗的环，顶部有一个巨大的圆形洞口把光和空气带到下面的空间。虽然巨大的天窗与最终的设计很相似，但是屋顶的设计本身就是这个项目中最严峻的挑战，花了将近十年的时间才解决。

康一边推敲立面的几何形式，一边继续表达他对建立建筑之间哲学关系的野心。他从根本上区分了议会大厦中有纪念意义的公共空间和小一点的宿舍。秘书宿舍不仅仅是住宅：宿舍被设计成带花园的工作室。这个想法主要是基于一个人离开家进入议会也有需要保护隐私的想法，这里是一个充满荣誉感的地方、一个体现他作为议员职责的地方。这个地方不同于单纯的酒店，那里只适合普通的商务人士，不适合杰出的议员在那里工作。[18]

政府提了几次说希望可以把宿舍加倍，这样在六个月的议会闭会期间可以把宿舍作为酒店使用。[19] 这也许是一个很经济的想法，但是它违背了康想区分私密空间和公共空间，以及保证它们在一个国家首都中的尊严的想法。

1963 年剩下的时间里，康继续修改总平面，收集项目信息，以及商讨合同条款。出于政府快速建设的热情会危及他的设计的担心，他澄清了他最关心的事情是保留对项目完整的控制权。他建议的保障这个控制权的方法之一就是在达卡设立现场办公室，由费城派来的代表在那里工作。康的坚持一定程度上来自于他看到了这个项目的重要性。正如他给当时正在达卡谈判合同的助手邓肯·比尔（Duncan Buell）的信里所说的那样："由于这是一个新国家的新首都……所以必须确立带来世界公认的新概念的基调，就像多年来巴基斯坦所给予的伟大价值一样。此外我们别无他求。"[20] 经过多次协调之后，康于 1964 年 1 月 9 日签署了协议。[21] 政府根据他的要求设立了现场办公室，这样来自费城的建筑师可以在当地工匠的帮助下，监督项目并且确保正确的建造标准。

来自政府的巨大压力产生了实质性的结果，公共工程部非常急于开工。但是每次政府要求修改总图，比如说增加中间的秘书楼[22]，还有 1963 年夏末要求增加气象观测站[23]，康都得重新研究平面。而且，他开始抱怨实际上马上能用的只有 80 万平方米土地。这让结构很难精确定位，尤其是对于平面的关键——议会大厦来说。1964 年 1 月他解释了为什么总平面一拖再拖："因为用地限制（议会大厦的）位置一直没有确定。要分别研究 80 万平方米、170 万平方米、250 万平方米、400 万平方米的可能性。建筑的布局就像在棋盘上找位置一样。因为它的象征意义，所有的建筑都不能放错位置。我想如果再有 400 万平方米，就可以毫不拖延地推进。"[24]

形体塑造

1964 年春夏，康和他的助手们研究出了一个新的总平面模型，尽管建筑还只是卡纸片。1964 年 5 月，抱着新的图纸、模型、总平面，以及已经签了合同的那些建筑的初步平面，康第六次前往巴基斯坦。议会大厦的设计已经很成熟了，与最后的形式非常接近，虽然即使开工以后也还在修改。

巨大的议会大厦体量以它的高度和中心的位置控制着整个场地。整个议会大厦以及旁边的宿舍都以不同的尺度重复着天窗上的圆形洞口，使整个建筑群在形式上非常统一。议会大厦在北侧的礼仪入口处后退，这一点受到了业主的赞扬。康在路和现在显得更加孤立的议会大厦之间设计了精致的花园和被称为总统广场的礼仪性广场。广场上升起的平台视野很开阔，可以看到花园，广场既是令人印象深刻的入口，也是大型的人员集散场所。

[25] 建筑另一侧有个南入口广场与这个广场相平衡，广场两边是最高法院和中央秘书楼（这两栋建筑后来都没有建）。南广场的地下是一个车行入口、车库和服务于宿舍以及广场周围其他建筑的设备用房。各种管道、管线像脐带一样从这个设备用房伸出去，穿过有盖板的人行道，一直延伸到围着议会大厦的宿舍楼里。这个概念很像康在费城提出的多层“高架建筑”，由于造价的限制，这个想法只实现了一部分。

1964 年夏天，以议会大厦平面为中心衍生出了一个复杂的建筑群。议会大厦朝向西边，占据着内核。议院通过四周的管井采光和通风，与外部环境隔绝。连接内核和外环的是一个动态的东西——一条七层通高的内街。八个结构上独立的单元构成了八角形的外围部分：在四个主方向上的那些单元各有一个独特的形状和功能，并且被四栋相同的办公楼隔开。总统广场北入口所在的那栋楼平面基本呈方形，里面有一个令人印象深刻的双楼梯。巨大的圆形洞口界定了从楼梯看向景观的视野（图 493）。这个入口正交的几何形体和有大量曲线形体的南入口形成了鲜明的对比，它的建筑体量中包括了祈祷大厅和盥洗庭院。祈祷大厅的平面基本呈方形，四角嵌了四个圆柱体——巨大的“空心柱”，顶部开洞保证采光和通风。[26] 祈祷大厅为了朝向麦加而稍微偏离了轴线一点，通过椭圆形的盥洗庭院与建筑主体相连，其中还包括通往上面楼层的楼梯。圆柱体和倾斜的祈祷大厅的空间形式过于复杂，需要单独做一个模型来推敲。

议会大厦东西两侧的单元包括门廊和餐厅。东侧呈长方形，室内有曲线的墙，这部分是供议员使用的，所以它的位置靠近议员房间的入口并且能够看到外面的宿舍。西侧呈椭圆形，被一个开敞的庭院分成了两个半圆，大臣和秘书们的门廊就在这里。他们也能看到自己位于议会大厦西侧的宿舍，并且靠近他们办公室的入口。

三组宿舍的最终布局是在 1964 年 5 月确定的，它们之间有一些共性。所有的宿舍都是两层高，高高的女儿墙后面隐藏着屋顶露台。平面上，宿舍从一个房间到三个房间不等，大一点的公寓是六个职位比较高的官员的。公寓围绕着巨大的中心楼梯间、门廊、前厅和公共房间布置。300 位议员住在东侧锯齿形的楼里，它看上去很像宿舍楼，中间是公用的餐厅和门厅。身份尊贵的大臣们住在议会大厦西侧的楼里，上面是秘书的住房，形式上与东侧的锯齿形布局有一定呼应。供总统和发言人使用的相对私密的住所也布置在这个区域内。这些房子一直没有建。

1964 年 5 月达卡的公共工程部和拉瓦尔品第（西巴基斯坦）的大臣们满心欢喜地接收了这些平面图，只保留了一个意见。大臣们对建筑顶部看上去像“通风道”的东西不满意。有人说康做的那个巨大的塔看上去像烟囱。他们建议是不是可以用一个穹顶把它们连接起来，这样更“伊斯兰”。[27] 关于住所，他们建议再简化一些，面积也稍微压缩一点。之后不久，业主做出了用砖建造宿舍楼的决定——因为只有这种材料可以在本地生产。[28]

到 1964 年秋天，公众对政府请了个步调很慢的西方建筑师感到越来越强烈的不满。当年是选举年。阿尤布总统 8 月到达卡的时候，他对这两年的工作毫无政绩可言很有怨言，他用了个简单粗暴的对比，洲际酒店只用了十八个月就完成设计和施工了。[29] 但是公共工程部为他们的建筑师做了辩护，强调他非常尊重穆斯林的传统。艾哈迈德很快地总结了一下康的成绩：事实是建筑师用了整整两年的时间来推敲总图和第二首都各种建筑的平面。他有足够的时间来研究西巴基斯坦的地理和气候条件，以及我们国家的建筑文化遗产。例如，湖泊、公园和建筑周边的花园的设计就非常符合过去的穆斯林规划师建立的传统。所有建筑中混凝土和砖做的巨大的拱，以及很深的门廊的处理与印度时期的建筑设计也非常一致……从我们这边来说，我们确信第二首都的建筑特征将成为巴基斯坦建筑史上的一个里程碑，很好地反映了丰富的穆斯林文化与发展中的巴基斯坦充满活力的精神的融合。[30]

艾哈迈德对康的赞扬体现了公共工程部对建筑师极大的尊重（他们称他为“教授”），但是政客只有看到房子盖起来才会高兴。

开始施工

1964 年 10 月 6 日，来自康事务所的年轻人罗伊·福尔默（Roy Vollmer）到达卡建立了现场办公室。很快他的同事格斯·兰福德（Gus Langford）也到了。[31] 和福尔默一起来的还有费城基斯特和胡德公司（Geast & Hood）的结构工程师尼克·吉亚诺普罗斯（Nick Gianopulos）；科缅丹特不再参与这个项目了。[32] 道路布局有了进展，主体建筑的位置也基本确定了；虽然还没有完整的施工图，在吉亚诺普罗斯的指导下，管线也铺设好了。

施工从议会大厦北侧的礼仪性入口广场——总统广场开始。大理石铺成的广场是靠砖拱支撑起来的——康把这个巨大的空间比作科多巴清真寺下面的空间。[33] 虽然这个洞穴般的空间并没有什么实际用途，但是它变成了按照康的标准砌砖的当地劳动力的培训基地。实际上，这些拱成了未来达卡所有砖结构建筑的模板。1965 年 1 月康来视察工地，福尔默满怀热情地向费城汇报：

路易斯看到砖的结构很高兴。为了保证节点部位的统一，我们非常认真，并且采用了专门的工具。它们看上去就像考古发掘的伟大的古建筑那样令人印象深刻。从政治上讲，它改变了大部分议员的想法，他们得知国民议会大厦正在建设，对项目的进展感到很满意。[34]

总统广场在 1965 年 10 月基本完工，比议会大厦的混凝土浇筑工作早了几个月。这时候宿舍的施工也开始了，而且进展很快。

1964 年夏天住所部分有了几处重要的修改。材料从混凝土变成了砖，这导致最后洞口的玻璃也取消了。到 1965 年 9 月，“防眩光墙”上不同规格的洞口有了不少于 50 个形状和尺寸，从圆的到平拱的，有些为了保证结构稳定性还增加了混凝土连梁——康称其为“组合拱”[35]。康后来回忆说：“虽然我一开始是抵制（把混凝土变成砖）这个改动的，但是随着设计的深化，现在我发现了一些符合砖的结构逻辑的漂亮的新形式。”[36] 宽敞的公共区和小一点的私人公寓之间的区别在立面上表现为不同的形状和尺寸的洞口，这些洞口可以充分利用穿堂风。

1965 年春天，议员门廊和餐厅的设计也有了一个重大的修改。每三栋宿舍楼都有三个巨大的圆柱体来容纳这些设施并且界定湖岸。它们的弧线形墙体是公寓楼直线形的几何形体的补充，让同侧锯齿形的布局变得更加柔和。每个圆柱体的外墙都包裹着一个室外庭院，墙上开着巨大的拱形洞口。每一组体量角部的圆柱体都有一个穿过外墙的小楼梯，从拱形洞口下面倾斜的部分可以看到它是通往二层的。现场办公室专门做了个模型来推敲这个结构，研究砌砖的绝技。[37]1967 年三组宿舍楼基本完成，同年夏天，基地用总统的名字命名为阿尤布·纳加。[38]

虽然议会大厦是 1965 年开始打桩的，但是费城的设计师们还在进行着修改。最大的变化是办公楼的立面，变成了更有纪念性的形象。1965 年 8 月，康写信给福尔默道："我们真的在赶图，我对你只有一个要求，希望你多点耐心，这样我们就不至于重蹈零零碎碎地出图然后再返工的覆辙。我决定保持宿舍和议会大厦这个结构的完整性。"[39] 四栋朝向回廊的办公楼的内立面完成，之前它们还只是一些拱和圆，"仅仅是武断的决定"。[40] 七层高的立面呈现出一种纪念性的布局，综合了各种不同的形状：巨大的半月形、高耸的山墙、小舷窗，[41] 外立面也改了；两个巨大的圆没有了，取代它的是竖向对位的矩形（12 米高）上面是一个瘦高的三角形（图 498）。[42] 新的设计更高耸挺拔，令人印象深刻。侧墙保留了巨大的圆形洞口。所以议会大厦的立面上展现了三个主要形状：三角形、矩形和圆形。

1966 年 1 月出了一套施工图，在接下来的一个月里，刚刚完成萨尔克生物研究所混凝土工程的弗雷德·兰福德（Fred Langford）来达卡开始为期十六周的现场工作，指导即将开始的议会大厦混凝土浇筑工作。[43] 兰福德的第一个任务就是教工人搭木模板和浇筑混凝土。1966 年 3 月，浇筑开始，但是一直没有达到要求的标准。工人们挤在场地的周围；手工劳动很便宜，在施工高峰期间雇了两千多个工人一起干活。[44]（头上顶着篮子的）工人们看上去就像一条人力传输带，把货物运到指定的地点。混凝土每次浇筑 1.5 米高，这是每天能干的最大限度了。这个过程最后变成了墙上的模数，大理石条板标注着每天浇筑的进度。精致的白色大理石线条和混凝土形成了鲜明的对比；康把混凝土的力量和稳定性叫作"男性的"力量，把大理石叫作是"女性的"美。[45]

随着宿舍的完工和议会大厦的逐渐升高，1967 年 9 月医院的施工开始了。阿尤布中心医院一直在修改，1965 年 1 月 31 日，康为这组建筑群单签了一份合同，但是它已经扩大成了包括一所热带医院和公共健康学校、门诊部和员工区的综合体。[46] 只有后两部分建成了。门诊楼最具特征的是它的西立面——一条长长的、八开间的拱廊和露天的候诊室。外部的拱廊由 7.6 平方米的圆形洞口组成。与之平行的内部走廊由圆形和拱组成，连接内墙和外墙的走廊是一个非常特殊的空间，由拱形的扶壁界定。门诊楼完成于 1969 年。

这个项目最复杂的问题仍然是议会大厦的屋顶。1966 年春天开始施工的时候，八角形议会大厦上的穹顶是通过支撑混凝土上的空腹桁架来实现的。为了与之前的设计保持一致，在议事厅的周围环绕着一个有圆形窗户的环形天窗和双重斜坡屋顶。[47] 显然，在要开工的压力之下，康在之前的设计中低估了结构的重量。最后的计算证明这个设计是站不住脚的。[48] 而且，把桁架放在空间里会带来一个巨大的问题。

1968 年 11 月，议会大厦开工两年多之后，M·G·西迪基（M. G. Siddiqui）（他替代艾哈迈德成为达卡的主工程师）来到了费城，他被康的慢节奏折磨得快崩溃了，急于想得到议会大厦及其他未完成的建筑的完整图纸。这是公共工程部的代表第一次来费城。他在费城待的两个星期里，西迪基审核了达卡所有的图纸，梳理了剩下的工作，想胁迫建筑师和他的员工赶紧出图。然而屋顶的设计还是没有解决，西迪基签证到期，郁闷地回到了达卡。六个月后阿卜杜勒·瓦希德（Abdul Wazid）（工程师主管）从达卡过来了，也希望能推进费城的设计工作，但还是无功而返。1969 年夏天，结构工程师哈利帕尔姆鲍姆（Harry Palmbaum）设计的钢索悬挂结构暂时打破了这个僵局，业主也同意了。但是日本承包商的造价太高，这个方案也被推翻了。差不多两年多的时间里都没有找到解决办法。

祈祷大厅的设计也是个问题。1966 年开始施工的时候，屋顶被看作是一个金字塔。但是议员们对这个形式不满意，他们更喜欢穹顶。[49] 经过争论，康在这个问题上让步了。康的助手亨利·威尔卡茨（Henry Wilcots）通知现场办公室："我们希望想到一些有历史意义的东西来重申我们的想法……总之，从建筑学角度来说金字塔是一个很好的形式，但是它不能满足这个空间的精神需求。"[50]

1970 年 8 月，开工四年半以后，墙已经砌到了完成面要求的 41 米。大理石条板的安装开始了。威尔卡茨视察现场之后报告说"外部的大理石样板已经到场，混凝土完全变了……公共工程部第一次公开表达对我们工作的满意。整体看是一件很好的作品。"[51] 但是接下来的几年里议会大厦还是没有屋顶，敞开着没法使用。1971 年 2 月，建筑师和工程师们终于解开了这个结。令人烦恼的议会大厦和祈祷大厅屋顶的问题最后用拱解决了。但是在设计完成之前，这个项目因为内战而变得动荡。

一个新国家

1971 年 3 月 26 日，孟加拉国（东巴基斯坦）宣布从西巴基斯坦独立，巴基斯坦内战爆发。康的合同很快终止了，他的建筑师关掉了现场办公室撤离了达卡。但是康还是决定完成议会大厦的屋顶设计，这样恢复和平的时候可以重新建设。新的设计是帕尔姆鲍姆做的一个抛物线形的预应力混凝土"伞"，在原来已经建好的八角形基座上升高了 7.6 米。祈祷大厅的屋顶设计成了交叉拱。1972 年 8 月当康和威尔卡茨巡视次大陆上正在施工的三个项目（另外两个在艾哈迈德巴德和加德满都）时，他重新开始了和新政府的沟通。未完成的首都更名为 Sher-e-Bangla Nagar（孟加拉虎之城），它几乎没有受到战争的影响。他们和康谈了一份合同，新的国家要求设计一栋急需的秘书楼。

几个月后的 1973 年 1 月，康回到达卡并展示了一张新的总平面图（见图 133）。在公园面对议会大厦的另一侧，之前的各种机构变成了一栋壮观的秘书楼，这栋巨大的办公楼面积达到了23万多平方米。[52] 新的国家写了一份非常详尽的任务书，他们要求的一栋建筑太大，没法放在议会大厦的南广场上，在十年前的规划中那里是中央秘书楼。[53] 这个巨大的九层高的楼形成了一道640米长的砖墙，与混凝土的支撑和连梁交织在一起。这栋供官僚使用的大楼立面相对呆板、重复，它被设计成了更具雕塑感和重要性的议会大厦的陪衬；它不会和议会大厦争奇斗艳。[54]

一年后，1974年1月14日，在他最后一次去达卡的旅途中，康签署了两份协议：一份是关于秘书楼的设计，另一份是关于包括之前的首都综合体和新增的800多万平方米的土地在内的新的总平面设计。[55] 总平面用来指导政府布置所有新建筑，并探索面积大幅增加之后的基地未来如何使用。但是康拒绝再开一个现场办公室；它的运行成本太高了。公共工程部将不得不监督设计的贯彻。在他最后一次去达卡的时候，议会大厦的屋顶终于开工了。

当1974年康去世的时候，秘书楼的初步设计已经接近完成，但是这栋楼一直都没建。剩下未完成的工作，包括议会大厦的收尾工作，由戴维·韦斯顿及其助手公司（David Wisdom & Associates）指导完成。包括康长期的同事韦斯顿、亨利·威尔卡茨和雷汗·T·拉里默（Reyhan T. Larimer）。1983年7月，他们的工作基本完成了。六年后，1989年10月15日康因为孟加拉国民议会大厦项目而被追授了阿迦汗建筑奖。

8. 菲利普·埃克塞特学院图书馆

菲利普·埃克塞特，新罕布什尔州，1965—1972 年
（图片参考：图集篇 8-1 至 8-10）

凭借其环抱着木质阅读桌、逐渐变细的窗间墙砖和平拱以及其雄伟明亮的中央大厅，菲利普斯埃克塞特学院图书馆一直以来都被看作是路易斯·康最成功的设计。哪怕这栋了不起的建筑是经过了一个漫长而艰难的设计过程才开始建设的。[1] 学校在 1950 年就写好了设计任务书并组织了新图书馆的设计。[2]20 世纪 60 年代中期，新校长理查德·戴（Richard Day）拒绝了一个新乔治亚风格的建筑方案，要求建筑委员会重新找一位能够设计重要当代建筑的建筑师。

委员们四处考察现有的建筑，并走访了几家建筑师事务所，其中包括保罗·鲁道夫（Paul Rudolph）、菲利普·约翰逊（Philip Johnson）、贝聿铭（I. M. Pei）、爱德华·拉雷比·巴恩斯（Edward Larrabee Barnes）和康。他们是在 1965 年 7 月拜访的康，对他有点凌乱的办公室里人性化的温暖以及挤在一起工作的充满活力的青年员工印象深刻。[3] 康对他们把图书馆看作重要文化建筑的想法也非常认同，这一点也吸引了委员们，后来他们在 1966 年 5 月的任务书里有很明确的描述，但是肯定委员们在这个时候已经有了这个想法："现代图书馆不再仅仅是一个书刊存放的地方，它将成为一个进行研究和试验的实验室、一个宁静的阅读和思考的休憩环境、一个社区文化中心。"[4] 然而康在接下来的六年里设计并建成的建筑还有更大的野心，远不止学校认为的现代图书馆应该容纳更多的行为活动那么简单。图书馆委员会的主席是埃克塞特馆员罗德尼·阿姆斯特朗（Rodney Amstrong），他向董事会的建筑和场地委员会推荐了康。[5] 他们在 1965 年 11 月 13 日的会议上说服董事会雇用康。[6] 康收到了一份两百万美元的预算和关于基地的信息，基地就在校园的中心。有一栋现有的白色护墙板建筑需要被拆除。[7]

1966 年 3 月，康收到了由图书馆委员会和恩格尔哈特、恩格尔哈特以及莱格特（Engelhardt, Engelhardt and Legget）教育咨询公司编写的最终版任务书。[8] 里面详细说明了关于图书馆的本质和作用的理念，这些理念与康自己的想法非常接近，这让他很快理清了设计思路。在图书馆中，"重点不应该是怎么放书而是怎么让读者用书。"这座建筑必须"激发并确保阅读和研究的愉悦感，"这一点可以通过创造"一个绿色花园，或者在别的楼层有一个阴凉的露台"来实现。独立的阅览桌可以容纳一半的读者，"应该放在靠近窗户的地方，这样可以享受阳光和美景。"康在之前的建筑中对光的运用的敏感度完全符合委员会希望"尽可能巧妙地利用自然光，因为……人工照明没有自然光那么色彩丰富"的想法。任务书

也专门指出建筑的空间关系要非常巧妙，这样“读者在一进来的时候就能立刻感觉到建筑的规划。”[9]

1966年初设计工作开始了，因为康要在5月19日去埃克塞特做初步方案的汇报。[10]为这次汇报准备的图纸和模型表现的是一栋明确分成三部分的砖楼：一个三层通高的巨大中央大厅一直延伸到金字塔形的屋顶；包括书库夹层和角部服务空间的内区，以及供阅览使用的外区。界定阅读单元的拱券在首层形成了一条拱廊，在屋顶则变成了围绕屋顶花园的拱廊。强调三个连续的竖向元素是康的图书馆概念的核心；虽然之后进行了包括材料选择在内的很大改动，但是这个概念最后还是在实际建成的建筑中表达了出来。这个方案的另一个特征是入口两侧有两个突出的塔。塔里面是阳台和引导学生进入主大厅的楼梯。

关于主大厅的设计可以用康自己的话来阐述。在他看来，图书馆员为建筑师制定了理想活动方案：“我把图书馆看作是一个馆员布置图书的地方，特意翻到某一页以吸引读者。所以这个地方要有大桌子，这样馆员可以把书放在上面，读者可以把书拿走，到亮的地方去读。”[11]康的设计就是要把这个水平的书桌变成透过宏伟的中央大厅墙面上的洞口看到的一层层书架。虽然任务书中并没有提到这样的空间，但是这个大厅是康关于图书馆的想法的核心。他很赞赏艾蒂安-路易·布雷（Étienne-Louis Boullée）1785年设计的皇家图书馆，它传递了“一种图书馆应该有的感觉——你进入一个房间，里面到处都是书。”[12]

图书馆还需要有私密的阅览空间。康在十年前做圣路易斯华盛顿大学的图书馆方案时，就对这样空间的本质有了诗意的认知。同时，在他对学院本源的兴趣的驱使下，英格兰达勒姆的中世纪图书馆对他造成了深刻的影响，那里的阅览桌都放在走廊旁边，靠近光亮。[13]受这个历史案例的启发，他在设计的时候注意到：“主要的想法集中在要寻找一个与阅览桌的布局相一致的空间体系。在靠近建筑表皮的一个与世隔绝又光线充足的地方读书看上去很不错。”[14]虽然当时设想的是一个预应力混凝土的结构，但是他同时也考虑着另一个不同的结构体系：“有龛和拱顶的承重墙也是非常有吸引力的结构，它可以非常自然地提供……（阅览）空间。”[15]康关于图书馆的成熟想法既体现在被书籍围绕的公共大厅里，也体现在私密的阅览空间里。

在5月份的会议之后，阿姆斯特朗满怀热情地给康写信说：“你抓住了我们为学校寻找的这类建筑的精神……和我们在任务书里……想要描述的概念。你设计的建筑非常漂亮，它一定会成为学校的文化中心的。”[16]在接下来的五个月里，康和业主一起和谐地工作，对设计进行优化。（在此期间学校又委托康设计图书馆旁边的餐厅。[17]）在阿姆斯特朗的建议下，整座图书馆的功能布局非常清晰。最重要的是，珍本图书室和两个研讨室调到了顶层。[18]虽然屋顶花园比最初设想的小了一些，但是在整个设计中依然有着非常重要的意义；在某个点上，阿姆斯特朗写到了当地常绿植物的暗绿色调的优点，而不是更加绚烂的紫藤的树叶。[19]

有一处修改康不太乐意。为了消除委员们怕有东西坠落的担心，露台和阳台上的开放栏杆被换成了一个高高的砖砌女儿墙。[20] 然而，康把木质阅览桌嵌在砖砌的窗间墙和拱券形成的结构框架之间的想法让外观变得很丰富。立面上每个开间内的两个小窗户对应着两张阅览桌，而灯具上面的单个窗户对应着阅览桌和书架之间的大桌子。

中心大厅的墙原本是和书架连在一起的，后来脱开了，立面也随之改变了，上面两层拱券变成了巨大的圆形。现在，大厅变成了一个上面有双层金字塔屋顶的单独房间，里面充满了不断变化的漫射自然光。具有象征意义的几何形体和有质感的光线，以及周围的书籍，在建筑中创造出了尊重知识和学习的氛围。在 5 月 19 日之后的几个月里构想出来的第二版方案对功能、社会意义和精神意义做出了富有想象力的反应，无论是业主还是建筑师都非常欣赏这个方案。

但问题很快就打破了这种田园诗般美好的情况，第三个阶段开始了，这个阶段的设计决定做得很仓促。1966 年 10 月 3 日建筑与场地委员会的会议上，有人批评露台、室外楼梯和屋顶花园不适合新英格兰的气候时，第一次让人感受到了压力。[21]11 月 7 日，参与编写任务书的教育咨询公司的斯坦顿·莱格特（Stanton Legget）仔细审阅了康的图纸。他向理查德·戴建议延迟到在 11 月 11 日召开的建筑及场地委员会议上再批准这个方案。[22] 莱格特重点指出的问题是很难通过室外楼梯到达建筑、空间缺少灵活性、周围木质阅览桌的位置正好在大面积的玻璃下方，很可能出现冷风。阿姆斯特朗听说了康对这些反对意见的反应之后，给戴写了一封信，列举了这些批评，指出适当的采暖措施可以保证这些阅览桌在冬季的舒适性。他敦促尽快批准该项目迅速向前推进。[23]

除了表面上出现的各种问题之外，同时还隐藏着预算的问题，10 月 28 日，阿姆斯特朗提出预算不能超过 250 万美元。[24] 10 月底，康雇用的承包商乔治·麦康柏及其合伙人公司（George Macomber and Co.）提出了一份 344.1 万美元的估算。[25] 离关键的 11 月 11 日的会议只剩几天时间了，康不得不重新设计。在这份估算中，麦康柏列举了可能的省钱办法，其中包括在混凝土结构外面贴砖这样令人反感的措施。几天后，麦康柏提出了更靠谱的建议：在室内用混凝土代替石材并且缩小平面尺寸。[26] 作为回应，康去掉了首层的夹层和比较小的塔，用混凝土代替了部分室内砖。预算降下来了。在 11 月 11 日的会上巨大的木模型表现的这些改动打动了董事们，康获准开始施工图设计。[27]

第三版方案去掉了首层的夹层，这个改动打破了室内原来根据楼层高度划分的均匀度。首层拱廊的高度被减半了，建成之后它会显得很低矮。对于康来说，把中央大厅室内的砖换成混凝土是完全可以接受的，因为在他的理论中，行为、材料和灯具类型要一起考虑。顶光、巨大的混凝土体量下面是公共活动，而私密的阅读活动则是由人的尺度、比较暖砖的肌理和色彩来界定的，中间通过窗户来隔开。虽然中央大厅方形墙面上巨大的圆形在材料的变化中保留下来了，但是低一点的地方根据承重墙的特性而设计半圆形拱券被取消了。窗间墙变成斜向的了，在实际建成的建筑中它们支撑着漫射光天窗的深横梁。

在 1970 年 2 月 15 日埃克塞特的一次

讲座，以及1972年的一本出版物中，康解释了砖阅览区、混凝体大厅和书库三者之间的原则：

埃克塞特是从光所在四周开始设计的。我觉得阅览区应该是一个独自挨着窗户待着的地方，应该有一张私密的阅览桌，是一个隐藏在建筑褶皱里的地方。我把建筑的外观做得像一个砖做的环，与书籍脱开。我把建筑的内部做得像一个混凝土做的环，把书放在光照不到的地方。中心区域是这两个连续的环的结果；这里只是个入口，透过巨大的圆形洞口，可以看到这里到处都是书。这样你就能听到书的召唤。[28]

然而，即使这个方案通过之后，问题也还是持续不断；在完成第四版、最终版方案以及施工图之前，还有很长的路要走。1966年12月6日，康接到了新出台的地方政策禁止建筑超过三层的通知。[29]学校不想惹麻烦，请他重新考虑一下设计。虽然他没有完全执行，但是在1967年1月26日前后提交给学校的图纸中，他把顶层的屋面做成了坡屋顶，这将学校放到了更有利的位置来消化这个变更，后来在1967年4月21日获得了批准。[30]

1967年初，建筑的入口也有了新的设计。侧边塔楼的楼梯被移到了室内，直接与中央大厅相连。为这个楼梯还做了很多版比较方案。甚至到1968年7、8月份，施工图都画得差不多的时候，还在与业主讨论楼梯的最终方案。直到施工图快出图的时候康才决定用圆形。[31]塔楼失去了主要的功能，尺寸被再一次缩小；1967年2月7日，阿姆斯特朗写道："塔的消失和所有外部拱廊的删除都是非常遗憾的。"[32]角部的解决方案是一个斜向的切削，这样可以充分体现砖的阅读环的深度。11月11日汇报时候用的大模型有了很大改动，1967年5月27日的会上展示了新的方案。[33]接下来的一周，康接到通知说学校的预算出现了问题，他们请了普林斯顿的伍德和塔沃公司（Wood and Tower）作为造价控制顾问。[34]业主要求他们根据康的图纸和设计说明做一个招标前的测算。1968年出他们提交了测算，价格是4 522 961美元，这个价格远远超过了预算，他们建议取消中央大厅。[35]康无法接受失去"书的召唤"，但是这就意味着必须去掉入口庭院。在之前的方案里它被看作是另一个公共的"召唤空间"，对于图书馆来说有着和中央大厅一样的重要性。[36]

1968年2月，康在绝望中设计了"方案E"，把员工用房和工作空间所在的二层夹层移到了顶层，并且改变了它的功能。这样，建筑的高度降了2.7米。[37]5月4日，学校将预算提高到了380万美元，要求康按照提出的修改完成施工图。[38]但是新的设计显然是一个不太愉快的妥协；正如阿姆斯特朗在写给康的信里所说的，图书馆委员会"不禁感慨真的是一个损失。"[39]

1968年4月，在一个月的艰苦工作之后，康给学校写了一封情真意切又据理力争的信，他在信里概述了他匆匆设想了一下"方案E"在功能上、空间上和建筑表面组织上的可怕后果：

"我将采取任何必要的措施来说服建筑和场地委员会，对于建筑来说，唯一正确的事情就是按照我们这么久以来殚精竭虑地设计出来的高度和比例来建造。

高度之所以如此重要的原因之一，是它是根据需求产生的结果……

无论是最初的设想还是最终的结果，

这座建筑都是一个非常简洁的设计，每一个结构、空间和材料都是相互依赖的，缺一不可，去掉任何一个都会对其他部分造成影响。我的工作越深入，我越觉得即使是最小的改动也会带来巨大的影响……

建筑试图从外部体现砖承重墙的节奏，窗间墙之间规则的空隙随着高度的升高，以每两层为单元收缩。去掉一层就会打破这个节奏，立面的优雅和简洁也就没有了。经过最充分的考虑，我相信我满怀希望提出的减少一层的方案已经造成了我完全无法接受的状况。”[40]

最后学校允许康恢复夹层，1969年2月7日，他完成了招标需要的所有文件。[41] 施工过程中没有进行大的修改。施工方是马萨诸塞州的H·P·卡明斯建设公司（H. P. Cummings Construction）。图书馆于1971年11月9日交付使用。

建成的建筑充分实现了学校想要在校园里建一个文化和社交中心的想法。康的设计是围绕学习包括两个互为补充的行为的想法来做的：一方面，是安静内省的阅读行为，另一方面，是人与人之间的思想交流。[42] 大厅供辩论和沟通之用，尺度亲切的私密沉思空间环绕周围，表现了这两个层次的概念。

9. 金贝尔艺术博物馆

沃思堡，德克萨斯州，1966—1972 年

（图片参考：图集篇 9-1 至图 9-23）

1966 年 10 月，路易斯·康受邀设计德克萨斯州沃思堡的金贝尔博物馆。[1] 与他 1952 年设计的全国最古老的大学美术馆——耶鲁美术馆相比，金贝尔是一个全新的美术馆：它由凯·金贝尔夫妇的私人藏品发展而来，放在由他们成立于 1936 年的艺术基金会赞助的房子里。金贝尔艺术基金会 1965 年选举理查德·F·布朗（Richard F. Brown）为美术馆项目负责人，他们请他监督藏品的发展、推荐一名建筑师，并且作为项目的业主。这些藏品一直在沃思堡公共图书馆轮流展出，预计藏品的数量会快速增长。由于藏品的数量无法确定，所以在开始的时候有一定的模糊性，但是康接受了这一点，把它看作是一个为艺术作品创造一个理想环境的机会。

金贝尔艺术博物馆的基地是由董事选择的，1964 年 11 月得到了市议会的批准。基地是一块梯形的场地，被一条林荫道分成两半，道路上的铺砖将被清除掉。这块场地位于一个公园里，这个公园由三栋已有建筑——阿蒙·卡特（Amon Carter）博物馆（后来改为阿蒙·卡特西方艺术博物馆）、沃思堡当代艺术馆、科学历史博物馆（后来的儿童博物馆）——和市体育馆、礼堂和会展建筑共享。[2] 场地微微向东边的三一河和另一条河的交叉口倾斜，1600 多米外是湖滨公园。卡特博物馆是菲利普·约翰逊（Philip Johnson）1959 年设计的，在西边稍高一些的场地上。由于想从入口、门廊和露台上看到远处市中心的高楼，所以金贝尔艺术博物馆的董事们一致认为美术馆的高度不能超过 12.2 米，以免遮挡视线。[3]

布朗的“政策声明”和详细的“预备任务书”都是1966年6月1日提出来的，包括了所有他认为未来的博物馆中必不可少的东西。[4] 在对这份任务书的回应中，康把这栋建筑定义为“一个亲切的家”，参观者在里面有各种不同的体验：“那里会有一个与你看到的东西无关的餐厅。当我去博物馆的时候，我会想要喝杯茶。如果我处于特定的事物中，我会觉得被打断了……还会有亲近自然的室内庭院，有新鲜的空气和水声。”[5] 布朗要求有类似耶鲁大学美术馆那样灵活开敞的展览空间，但是康现在觉得单个的画廊应该有更明确的界定，尽管他喜欢有一些空间的灵活性，并且也为金贝尔艺术博物馆提供了一些可移动的隔墙。[6] 然而，在可以看到艺术品的地方引入自然光这一点上，两个人完全达成了一致，电灯只作为辅助的照明。最后，光成了美术馆的最终考虑。[7]

1966 至 1967 年的冬天，康很快改变了第一版博物馆方案，1967 年 5 月进行了深化。1967 年 3 月和 5 月的平面图以及工作模型描绘了一个宏伟的方案——42 平方米的面积，周围环绕着门廊和拱券，顶部是天窗采光的环形拱顶，里面有大小不等的庭院。只有一层高的美术馆基本上占满了整块场地，尽管现有的行道树与两个主要的庭院结合在了一起。十四个拱顶都是 9.1 米高，在天窗的下面是很有雕塑感的三维反射器，康打算把管线藏在这些反射器里面。

方案提交给布朗和董事会成员之后，布朗给康写了一封信，把他们的反应传达给他："到目前为止，我们完全认可设计的基本原则和建筑的概念。不仅如此，我们很兴奋，它与我们想的完全一致。"[8] 但是布朗也提出了关于建筑尺度和规模的问题——他觉得方形太大了，维护费用会很高。他们收藏的画都是画架尺寸的，他不想室内空间压倒它们；他也不希望普通参观者进入博物馆以后有自己是小矮人的感觉，布朗把这个小矮人称作是"从阿比林来的小老太太"。他建议缩小封闭的庭院，把服务区挪到公共楼层的下面（就像他在任务书里所说的那样），并且减小中轴线上的交通走廊的宽度，这条走廊与长长的拱顶垂直，临时展厅与永久展厅相连。

1967 年 7 月初，康在去孟加拉国（东巴基斯坦）洽谈达卡项目的时候画了张草图让他的同事深化。[9] 到 9 月底，第二版方案已经可以汇报了，康还画了一些放大的草图：一张总平面方案、从西北角和西南角看的草图、一张室内剖面图，这些图纸标注的日期都是 1967 年 9 月 22 日（图 516）。后来又做了一个模型来表达如何在第一版方案的基础上把北侧和南侧大庭院旁边的拱廊和门廊移走，并且压缩拱顶的长度、减少拱顶的数量。中间的连接部位变窄了，整栋建筑往西向场地中心移了，服务区调到了矮一点的楼层里。

这些改动把之前的方形变成了一个矩形，雕塑公园从南北两翼切入，形成了两个相互连接的展馆（它们之间的距离和之前一样）。西侧体量小一点的单元是主入口，它北边是报告厅，南边是临时展厅。东边大一点的展厅包括永久展品、室内庭院和采光井，有的一直往下延伸到首层的公共区，博物馆办公室、商店、图书馆和洽谈室都按照布朗的建议布置在首层。书店位于两个展厅之间的连接部位。

像他在之前的草图中勾勒的那样，康现在用比之前低一些地中海式拱顶代替第一版设计中 9.1 米高的拱顶，顶部被天窗切开。1967 年 10 月这些拱顶的曲率被定义成一条摆线。[10] 在第二版方案中，反射器变细了，与拱顶的高度和曲线相适应。它们会做成单向玻璃。之前在反射器里的服务设施现在被挪到了拱顶之间的空隙里。1967 年 11 月康在波士顿的一次演讲中是这么描述这个设计的：

> 我觉得房间里的光与混凝土融合在一起后会形成银色的光。我知道展示绘画和容易褪色的物品的房间只能用适度的自然光。博物馆的围护结构是一系列单跨 46 米长、6 米宽的摆线拱顶，每个顶部都有一条窄窄的天窗，天窗上有把自然光反射到侧面的镜面玻璃。这些光会在房间里形成一种银色调，它不会直接照到物体上，但是又能让人很舒服地感受到一天中的时间变化。[11]

经过 1967 年 11 月底的汇报，布朗和金贝尔博物馆的董事们接受了这个方案设计，而且他们也理解还会有一些修改。[12] 接下来的两个月里，预算做好了，之后的五个月里做了一些节约造价的调整，首先是材料，然后是拱顶的模数，但是保留了基本的设计和想要的特点。[13]1968 年 8 月下旬，康开始不满意这些零碎的修改，他抓住了布朗想要调整临时展厅位置把它从主入口附近移开的机会。

第三个阶段有了一张不同的平面。1968 年 9 月做的模型是一个简洁、综合的建筑，而不再是通过一个窄窄的连接把两个展厅连到一起的方案了。现在七个拱顶的两翼每边都和中间有四个拱顶的单元对齐，这个中间单元退到一个前庭和水池的后面，包括朝西的门廊、书店（楼层的夹层里有一个儿童画廊）和楼上的员工图书馆。北翼是永久展厅，共有四个庭院，其中一个一直延伸到下面，给洽谈室带来采光。南翼包括临时展厅、接待大厅、“餐厅”和厨房，所有这些都沿着一个开放的花园布置。中间体量和北翼的地下是员工区：办公、商店、储藏室、洽谈室、摄影室、卸货平台、图书馆和设备用房。除了报告厅下沉到画廊下面的斜楼板之外，南翼的地下基本没有开挖。每个拱顶的尺寸都是 6.7 米 ×47 米，中间由平顶的缝隙隔开。建筑位于场地上的树的后面，143 米长，62 米宽。

在 1968 年剩下的时间以及 1969 年初，一直在进行修改、调整和深化。南北两翼的功能和庭院数量互换了一下；去掉了两个庭院，剩下的一个也被缩小了，拱顶的尺寸和数量也是如此。为了提供操作空间和从停车场进入的公共入口，地下室扩大了；还增加了更深的一层地下室。在此期间施工图也开始了，并且得到了预算的反馈。[14] 经过大量的研究，1969 年 3 月康决定用穿孔铝板而不是玻璃或者塑料来做反射器，这种材料已经用在了灯具上。这一年里更加深入的研究形成了像张开的鸟儿翅膀一样的反射器，通过它把光反射到拱顶侧边和下面的墙上。[15] 从 1969 年 3 月 19 日开始，又进行了额外的降低造价的修改，预算也重做了。[16] 平面的完成远远提前于 1969 年 5 月 9 日签署的施工协议，正式开工时间是 7 月。[17] 和康典型的做法一样，开始施工的时候设计工作还没有结束，因为他想追求更好的结果，所以认真听取并仔细考虑了布朗和其他人的建议，并且一直持续地工作。[18]

金贝尔博物馆完成于 1972 年，是整个过程的最终提炼结果：中间是四个拱顶，南北两翼是六个相对低一些的拱顶。最西边的拱顶形成了三个有顶盖的门廊，向前庭和水池敞开。“绿色房间”——小树林、庭院以及开敞的、有草坪的空间——把建筑和花园统一起来。公共楼层全部采用拱顶并且可以自然采光，稳稳地落在美术馆服务区所形成的基座上。6 米高的拱顶（30 米长、7 米宽）用的是铅屋顶，上面有天窗。它们看上去就像是光的容器——这一点从一开始就是康的理念中非常重要的部分——它决定了参观者在博物馆中的体验。2.4 米的隧道把拱顶连接起来，它们的铝拱腹上面是管道。建筑的结构构件是混凝土的，墙面、镶板和地面用的是石灰石和白色橡木。形式、材料和细部都保持了统一性。康把每一个细节都考虑到了。比如说，当布朗欣然接受康使用和罗马美国学院很像的大花瓶的建议但是注意到这些花瓶很难买到时，建筑师就画了一个可以让陶艺工人照着做的草图。[19]

像他所预见的那样，康的博物馆里的光和空间形成了“银色的光”并且“可以让人舒服地感受到一天中时间的变化”。金贝尔博物馆离著名的艺术中心很远，规模也相对小，但是它对博物馆建筑产生了重要的影响，无论是它优秀的自然照明设计，还是功能需求的合理组织都是一个很好的例子。[20] 作为一个公共机构，藏品和建筑之间的相互融合强化了它的特性。两者都有助于并且强化整个体验，正如布朗所希望的那样。[21] 传统建筑特征——拱顶、天窗、庭院和让人回忆起之前的博物馆的花园——与简朴的美学观念结合在了一起，几乎没有装饰，典型的现代主义技术实力的表现，在康的作品中这并不是特例。但是康在金贝尔博物馆中把这种融合创造出了不同寻常的优雅效果。

10. 耶鲁大学英国艺术中心

纽黑文，康涅狄格州，1969—1974 年
（图片参考：图集篇 10-1 至图 10-20）

1969 年 2 月，纽黑文耶鲁大学英国艺术与英国研究中心主任保罗·梅隆（Paul Mellon）找到路易斯·康，请他设计一栋建筑。[1] 保罗在 1966 年的时候就宣称要把他收藏的从 17 世纪初到 19 世纪中期的英国艺术品捐赠给耶鲁，并且还提供建设资金，把一栋建筑捐给学校，以支持学校关于英国文化的研究。耶鲁校长小金曼·布鲁斯特（Kingman Brewster Jr.）指派了跨学科的委员会来研究如何最好地利用梅隆的捐赠。1968 年初他们提出把画廊、珍本图书和研究图书馆以及辅助的研究区域变成一个综合的中心，以促进新方法的产生并强化研究。[2]

虽然有委员会在工作，但是校长布鲁斯特还是请学校的顾问建筑师爱德华·拉雷比·巴恩斯（Edward Larrabee Barnes）来负责位置的选择。（巴恩斯后来向普劳恩（Prown）推荐了康，后者其实也想到康了，并且后来成了与康联系的中间人。[3] 他的公司推荐了一块就在教堂街耶鲁美术馆对面的场地，这样可以让耶鲁大学里与艺术相关的活动离得近一点。位于高街和约克街之间的街区里的建筑在其后的两年里被陆陆续续买了过来。教堂街和约克街的拐角原来有一所教堂，之前归耶鲁大学话剧团使用，这里将变成艺术图书馆。后来他们要求康把艺术图书馆作为梅隆项目的一部分。[4] 根据1970 年的任务书，要求南侧的体量凸出来（“也许是供剧场使用”）。[5]

虽然 1966 年城市和耶鲁大学联合宣布这个消息的时候，市长理查德·C·李（Richard C. Lee）对中心表示很欢迎，但是对大学扩张的敌意很快就成了一个问题。一个这中的办法是把税收创收商店作为梅隆中心的一部分。已经成为纽黑文 8 万多山地中心重新开发的项目建筑师的康并没有觉得这个不同寻常的要求是博物馆的负担，反而欣然接受了这个想法。[6] 对于他来说，这是一个搞活和回应街道的机会。

1968 年 7 月，布鲁斯特任命普劳恩为委员会主任，负责完善任务书、推荐建筑师并且作为耶鲁的业主代表。他于 1969 年 1 月向校长提出了他关于这栋建筑的初步想法。[7] 他希望这是一栋“人文的”建筑，同时满足藏品和使用者的需求。他认为它与学校以及城市的关系是非常重要的，它会让新大楼在大学里的邻居们成为视觉、表演艺术以及学术创造力的代表，并体现附近存在“愉快的”商业机构。普劳恩要求有适合画幅比较小的绘画作品、印刷品、图纸以及图鉴的尺度，尽管他也要求设计一些能够存放大型油画和雕塑的房间。画廊、办公室和洽谈室要求自然采光，纸制品的展示要求有过滤的或者人工的照明。他认为空间要丰富，

以免产生疲劳；平面要清晰；要有专门供思考、交谈的空间，而且装修要让参观者感到舒服。

普劳恩在1968至1969学年里投入了大量精力研究博物馆和建筑师，然后他选择了康作为设计师，这个决定在1969年6月得到了耶鲁公司的同意并且随后向公众宣布。[8] 项目的造价——这是个影响任务书和设计的问题——之前是在500～900万美元之间，但是现在确定为600万美元。[9]1969年9月，普劳恩和康去梅隆家族在弗吉尼亚州阿珀维尔和乔治城的家里拜访了他们。他们还去了国家美术馆和华盛顿特区的菲利普藏品馆。[10] 梅隆的住宅以及菲利普藏品馆都是由住宅改造而成的博物馆，有着建筑师和业主都想为梅隆中心寻找的模糊性。康把藏品和家庭环境关联到一起；他提到"关于书、画、图纸之间亲密关系的想法——对于藏品来说，这里就是它的家。"[11] 普劳恩相信，这个复杂的建筑将像菲利普藏品馆一样，他觉得它很适合英国艺术，他将英国艺术描述为"关于场所和人类行为的艺术。"[12]

1970年2月康根据1月份发布的任务书提交了梅隆中心初步方案的平面草图，总建筑面积约为13935.45平方米。一层包括商业空间、从教堂街和高街进入庭院的入口及主楼梯、报告厅、博物馆工作间。画廊和图书馆——机构设施——从二层开始。大阅览室上面是一个充满着传统博物馆元素的次要庭院，阅览室的下面是报告厅。1970年2月4日的剖面体现了把自然光引进来的、组织室内空间的庭院的重要性，这也是任务书所要求的。普劳恩对这些平面很失望，他将其称为多米诺长方形和方形；与他期望的穿插空间和高低错落相比，它们似乎过于简陋。[13] 实际上，正是任务书的复杂性激发了康寻找一个简单的解决方法的想法。这个集中式的平面以及平面自身的简洁性，在整个设计过程中都保留了下来。这是康的工作方式。正如普劳恩观察到的那样，虽然立面一直都不是事后再想的，但是总是会出来得比较晚。

对于耶鲁中心来说，有自然照明的画廊是非常关键的，它一直贯彻于整个设计中。康把这些画廊布置在顶层，上面是有天窗的双拱屋面，天窗的长度一直延伸到南北两侧的建筑。由于采用了空腹桁架，所以可以开出巨大的洞口。（停车场在地下。）从1970年6月初的模型中可以看到无处不在的拱形，低楼层的窗户以及外部镶板与之呼应。虽然普劳恩喜欢早期的设计，但是他对顶层的画廊表示怀疑，他担心这么有建筑感的空间会压倒小的艺术作品。

在1970年夏天到1970至1971年冬天的方案里，他们说服康换了一种手法。新版（1971年1月）的北立面通过一分为二的办法充分表现了结构开间以及展览和研究（或者说美术馆和图书馆）双重功能。这版方案包括替代右侧的"教堂-剧院"的美术图书馆。康说："另一个特征是两栋建筑之间的伸缩缝。我强调并夸大了伸缩缝，让它在伸缩缝上有两个而不是一个入口。我觉得这本身就很有美感，而不仅是必要。"[14]

1971年的设计是基于第一版任务书的工作的集成：四层，两个夹层，总建筑面积9629.68平方米。[15] 这个面积远远超过了任务要求的8175.47平方米，但是随着平面的深化，任务书允许的面积总觉得不够。耶鲁大学的人对他们看到的东西很满意：东侧封闭的庭院有壮观的玻璃楼梯间，周围是商店；通过头顶的玻璃金字塔采光的图书馆有花园和露台；从上面的楼层可以看到一个开敞的庭院；拱形的画廊——空间有很强的建筑感——通过顶部的天窗采光；角部是四个金属饰面的塔楼，里面是服务设施。对于普劳恩来说：

> 这只不过是不断深化、深化、再深化，然后到达了让大家满意的一个点……花园很棒。从办公室可以俯瞰图书馆的花园。即使是现在，我觉得（根据第一版任务书做的）第一个方案会更好，不过我确实也觉得对于英国绘画的陈列来讲可能不是很合适。[16]

1971 年 3 月康给保罗·梅隆写了封信：“我觉得方案基本成熟了，我希望它能实施。”[17] 但是，现在预算涨到了 1400 ～ 1600 万美元，而且这个时候捐赠人发现他和他姐姐作为主要捐助人的国家美术馆东楼的造价也涨了。耶鲁的一份研究报告显示，这个项目要减少三分之一。[18]

1971 年 5 月 6 日，耶鲁大学发布了修改后的任务书，把净面积变成了 5905.85 平方米，毛面积改为 9866 平方米。[19] 康并没有对重新开始表现出明显的失望，他开始画第三版、更小规模的草图。早在 5 月 20 日他就把图纸交到了普劳恩和他的助手亨利·博格（Henry Berg）手里。[20] 他保留了双中庭的方案，放弃了需要使用空腹桁架的大空间，全部改为小开间。结构采用钢板混凝土和玻璃。为了欢迎学生和公众，普劳恩建议把高街和教堂街的转角打开，[21] 康照做了，把那里当作主入口，并且把它变成了梅隆中心的一个城市前庭。他还把首层的西侧降低了，形成了一个室外露台和报告厅的独立入口。普劳恩和博格与康和室内设计团队密切配合，对平面提出了大量、详细的意见。[22]

1971 年 11 月，捐赠人和耶鲁公司收到了设计文件。[23] 净面积减少到了 5705 平方米，包括商店在内的毛面积为 10 622 平方米，[24] 平面与最终的图纸非常接近，除了图书馆庭院中间的楼梯是斜方形而不是最终建成的圆形筒仓。和之前一样，一层是商店、中心入口、报告厅以及非公共的博物馆区域。二层的图书馆庭院有两层通高的阅览室，通过三面的大窗户采光；展厅围绕在入口庭院周围。三层和二层类似，西侧庭院周围是连续的书架，东侧庭院周围是画廊。顶层是主要的图片陈列厅以及馆长和管理人员研究藏品的办公室。

梅隆和耶鲁公司批准方案之后，天窗和散射灯之类有问题的地方，以及整个设计还在继续推敲。随着 1971 年 11 月到 1972 年 5 月设计的深化，图书馆里的楼梯间有了最终的独立柱子形——让人联想起康在耶鲁美术馆里的楼梯。耶鲁要求在珍本图书和印刷品及图纸之间有一个陈列和空间的分隔。1972 年 11 月开挖，但是修改后的施工图直到 1973 年 8 月才出图。[25]1974 年 3 月 17 日，康突然离世，当时纽黑文正准备安装天窗的预制混凝土梁。[26] 耶鲁指派建筑师佩里西亚和迈耶斯完成剩下的工作。他们都和康一起工作过。马歇尔·D·迈耶斯（Marshall D. Meyers）曾是金贝尔博物馆的项目建筑师，而安东尼·佩里西亚（Anthony

Pellechia）是印第安纳州韦恩艺术中心的项目建筑师；1973 年秋天，迈耶斯担任了康和耶鲁在梅隆项目上的现场代表工作。1977 年他和佩里西亚一起见证了建筑完工，在康去世的时候，只有一些细节的设计还没有完成。[27]

耶鲁大学英国艺术中心完工之后几乎没有什么改动；（康一开始想要的）木百叶装在了窗户的外面，朝向高街的一家商店改成了博物馆的书店。虽然有些评论家说这是康最保守的建筑，并且把它看作是对现代主义的回归，[28] 但是整体的评价还是很高的，而且这些评论都是从具体操作的层面提出来的。也许朱尔斯·普劳恩（Jules Prown）最好地总结了这栋建筑，他说这栋建筑最成功的地方是建筑的诗意——光、尺度、气氛以及所体现的价值——而不是简单的平铺直叙。[29]

PART 3 图集篇

1. 耶鲁大学美术馆

2. 理查德医学研究所

3. 萨尔克生物研究所

4. 第一唯一神学教堂与主日学校

5. 布林莫尔学院埃莉诺礼堂

6. 印度管理学院

7. 孟加拉国达卡国民议会大厦

8. 菲利普·埃克塞特学院图书馆

9. 金贝尔艺术博物馆

10. 耶鲁大学英国艺术中心

附：美术作品

1. 耶鲁大学美术馆

纽黑文，康涅狄格，1951—1953 年
（图片参考：图集篇 1-1 至 1-7）

图集篇 1-1 后院花园

图集篇 1-2 入口

图集篇 1-3 侧立面

图集篇 1-4 画廊

图集篇 1-5 梯井

图集篇 1-6 画廊，面向梯井方向

图集篇 1-7 梯井，面向上方

2. 理查德医学研究所

费城，宾夕法尼亚州，1957-1965

（图片参考：图集篇 2-1 至 2-11）

图集篇 2-1 理查德楼东北角塔楼

图集篇2-2 生物楼塔楼

图集篇 2-3 生物楼塔楼

图集篇 2-4 理查德楼，入口

图集篇 2-5 生物楼，从西侧

图集篇 2-6 理查德楼，从入口处

图集篇 2-7 生物楼入口

图集篇 2-8 理查德楼入口，拐角处细节

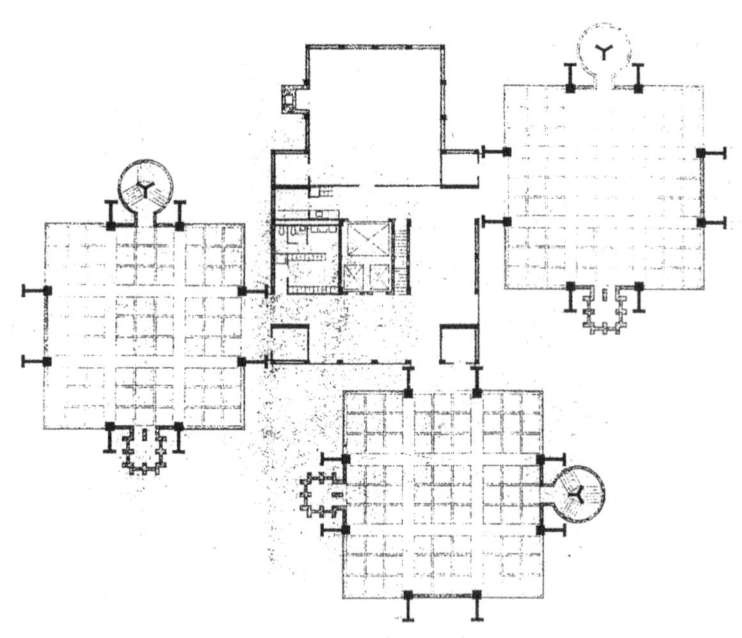

图集篇 2-9 理查德楼平面图

图集篇 2-10 理查德楼和生物楼的北立面图

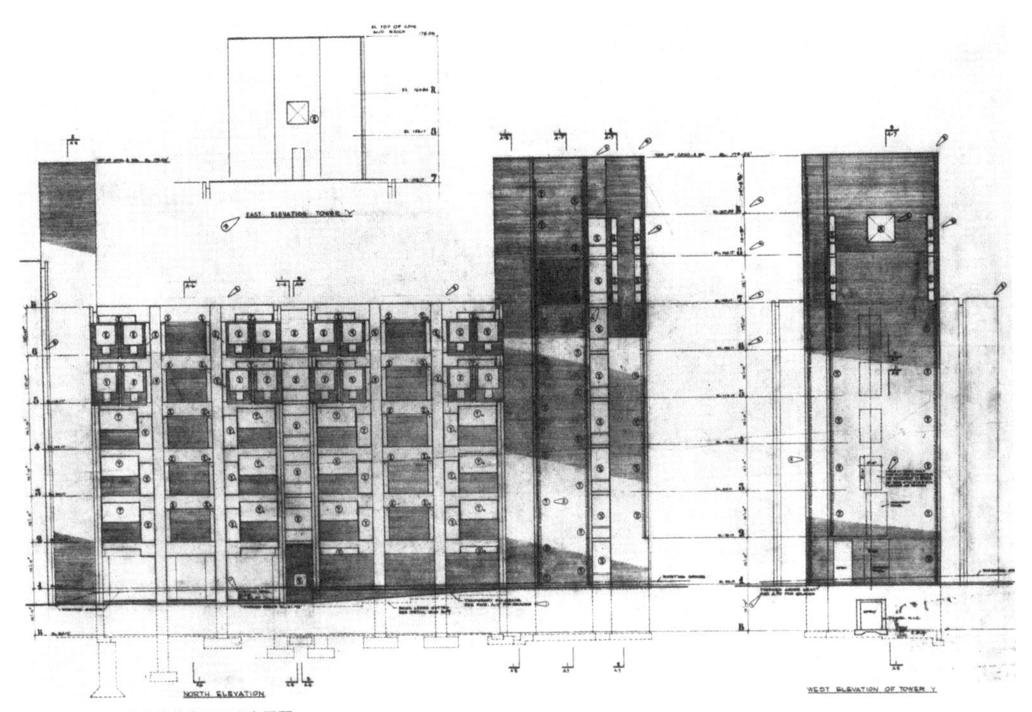

图集篇 2-11 生物楼北立面及西立面图

3. 萨尔克生物研究所

拉霍亚，加利福尼亚州，1959—1965 年
（图片参考：图集篇 3-1 至 3-17）

图集篇 3-1 萨尔克生物研究所，庭院，向西方向

ED COURT

图集篇 3-2 庭院，向西方向

图集篇 3-3 萨尔克生物研究所，庭院，向东方向

图集篇 3-4 研究楼

图集篇 3-5 研究楼

图集篇 3-6 研究楼

图集篇 3-7 研究楼

图集篇 3-8 研究楼

图集篇 3-9 研究楼下通道

图集篇 3-10 南立面

图集篇 3-11 实验室总平面图

图集篇 3-12 会议室墙上的分析图

图集篇 3-13 南立面

图集篇 3-14 通风入口

图集篇 3-15 通风入口

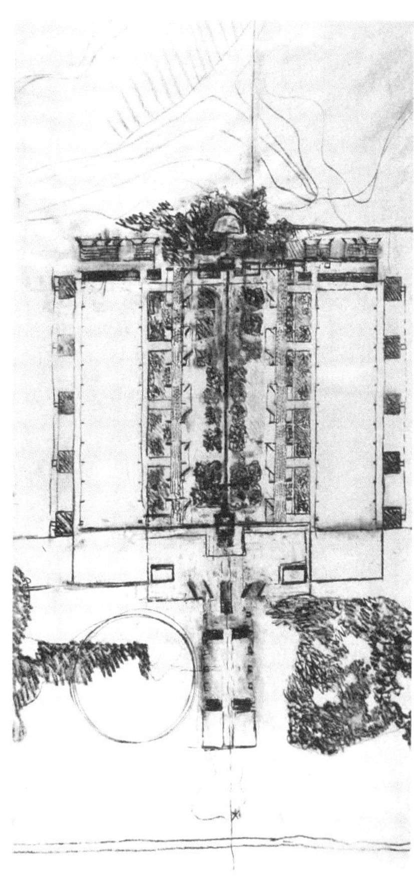

图集篇 3-16 实验室总平面图

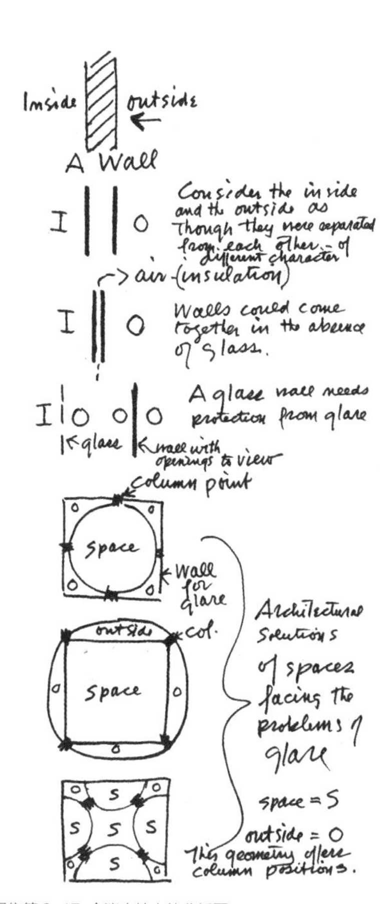

图集篇 3-17 会议室墙上的分析图

4. 第一唯一神学教堂与主日学校

罗切斯特，纽约，1959—1969 年
（图片参考：图集篇 4-1 至 4-9）

图集篇 4-1 第一唯一神学教堂与主日学校，背立面

图集篇 4-2 礼堂

图集篇 4-3 主日学校

图集篇 4-4 入口

图集篇 4-5 从主日学校看教堂视角

图集篇 4-6 前侧面

图集篇 4-7 入口

图集篇 4-8 主日学校上的窗户

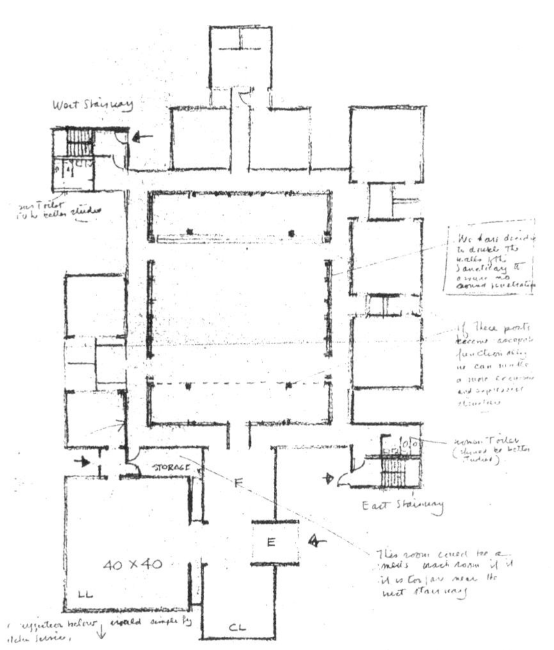
West Stairway
men Toilet (to be better studied)
We have decided to double the walls of the Sanctuary to ensure no sound penetration
If these points become acceptable functionally we can make a more economical and expressive structure
women Toilet (should be better studied)
STORAGE
F
East Stairway
E
This room could be a men's wash room if it is too far near the west stairway
40 X 40
LL
CL
[illegible] kitchen below, could simplify kitchen service.
I should like to advise the in clearing of the lounge library to assume the more particular meaning of the Sanctuary by not assuming too many possible performances in the Sanctuary. Even the decision of the type of flooring becomes difficult we too many uses in consideration.
I should even go further in my hope that the 40 X 40 social room have a two story ceiling. It would then have the character of a multi purpose room for dining dance assembly the big coffee the Education movie etc etc, etc. The Foyer and craft room could also be made into more intense service.
Lou 1960

图集篇 4-9 平面图

5. 布林莫尔学院埃莉诺礼堂

布林莫尔，宾夕法尼亚州，1960—1965 年
（图片参考：图集篇 5-1 至 5-10）

图集篇 5-1 入口

图集篇 5-2 背立面细节

图集篇 5-3 背立面

图集篇 5-4 背立面

图集篇 5-5 中心大厅

图集篇 5-6 中心大厅上层

图集篇 5-7 中心大厅

图集篇 5-8 楼梯间

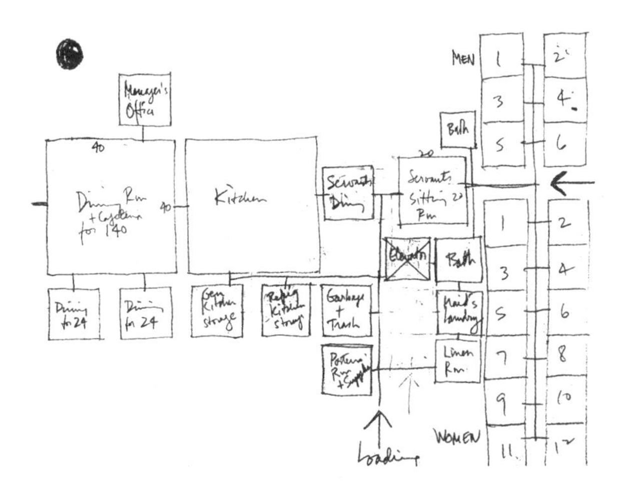

图集篇 5-9 任务书方案图解

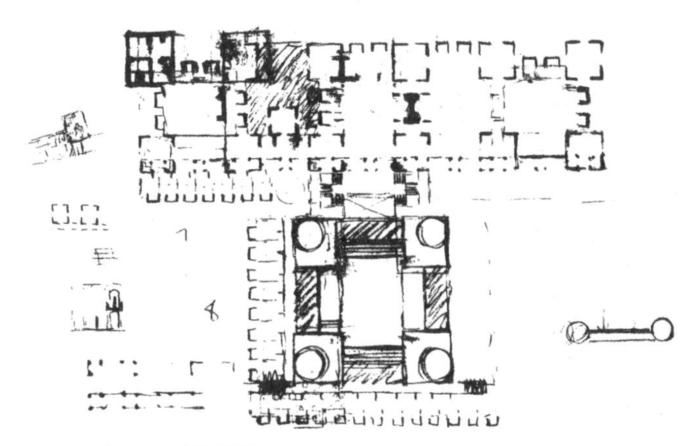

图集篇 5-10 标准层平面图

6. 印度管理学院

艾哈迈德巴德，印度，1962—1974 年

（图片参考：图集篇 6-1 至 6-18）

图集篇 6-1 宿舍

图集篇 6-2 宿舍

图集篇 6-3 宿舍

图集篇 6-4 教学楼

图集篇 6-5 宿舍

图集篇 6-6 宿舍

图集篇 6-7 宿舍通道

图集篇 6-8 教学楼通道

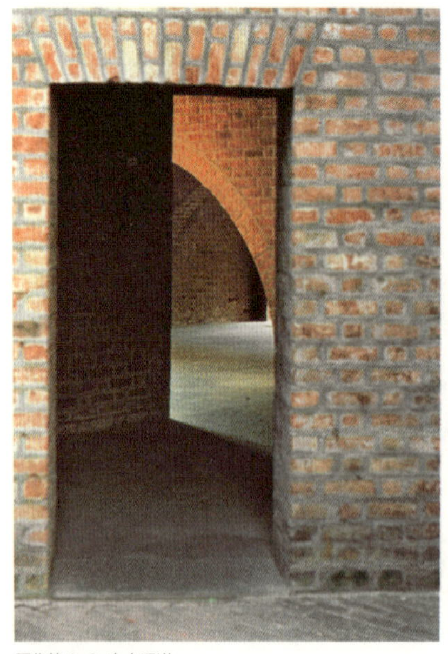
图集篇 6-9 宿舍通道

图集篇 6-10 宿舍通道

图集篇 6-11 教学楼通道

图集篇 6-12 图集篇 宿舍通道

图集篇 6-13 学院楼

图集篇 6-14 学院楼

图集篇 6-15 学院楼

图集篇 6-16 学院楼

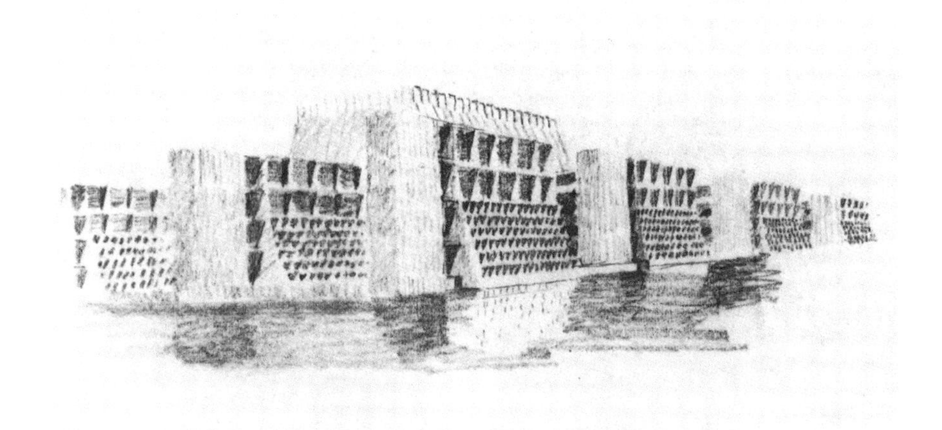

图集篇 6-17 宿舍楼透视图

图集篇 6-18 教学楼模型

7. 孟加拉国达卡国民议会大厦

达卡，孟加拉国，1962—1983 年
（图片参考：图集篇 7-1 至 7-25）

图集篇 7-1 从南侧看

图集篇 7-2 从西侧看

图集篇 7-3 从东侧看

图集篇 7-4 东侧旅馆

图集篇 7-5 南侧广场

图集篇 7-6 总广场

图集篇 7-7 东侧旅馆，从总广场方向

图集篇 7-8 东侧旅馆

图集篇 7-9 从南侧广场到祷告大厅的桥

图集篇 7-10 从东侧旅馆看议会大厦

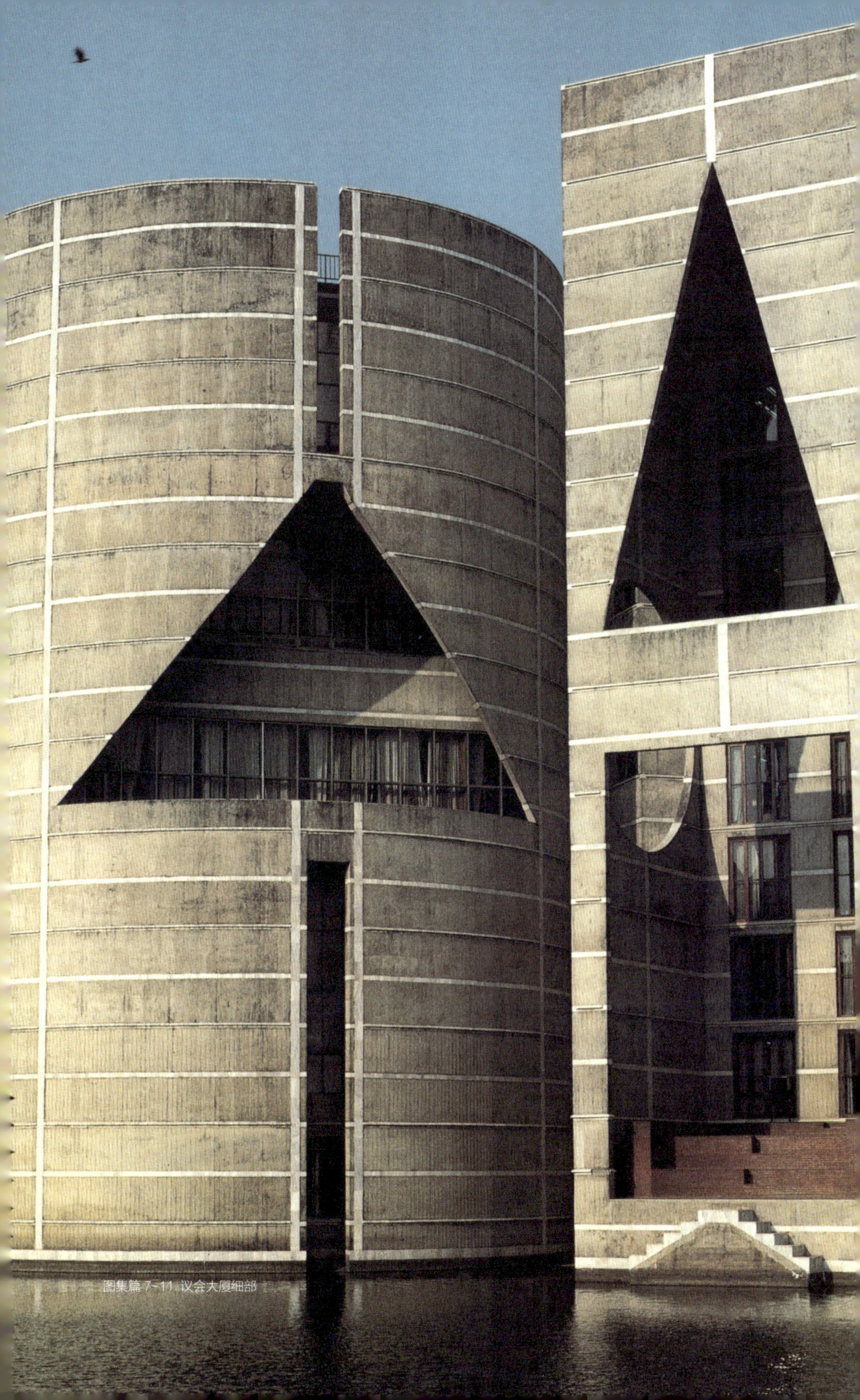

图集篇 7-11 议会大厦细部

图集篇 7-12 入口走廊和医院前等候厅

图集篇 7-13 南部广场的拱顶

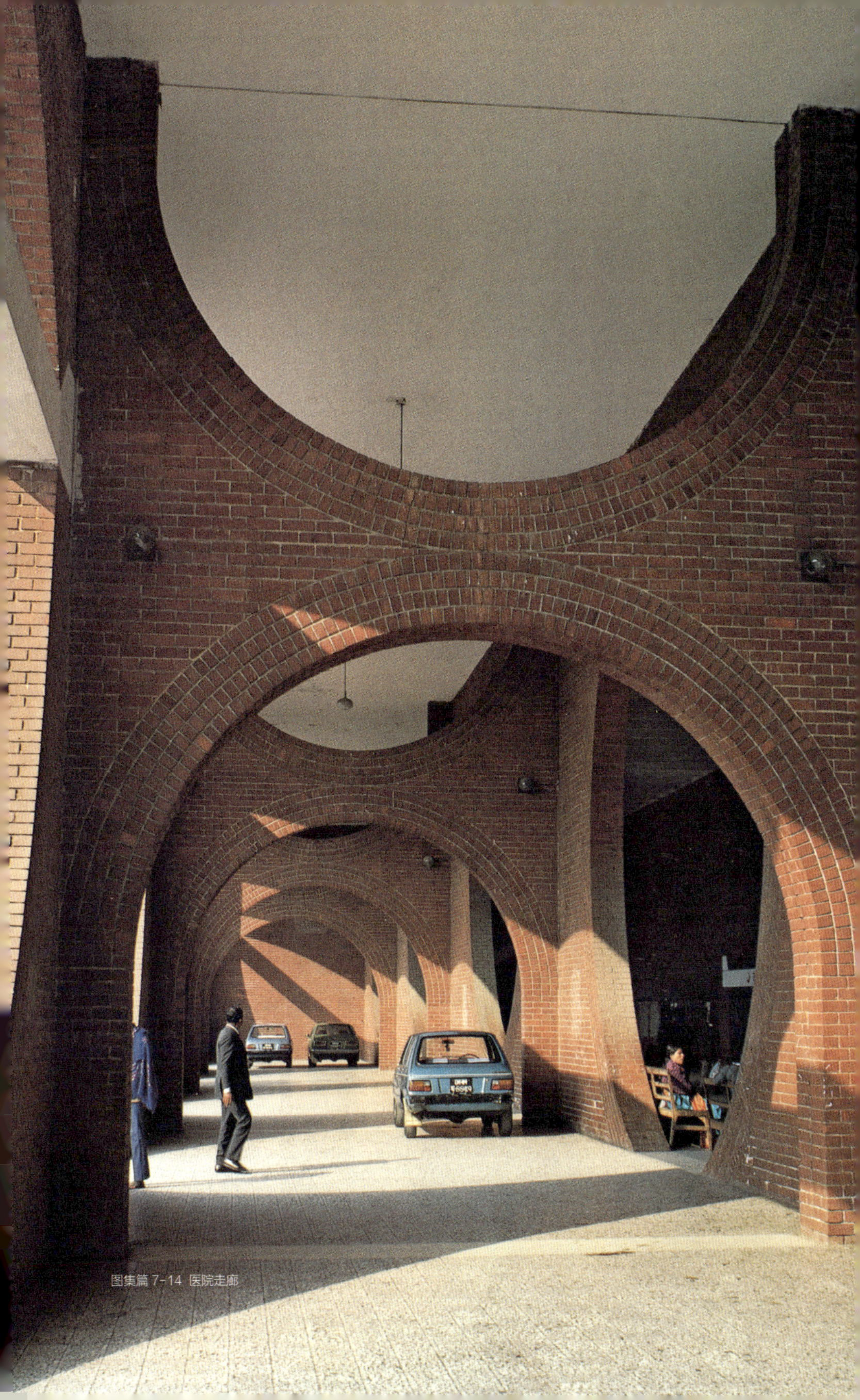

图集篇 7-14 医院走廊

图集篇 7-15 祷告大厅

图集篇 7-16 厅内回廊

图集篇 7-17　北入口处楼梯

图集篇 7-18 祷告大厅

图集篇 7-19 议会中心大厅

图集篇 7-20 议院顶棚

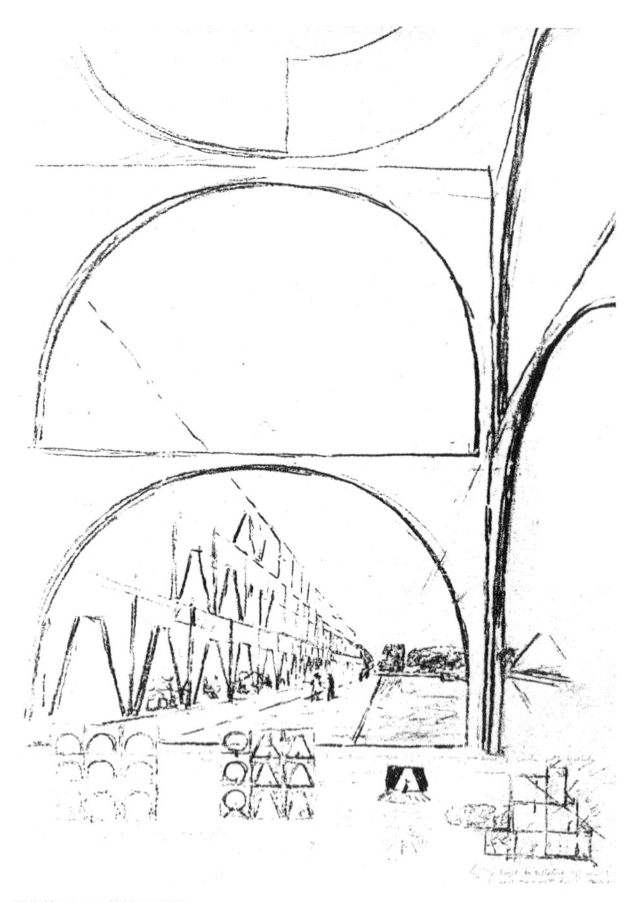

图集篇 7-21 旅馆透视图

图集篇 7-22 康和助手在讨论议会中心模型

图集篇 7-23 议会中心北侧模型部分

图集篇 7-24 施工中的总广场

图集篇 7-25 施工中的议会中心

8. 菲利普·埃克塞特学院图书馆

埃克塞特，新罕布什尔，1965—1972 年
（参考图片：图集篇 8-1 至 8-10）

图集篇 8-1 从西北侧看

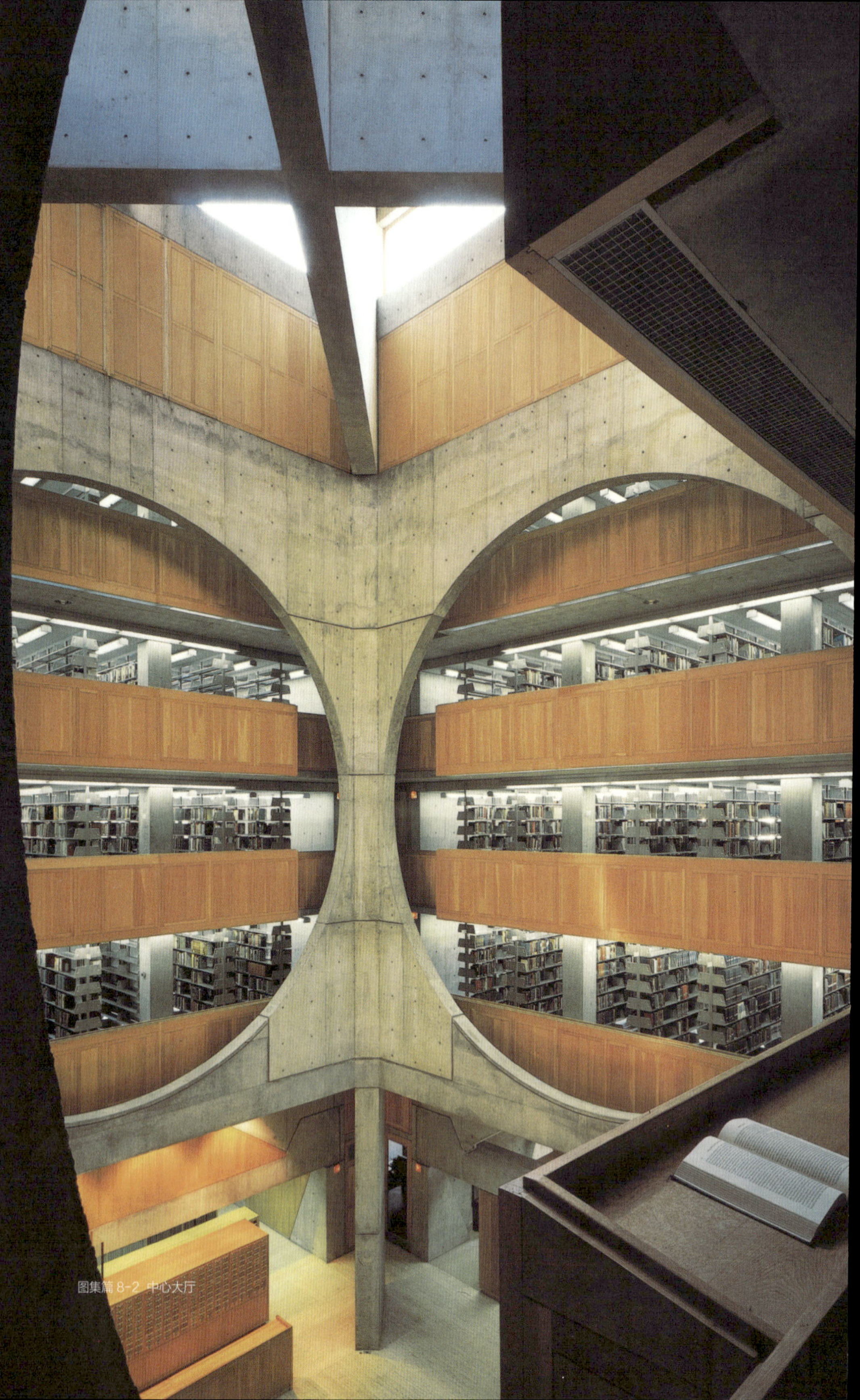

图集篇 8-2 中心大厅

图集篇 8-3 中心大厅

图集篇 8-4 图书管理员办公室

图集篇 8-5 读者可单独使用的阅读单间

图集篇 8-6 中心大厅一角

图集篇 8-7 楼梯

图集篇 8-8 楼梯

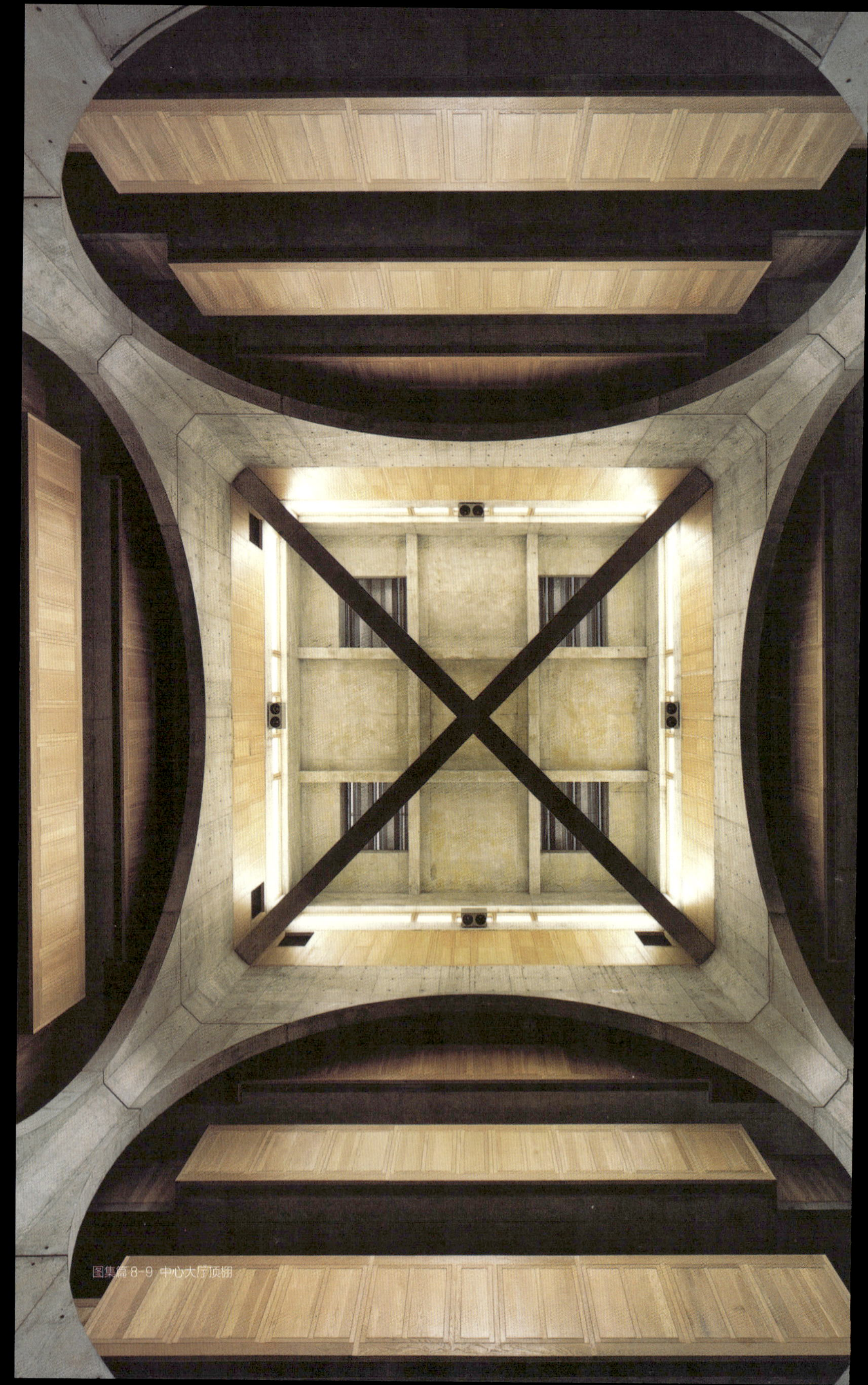

图集篇 8-9 中心大厅顶棚

图集篇 8-10 图书馆速写图

图集篇 9-1 入口门廊处的冬青树丛

图集篇 9-2 北侧门廊

图集篇 9-3 入口门廊

图集篇 9-4 南侧门廊及倒影池

图集篇 9-5 南侧花园及野口勇设计的雕塑

图集篇 9-6 入口门廊细部

图集篇 9-7 管理员办公室庭院

图集篇 9-8 南侧庭院

图集篇 9-9 西侧采光井

图集篇 9-10 管理员办公室庭院

图集篇 9-11 北侧庭院

图集篇 9-12 画廊

图集篇 9-13 画廊

图集篇 9-14 画廊

图集篇 9-15 图书馆

图集篇 9-16 自习室

图集篇 9-17 礼堂

图集篇 9-18 大厅楼梯处

图集篇 9-19 咖啡厅

图集篇 9-20 楼梯处细部

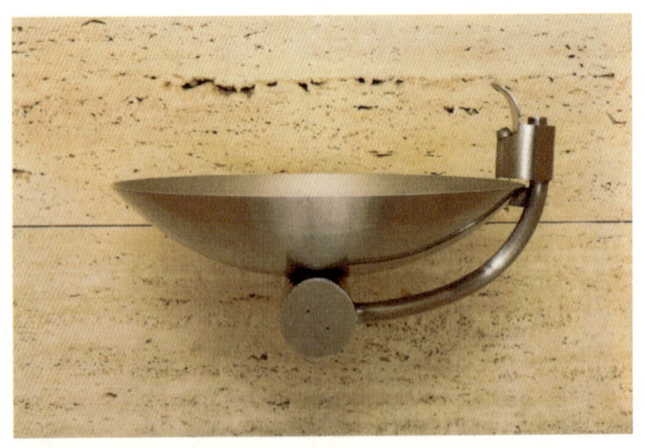

图集篇 9-21 饮水池

图集篇 9-22 办公室门

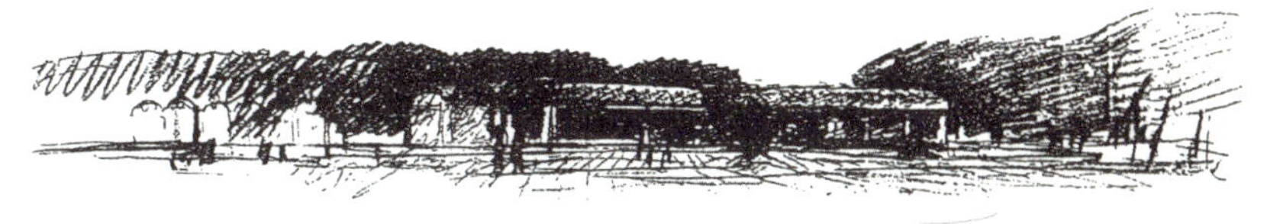

图集篇 9-23 西北侧透视图

10. 耶鲁大学英国艺术中心

纽黑文，康涅狄格，1969—1974 年

（参考图片：图集篇 10-1 至 10-18）

图集篇 10-1 左侧面

Cafe

图集篇 10-2 背立面

图集篇 10-3 西北侧外立面

图集篇 10-4 耶鲁大学艺术画廊（左）和耶鲁大学艺术中心

图集篇 10-5 入口

图集篇 10-6 入口中庭

图集篇 10-7 入口中庭顶棚

图集篇 10-8 图书馆庭院

图集篇 10-9 图书馆庭院的楼梯

图集篇 10-10 上层画廊，向庭院方向

图集篇 10-11 上层画廊

图集篇 10-12 上层画廊

图集篇 10-13 上层画廊

图集篇 10-14 图书馆

图集篇 10-15 礼堂

图集篇 10-16 画廊电梯

图集篇 10-17 图书馆半圆楼梯透视图

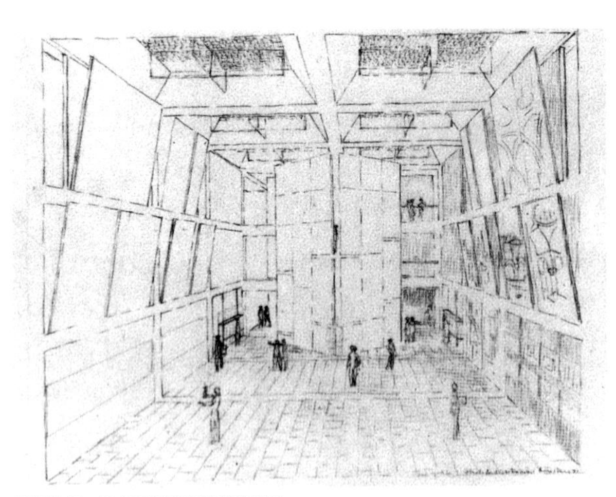

图集篇 10-18 图书馆菱形楼梯透视图

附：美术作品

阿玛菲，意大利，1928 年冬

吉萨金字塔，埃及，1951 年 1 月

卡纳克神庙，埃及，1951 年 1 月

阿波罗神庙，埃及，1951 年 1 月

雅典卫城，埃及，1951 年 1 月

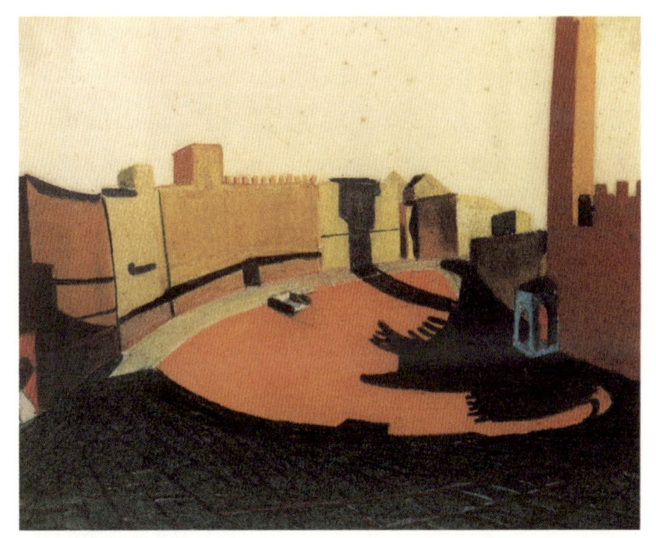

田园广场，意大利，1951 年冬

圣马科斯，意大利，1951 年冬

韦恩艺术中心，韦恩堡，印第安纳州，约 1970 年

韦恩艺术中心，表演艺术剧院大厅，约 1970 年

大事记

1875
路易斯 · 康的父亲里奥波德 · 康（Leopold Kahn）出生于爱沙尼亚。

1878
路易斯 · 康的母亲贝尔莎 · 门德尔松（Bertha Mendelsohn）出生于拉脱维亚。

1901
2月20日，路易斯 · 康在爱沙尼亚萨列马岛的金吉谢普出生。

1904
里奥波德 · 康移民到美国费城。

1906
贝尔莎 · 康带着路易斯、萨拉（Sarah）和奥斯卡（Oscar）三个孩子移民到美国费城。

1908—1912
路易斯 · 康（以下省略）开始在费城乔治大街4号的兰德伯格小学上学。

1912—1916
开始在费城费尔芒特大街6号的菲利普 · 卡尼将军学校上初中。同时期，康还在费城马斯特大街13号的公立美术学校读书。

1913
在由约翰 · 瓦纳梅克赞助的城市艺术竞赛中获得一等奖。

1915
5月4日，与父母和兄弟姐妹一同加入美国国籍。

1916—1920
升入费城格林大街的中央高中，同时加入凯瑟琳大街719号的图案速写俱乐部（弗莱舍艺术纪念馆）和宾州艺术学院。

1919
获宾州艺术学院为高中生颁发的最佳绘画一等奖。

1920—1924
就读于费城宾夕法尼亚大学建筑学院。

1921
7月至9月，受雇于费城霍夫曼-海农公司（Hoffman and Henon），任绘图员。

1922
6月至9月，受雇于费城休伊特-阿什公司（Hewitt and Ash），任绘图员。

1924
两次获美国美术设计师协会颁发的二等奖；获宾夕法尼亚大学颁发的亚瑟 · 斯派德 · 布鲁克纪念奖。
6月，获宾夕法尼亚大学建筑学学士学位。

1924—1925
1924年7月至1925年6月，在“城市建筑师”事务所约翰 · 莫里托（John Molitor）的办公室工作，任高级绘图员。

1925—1926
1925年7月至1926年10月，在费城世博会中担任主要设计师。

1926—1927
1926年11月至1927年3月，在“城市建筑师”事务所的约翰 · 莫里托办公室工作，任高级绘图员。

1927—1928
1927年4月至1928年3月，在威廉 · H · 李（William H. Lee）的办公室工作，任设计师。

1928—1929
1928年4月至1929年4月，路易斯 · 康开始了长途旅行，游览了英格兰、德国、丹麦、瑞典、芬兰、爱沙尼亚、拉脱维亚、立陶宛、（前）捷克斯洛伐克、匈牙利、奥地利、意大利、瑞士和法国，最后从英格兰返回美国费城。

1929
11月至12月，在宾夕法尼亚州艺术学院举办旅行速写展。

1929—1930
1929年5月至1930年9月，在保罗 · 菲利普 · 克雷特（Paul Philippe Cret）的事务所任设计师一职。

1930
8 月 14 日，与生于费城的埃瑟·弗吉尼亚·伊斯累莉（Esther Virginia Israeli，1905—1996 年）结婚，并搬到她在费城切斯特大街 5243 号的家中。

1930—1932
1930 年 12 月至 1932 年 2 月，任 Zantzinger, Borie&Medary 事务所的设计师。

1932—1934
1930 年 3 月至 1934 年 5 月，在费城组建建筑研究小组，任主要负责人。

1933—1935
1933 年 12 月至 1935 年 12 月，任费城城市规划委员会住宅研究组组长。

1935
考下注册建筑师，开始独立承接项目。

1935—1937
1935 年 12 月至 1937 年 12 月，在华盛顿住房安置机构担任首席建筑师助手。

1937
在费城核桃街 1701 号创立工作室，与马加齐纳（Magaziner）和艾伯哈德（Eberhard）共同办公。

1939
1 月至 5 月，在美国房屋委员信息服务部门担任技术顾问。

1941
4 月，与乔治 · 豪（George Howe）合作；办公室迁至费城公报大厦。

1942
2 月，结束与乔治 · 豪的合作，与斯东诺罗夫（Stonorov）开始合作。

1946
任美国规划建筑师协会副主席。

1947
3 月，康和斯东诺罗夫结束合作；办公室迁至费城云杉街 1728 号；担任美国规划建筑师协会主席。
5 月，首次开始在普林斯顿大学参与参与论文评审工作；当年秋天，在耶鲁大学高级设计专业担任客座评论家，后又在耶鲁大学建筑设计专业担任首席评论家。

1949
4 月，在以色列和法国巴黎旅行。

1950—1951
1950 年 12 月至 1951 年 2 月，任罗马美国建筑学会的驻场建筑师。
1951 年 1 月 5 日至 2 月 2 日，在埃及和希腊旅行，最后从巴黎返回费城。

1951
办公室迁至费城第 20 号大街 138 号南。

1952
被美国建筑师学会纽约分会授予成就奖。

1953
任美国建筑师学会会员。

1955—1974
任宾夕法尼亚大学建筑系教授。

1956
任麻省理工学院建筑规划系教授。

1959
9 月，参加位于荷兰奥特洛的国际现代建筑会议；随后去法国阿尔比、卡卡颂、朗香旅行。

1960
5 月，参加日本东京举办的世界设计大会。
获美国艺术暨文学学会的阿诺德 · W · 布伦纳奖。

1961
2 月, 因在城市规划视觉艺术上的研究, 被格拉哈姆基金会授奖。
6 月到 7 月, 在纽约现代艺术博物馆举办理查德医学研究所的单体建筑展览。

1961—1967
作为普林斯顿大学 1913 级客座讲师。

1962
3 月, 办公室迁至费城核桃街 1501 号; 被费城艺术联盟授予优秀建筑师勋章; 绘画展于芝加哥格拉哈姆基金会举办。
6 月, 被费城艺术节授奖。

1964
获米兰理工大学名誉博士、北卡罗来纳大学设计学院人文学科名誉博士; 获费城董事会建筑师金质奖章、费城富兰克林学会弗兰克 ·P· 布朗奖章; 成为美国艺术暨文学学会会员。

1965
5 月, 去苏联旅行。
6 月, 获耶鲁大学美术系名誉博士; 获丹麦建筑学会奖章; 在拉霍亚艺术博物馆举办展览。

1966
4 月至 5 月,在纽约现代艺术博物馆举办回顾展。
被曾经的老师保罗 ·P· 克雷特授予宾夕法尼亚大学建筑系教授; 获费城素描俱乐部年度奖; 成为瑞士皇家美术学院荣誉会员。

1967
办公室迁至费城克林顿大街 921 号; 获费城拉萨尔学院法律荣誉博士; 成为秘鲁建筑学院荣誉会员。

1968
获巴尔的摩马里兰学会艺术系荣誉博士; 成为美国艺术科学学院成员、费城艺术委员会成员。

1969
1 月, 在威尼斯会展中心参加单体建筑双年展。
2 月, 在苏黎世工程大学举办展览; 获美国建筑学会费城分会世纪金奖。

1970
获巴德学院荣誉博士; 获美国建筑学会纽约分会荣誉金奖; 成为伦敦皇家艺术学院成员。

1971
获宾夕法尼亚大学艺术博士; 获美国建筑学会金奖、费城布克奖、美国建筑学院金盘奖; 成为费城学院成员、美国艺术暨文学学会成员。

1972
获杜兰大学法律系荣誉博士; 获布兰迪斯大学建筑创新艺术奖、英国建筑皇家学院金奖; 成为爱尔兰皇家建筑学院成员。

1973
获美国艺术暨文学学会建筑金奖。

1974
3 月 17 日, 在从印度艾哈迈德巴德返回纽约途中, 突发心脏病猝死于纽约宾州车站, 享年 73 岁, 葬于宾夕法尼亚州福克斯蔡斯蒙蒂菲奥里公墓。
6 月, 获哥伦比亚大学人文学荣誉博士。(死后颁发)

1977
获宾夕法尼亚大学艺术学院弗内斯奖。(死后颁发)

1979
耶鲁大学美术馆获得美国建筑学会美术学院 25 周年奖。

1989
孟加拉达卡国民议会中心获得阿卡汗建筑奖。

作品年表（1925—1975）

Sesquicentennial International Exposition
Packer Avenue, 10th Street, Pattison Avenue, 11th Street, Government Avenue, and 12th Street, Philadelphia,Pennsylvania
Chief of design for all buildings for the Exhibition Association
1925—1926; built, demolished

Model Slum Rehabilitation Project
South Philadelphia, Pennsylvania
Architectural Research Group (Kahn, organizer and designer)
1933; unbuilt

Northeast Philadelphia Housing Corporation Housing Project
Algon Avenue, Faunce Street, Elgin Avenue, Frontenac Street, and Cottman Avenue, Philadelphia, Pennsylvania
Architectural Research Group (Kahn, organizer and designer), associated with Louis Magaziner and Victor Eberhard
1933; unbuilt

M. Buten Paint Store (alterations)
6711 Germantown Avenue, Philadelphia, Pennsylvania
Kahn and Hyman Cunin
1934; built, demolished

St. Katherine's Village Housing Project
Between Frankford Avenue and Pennsylvania Railroad right-of-way at Liddonfield Station, Philadelphia, Pennsylvania
Magaziner and Eberhard, and Kahn
1935; unbuilt

Ahavath Israel Synagogue (now Grace Temple)
6735 North 16th Street, Philadelphia, Pennsylvania
1935—1937; built

Jersey Homesteads (now Roosevelt Borough; housing, factory, school, stores, pumping station, and sewage plant)
Near Hightstown, New Jersey
Kahn, assistant principal architect and co-designer with Alfred Kastner,as employees of the Resettlement Administration
1935—1937 (Kahn's employment); houses and factory built; sewage plant and school built to Kastner's designs

Unidentified Housing Project
Magaziner and Eberhard, and Kahn
1936; unbuilt

Unidentified House
Magaziner and Eberhard, and Kahn
ca. 1936; unbuilt

Dr. David K. Waldman Dental Office (alterations)
5203 Chester Avenue, Philadelphia, Pennsylvania
1937; built

Prefabricated House Studies (sponsored by Samuel Fels)
Magaziner, Kahn, and Henry Klumb
1937—1938; unbuilt

Horace Berk Memorial Hospital (now Philadelphia Psychiatric Hospital; alterations)
1218—1248 North 54th Street, Philadelphia, Pennsylvania
1937—1938; unbuilt

Old Swedes' (or Southwark) Housing Project (housing and community building)
Catherine Street, Swanson Street, Washington Avenue, 2nd Street,
Christian Street, and Front Street, Philadelphia, Pennsylvania
Kahn and Kenneth Day
1938—1940; unbuilt

Pennsylvania Hospital (or Kirkbride's) Housing Project (housing and community building)
Site bordered by Haverford Avenue, 42nd Street, Market Street, and 46th Street, Philadelphia, Pennsylvania
1939—1940; unbuilt

Illustrations for United States Housing Authority Booklets: *Housing Subsidies: How Much and Why?; Tax Exemption of Public Housing; The Housing Shortage; Public Housing and the Negro; Housing and Juvenile Delinquency*
1939; published

"Housing in the Rational City Plan" (panels for "Houses and Housing" exhibition, organized by the United States Housing Authority)
Museum of Modern Art, New York
1939; executed

Philadelphia Psychiatric Hospital
Ford Road and Monument Avenue, Philadelphia, Pennsylvania 1939; unbuilt; commission reassigned to Thalheimer and Weitz

A. Abraham Apartment and Dental Office (alterations)
5105 Wayne Avenue, Philadelphia, Pennsylvania
1940; built

Van Pelt Court Apartments (for E. T. Pontz; alterations)
231 South Van Pelt Street, Philadelphia, Pennsylvania
1940; unbuilt

Battery Workers Union, Local 113 (now Commandment Keepers of the House of God; alterations)
1903 West Allegheny Avenue, Philadelphia, Pennsylvania
1940; built

Mr. and Mrs. Jesse Oser House
628 Stetson Road, Elkins Park, Pennsylvania
1940—1942; built

Pine Ford Acres (housing, community building, and maintenance building)
Middletown, Pennsylvania
Howe and Kahn
1941—1943; built, housing demolished

Pennypack Woods (housing, community building, and stores)
Philadelphia, Pennsylvania
Howe, Stonorov and Kahn
1941—1943; built

Mr. and Mrs. Louis Broudo House
Juniper Park Development, Elkins Park, Pennsylvania
1941—1942; unbuilt

Carver Court (or Foundry Street Housing; housing and community building)
Caln Township (near Coatesville), Pennsylvania
Howe, Stonorov, and Kahn
1941—1943; built

M. Shapiro and Sons Prefabricated Houses
Newport News, Virginia
Stonorov and Kahn (Stonorov in charge)
1941—1942; unbuilt

Stanton Road Dwellings (housing and community building)
Bruce Place, Stanton Road, Alabama Avenue, and 15th Street, S.E., Washington, D.C.
Howe and Kahn
1942—1947; unbuilt

Willow Run (or Bomber City), Neighborhood III (housing and school)
Washtenaw County (near Ypsilanti), Michigan
Stonorov and Kahn
1942—1943; unbuilt

Lincoln Highway Defense Housing (housing and community building) Caln Road and Lincoln Highway, Caln Township (near Coatesville)
Pennsylvania
Stonorov, Howe and Kahn
1942—1944; built

House for 194X (sponsored by *Architectural Forum*)
Stonorov and Kahn
1942; not submitted, unbuilt

Lily Ponds Houses (housing and community building)
Anacostia, Eastern, and Kenilworth Avenues, N.E., Washington, D.C.
Stonorov and Kahn
1942—1943; built, housing demolished

Hotel for 194X (sponsored by *Architectural Forum*)
Stonorov and Kahn
1943; published, unbuilt

International Ladies Garment Workers Union Health Center (now law offices; alterations)
2136 South 22nd Street, Philadelphia, Pennsylvania
Stonorov and Kahn
1943—1945; built

Model Neighborhood Rehabilitation Project for *Why City Planning is Your Responsibility* (New York: Revere Copper and Brass, 1943)
Morris, 20th, McKean, and 22nd Streets, Philadelphia, Pennsylvania
Stonorov and Kahn (Stonorov in charge)
1943; published, unbuilt

"Design for Postwar Living" House (competition sponsored by California Arts and Architecture)
Stonorov and Kahn
1943; submitted, unbuilt

Model Neighborhood Rehabilitation Project
(sponsored by Architects' Workshop on City Planning, Philadelphia Housing Association, and Citizens' Council on City Planning)
Moore Street, Howard Street, Water Street, Snyder Avenue, and Moyamensing Avenue, Philadelphia, Pennsylvania
Stonorov and Kahn
1943; model built and published in *You and Your Neighborhood: A Primer for Neighborhood Planning* (New York: Revere Copper and Brass, 1944)

Industrial Union of Marine and Shipbuilding Workers of America,Local 1 (alterations)
2332—2334 Broadway, Camden, New Jersey
Stonorov and Kahn (Stonorov in charge)
1943—1945; built

Phoenix Corporation Houses
Bridge Street, Phoenixville, Pennsylvania
Stonorov and Kahn (Stonorov in charge)
1943—1944; unbuilt

Philadelphia Moving Picture Operators' Union
Vine and 13th Streets, Philadelphia, Pennsylvania
Stonorov and Kahn
1944; unbuilt

Parasol Houses (for Knoll Associates Planning Unit)
Stonorov and Kahn
1944; unbuilt

Model Men's Shoe Store and Furniture Store (for Pittsburgh Plate Glass)
Stonorov and Kahn
1944; published, unbuilt

Dimitri Petrov House (alterations and addition)
713 North 25th Street, Philadelphia, Pennsylvania
Stonorov and Kahn
1944—1948; unbuilt

National Jewish Welfare Board (clubhouse furnishings)
Washington, D.C.
Stonorov and Kahn (Stonorov in charge)
1944; built

Paul W. Darrow House (adaptation of old power plant)
Vare Estate, Fort Washington, Pennsylvania
Stonorov and Kahn
1944—1946; unbuilt

Philadelphia Psychiatric Hospital (new wing)
Philadelphia, Pennsylvania
Stonorov and Kahn; Isadore Rosenfield, hospital consultant
1944—1946; unbuilt

Borough Hall (alterations)
Phoenixville, Pennsylvania
Stonorov and Kahn (Stonorov in charge)
1944; unbuilt

Dr. and Mrs. Alexander Moskalik House (alterations)
2018 Spruce Street, Philadelphia, Pennsylvania
Stonorov and Kahn
1944—1945; built

Radbill Oil Company (renovation of offices)
1722—1724 Chestnut Street (second floor), Philadelphia, Pennsylvania
Stonorov and Kahn
1944—1947; built

Westminster Play Lot
Markoe Street, Westminster Avenue, and June Street, Philadelphia,
Pennsylvania
Stonorov and Kahn
ca. 1945; unbuilt

Unidentified House
Stonorov and Kahn
ca. 1945; unbuilt

Mr. and Mrs. Edward Gallob House (alterations)
2035 Rittenhouse Square Street, Philadelphia, Pennsylvania
1945—1947; unbuilt

Gimbels Department Store (interior alterations)
8th and Market Streets, Philadelphia, Pennsylvania
Stonorov and Kahn (Stonorov in charge)
1945—1946; built, demolished

"House for Cheerful Living" (competition sponsored by Pittsburgh Plate Glass and Pencil Points)
Stonorov and Kahn
1945; submitted, unbuilt

Business Neighborhood in 194X (advertisement for Barrett Division, Allied Chemical and Dye Corporation)
Stonorov and Kahn
1945; published, unbuilt

B. A. Bernard House (addition)
195 Hare's Hill Road at Camp Council Road, Kimberton,

Pennsylvania
Stonorov and Kahn
1945; built

Department of Neurology, Jefferson Medical College (alterations)
1025 Walnut Street, Philadelphia, Pennsylvania
Stonorov and Kahn
1945—1946; built

Mr. and Mrs. Samuel Radbill Residence (alterations)
224 Bowman Avenue, Merion, Pennsylvania
Stonorov and Kahn
1945—1946; partially built

William H. Harman Corporation Prefabricated Houses
420 Pickering Road, Charlestown, Chester County, Pennsylvania;
Rosedale Avenue and New Street, West Chester, Pennsylvania
Stonorov and Kahn (Stonorov in charge)
1945—1947; built, some demolition

Drs. Lea and Arthur Finkelstein House (addition)
645 Overhill Road, Ardmore, Pennsylvania
Stonorov and Kahn
1945—1948; unbuilt

Pennsylvania Solar House (for Libbey-Owens-Ford Glass Company)
Stonorov and Kahn
1945—1947; published, unbuilt

"Action for Cities" (panel for "American Housing" exhibition)
France
1945—1946; executed

Thom McAn Shoe Store (alterations)
72 South 69th Street, Upper Darby, Pennsylvania
Stonorov and Kahn
1945—1946; unbuilt

Two Dormitories, Camp Hofnung
Pipersville, Bucks County, Pennsylvania
Stonorov and Kahn
1945—1947; built

Philadelphia Building, International Ladies Garment Workers Union
Unity House, Forest Park, Pike County, Pennsylvania
Stonorov and Kahn
1945—1947; built

Mr. and Mrs. Arthur V. Hooper House (addition)
5820 Pimlico Road, Baltimore, Maryland
Stonorov and Kahn
1946; unbuilt

Container Corporation of America (cafeteria, offices, and depot)
Nixon and Fountain Streets, Manayunk, Philadelphia, Pennsylvania
Stonorov and Kahn
1946; unbuilt

Memorial Playground, Western Home for Children
715 Christian Street, Philadelphia, Pennsylvania
Stonorov and Kahn
1946—1947; built, demolished

Triangle Redevelopment Project
Benjamin Franklin Parkway, Market Street, and Schuylkill River, Philadelphia, Pennsylvania
Associated City Planners (Kahn, Oscar Stonorov, Robert Wheelwright, Markley Stevenson, and C. Harry Johnson)
1946—1948; unbuilt

Tana Hoban Studio (alterations)
2018 Rittenhouse Square Street, Philadelphia, Pennsylvania
Stonorov and Kahn
1947; unbuilt

Coward Shoe Store (now Lerner Woman)
1118 Chestnut Street, Philadelphia, Pennsylvania
Stonorov and Kahn (Stonorov in charge)
1947—1949; built, altered

Dr. and Mrs. Philip Q. Roche House
2101 Harts Lane, Conshohocken, Pennsylvania
Stonorov and Kahn
1947—1949; built

X-ray Department, Graduate Hospital, University of Pennsylvania (alteration)
Lombard and 19th Streets, Philadelphia, Pennsylvania
1947—1948; built

Mr. and Mrs. Harry A. Ehle House
Mulberry Lane, Haverford, Pennsylvania
Kahn and Abel Sorensen
1947—1948; unbuilt

Jefferson National Expansion Memorial (competition, first stage)
St. Louis, Missouri

1947; submitted, unbuilt

Mr. and Mrs. Morton Weiss House
2935 Whitehall Road, East Norriton Township, Pennsylvania
1947—1950; built

Dr. and Mrs. Winslow T. Tompkins House
Lot 18, Apologen Road, Philadelphia, Pennsylvania
1947—1949; unbuilt

M. Buten Paint Store (alterations)
Kaighns and Haddon Avenues, Camden, New Jersey
Kahn and George Von Uffel, Jr.
1947—1948; built, demolished

Mr. and Mrs. Harry Kitnick House
2935 Whitehall Road, East Norriton Township, Pennsylvania
1948—1949; unbuilt

Mr. and Mrs. Joseph Rossman House (alteration)
1714 Rittenhouse Square Street, Philadelphia, Pennsylvania
1948—1949; unbuilt

Jewish Community Center
1186 Chapel Street, New Haven, Connecticut
Kahn, consultant architect; associated with Jacob Weinstein and Charles Abramowitz, Architects
1948—1954; built, altered

Bernard S. Pincus Building and Samuel Radbill Building, Philadelphia Psychiatric Hospital
Kahn; Isadore Rosenfield, hospital consultant
1948—1954; built, altered

Mr. and Mrs. Samuel Genel House
201 Indian Creek Road, Wynnewood, Pennsylvania
1948—1951; built

Jewish Agency for Palestine Emergency Housing
Israel
1949; unbuilt

Dr. and Mrs. Jacob Sherman House (alterations)
414 Sycamore Avenue, Merion, Pennsylvania
1949—1951; unbuilt

Mr. and Mrs. Nelson J. Leidner House (addition to former Oser House)
626 Stetson Road, Elkins Park, Pennsylvania
1950—1951; built, addition demolished

Ashton Best Corporation Garden Apartments
200 Montgomery Avenue, Ardmore, Pennsylvania
1950; unbuilt

American Federation of Labor Health Center, St. Luke's Hospital (now Girard Medical Center; alterations)
Franklin and Thompson Streets, Philadelphia, Pennsylvania
1950—1951; built, demolished

Southwest Temple Public Housing
Philadelphia, Pennsylvania
Kahn, consultant architect; Architects Associated (1951—1952): Kenneth Day, Louis E. McAllister, Sr., George Braik, Anne Tyng
1950—1952; unbuilt

East Poplar Public Housing
Philadelphia, Pennsylvania
Architects Associated: Kahn, Day, McAllister, Braik
1950—1952; unbuil

University of Pennsylvania Study (for Philadelphia City Planning Commission)
Philadelphia, Pennsylvania
Architects Associated: Kahn, Day, McAllister, Braik, Tyng
1951; unbuilt

Row House Studies (for Philadelphia City Planning Commission)
Philadelphia, Pennsylvania
Architects Associated: Kahn, Day, McAllister, Braik, Tyng
1951—1953; unbuilt

Traffic Studies
Philadelphia, Pennsylvania
1951—1953; unbuilt

Yale University Art Gallery
1111 Chapel Street, New Haven, Connecticut
Kahn and Douglas Orr, associated architects
1951—1953; built

Mr. and Mrs. H. Leonard Fruchter House
51st Street and City Line Avenue, Philadelphia, Pennsylvania
1951—1954; unbuilt

Penn Center Studies
Philadelphia, Pennsylvania
1951—1958; unbuilt

Mill Creek Project (first-phase housing)
46th and Aspen Streets, Philadelphia, Pennsylvania
Kahn, Day, Braik, McAllister
1951—1956; built

Cinberg House (alterations)
5112 North Broad Street, Philadelphia, Pennsylvania
1952; unbuilt

Zoob and Matz Offices (alterations)
1600 Western Saving Fund Building, Philadelphia, Pennsylvania
1952; built

Apartment Redevelopment Project
New Haven, Connecticut
Published in *Perspecta*, 1953

Riverview Competition
State Road at Rhawn Street, Philadelphia, Pennsylvania
Kahn and Tyng, associated architects
1953; unbuilt

City Tower Project
Philadelphia, Pennsylvania
Kahn and Tyng, associated architects

Ralph Roberts House
Schoolhouse Lane, Germantown, Philadelphia, Pennsylvania
1953; unbuilt

Adath Jeshurun Synagogue and School Building
6730 Old York Road, Philadelphia, Pennsylvania
1954—1955; unbuilt

Dr. and Mrs. Francis H. Adler House
Davidson Road, Philadelphia, Pennsylvania
1954—1955; unbuilt

Mr. and Mrs. Weber DeVore House
Montgomery Avenue, Springfield Township, Pennsylvania
1954—ca. 1955; unbuilt

American Federation of Labor Medical Services Building
1326—1334 Vine Street, Philadelphia, Pennsylvania
1954—1957; built, demolished

Jewish Community Center (bathhouse, day camp, and community building)
999 Lower Ferry Road, Ewing Township (near Trenton), New Jersey
Kahn, architect; John M. Hirsh and Stanley R. Dube, supervising
architects; Louis Kaplan, associated architect
1954—1959; bathhouse and day camp built

Dr. and Mrs. Francis H. Adler House (kitchen remodeling)
7630 Huron Avenue, Philadelphia, Pennsylvania
1955; built

Wharton Esherick Workshop (addition)
Horseshoe Trail, Paoli, Pennsylvania
1955—1956; built

Mr. and Mrs. Lawrence Morris House
Mt. Kisco, New York
1955—1958; unbuilt

Washington University Library Competition
St. Louis, Missouri
1956; submitted, unbuilt

Enrico Fermi Memorial
Fort Dearborn, Chicago, Illinois
1956—1957; unbuilt

Civic Center Studies
Philadelphia, Pennsylvania
1956—1957; unbuilt

Research Institute for Advanced Science
Near Baltimore, Maryland
1956—1958; unbuilt

Mill Creek Project (second-phase housing and community center)
46th Street and Fairmount Avenue, Philadelphia, Pennsylvania
1956—1963; built

Mr. and Mrs. Irving L. Shaw House (additions and alterations)
2129 Cypress Street, Philadelphia, Pennsylvania
1956—1959; built

Dr. and Mrs. Bernard Shapiro House
417 Hidden River Road, Narberth, Pennsylvania
1956—1962; built (addition by Kahn and Tyng, associated architects; completed by Tyng, 1975)

Mr. and Mrs. Eugene Lewis House
2018 Rittenhouse Square Street, Philadelphia, Pennsylvania
1957; unbuilt

American Federation of Labor Medical Center (Red Cross Building; remodeling of hospital and office building)
253 North Broad Street, Philadelphia, Pennsylvania
1957—1959; unbuilt

Fred E. and Elaine Cox Clever House
417 Sherry Way, Cherry Hill, New Jersey
1957—1962; built

Alfred Newton Richards Medical Research Building and Biology Building (now David Goddard Laboratories), University of Pennsylvania
3700 Hamilton Walk, Philadelphia, Pennsylvania
1957—1965; built

Mount St. Joseph Academy and Chestnut Hill College
Chestnut Hill, Philadelphia, Pennsylvania
1958; unbuilt

Zoob and Matz Offices (alterations)
Western Saving Fund Building (14th floor), Philadelphia, Pennsylvania
1958; built

Tribune Review Publishing Company Building
Cabin Hill Drive, Greensburg, Pennsylvania
1958—1962; built

Mr. and Mrs. M. Morton Goldenberg House
Frazier Road, Rydal, Pennsylvania
1959; unbuilt

Robert H. Fleisher House
8363 Fisher Road, Elkins Park, Pennsylvania
1959; unbuilt

Space Environment Studies (for General Electric Co., Missile and Space Vehicle Department)
Philadelphia, Pennsylvania
Kahn, consultant architect
1959; unexecuted

Awbury Arboretum Housing Development (for International Ladies Garment Workers Union)
Walnut Lane, Ardleigh Street, and Tulpehocken Street, Philadelphia, Pennsylvania
1959—1960; unbuilt

Margaret Esherick House
204 Sunrise Lane, Chestnut Hill, Philadelphia, Pennsylvania
1959—1961; built

U.S. Consulate and Residence
Luanda, Angola
1959—1962; unbuilt

Salk Institute for Biological Studies (laboratory, meeting house, and housing)
10010 North Torrey Pines Road, La Jolla, California
1959—1965; laboratory built

First Unitarian Church and School
220 South Winton Road, Rochester, New York
1959—1969; built

Fine Arts Center, School, and Performing Arts Theater (now Performing Arts Center)
303 East Main Street, Fort Wayne, Indiana
Kahn, architect; T. Richard Shoaff, supervising architect
1959—1973; theater and offices built

Bristol Township Municipal Building
2501 Oxford Valley Road, Levittown, Pennsylvania
1960—1961; unbuilt

General Motors Exhibit, 1964 World's Fair
Grand Central Parkway and Long Island Expressway, New York,New York
1960—1961; unbuilt

Barge for the American Wind Symphony Orchestra
River Thames, England
1960—1961; built

Market Street East Studies
Philadelphia, Pennsylvania
1960—1963; unbuilt

University of Virginia Chemistry Building
Charlottesville, Virginia
Kahn, architect for design; Stainback and Scribner, architects
1960—1963; unbuilt

Eleanor Donnelley Erdman Hall, Bryn Mawr College
Morris and Gulph Roads, Bryn Mawr, Pennsylvania
1960—1965; built

Philadelphia College of Art (now University of the Arts)
Broad and Pine Streets, Philadelphia, Pennsylvania
1960—1966; unbuilt

Franklin Delano Roosevelt Memorial Competition
West Potomac Park, Washington, D.C.
1960; unbuilt

Dr. and Mrs. Norman Fisher House
197 East Mill Road, Hatboro, Pennsylvania
1960—1967; built

Carborundum Company Warehouses and Offices
Chicago, Illinois; Mountain View, California; and Niagara Falls, New York
1961; unbuilt

Plymouth Swim Club
Gallagher Road, Montgomery County, Pennsylvania
1961; unbuilt

Shapero Hall of Pharmacy, Wayne State University
Detroit, Michigan
1961—1962; unbuilt

Carborundum Company Warehouses and Offices
Atlanta, Georgia
1961—1962; unbuilt

Gandhinagar, Capital of Gujarat State, India
1961—1966; unbuilt

Levy Memorial Playground
Between 102nd and 105th Streets in Riverside Park, New York, New York
Isamu Noguchi, sculptor; Louis I. Kahn, architect
1961—1966; unbuilt

Mikveh Israel Synagogue
Commerce Street between 4th and 5th Streets, Philadelphia, Pennsylvania
1961—1972; unbuilt

Lawrence Memorial Hall of Science, University of California Competition
Berkeley, California
1962; unbuilt

Mrs. C. Parker House (addition to former Esherick House)
204 Sunrise Lane, Chestnut Hill, Philadelphia, Pennsylvania
1962—1964; unbuilt

Delaware Valley Mental Health Foundation, Family and Patient Dwelling
833 Butler Avenue, Doylestown, Pennsylvania
1962—1971; unbuilt

Indian Institute of Management
Vikram Sarabhai Road, Ahmedabad, India
1962—1974; built

Sher-e-Bangla Nagar, Capital of Bangladesh
Dhaka, Bangladesh
1962—1983; built (design and construction completed after Kahn's death by David Wisdom and Associates)

Peabody Museum, Hall of Ocean Life, Yale University
New Haven, Connecticut
1963—1965; unbuilt

President's Estate, First Capital of Pakistan
Islamabad, Pakistan
1963—1966; unbuilt

Barge for the American Wind Symphony Orchestra
Pittsburgh, Pennsylvania
1964—1967; built

Interama Community B
Miami, Florida
Kahn, architect; Watson, Deutschman & Kruse, associate architects
1963—1969; unbuilt

St. Andrew's Priory
Hidden Valley Road, Valyermo, California
1961—1967; unbuilt

Maryland Institute College of Art
Site bordered by Park Avenue, Howard Street, and Dolphin Street,
Baltimore, Maryland
1965—1969; unbuilt

The Dominican Motherhouse of St. Catherine de Ricci
Providence Road, Media, Pennsylvania
1965—1969; unbuilt

Library and Dining Hall, Phillips Exeter Academy
Exeter, New Hampshire
1965—1972; built

Broadway United Church of Christ and Office Building
Broadway and Seventh Avenue between 56th and 57th Streets,
New York, New York
1966—1968; unbuilt

Mr. and Mrs. Max L. Raab House
Waverly, Addison, and 21st Streets, Philadelphia, Pennsylvania
1966—1968; unbuilt

Olivetti-Underwood Factory
Valley View Road and Township Line, Harrisburg, Pennsylvania
1966—1970; built

Mr. and Mrs. Philip M. Stern House
2710 Chain Bridge Road, Washington, D.C.
1966—1970; unbuilt

Kimbell Art Museum
3333 Camp Bowie Boulevard, Fort Worth, Texas
Kahn, architect; Preston Geren, associate architect
1966—1972; built

Memorial to the Six Million Jewish Martyrs
Battery Park, New York, New York
1966—72; unbuilt

Temple Beth-El Synagogue
220 South Bedford Road, Chappaqua, New York
1966—1972; built

Kansas City Office Building
Walnut, 11th, and Grand Streets (site 1); Main, Baltimore, 11th, and 12th Streets (site 2); Kansas City, Missouri
1966—1973; unbuilt

Rittenhouse Square Housing
Philadelphia, Pennsylvania
1967; unbuilt

Hurva Synagogue
Jerusalem, Israel
1967—1974; unbuilt

Hill Renewal and Redevelopment Project (housing and school)
New Haven, Connecticut
1967—1974; unbuilt

Albie Booth Boys Club
1968; unbuilt

Palazzo dei Congressi
Giardini Pubblici (site 1); Arsenale (site 2); Venice, Italy
1968—1974; unbuilt

Wolfson Center for Mechanical and Transportation Engineering
(mechanical and electrical buildings)
Tel Aviv, Israel
Kahn, architect; J. Mochly-I. Eldar, Ltd., resident architect
1968—1974; mechanical building built, 1976—1977, after Kahn's design, by J. Mochly-I. Eldar, Ltd.

Raab Dual Movie Theater
2021—2023 Sansom Street, Philadelphia, Pennsylvania
1969—1970; unbuilt

Rice University Art Center
Houston, Texas
1969—1970; unbuilt

Inner Harbor
Pratt and Light Streets, Baltimore, Maryland
Kahn, architect; Ballinger Company, associate architects
1969—1973; unbuilt

Yale Center for British Art
1080 Chapel Street, New Haven, Connecticut
1969—1974; built (design and construction completed after Kahn's death by Pellecchia and Meyers, Architects)

John F. Kennedy Hospital (addition)
Philadelphia, Pennsylvania
1970—1971; unbuilt

President's House, University of Pennsylvania (alterations and additions)
2216 Spruce Street, Philadelphia, Pennsylvania
1970—1971; built

Family Planning Center and Maternal Health Center
Ram Sam Path, Kathmandu, Nepal
1970—1975; partially built

Treehouse, Eagleville Hospital and Rehabilitation Center
Eagleville, Pennsylvania
1971; unbuilt

Washington Square East Unit 2 Redevelopment
Philadelphia, Pennsylvania
ca. 1971; unbuilt

Bicentennial Exposition
Eastwick, Southwest Philadelphia, Pennsylvania
Kahn with a team of architects
1971—1973; unbuilt

Mr. and Mrs. Steven Korman House
6019 Sheaf Lane, Fort Washington, Pennsylvania
1971—1973; built

Mr. and Mrs. Harold A. Honickman House
Sheaf Lane, Fort Washington, Pennsylvania

1971—1974; unbuilt

Government House Hill Development Jerusalem, Israel
1971—1973; unbuilt

Graduate Theological Union Library
Ridge Road and Scenic Avenue, Berkeley, California
Schematic design by Kahn
1971—1974; designed and built after Kahn's death by Esherick Hornsey Dodge and Davis, and Peters Clayberg & Caulfield

De Menil Foundation (now Menil Collection)
Yupon, Sul Ross, Mulberry, and Branard Streets, Houston, Texas
1972—1974; unbuilt

Independence Mall Area Redevelopment (in conjunction with Bicentennial)
Philadelphia, Pennsylvania
1972—1974; unbuilt

Pocono Arts Center
Luzerne County, Pennsylvania
1972—1974; unbuilt

Rabat Project (cultural and commercial complex)
Bou-Regreg zone on the River Oued, Rabat, Morocco
1973—1974; unbuilt

Franklin Delano Roosevelt Memorial
Roosevelt Island, New York
1973—1974; unbuilt

Abbasabad Development (financial, commercial, and residential areas)
Tehran, Iran
Kahn and Kenzo Tange
1973—1974; unbuilt

Bishop Field Estate
Lenox, Massachusetts
1973—1974; designed and built after Kahn's death based on Kahn's site plan

参考文献

人物篇

1. 未知领域的探险

1.Details of Kahn's early life recounted by Esther I. Kahn, interview with Alessandra Latour, May 5, 1982, in *Louis I. Kahn: Uuomo, il maestro*, ed. Latour (Rome: Edizioni Kappa, 1986), 15-28; and interview with David B. Brownlee, April 27, 1990.

2.James Liberty Tadd, *New Methods in Education: Art, Real Manual Training, Nature Study* (Springfield, Mass., and New York: Orange Judd Company, 1898); Public Industrial Art School, *Statement of the Object of the School by the Director* (Philadelphia: Devine Publishing Company, 1904).

3.E. Kahn, interview with Brownlee. Kahn's text for Fleisher Memorial annual report, December 4, 1973, "Samuel S. Fleisher Art Memorial," Box LIK 45, Louis I. Kahn Collection, University of Pennsylvania and Pennsylvania Historical and Museum Commission, Philadelphia (hereafter cited as Kahn Collection).

4.Patricia McLaughlin, " 'How'm I Doing, Corbusier?' An Interview with Louis Kahn,"*Pennsylvania Gazette* 71 (December 1972):19.

5.Quoted in, e.g., Vincent J. Scully, *Louis I. Kahn* (New York: George Braziller, 1962), 12.

6.Cret, "Modern Architecture," lecture presented to the T-Square Club, Philadelphia, October 25, 1923, Box 16, Cret Papers, Special Collections, Van Pelt Library, University of Pennsylvania. See also David B. Brownlee, *Building the City Beautiful: The Benjamin Franklin Parkway and the Philadelphia Museum of Art* (Philadelphia: Philadelphia Museum of Art, 1989), 8—12.

7.Ann L. Strong and George E. Thomas, *The Book of the School: 100 Years* (Philadelphia: Graduate School of Fine Arts, University of Pennsylvania, 1990), 34—36.

8.Kahn's college transcript, "Passport," Box LIK 57, Kahn Collection.

9."Beaux-Arts Institute of Design,*American Architect* 125 (February 27, 1924): 207—10; 125 (April 9, 1924): 363—68; 125 (May 7, 1924): 443—46; 126 (September 24, 1924): 295—98.

10.Cret, "Modernists and Conservatives," lecture presented to the T-Square Club, Philadelphia, November 19, 1927, Box 16, Cret Papers, Special Collections, Van Pelt Library, University of Pennsylvania.

11."Kahn on Beaux-Arts Training," ed. William Jordy, Architectural Review 155 (June 1974): 332.

12.Ibid.

13.John W. Skinner, "The Sesqui-Centennial Exposition, Philadelphia,*Architectural Record* 60 (July 1926): 1-17; John Molitor, "How the Sesqui-Centennial was Designed,*American Architect* 130 (November 5, 1926): 377—82.

14."News of the World Told in Pictures",*Philadelphia Inquirer*, October 19, 1925, 15. For the doubts, see William H. Laird, "Records of Consulting Practice,vol. 12, Perkins Library, Fine Arts Library, University of Pennsylvania.

15.Passport, unmarked file, Box LIK 63, Kahn Collection.

16.Kahn, interview with Jaime Mehta, October 22, 1973, in *What Will Be Has Always Been: The Words of Louis I. Kahn*, ed. Richard Saul Wurman (New York: Access Press and Rizzoli, 1986), 225.

17.Job application questionnaire, December 30, 1949, "Housing Projects—Requests for Job," Box LIK 62, Kahn Collection.

18.Kahn's Italian itinerary may be reconstructed on the basis of his travel sketches. See: Kahn, 44Pencil Drawings,*Architecture* 63 (January 1931): 15—17; Kahn, "The Value and Aim in Sketching,T-Square Club Journal 1 (May 1931): 18—21; Pennsylvania Academy of the Fine Arts, *The Travel Sketches of Louis I. Kahn* (Philadelphia: Pennsylvania Academy of the Fine Arts, 1978); and Jan Hochstim, *The Paintings and Sketches of Louis I. Kahn* (New York: Rizzoli, 1991).

19.Kahn, "Value and Aim," 21.

20.Scully, Kahn, 13.

21.Letter, Kahn to architectural fellows, American Academy in Rome, March 1, 1951, "Rome 1951,"Box LIK 61, Kahn Collection.

22.Courtship recounted by E. Kahn, interview with Latour, 19—23; and interview with Brownlee.

23.The journal changed its name twice: to *T-Square* in January 1932, and to *Shelter* in April 1932. Shelter was briefly revived in New York, March 1938 -April 1939.

24.Wisdom, interview with David B. Brownlee, David G. De Long, and Peter S. Reed, July 5, 1990.

25.Scully, *Kahn*, 15.

26.Piero Santostefano, *Le Mackley Houses di Kastner e Stonorov a Philadelphia, 1931—1935* (Rome: Officina Edizioni, 1982); Richard Pommer, "The Architecture of Urban Housing in the United States during the Early 1930s,Journal of the Society of Architectural Historians 37 (December 1978): 235—64.

27."Slum Elimination Project on Display,"*Philadelphia Record*, April 23, 1933, F3; "Prepare Plan for Slum Modernizing," *Philadelphia Inquirer*, April 23, 1933, W9; "Slum Modernizing Plan Unique Here,"Philadelphia Inquirer, April 30, 1933, Wll; "Air Castles Rise in 'Clinic,' " *Philadelphia Record*, May 14, 1934, 1.

28.Bernard J. Newman, "Northeast Philadelphia Housing Corporation,in *Housing in Philadelphia*, 1933 (Philadelphia: Philadelphia Housing Association, 1934), 22-23; Pommer, "Urban Housing," 244—45.

29.St. Katherine's Village report, typescript, unmarked file, Box LIK 68, Kahn Collection; site plan (dated December 12,1935), partial site plan (dated November 22, 1935), and first-floor plan for house type 2A, Magaziner Papers, Athenaeum of Philadelphia.

30.Ralph H. Danhof, "Jersey Homesteads,in *A Place on Earth: A Critical Appraisal of Subsistence Homesteads*, ed. Russell Lord and Paul H. Johnstone (Washington, D.C.: United States Department of Agriculture, Bureau of Agricultural Economics, 1942), 136—61; Paul Conkin, *Tomorrow a New World: The New Deal Community Program* (Ithaca, N.Y.: Cornell University Press, 1959), 256—76; Edwin Rosskam, Roosevelt, New Jersey: Big Dreams in a Small Town and What Time Did to Them (New York: Grossman Publishers, 1972); Gail Hunton, "National Register of Historic Places Inventory—Nomination Form ... Jersey Homesteads," February 1983.

31.Drawings of the original designs, February—May 1935, by Lawrence and Callander, architects, "Hightstown Box 35, Kastner Papers, American Heritage Center, University of Wyoming, Laramie (hereafter cited as Kastner Papers).

32.Noble autobiography, August 15, 1960, "Fellowships Jury of Fellows,"Box LIK 57, Kahn Collection.

33.Weekly drafting room reports, December 21, 1935—May 23, 1936, notebook "11.(1938), " Box 45, Kastner Papers; personal history statement, January 9, 1939, "Housing," Box LIK 62, Kahn Collection.

34.Credit was assigned to H.D.M. [Michaelson or Martin?] for type A, to C.F. [Wagner] for type B, to S.A.K[aufman] for type C, to L.H.M. [Michaelson or Martin?] for type E; photographs of lost drawings, "Hightstown, N.J.," Box 26, Kastner Papers.

35.Lewis Mumford, "The Sky Line: Houses and Fairs,New Yorker, June 20, 1936, 31.

36."Tugwell Hands Out $1,800,000 for N.J. 'Commune,' " *Philadelphia Inquirer*, May 7, 1936, 1, 38.

37.Other designs, drawings 70.1, 70.3—7, "Hightstown School," Box LIK 62, Kahn Collection.

38.Blueprints of school as built, May 21—September 11, 1937, Box 25, Kastner Papers; "Schools: Community Building, Jersey Homesteads,Hightstown, N.J., Alfred Kastner, Architect,*Architectural Forum* 68 (March 1938): 227-30.

39. "Steelox Details," "Misc II," "Philadelphia Housing Authority," Box LIK 68, Kahn Collection.

40.Timothy L. McDonnell, *The Wagner Housing Act: A Case Study of the Legislative Process* (Chicago: Loyola University Press, 1957).

41.For the story of twentieth-century housing in Philadelphia, see John F. Bauman, *Public Housing, Race and Renewal: Urban Planning in Philadelphia, 1920—1974* (Philadelphia: Temple University Press, 1987).

42.Elizabeth Mock, "What About Competitions,"Shelter 3 (November 1938): 26—29.

43."Housing Work of Kenneth Day," typescript, "Misc," Box LIK 63, Kahn

Collection; "Lost: $19,000,000 for 3451 Dwellings,*Building Homes in Philadelphia: Report of the Philadelphia Housing Authority* (July 1, 1939—June 30, 1941), 36—37.
44.Bauman, *Public Housing*,46.
45.Ibid.
46."U.S.H.A. City of Tomorrow: Exhibit for New York World's Fair. Museum of Modern Art,"Box LIK 68, Kahn Collection; Peter S. Reed,"Toward Form: Louis I. Kahn's Urban Designs for Philadelphia, 1939-1962"(Ph.D. diss., University of Pennsylvania, 1989), 13—35.
47."City Wide Meeting," Box LIK 34, Kahn Collection.
48.Andrew Weinstein, "Americanizing Modernism: Housing by Louis I. Kahn during the Great Depression and World War Two" (M.A. paper, University of Pennsylvania, 1988).
49.Robert A. M. Stern, *George Howe*: Toward a Modern American Architecture (New Haven and London: Yale University Press, 1975).
50.Frederick Gutheim, ed.,"Numero speciale dedicato alPopera di Oskar Stonorov (1905—1970),"*Architettura: Cronache e storia* 18 (June 1972).
51.McDonnell, *Wagner Housing Act*, 58—59.
52.Wisdom, interview with Brownlee, De Long, and Reed.
53.Howe, Stonorov, and Kahn, " 'Standards' versus Essential Space: Comments on Unit Plans for War Housing,*Architectural Forum* 76 (May 1942): 308-11.
54.Letter, Stonorov to Arthur Johnson (president, United Steel Workers of America, Coatesville), August 19, 1942,"Correspondence—July-September, 1942," Box 49, Stonorov Papers, American Heritage Center, University of Wyoming, Laramie (hereafter cited as Stonorov Papers).
55."What Housing for Willow Run? "*Architectural Record* 92 (September 1942): 51-54; Hermann H. Field, "The Lesson of Willow Run," Task,no. 4 (1943): 9-21.
56.Extensive correspondence, Box 48, Stonorov Papers.
57.Illustrated in Field, "Lesson," 21; and Howe, "The Meaning of the Arts Today,*Magazine of Art* 35 (May 1942): 165.
58.Letter, Saarinen to Stonorov, December 8,1941, "Correspondence—October-December, 1941," Box 48, Stonorov Papers; letter, Stonorov to Saarinen, February 14, 1942, "Correspondence—January-March,1942, "Box 48, Stonorov Papers.
59.Letter, F. Charles Starr (National Housing Agency) to Stonorov and Kahn, August 5, 1942, "Correspondence—July-September, 1942," Box 49, Stonorov Papers.
60."The Town of Willow Run: Neighborhood Unit 3," *Architectural Forum* 78 (March 1943): 52—54.
61.Letter, Stonorov to George Addes (UAW-CIO International secretary-treasurer), Walter Reuther, and William Nicholas (UAW), September 3, 1942, "Correspondence—July—September, 1942,"Box 49, Stonorov Papers.
62.Addes to Stonorov, September 9, 1942, ibid.
63.Letter, Howe to Kahn, September 4, 1944, "Correspondence—July-September 1944," Box 50, Stonorov Papers.
64.Stonorov tried repeatedly to enlist during this period, citing the lack of architectural work. But his request to be commissioned as an officer directly from civilian life was denied.
65.Letter, Stonorov to Maubert St. Georges (president, St. Georges and Keyes advertising agency), April 5, 1943, "Correspondence—April-June,1943,"Box 49, Stonorov Papers.
66.Letter, Stonorov to Richard K. Snively (St. Georges and Keyes), April 15, 1943, ibid.
67.Stonorov and Kahn, Why City Planning Is Your Responsibility (New York: Revere Copper and Brass, [1943]), 14, 5.
68.Letter, Donald F. Haggerty (Revere) to Stonorov and Kahn, August 10, 1943, "Correspondence—July—September, 1943" Box 49, Stonorov Papers.
69.Letter, St. Georges to Stonorov, February 11, 1944, "Correspondence—January-March 1944," Box 50, Stonorov Papers.
70.He repeated the house/city analogy in Kahn, "Architecture and Human Agreement" (lecture, University of Virginia, April 18, 1972), *Modulus*, no. 11 (1975): n.p.
71.Letter, Stonorov to Howard Myers, February 2, 1944, "Correspondence—January-March 1944," Box 50, Stonorov Papers.
72.Kahn, "Can Neighborhoods Exist?" Box 33, Stonorov Papers; letter, Elizabeth Mock (Museum of Modern Art) to Kahn, December 5, 1944,"Correspondence—October-December, 1944,Box 50, Stonorov Papers; letter, Stonorov to Richard Abbott (Museum of Modern Art), December 7,1944, ibid.; letter, Mock to Stonorov, December 12, 1944, ibid.
73."ICC," Box LIK 62, Kahn Collection.
74."National Jewish Welfare Board," Box LIK 61, Kahn Collection.
75."Seminar—Arch. Adv. Committee," "Architectural Advisory Com. Federal Public Housing Authority Louis I. Kahn," "Arch Adv. #2," Box LIK 63, Kahn Collection.
76."PHA Advisory Committee Wash D.C.,"Box LIK 61, Kahn Collection.
77."Committee on Urban Planning A.I.A."LIK 63, Kahn Collection.
78."A.S.P.A., " "U.N.O."Box LIK 63, Kahn Collection.
79.Howe, "Master Plans for Master Politicians,*Magazine of Art* 39 (February 1946): 66—68.
80.Victoria Newhouse, *Wallace K. Harrison, Architect* (New York: Rizzoli, 1989), 104—43.
81.Letter, Kahn to Phil Klutznick (Palestine Economic Corporation), March 13, 1949, "Correspondence Palestine Economic Corp," Box LIK 61, Kahn Collection.
82.Letter, George Shoemaker (secretary, Philadelphia Society for the Employment and Instruction of the Poor) to Kahn, February 18, 1947, "Correspondence January—March, 1947," Box 51, Stonorov Papers.
83.Letter, Ruth Goodhue (*Architectural Forum*) to Kahn, July 1, 1942, "Correspondence—July-September, 1942,Box 49, Stonorov Papers; telegram, Kahn to Goodhue, July 3, 1942, ibid.; letter, Stonorov to Goodhue, July 31, 1942, ibid.
84."New Buildings for 194X: Hotel,"*Architectural Forum* 78 (May 1943): 74—79.
85.Pittsburgh Plate Glass Company, *There Is a New Trend in Store Design* [Pittsburgh: Pittsburgh Plate Glass Company, 1945]. Also related was the "Business 'Neighborhood' in 194X" that Kahn sketched for a Barrett roofing ad in 1945: Pencil Points 26 (May 1945): 160; *Architectural Forum* 82 (June 1945): 179. Their postwar practice included some of exactly this kind of commercial work: the planned renovation of a Thom McAn shoe store in Upper Darby, the Coward shoe store in Philadelphia, and alterations to a Buten paint store in Camden.
86.Letter, Stonorov to *California Arts and Architecture*, May 19, 1943, "Correspondence—April-June, 1943," Box 49, Stonorov Papers; letter, John Entenza (*California Arts and Architecture*) to Stonorov and Kahn, September 7, 1943, "Correspondence—July-September,1943,"Box 49, Stonorov Papers. First- and second-floor plans in Kahn's hand, drawing 130.1, Kahn Collection.
87."H. G. Knoll Assoc. Planning Unit," Box LIK 60, Kahn Collection; "Parasol House," Box LIK 33, Kahn Collection. The other architects were Serge Chermayeff, Charles Eames, Antonin and Charlotta Heythum, Joe Johannson, Ralph Rapson, and Eero Saarinen.
88.Letter, Stonorov to David Aarons (Gimbel Brothers), January 7, 1943, "Correspondence—January-March 1943," Box 49, Stonorov Papers.
89.Letter, G. P. MacNichol (Libbey-Owens-Ford) to Stonorov, August 25, 1945, "Correspondence—July—September, 1945," Box 50, Stonorov Papers.
90.Tyng, interview with David B. Brownlee, July 20, 1990.
91.Telegram, Earl Aiken (press relations manager, Libbey-Owens-Ford) to Stonorov, January 10, 1947, "Correspondence—January-March, 1947," Box 51, Stonorov Papers; telegram, Stonorov to Aiken, January 17, 1947, ibid.; telegram, Kahn to Aiken, January 17, 1947, ibid.
92.Maron Simon, ed., *Your Solar House* (New York: Simon and Schuster, 1947), 42-43.
93.Bill, Victory Storage Company to Stonorov and Kahn, March 4,1947, "Veterans Administration," Box LIK 63, Kahn Collection.
94.Research assistance for the Oser house was provided by Marcia Fae Feuerstein.
95.Specifications, "Broudo Residence," Box LIK 61, Kahn Collection.
96.Chronology established from dated drawings in the Kahn Collection.
97.Research assistance for the Roche house was provided by David Roxburgh.
98.Tyng, interview with Brownlee, July 20, 1990.
99.Research assistance for the Weiss house was provided by David Roxburgh.
100.Kahn, quoted in Barbara Barnes, "Architects' Prize-winning Houses Combine Best Features of Old and New," Evening Bulletin, May 20, 1950.
101.Chronology established from dated drawings 305.1, 305.3, and office drawings, Kahn Collection.
102.Research assistance for the Genel house was provided by Marcia Fae Feuerstein.
103.Undated drawings 315.1—5, Kahn Collection, seem to belong to this phase.

104.Research assistance for the Philadelphia Psychiatric Hospital was provided by Peter S. Reed.
105."Hospital to Cure the Mentally 111," *Architectural Record* 90 (August 1941): 87-89.
106.Letter, Kahn to Rosenfield, August 2, 1945, "Correspondence—July-September, 1945,Box 50, Stonorov Papers.
107.Letter, Rosenfield to Stonorov and Kahn, February 13, 1946, "Correspondence January-March, 1946,"Box 51, Stonorov Papers.
108.In response, Kahn protested, "I am sorry for the remarks you made about me personally. I hope I shall not have to reassure you of the earnestness of my intentions and efforts";letter, Kahn to Radbill, September 11, 1945, "Correspondence—July-September, 1945,"Box 50, Stonorov Papers.
109.Tyng, interview with Brownlee, June 5, 1990.
110.Sigfried Giedion, *Architecture You and Me: The Diary of a Development* (Cambridge, Mass.: Harvard University Press, 1958), 22—24, 48—51.
111."In Search of a New Monumentality," *Architectural Review*; 104 (September 1948): 117-28.
112.Sigfried Giedion, "The Need for a New Monumentality," in *New Architecture and City Planning*, ed. Paul Zucker (New York: Philosophical Library, 1944), 549, 551; Kahn, "Monumentality," ibid., 577.
113.Kahn, "Monumentality," 578.
114.Ibid., 578—79.
115.Ibid., 581, 580.
116.Ibid., 581.
117.Ibid., 587.
118.Letter, Kahn to Joseph Hudnut, May 15, 1946, "U.N.O.," Box LIK 63, Kahn Collection.
119.Robert A. M. Stern, "Yale 1950-1965,"*Oppositions*, no. 4 (October 1974): 35-62; Stern, Howe, 210-25; William S. Huff, "Kahn and Yale,"*Journal of Architectural Education* 35 (Spring 1982): 22—31.
120.Letter, Sawyer to Stern, February 9, 1974, Box VI, George Howe Papers, Avery Library, Columbia University, New York.
121.Program for "Suburban Shopping Center," Yale University 1948—1949, Box LIK 60, Kahn Collection.
122.Program for "The National Center of UNESCO," "Yale—Professor 1950," Box LIK 61, Kahn Collection.
123.Program for "A Suburban Residence,"Yale University 1948—1949, " Box LIK 60, Kahn Collection.
124."3 Arts Combine in Architecture Project at Yale,"*New York Herald Tribune*, February 27,1949, 44; "Student Architects, Painters, Sculptors Design Together," Progressive Architecture 30 (April 1949): 14, 16, 18.
125.Draft of letter, Kahn to Howe [ca. July 1949], "Yale University 1948—1949," Box LIK 60, Kahn Collection.
126.Sawyer, draft program for collaborative project, "Yale—Professor 1950, " Box LIK 61, Kahn Collection.
127.Albers, quoted in Francois Bucher, *Josef Albers*: Despite Straight Lines (New Haven and London: Yale University Press, 1961), 75.
128.Nalle, untitled text, *Perspecta*, no. 1 (Summer 1952): 6.
129.Letter, Scully to Kahn, February 15, 1956, "The Yale University, Correspondence," Box LIK 60, Kahn Collection; Scully, interview with Alessandra Latour, September 15, 1982, in Latour, *Kahn* , 151; Scully, conversation with David B. Brownlee and David G. De Long, August 16, 1990.

2. 开放的认知精神

1.Kahn, "Address by Louis I. Kahn, April 5, 1966," *Boston Society of Architects Journal*, no. 1 (1967): 5—20; quoted from typescript, "Boston Society of Architects,"Box LIK 57, Louis I. Kahn Collection, University of Pennsylvania and Pennsylvania Historical and Museum Commission, Philadelphia (hereafter cited as Kahn Collection).
2.Letter, Kahn to Dave [Wisdom], Anne [Tyng], and others, December 6, 1950, "Rome 1951," Box LIK 61, Kahn Collection.
3.He wrote, "I now know that Greece and Egypt are musts"; card, Kahn to office, n.d., "Letters to L.I. Kahn," Box LIK 60, Kahn Collection.
4."Training the Artist-Architect for Industry," in *Impressions* (proceedings of the Design Conference, Aspen, Colorado, June 28—July 1, 1951), ed. R. Hunter Middleton and Alexander Ebin, Box LIK 63, Kahn Collection.
5.Kahn, notebook (K12.22), ca. 1966—1972, Kahn Collection.
6.Among early references to the Pantheon in Kahn's writings is a mention in Kahn, "Law and Rule in Architecture" (lecture, Princeton University, November 29, 1961), typed transcript, "LIK Lectures 1969," Box LIK 53, Kahn Collection.
7.Kahn, quoted in Ada Louise Huxtable,"What Is Your Favorite Building,*New York Times Magazine*, May 21, 1961; filed in "Misc.," Box LIK 64, Kahn Collection.
8.Vincent J. ScuUy, *Louis I. Kahn* (New York: George Braziller, 1962), 10, 12-13, 37.
9.For example, after recommending D'Arcy Wentworth Thompson's *On Growth and Form* to his nephew Alan Kahn as the single book that would explain architecture, he later admitted that he had never read it; Alan Kahn, " 'Conversation about Lou Kahn,' Los Angeles, California, June 20, 1981,in *Louis I. Kahn: Uuomo, il maestro*, ed. Alessandra Latour (Rome: Edizioni Kappa, 1986), 65. Also, to a former student and office colleague he wrote in reference to an article he had been sent, "without reading a word I can feel its significance"; letter, Kahn to William S. Huff, November 4, 1965, "Huff, William, Correspondence," Box LIK 57, Kahn Collection.
10.Kahn, "Space-Order in Architecture" (lecture, Pratt Institute, November 10, 1959), transcript. The transcript was mailed to Kahn on March 28, 1960; letter, Olindo Grossi (Pratt Institute) to Kahn, March 28, I960, "LIK Lectures I960," Box LIK 54, Kahn Collection.
11.Scully, interview with Alessandra Latour, in Latour, Kahn, 155. Among Brown's publications is Frank E. Brown, *Roman Architecture* (New York: George Braziller, 1961).
12.Kahn,"The Value and Aim in Sketching,"*T-Square Club Journal* 1 (Philadelphia, May 1931): 18-21.
13.Reyner Banham, "New Brutalism,'*Architectural Review* 118 (Decenier 1955): 357.
14.Letter, Goodwin to Kahn, May 13, 1954, "Personal," Box LIK 66, Kahn Collection.
15.As recounted in William Huff, "Louis Kahn: Sorted Recollections and Lapses in Familiarities,interview with Jason Aronoff, *Little Journal* 5 (September 1981), reprinted in Latour, *Kahn*, 407.
16.For a general description, see David G. De Long, "Eliel Saarinen and the Cranbrook Tradition in Architecture and Urban Design,"in Design in America: *The Cranbrook Vision*, 1925—1950 (New York: Harry N. Abrams, 1983), 47—89.
17.Kenneth Frampton, "Louis Kahn and the French Connection," *Oppositipns*, no. 22 (Fall 1980), reprinted in Latour, Kahn, 249.
18.Scully, interview with Latour, 147.
19.Among several accounts of Tyng's association with Kahn is Anne Griswold Tyng, "Architecture Is My Touchstone,*Radcliffe Quarterly* 70 (September 1984): 5—7.
20.Tyng, interview with Alessandra Latour, in Latour, *Kahn*, 51.
21.Kahn, notebook (K12.22), ca. 1955, Kahn Collection.
22.Letter, Kahn to John D. Entenza (director, Graham Foundation), March 2, 1965, "Letters of Recommendation, 1964,"Box LIK 55, Kahn Collection.
23.Anne G. Tyng, "Louis I. Kahn's 'Order' in the Creative Process," in Latour, *Kahn*, 285. Fuller recalled speaking with Kahn during train trips between Philadelphia and New Haven; telegram, Fuller to Esther Kahn, March 20, 1974, in Latour, *Kahn*, 179.
24.Letter, Fuller to Entenza, April 5, 1965, "Fuller, R. Buckminster Correspondence, 1965," Box LIK 55, Kahn Collection.
25.Kahn began work on the project in May 1954; summary of expenses, "A.F. of L. Health Center (Melamed) Architects Fee," Box LIK 83, Kahn Collection. The building dedication in February 1957 is reported in "AFL-CIO Center Dedicated Here, " Architectural Fee, February 17, 1957. The demolition was reported in "Kahn Finds Lesson in Ruins of His Work," *Philadelphia Inquirer*, August 27, 1973. At that time he reasserted his dislike of the penthouse projection, confirming David Wisdom's account of Kahn's initial reaction when the building was built; Wisdom, interview with David B. Brownlee, Peter S. Reed, and David G. De Long, July 5, 1990. I am grateful to Peter Reed for his research report on this project.
26.Tyng, interview with Latour, 43.
27.Letter, Fruchter to Kahn, September 10, 1951; time sheets, April 25—June 13, 1952; and letter, Kahn to Fruchter, January 30, 1953; "Fruchter," Box LIK 34, Kahn Collection. I am grateful to Peter S. Reed for his research report on this project.
28.Emil Kaufmann, "Three Revolutionary Architects, Boullee, Ledoux, and Lequeu,"*Transactions of the American Philosophical Society* 42 (October 1952): 510, fig. 135. Kenneth Frampton notes the similarity between the

Ledoux plan and later designs by Kahn; Frampton, "Kahn and the French Connection," 240—41.

29.Kahn received the program and a retainer in June 1954; letter, Benjamin F. Weiss (chairman, building committee) to Kahn, June 29, 1954, "Synagogue & School Bldg ... Adath Jeshurun," Box LIK 60, Kahn Collection. I am grateful to Peter S. Reed for his research report on this project.

30.Handwritten draft of a letter, Kahn to Gropius, n.d., responding to a letter from Gropius to Kahn, March 16, 1953, "Louis I. Kahn (Personal) 1953," Box LIK 66, Kahn Collection.

31.Kahn had completed preliminary sketches by July 1954; letter, Edward C. Arn (American Seating Company) to Kahn, July 19, 1954, "Synagogue & School Bldg ... Adath Jeshurun," Box LIK 60, Kahn Collection. Preliminary schemes were submitted in August; letter, Kahn to building committee, August 16, 1954, ibid. His design was rejected as "out of spirit with the type of building wanted by the Board" in April 1955; letter, Weiss to Kahn, April 29, 1955, "LIK Miscellaneous 1954—1956," Box LIK 65, Kahn Collection.

32."Frank Lloyd Wright Plans Synagogue Here,"*Sunday Bulletin*, May 23, 1954; filed in "Personal," Box LIK 66, Kahn Collection. The design was also published in "Frank Lloyd Wright Has Designed His First Synagogue . . ." *Architectural Record* 66 (July 1954): 20.

33.Published in "First Study of the City Hall Building,*Perspecta*, no. 2 (1953): 27. I am grateful to Peter Reed for his research report on this project.

34.Letter, Le Ricolais to Kahn, April 3, 1953, "Louis I. Kahn (personal)—1953," Box LIK 60, Kahn Collection. In the first paper, "Structural Approach in Hexagonal Design" (February 1953), it was claimed that hexagonal planning could also be applied to city traffic patterns; "Le Ricolais," Box LIK 56, Kahn Collection. Le Ricolais was later invited to Penn, where, beginning in 1955, he and Kahn taught together.

35.Kahn, "Toward a Plan for Midtown Philadelphia," *Perspecta*,no. 2 (1953): 23.

36.Kahn, quoted in Henry S. F. Cooper, "Dedication Issue; The New Art Gallery and Design Center,*Yale Daily News*, November 6, 1953.

37.Letter, Kahn to A. Whitney Griswold, July 30, 1958, "Yale Univ., Correspondence," Box LIK 60, Kahn Collection.

38.Kahn, "Architecture is the Thoughtful Making of Spaces," *Perspecta*, no. 4 (1957): 2—3.

39.Kahn, "Talk at the Conclusion of the Otterlo Congress,"in *New Frontiers in Architecture: Cl AM 9 59 in Otterlo*, ed. Oscar Newman (New York: Universe Books, 1961), 213.

40.Kahn had been retained to design the house by June 1954; letter, Mrs. Adler to Kahn, June 14, 1954, "Adler," Box LIK 32, Kahn Collection. Time sheets document work from August to February 1955, most intensely in September; time sheets, ibid. I am grateful to David Roxburgh for his research report on this project.

41.Kahn, quoted in "Louis Kahn Places Design as a Circumstance of Order,*Architecture and the University* (proceedings of a conference, Princeton University, December 11-12, 1953; Princeton, N.J.: School of Architecture, 1954), 29-30.

42.Letters, Mrs. Adler to Kahn, December 3 and 4,1953, "Louis I. Kahn (personal)—1953," Box LIK 60, Kahn Collection.

43.Kahn, quoted in "How to Develop New Methods of Construction," *Architectural Forum* 101 (November 1954): 157. Kahn's remarks had been made at a conference on architectural illumination at the School of Design, North Carolina State College.

44.Letter, Constance H. Dallas (City Council) to Francis Adler, February 18, 1955, "Adler," Box Life 32, Kahn Collection. Later, during the summer of 1955, Kahn undertook to remodel a kitchen in their existing house; letter, Kahn to Francis Adler, October 24, 1955, ibid.

45.Scully cites the beginning date as 1954; Scully, Kahn, 47. There are no records yet discovered in the Kahn Collection that confirm this. Drawings carry dates only from February 3 to 8, 1955. I am grateful to David Roxburgh for his research report on this project.

46.Kahn, quoted in Susan Braudy, 66The Architectural Metaphysic of Louis Kahn," *New York Times Magazine*, November 15, 1970,86.

47.Kahn, notebook (K12.22), 1955—ca. 1962, Kahn Collection.

48.Letter 441, Mozart to his father, January 16, 1782, in *The Letters of Mozart awd His Famity*, 2d ed., trans. and ed. Emily Anderson (London: Macmillan; and New York: St. Martin's Press, 1966), 2:793.1 am grateful to Eugene K. Wolf and Jean K. Wolf for their assistance in locating this quote.

49.Kahn, notebook, 1955—ca. 1962.

50.Rudolf Wittkower, *Architectural Principles in the Age of Humanism* (London: Alec Tiranti, 1952); Tyng, interview with David G. De Long, October 11, 1990.

51.Kahn, notebook, 1955—ca. 1962.

52.Kahn had been retained to design the Morris house by July 1955; letter, Lawrence Morris to Kahn, July 8, 1955, "Morris House," Box LIK 80, Kahn Collection. There are no time reports or dated records of any sort in the archive for 1956.

53.Letter, Rowe to Kahn, February 7, 1956, "Correspondence from Colleges and Universities," Box LIK 65, Kahn Collection.

54.Ibid. Two articles including a brief discussion of Kahn in the context of the 1950s that Rowe wrote in 1956-57 were published under the title "Neoclassicism and Modern Architecture," Oppositions, no. 1 (September 1973): 1-26.

55.Wittkower, *Architectural Principles*, 61.

56.Ibid., 30.

57.Letter, Tyng to Entenza, February 28, 1965, "Letters of Recommendation 1964," Box LIK 55, Kahn Collection. Tyng was applying for a grant to complete a book, *Anatomy of Form*.

58.D'Arcy Wentworth Thompson, On Growth and Form, abridged and edited by John Tyler Bonner (Cambridge: Cambridge University Press, 1943; 1961), 119-20, describing fig. 14.

59."The Dream Builders,"*Time*, October 17, 1960, 86. Kahn confirmed Tyng's collaboration on the design in a letter to G. Holmes Perkins, June 2i, 1968, "Perkins, Dean G. Holmes, Correspondence," Box LIK 57, Kahn Collection.

60.Tyng, interview with De Long, January 24, 1991.

61.Letter, William Mitchell (vice president, styling staff, General Motors Corporation) to Kahn, December 5, 1960, "General Motors— Contract," Box LIK 32, Kahn Collection. Kahn was expected to finish by late December; the last date carried on the drawings is February 17, 1961. I am grateful to David Roxburgh for his research report on this project.

62.Tyng remained associated with the office until Kahn's death, her position evolving from that of employee to consultant, and she continues, in 1991, to practice independently and teach at the University of Pennsylvania; Tyng, interview with De Long, February 15, 1991.

63.Kahn, "Space Form Use—A Library,"*Pennsylvania Triangle* 43 (December 1956): 43.

64.Kahn, quoted in "On Philosophical Horizons" (panel discussion), AIA Journal 33 (June 1960): 100.

65.Kahn, "Louis I. Kahn: Talks With Students,*Architecture at Rice*, no. 26 (1969): 26—27.

66.Denise Scott Brown, "A Worm's Eye View of Recent Architectural History,"*Architectural Record* 172 (February 1984): 73.

67.For example, letters, Kahn to the Philadelphia Art Alliance, June 23, 1961, "Master File, June 1, 1961 through July 31, 1961, " Box LIK 9, Kahn Collection; Kahn to National Council of Architectural Registration Boards, May 20, 1963, "Venturi, Bob," Box LIK 59, Kahn Collection; Kahn to Gordon Bunshaft, February 17, 1971, "Master File, 1 Jan 1971 thru 30 August 71," Box LIK 10, Kahn Collection.

68.For example, in interviews with Alessandra Latour, in Latour, Kahn: Sue Ann Kahn, 35; Anne Tyng, 41—49; and Marshall D. Meyers, 77.

69.Memorandum, Paul Schweikher (chairman, department of architecture) to Messrs. Hansen, Kahn, Nalle, and Wu, April 14, 1955, "Yale University—LIK Classes," Box LIK 63, Kahn Collection.

70.Kahn, "1973: Brooklyn, New York"(lecture, Pratt Institute, Fall 1973), *Perspecta*, no. 19 (1982): 94.

71.For the Lawrence Hall of Science, a limited competition in which Kahn had participated and which he gave as a class problem in September 1962, while I was in the studio.

72.For example, Wilder Green, "Louis I. Kahn, Architect Alfred Newton Richards Medical Research Building,*Museum of Modern Art Bulletin* 28 (1961). An exhibition on the Richards Building was held at the Museum of Modern Art from June 6 to July 16, 1961.

73."Kahn on Beaux-Arts Training,"ed. William Jordy, *Architectural Review* 155 (June 1974): 332.

74.Kahn, "Architecture is the Thoughtful Making of Spaces," 2.

75.Kahn, "Form and Design,*Architectural Design* 31 (April 1961): 151. Kahn had first used these terms of description at the CIAM conference in Otterlo in September 1959.

76.August E. Komendant, 18 Years With Architect Louis I. Kahn (Englewood, N.J.: Aloray, 1975).

77.Letter, Kahn to Eero Saarinen, March 23, 1959, "Master File, September 8, 1958-March 31, 1959,"Box LIK 9, Kahn Collection.

78.August Komendant, "Architect-Engineer Relationship," in Latour, Kahn,

317.
79.For example, in Scully, Kahn, 28; and Scott Brown, "A Worm's Eye View of History," 71.
80.Scully, *Kahn*, 30.
81.Klumb (born Heinrich Klumb) later practiced in Puerto Rico; his work is mentioned in Henry-Russell Hitchcock, *Architecture, Nineteenth and Twentieth Centuries*, 3d rev. ed. (Baltimore and Harmondsworth: Penguin Books, 1968), 422, 465; and Edgar Tafel, Apprentice to Genius: Years With Frank Lloyd Wright (New York: McGraw-Hill, 1979),37—38, 94.
82."1952 A.I.A. Convention,"Architectural Record 112 (August 1952): 204.
83.Letter, Kahn to Joseph Hazen, n.d., in response to a request from *Architectural Forum* for a testimonial; and telegram, April 10, 1959, Hazen to Kahn, "Architectural Forum—Louis I. Kahn," Box LIK 61, Kahn Collection.
84.Scully, Kahn, 30—31.
85.Kahn, quoted in "On the Responsibility of the Architect" (panel discussion), *Perspecta*, no. 2 (1953): 47.
86.The resumption of work is noted in a letter, Morris to Kahn, June 17, 1957, "Morris House, Mount Kisco, New York," Box LIK 32, Kahn Collection. Early design drawings in the Kahn archive are dated August 6, 1957. Time sheets record design activity from February to October 1958, with the greatest intensity of effort between April and July; "Morris House," Box LIK 80, Kahn Collection. Kahn's final bill is dated October 1, 1958; letter, Kahn to Morris, October 2, 1958, ibid. I am grateful to David Roxburgh for his research report on this project.
87.Vincent Scully, Introduction to The *Louis I. Kahn Archive: Personal Drawings*, 7 vols. (New York: Garland Publishing, 1987), l:xviii.
88.Kahn, "Remarks" (lecture, Yale University, October 30,1963), Perspecta, no. 9/10 (1965): 305.
89.Scott Brown, "A Worm's Eye View of History," 73.
90.The building was commissioned by Mrs. Robert B. Herbert, whose nephew, William Huff, had been a student of Kahn's at Yale. Huff was working in Kahn's office when the building was commissioned and became chief assistant for the design. Kahn visited the site in August 1958 and signed a contract for design services on September 8; "Greensburg Tribune-Review Publishing Company," Box LIK 35, Kahn Collection. Drawings dated November 7, 1958, show its compact form.I am grateful to P. Bradford Westwood for his research report on this project.
91.Construction began in November 1959; letter, David W. Mark to William Huff, November 11, 1959, "Greensburg Tribune-Review Publishing Company," Box LIK 35, Kahn Collection. It was completed by December 1960, but later additions have altered its appearance.
92.A survey of Fleisher's property was requested in March 1959; letter, Kahn to George Mebus, Inc., March 19, 1959, "Robert H. Fleischer Residence," Box LIK 34, Kahn Collection. Fleisher asked Kahn to stop work in May; letter, Fleisher to Kahn, May 16, 1959, ibid. I am grateful to David Roxburgh for his research report on this project.
93.Kahn signed a design agreement with Goldenberg on January 12, 1959; time sheets record design activity beginning in February; contract documents were complete by late June; "Goldenberg House," Box LIK 80, Kahn Collection. Because of excessive bids the client terminated the contract in August; letter, Goldenberg to Kahn, August 18,1959, ibid. I am grateful to Peter S. Reed for his research report on this project.
94.Kahn, quoted in "Kahn" (transcribed discussion in Kahn's office, February 1961), *Perspecta*, no. 7 (1961): 13.
95.Kahn, quoted in Heinz Ronner and Sharad Jhaveri, *Louis I. Kahn: Complete Work, 1935—1974*, 2d ed. (Basel and Boston: Birkhauser, 1987), 98.
96.Wittkower, Architectural Principles, 7.
97.Kahn, "Kahn," 15.
98.Funerary basilicas are discussed in Richard Krautheimer, *Early Christian and Byzantine Architecture* (Baltimore and Harmondsworth: Penguin Books, 1960), esp. 30—32.
99.Kahn signed a design agreement on October 1, 1959; "Margaret Esherick Finance File," Box LIK 80, Kahn Collection. I am grateful to David Roxburgh for his research report on this project.
100.Its design was discussed in November; letter, Kahn to C. Woodard, November 12, 1959, "Master File November 2 1959," Box LIK 9, Kahn Collection. Revised plans had been sent by March 1960; letter, Margaret Esherick to Kahn, March 16, 1960, "Miss Margaret Esherick's House, Correspondence," Box LIK 34, Kahn Collection. Construction began in November 1960; agreement with Thomas Regan for Ross and Co., Contractors, November 2, 1960, "Esherick House, Philadelphia, Pennsylvania,"Box LIK 139, Kahn Collection. Construction was essentially complete by the following November; letter, Kahn to Ross and Co., November 22, 1961, "Esherick Miscellaneous," Box LIK 34, Kahn Collection.
101.Kahn, "Kahn," 16—17.
102.Letter, Kahn to Richard Demarco (Richard Demarco Gall Ltd., Edinburgh), August 28, 1973, "Master File 1 July 1973 to 31 October 1973," Box LIK 10, Kahn Collection.
103.For example, Brown, *Roman Architecture*, 33. Kahn's conversations with Brown at the American Academy would have provided opportunities to exchange views.
104.The U.S. Department of State program for building embassies and consulates during the 1950s is discussed in Jane C. Loeffler, "The Architecture of Diplomacy: Heyday of the United States Embassy-Building Program, 1954—1960,Journal of the Society of Architectural *Historians* 49 (September 1990): 251—278.
105.Kahn described his ideas for the building at a meeting on June 24,1960. The perspective illustrated was apparently one of the sketches resulting from that meeting, and was probably one of those being criticized. Letter, William P. Hughes (director, Office of Foreign Buildings, U.S. State Department) to Kahn, August 26, 1960, "Communications and Correspondence," Box LIK 34, Kahn Collection.
106.Letters and memoranda, including letters, R. Stanley Sweeley (supervising architect for residences, Office of Foreign Buildings, U.S. State Department) to Kahn, August 30 and October 19, 1960, and D. Merle Walker (acting director, Office of Foreign Buildings, U.S. State Department) to Kahn, August 4, 1961, "Communications and Correspondence," Box LIK 34, Kahn Collection; memorandum of meeting with a Mr. Chappellier, September 20, 1960, "Program, Luanda, Angola," Box LIK 34, Kahn Collection. I am grateful to David Roxburgh for his research report on this project.
107.The construction of a model is documented by a card, August 26/27,1961, "Luanda, Africa," Box LIK 80, Kahn Collection. Later drawings are described in a letter, Kahn to Walker, August 30, 1961, "Program, Luanda Angola," Box LIK 34, Kahn Collection. Kahn's final bill is included in a letter, Kahn to Earnest J. Warlow (assistant director for architecture and engineering, Office of Foreign Buildings, U.S. State Department), December 19, 1962, "Luanda, Africa," Box LIK 80, Kahn Collection.
108.Kahn, "Kahn," 9.
109.Anne Tyng has indicated what she believes are roots of this motif in Kahn's earlier work to which she contributed; Tyng, interview with Lato
110.Wittkower, Architectural Principles, 13.
111.Jan C. Rowan, "Wanting to Be: The Philadelphia School," *Progressive Architecture* 42 (April 1961): 141.
112.Kahn, typed transcript of a November 14,1961,talk to the Board of Standards and Planning for the Living Theater, "Board of Standards & Planning—N.Y. Chapter—ANT A," Box LIK 57, Kahn Collection.
113.Neutra later praised Kahn's nearly completed laboratories at Salk; letter, Neutra to Kahn, May 12, 1965, "Neutra, Richard," Box LIK 57, Kahn Collection. For a discussion of Kahn's theories in relation to the modernism of his day, see Romaldo Giurgola and Jaimini Mehta, *Louis I. Kahn: Architect* (Zurich: Verlag fiir Architektur, 1975; English ed., Boulder, Colo.: Westview Press, 1975), 216—23.
114.Letter, Sibyl Moholy-Nagy to Kahn, January 22, 1964, "Sibyl Moholy-Nagy Correspondence, 1964,"Box LIK 55, Kahn Collection.
115.Bibliographic information on these versions is contained in the annotated bibliography, pp. 433—39. Kahn's quotes that follow in the text are from the version"Form and Design,*Architectural Design* 31 (April 1961): 145-54.
116.Letter, Tim Vreeland to Monica Pidgeon (editor, Architectural Design), January 11, 1961, "Master File, November 1 through December 30, 1960,"Box LIK 9, Kahn Collection.
117.Kahn, "Form and Design," 145, 148.
118.Ibid., 148.
119.Kahn, "Talk at the Otterlo Congress," 213.
120.Ibid.
121.For example, in Joseph Burton, "Notes from Volume Zero: Louis Kahn and the Language of God,"*Perspecta*, no. 20 (1983): 69-90.
122.Kahn, "Form and Design," 148-49.

123.Ibid., 151-52.
124.For a discussion of these examples, see Vincent Scully, *American Architecture and Urbanism* (New York and Washington: Praeger, 1969), 190-212.
125.Kahn, "Form and Design," 148. The chapel had been identified by name in the 1959 version.
126.Kahn, quoted in "The Sixties; A P/A Symposium on the State of Architecture," *Progressive Architecture* 42 (March 1961): 123; and "The New Art of Urban Design—Are We Equipped?"*Architectural Forum* 114 (June 1961): 88.
127.Rowan, "Wanting to Be," 131.
128.Kahn, quoted in the minutes, "Summary of Preliminary Meeting of Committee on Arts and Architecture for the Kennedy Library,"n.d., "Mrs. John F. Kennedy Correspondence," Box LIK 56, Kahn Collection. Kahn was invited to serve on the Arts and Architecture Committee for the Kennedy Library in February 1964; letter, Jacqueline Kennedy to Kahn, February 4, 1964, ibid. The selection of I.M. Pei as architect was announced in December 1964; letter, Jacqueline Kennedy to Kahn, December 8, 1964, ibid.
129.Kahn, notebook (K12.22), 1955—ca. 1962, Kahn Collection.
130.Kahn, "Form and Design," 148.
131.Kahn, "Law and Rule in Architecture" (annual discourse, Royal Institute of British Architects, March 14, 1962), typed transcript, "LIK Lectures 1969,"Box LIK 53, Kahn Collection.
132.Among his own commissions that he gave his Penn studio as problems, two in the 1962-63 academic year reflect these types: St. Andrew's Priory (1961—1967) and Sher-e-Bangla Nagar, the assembly complex at Dhaka (1962—1983). The ideals of St. Gall and the Pantheon were much discussed in that year's studio.
133.Letter, Kahn to Stephen S. Gardner (chairman, Bicentennial Site Committee), January 16, 1972, "1972 Bicentennial Corporation Correspondence," Box LIK 50, Kahn Collection.
134.The Turkish architect Gonul Aslanoglu Evyapan, a former student who was in regular touch with Kahn at the time, recalled Kahn telling her that never had he felt more sympathetic to a commission and never had he wanted one more. I often saw Ms. Evyapan after her meetings with Kahn in 1964 and 1965, when her impressions were particularly strong.
135.Kahn, quoted in Patricia Cummings Loud, *The Art Museums of Louis I. Kahn* (Durham, N.C., and London: Duke University Press, 1989), 258.
136.The talk was given when he was inducted into the American Academy of Arts and Letters. Kahn's notes are undated but are filed with the letter informing Kahn of his election; letter, Aaron Copland to Kahn, November 23, 1973, "The American Academy of Arts & Letters (1972)," Box LIK 44, Kahn Collection.

3. 集会建筑

1.Kahn, "A Synagogue,"Perspecta, no. 3 (1955): 62.
2.Kahn, "Places of Worship" (review of Synagogue Architecture in the U.S., by Rachel Wischnitzer), Jewish Review and Observer, clipping stamped February 17, 1956, Louis I. Kahn Collection, University of Pennsylvania Historical and Museum Commission (hereafter cited as Kahn Collection). Kahn had written the review before December 2, 1955; see annotated bibliography, pp. 433—39.
3.Kahn, "Architecture: Silence and Light" (lecture, Solomon R. Guggenheim Museum, December 3, 1968), in Guggenheim Museum, On the Future of Art (New York: Viking Press, 1970), 25.
4.Letter, Kahn to Balkrishna V. Doshi, May 26, 1961, "Master File 3/1/61 thru 5/31/61," Box LIK 9, Kahn Collection.
5.Kahn,"Law and Rule in Architecture"(lecture, Princeton University, November 29,1961), typed transcript, "LIK Lectures 1969,"Box LIK 53, Kahn Collection.
6.Kahn, "Law and Rule in Architecture" (annual discourse, Royal Institute of British Architects, March 14, 1962), typed transcript, "LIK Lectures 1969," Box LIK 53, Kahn Collection.
7.Kahn, lecture at the International Design Conference, Aspen, Colorado, June 1962, typed transcript, "Aspen Conference—June 1962," Box LIK 59, Kahn Collection.
8.Kahn, "Louis Kahn: Statements on Architecture"(lecture, Politecnico di Milano, January 1967), Zodiac, no. 17 (1967): 55.
9.Peter Murray, The Architecture of the Italian Renaissance (New York: Schocken Books, 1963), 42—44.
10.For example, Kahn, "Remarks"(lecture, Yale University, October 30, 1963), Perspecta, no. 9/10 (1965): 320.
11.This parallel was identified by J. Kieffer, Louis I. Kahn and the Rituals of Architecture (privately published, 1981), later cited by Joseph Burton, "Notes from Volume Zero: Louis Kahn and the Language of God,"Perspecta, no. 20 (1983): 80—83, among others.
12.Kahn, "Louis I. Kahn: Talks with Students" (lecture and discussion, Rice University, ca. 1969), Architecture at Rice, no. 26 (1969): 44.
13.Pattison, interview with David B. Brownlee, December 20, 1990.
14.Pattison, interview with David G. De Long, January 29, 1991.
15.Kahn, "Architecture and Human Agreement"(lecture, University of Virginia, April 18, 1972), Modulus, no. 11 (1975): n.p.
16.I was a student in Kahn's studio at the University of Pennsylvania during the 1962—1963 academic year. According to my class notebook, Kahn's first meeting with our class after his return from Dhaka was February 11,1963. His words then, which he further embroidered in later meetings, corresponded closely to his later talk at Yale in the fall of 1963. This talk, from which the quotations are taken, was subsequently published: "The Development by Louis I. Kahn of the Design for the Second Capital of Pakistan at Dacca,Student Publication of the School of Design, North Carolina State College, Raleigh 14 (May 1964): n.p.
17.Ibid.
18.According to my class notebook, Kahn assigned the Dhaka problem on February 25.
19.These remarks by Kahn on April 1, 1963,I had enclosed in quotation marks as I took notes of his discussion of Dhaka.
20.Kahn, lecture at Princeton University, March 3, 1968, quoted in Bruno J. Hubert, "Kahn's Epilogue,"Progressive Architecture 65 (December 1984): 61.
21.Kahn, "Talks with Students,"28—29.
22.The drawings identified as dating from 1962 in Heinz Ronner and Sharad Jhaveri, Louis I. Kahn: Complete Work, 1935—1974, 2d ed. (Basel and Boston: Birkhauser, 1987), 234—35, SNC.3—6, seem instead to have followed his first trip to Dhaka in 1963. There is no evidence of any design activity before that trip, when he first received information on the site and the program. The model that Ronner illustrates as first in the sequence (234, SNC.I) seems to predate the model presented in March 1963, but it could have been a study model done after Kahn's return and before his next presentation model was begun.
23.Kahn, quoted in "The Development of Dacca," n.p.
24.Kahn was in Chandigarh on November 11,1962; hotel receipt, Oberoi Mount View, "National Institute of Design Incidentals," Box LIK 113, Kahn Collection.
25.Kahn, "Form and Design,Architectural Design 31 (April 1961): 152.
26.Ignacio de Sola-Morales i Rubio, "A Lecture in San Sebastian" (1982), reprinted in Louis I. Kahn: Uuomo, il maestro, ed. Alessandra Latour (Rome: Edizioni Kappa, 1986), 219. This thesis was earlier developed in Emil Kaufmann,"Three Revolutionary Architects, Boullee, Ledoux, and Lequeu,,? Transactions of the American Philosophical Society 42 (October 1952).
27.Kahn, "Law and Rule" (Princeton).
28.Kahn, "Law and Rule" (RIBA). Also recounted in "The Architect and the Building,Bryn Mawr Alumnae Bulletin 43 (Summer 1962): 2—3.
29.Kahn, address to the Boston Society of Architects, April 5, 1966, typed transcript, "Boston Society of Architects," Box LIK 57, Kahn Collection. It was later published: "Address by Louis I. Kahn," Boston Society of Architects Journal, no. 1 (1967): 5—20.
30.Kahn, quoted in "The Development of Dacca," n.p. In the fall of 1963 Kahn added similar "hollow columns" to the school component of Mikveh Israel, later relating them to Dhaka; Kahn, "Remarks," 320.
31.Kahn, lecture in Aspen, 1962; Kahn, "Law and Rule" (Princeton).
32.As recounted in August Komendant, 64Architect-Engineer Relationship,9? in Latour, Kahn, 319.
33.Roy Vollmer, an architect in Kahn's office assigned to Dhaka, designed a portion of the housing; reference is made in a letter quoting Kahn, Louise Badgley (Kahn's secretary) to James K. Merrick (Philadelphia Art Alliance), May 23, 1968, "April 1968 Master File, May & June 1968 & July 1968,Box LIK 10, Kahn Collection.
34."The Observatories of the Maharajah Sawai Jai Singh II," Perspecta, no. 6 (1960): 68—77.
35.Marco Frascari (associate professor of architecture, University of

Pennsylvania), interview with David G. De Long, November 15, 1989.
36.For example, William J. R. Curtis, "Authenticity, Abstraction and the Ancient Sense: Le Corbusier's and Louis Kahn's Ideas of Parliament," Perspecta, no. 20 (1983): 191.
37.Darah Diba, "Return to Dacca,Uarchitecture d'aujourd'hui, no. 267 (February 1990): 11.
38.Kahn, "Remarks," 313.
39.For example, Michael Graves, revised interview with Kazumi Kawasaki (1983), reprinted in Latour, Kahn, 167.
40.Monthly bulletin, Doxiadis Associates, "The Administrative Sector of Islamabad," May 1, 1961, "President's Estate, West Pakistan Gen. Correspondence," Box LIK 82, Kahn Collection. Among articles recounting the early history of Islamabad are B. S. Saini, "Islamabad; Pakistani New Capital,Design 9 (May 1964): 83—89; C. A. Doxiadis, "Islamabad: The Creation of a New Capital,Ekistics 20 (November 1965): 301—5; Maurice Lee, "Islamabad—The Image,Architectural Design 37 (January 1967): 47-50; and Leo Jamoud, 46Islamabad—The Visionary Capital,Ekistics 25 (May 1968): 329-35.
41.Kahn's selection as architect is confirmed in a letter, Masoodur Rouf (Capital Development Authority) to Robert Matthew (coordinating architect for the Administrative Sector, Islamabad), July 26, 1963, "Prespak Capital Development Authority Correspondence," Box LIK 82, Kahn Collection. The basic components of the complex are contained in 93 Assembly ... a Place of Transcendence the document "Revised Space Requirements in Respect to the President's Estate ... April 1963," "President's Estate, Islamabad, Program," Box LIK 82, Kahn Collection. I am grateful to David Roxburgh for his research report on this project.
42.Kahn had been expected to present his preliminary designs in June 1964; letter, Sarfraz Khan (deputy director of planning, Capital Development Authority) to Kahn, July 13, 1964, "President's Estate, Islamabad, Corres. Cap. Dev. Auth," Box LIK 82, Kahn Collection. Kahn promised something by September; letter, Matthew to Zahir ud-Deen (director of planning, Capital Development Authority), August 13, 1964, "President's Estate ... Correspondence, Sir Robert Matthew," Box LIK 82, Kahn Collection.
43.Letter, Kahn to Matthew, January 8, 1965, "Master File—January 1965—February,Box LIK 10, Kahn Collection.
44.Ajaz A. Khan, Progress Report on Islamabad (1960—1970) (Islamabad: Capital Development Authority, 1970), 26.
45.Letter, Matthew to Kahn, March 3, 1965, "President's Estate ... Correspondence, Sir Robert Matthew," Box LIK 82, Kahn Collection.
46.Kahn, notebook (K12.22), ca. 1963, Kahn Collection. Following these notes are sketches for the final version of the assembly building in Islamabad.
47.Auguste Choisy, Histoire de l'arctoecture (Paris: Edouard Rouveyre, [1899]), 1:529, fig. 15.
48.Among several documents emphasizing this are a letter, N. Faruqi (newly appointed chairman, Capital Development Authority) to Matthew, Kahn, and Ponti, May 11,1965, "Prespak, Capital Development Authority Correspondence," Box LIK 82, Kahn Collection.
49.Letter, Kahn to Matthew, August 27, 1965, "Master File, June 1965 July ... October," Box LIK 10, Kahn Collection.
50.Cable, Kahn to his Philadelphia office, January 11, 1966, "Cablegrams—Pak. Estate," Box LIK 82, Kahn Collection.
51."Interama Exposition Hailed as 'Full-Scale Experiment in Urban Design' " Architectural Record 141 (March 1967): 40-41.
52.Letter, Kahn to Robert B. Browne (architect in charge), November 14, 1964, "Interama Contract,"Box LIK 116, Kahn Collection. Kahn had first been contacted in December 1963; letter, Browne to Kahn, December 18, 1963, "Interama Correspondence Browne, Robert B" Box LIK 21,Kahn Collection. He expressed reservations in April; letter, Kahn to Browne, April 17, 1964, "Interama Contract," Box LIK 116, Kahn Collection.
53.Letter, Kahn to Browne, May 5, 1965, "Interama," Box LIK 21, Kahn Collection. Kahn introduced his comments with the statement, "My thought behind this note is to arrive at a sense of the institutional construction of INTERAMA."
54.His second version, presented in October 1965, is illustrated; its presentation is recorded in minutes, June 7, 1965, "Interama Correspondence Browne, Robert B.," Box LIK 21, Kahn Collection. An earlier scheme, with elements enclosing three sides of the triangular parcel, had been presented in September; minutes, September 19, 1965, "Interama Meeting Notes," Box LIK 21, Kahn Collection. A final version, with all elements linked along one side, was completed by April 1967; letter, Kahn to Browne, April 28, 1967, "Interama Arch. & Eng. Est., " Box LIK 21, Kahn Collection.
55.Letters, S. Budd Simon (chair, architect selection committee) to Kahn, July 15, 1966, and David Wisdom (Kahn's office) to Morton Rosenthal (first chair, building committee), March 20, 1967, "Temple Beth El Correspondence Client,Box LIK 38, Kahn Collection. I am grateful to Marcia Fae Feuerstein for her research report on this project.
56.Letter, Simon to Kahn, May 29, 1966, ibid.
57.Construction report, Guzzi Bros. & Singer, Inc., August 31, 1970, "I Temple Beth El Cuzzi Bros. & Singer, Inc. All Corres.," Box LIK 38, Kahn Collection; invitation to dedication, May 5, 1972, "Temple Beth El Correspondence Client," Box LIK 38, Kahn Collection.
58.Letter, Yacoov Salomon (holder of the synagogue property lease) to Kahn, October 9, 1967, "Hurva Synagogue," Box LIK 39, Kahn Collection. An original synagogue, built in 1700 by an Ashkenazic sect, had been destroyed in 1720; a second synagogue on the site, built in 1857, had been destroyed in 1948. Nahman Avigad, Discovering Jerusalem (New York: Nelson Publishers, 1980), 18; Pierre Loti, Jerusalem (Philadelphia: David McKay, 1974), 20.
59.Telegram, Kahn to Salomon, July 8, 1968, "Hurva Synagogue," Box LIK 39, Kahn Collection. The feverish work on the first proposal was described by Marvin Verman in an unpublished interview with Maria Isabel G. Beas in the fall of 1989; Verman, Kahn's employee at the time, had been in charge of the first presentation. I am grateful to Maria Beas for her research on this project.
60.Letter, Kahn to Yehuda Tamir (prime minister's office), March 28, 1969, "Hurva Synagogue," Box LIK 39, Kahn Collection.
61.Letter, Kahn to Harriet Pattison, September 15, 1964, published in Alexandra Tyng, Beginnings: Louis I. Kahns Philosophy of Architecture (New York: John Wiley & Sons, 1984), 166.
62.Kollek, quoted in J. Robert Moskin, "Jewish Mayor of the New Jerusalem," Look, October 1, 1968, 71. Controversy surrounding Kahn's first presentation is noted in a letter, Kollek to Kahn, August 29, 1968, "Hurva Synagogue," Box LIK 39, Kahn Collection.
63.For instance, Robert Coombs, "Light and Silence: The Religious Architecture of Louis Kahn," Architectural Association Quarterly 13 (October 1981): 32, 34.
64.Letter, Kahn to Mrs. Serata (librarian, Jewish Theological Seminary), July 2, 1968, "Hurva Synagogue," Box LIK 39, Kahn Collection. The article was Louis Finkelstein, "The Origin of the Synagogue,Proceedings of the American Academy for Jewish Research 1 (1928—1930): 49-59.
65.Rudolf Wittkower, Architectural Principles in the Age of Humanism (London: Alec Tiranti, 1952), 91.
66.Letter, Kollek to Kahn, June 6, 1969, "Jerusalem Committee,Box LIK 39, Kahn Collection. This version is sometimes identified as the third rather than the second, but dated drawings show otherwise.
67.Letter, Kollek to Kahn, April 23, 1972, ibid.
68.Letter, Kollek to Kahn, December 28, 1973, "Hurva Garden,"Box LIK 39, Kahn Collection.
69.Kahn, "Silence and Light" (lecture, School of Architecture, ETH Zurich, February 12, 1969), in Ronner and Jhaveri, Complete Work, 8.
70.Kahn, lecture at the Sala dello Scoutinio, Venice, January 30, 1969, typed transcript, "Venezia," Box LIK 55, Kahn Collection.
71.Neslihan Dostoglu, Marco Frascari, and Enrique Vivoni, "Louis Kahn and Venice: Ornament and Decoration in the Interpretation of Architecture," in Latour, Kahn, 307.
72.Pattison, interview with De Long, January 29, 1991.
73.Dostoglu, Frascari, and Vivoni, "Kahn and Venice," 307.
74.Kahn, lecture in Venice, 1969.
75.In addition to the simple dimensions of the related buildings, drawings in the archive of the Canadian Centre for Architecture repeatedly contain simple numerical notations, such as 40, 60, 100 (CCA DR 1982.0006); 20,40, 80 (CCA DR 1982.0007); and 15,30,120 (CCA DR 1982.0009).

4. 灵感之家

1.Kahn, "Remarks" (lecture, Yale University, October 30, 1963), Perspecta, no. 9/10 (1965): 310. A second often-cited inspiration was to meet," and he sometimes added a third, variously called "to express" and "well-being"; e.g" Kahn, interview with Karl Linn, May 14, 1965, typed transcript, "Linn, Karl," Box LIK 58, Louis I. Kahn Collection, University of Pennsylvania and Pennsylvania Historical and Museum Commission, Philadelphia (hereafter

cited as Kahn Collection); Kahn, Architecture:The John Lawrence Memorial Lectures (New Orleans: Tulane University School of Architecture, 1972), n.p.
2.Kahn, quoted in University of Pennsylvania, School of Medicine, Report of the Proceedings, Sixth Annual Conference on Graduate Medical Education: Medicine in the Year 2000. Philadelphia, Pennsylvania, December 1964 (Philadelphia: University of Pennsylvania, 1965), 149.
3.Kahn, quoted in "Kahn"(interview, February 1961), Perspecfa, no. 7 (1961): 10.
4.Kahn, "Our Changing Environment" (panel discussion, June 18, 1964), in American Craftsmen's Council, First World Congress of Craftsmen, June 8 through June 19, 1964. Columbia University, New York (New York: American Craftsmen's Council, [1965]), 120.
5.Kahn, lecture recorded November 19, 1960, and broadcast November 21, 1960; published as Structure and Form, Forum Architecture Series, no. 6 (Washington, D.C.: Voice of America, [1961]), 2. The tree metaphor was introduced at least as early as 1955; see Kahn, review of Synagogue Architecture in the U.S., by Rachel Wischnitzer, MS, ca. November 1955, "Descriptions of Buildings," Box LIK 54, Kahn Collection.
6.Kahn, "Space and the Inspirations" (lecture, New England Conservatory of Music, Boston, November 14, 1967), L'architecture d'aujourd'hui 40 (February-March 1969): 15.
7.Kahn,"Remarks," 305.
8.Ibid., 332.
9.C. P. Snow, The Two Cultures and the Scientific Revolution, The Rede Lecture 1959 (Cambridge: Cambridge University Press, 1959).
10.Salk, interview with David B. Brownlee and David G. De Long, May 24, 1990.
11.Salk, interview with David B. Brownlee et al., April 18, 1983.
12.Kahn, "Law and Rule in Architecture" (lecture, Princeton University, November 29, 1961), typed transcript, "LIK Lectures 1969," Box LIK 53, Kahn Collection.
13.Letter, Monica Bromley (RIBA) to Kahn, February 21, 1962, "Discourse for R.I.B.A. 1962 Correspondence," Box LIK 55, Kahn Collection; Kahn, "Louis I. Kahn: Talks with Students" (lecture and discussion, Rice University, ca. 1969), Architecture at Rice, no. 26 (1969): 13.
14.Esther McCoy, "Dr. Salk Talks about His Institute,"Architectural Forum 127 (December 1967): 31-32.
15.Kahn, Medicine in the Year 2000, 150.
16.Kahn, "Law and Rule" (Princeton).
17.Kahn, Medicine in the Year 2000, 153.
18.Kahn, "Kahn," 11. The project under discussion was the consulate in Luanda.
19.Kahn, "Law and Rule in Architecture" (annual discourse, Royal Institute of British Architects, March 14, 1962), typed transcript, "LIK Lectures 1969," Box LIK 53, Kahn Collection.
20.Kahn, "Talks with Students," 13—14.
21.Vincent J. Scully, Louis I. Kahn (New York: George Braziller,1982), 37.
22.kahn, "Remarks," 330.
23.Salk, interview with Brownlee and De Long.
24.Kahn, Medicine in the Year 2000, 151. III The Houses of the Inspirations
25.Kahn, "Remarks," 332.
26.Kahn, "I Love Beginnings" (lecture, International Design Conference, "The Invisible City," Aspen, Colorado, June 19, 1972), Architecture + Urbanism, special issue "Louis I. Kahn," 1975, 282.
27.Kahn, "Silence,"Via 1 (1968): 89.
28.Kahn, "Remarks," 305.
29.Kahn, interview with Linn.
30.Kahn, "The Architect and the Building,Bryn Mawr Alumnae Bulletin 43 (Summer 1962): 2.
31.Kahn, unidentified discussion, International Design Conference, "The Invisible City" Aspen, Colorado, June 1972, quoted in What Will Be Has Always Been: The Words of Louis I. Kahn, ed. Richard Saul Wurman (New York: Access Press and Rizzoli, 1986), 170.
32.Kahn, "Law and Rule" (RIBA).
33.Kahn, "Kahn," 12-13.
34.Kahn, "Architect and Building," 5.
35.Ibid., 3.
36.Kahn, "Law and Rule" (RIBA). Peter S. Reed suggests that the book was probably William Douglas Simpson, Castles from the Air (London: Country Life; New York: Charles Scribner's Sons, 1949). Alexandra Tyng notes that in 1962 he was given Stewart Cruden, The Scottish Castle (Edinburgh: Spurbooks, 1962); Tyng, Beginnings: Louis I. Kahns Philosophy of Architecture (New York: John Wiley & Sons, 1984), 19.
37.Susan Braudy, "The Architectural Metaphysic of Louis Kahn: 'Is the Center of a Column Filled with Hope?' 'What Is a Wall?' 'What Does This Space Want To Be?" New York Times Magazine, November 15, 1970, 80. Comlongan Castle, Dumphriesshire, is illustrated in Scully, Kahn, fig. 116, and Kahn, "Remarks," figs. 42-45. Both were published with Kahn's consultation.
38.Kahn, "Space and the Inspirations," 16; for another version, see Kahn, "Address by Louis I. Kahn, April 5, 1966,"Boston Society of Architects Journal, no. 1 (1967): 8.
39.Kahn, Medicine in the Year 2000, 151.
40.Research assistance for the Chemistry Building, University of Virginia, was provided by Peter S. Reed.
41.Letter, Edgar F. Shannon to Kahn, November 19, 1962, "UYA—University Correspondence," Box LIK 33, Kahn Collection.
42.Research assistance for Shapero Hall, Wayne State University, was provided by Peter S. Reed.
43.Memo, Douglas R. Sherman (president, Wayne State University) to Arthur Neef (vice president and provost, WSU), Stephen Wilson (dean, College of Pharmacy, WSU), and Mark Beach, February 5, 1962, "Wayne University Correspondence,Box LIK 33, Kahn Collection.
44.Research assistance for Lawrence Memorial Hall, University of California, Berkeley, was provided by Peter S. Reed.
45.Kahn, "Talk at the Conclusion of the Otterlo Congress,"in New Frontiers in Architecture: CIAM'59 in Otterlo, ed. Oscar Newman (New York: Universe Books, 1961), 212.
46.Balkrishna V. Doshi, "Louis Kahn in India, Architecture + Urbanism, special issue "Louis I. Kahn,"1975, 313.
47.Kahn, "Remarks," 324.
48. Ibid., 327.
49.Kahn, "1973: Brooklyn, New York" (lecture, Pratt Institute, Fall 1973), Perspecta, no. 19 (1982): 92; another version: Kahn,"I Love Beginnings," 281.
50.Kahn, quoted in James Bailey, "Louis Kahn in India: An Old Order at a New Scale, Architectural Forum 125 (July—August 1966): 40.
51.Doshi, "Louis Kahn in India," 312.
52.Ibid., 311.
53.Kahn, "Architecture and Human Agreement" (lecture, University of Virginia, April 18, 1972), Modulus, no. 11 (1975): n.p.
54.Kahn, Structure and Form, 3
55.Kahn, "Talks with Students," 40.
56.Kahn, "Address," 17.
57.Kahn, "Remarks," 322.
58.Kahn, quoted in Doshi, "Louis Kahn in India," 311.
59.Kahn, "Remarks, " 305.
60.Research assistance for St. Andrew's Priory was provided by Peter S. Reed.
61.Shari Wigle,"The World, the Arts, and Father Raphael,Los Angeles Times West Magazine, September 18, 1966, 32-33, 46-51.
62.Kahn, "Law and Rule" (RIBA).
63.Letter, Kahn to Father Vincent Martin, September 25, 1961, "Master File—August 1-61 through 9/28/61," Box LIK 9, Kahn Collection. The architect was Foster Rhodes Jackson.
64.Letter, Kahn to Father Philip Verhaegen (prior, St. Andrews Priory), November 26, 1965, "St. Andrew's Priory Valyermo, California," Box LIK 81, Kahn Collection; letter, John Duncan (priory's attorney) to Father de Morchoven, April 26, 1966, ibid.
65.Wigle,"Father Raphael",32.
66.Kahn, "Architecture and Human Agreement," n.p.
67.Kahn, "Talks with Students," 7-8.
68.Ibid., 8.
69.Kahn, Architecture, n.p.
70.Kahn, "Address," 13.
71.Letter, Mother Emmanuel to Kahn, December 16, 1966, "Mother Mary Emmanuel Motherhouse—Media," Box LIK 32, Kahn Collection.
72.Research assistance for the Maryland Institute College of Art was provided by Peter S. Reed.
73.Letter, Leake to David Wisdom, March 30,1967, "Maryland Institute College of Art Correspondence," Box LIK 33, Kahn Collection.
74.Letter, Wisdom to Leake, April 6, 1967, ibid.
75.Letter, Leake to Kahn, Apri 9, 1969, ibid.
76.Research assistance for the Art Center, Rice University, was provided by

Peter S. Reed.
77.Kahn, "Talks with Students," 39-40.

5. 可用性论坛

1.Kahn, "Architecture and Human Agreement"(lecture, University of Virginia, April 18, 1972), Modulus, no. 11 (1975): n.p.
2.Kahn, "1973: Brooklyn, New York" (lecture, Pratt Institute, Fall 1973), Perspecta, no. 19 (1982): 100.
3.Kahn, "The Room, the Street and Human Agreement" (AIA Gold Medal acceptance speech, Detroit, June 24, 1971), AIA Journal 56 (September 1971): 33.
4.Kahn, "1973: Brooklyn," 100.
5.Kahn, "Harmony Between Man and Architecture"(lecture, Paris, May 11, 1973), Design 18 (Bombay, March 1974): 25.
6.Kahn, interview with Karl Linn, May 14, 1965, typed transcript, "Linn, Karl,"Box LIK 58, Louis I. Kahn Collection, University of Pennsylvania and Pennsylvania Historical and Museum Commission, Philadelphia (hereafter cited as Kahn Collection).
7.Kahn, "The Room, the Street and Human Agreement," 33—34.
8.Kahn, "Architecture and Human Agreement," n.p.
9.Ibid.
10.Kahn, address to the Boston Society of Architects, April 5, 1966, typed transcript, "Boston Society of Architects," Box LIK 57, Kahn Collection. It was later published: "Address by Louis I. Kahn," Boston Society of Architects Journal, no. 1 (1967): 5—20.
11.Kahn, interview with Linn. At this point he referred to the "inspiration to live," later redefined as the "inspiration to express"; explained in "Architecture and Human Agreement."
12.Kahn, 46Louis I. Kahn: Talks With Students,Architecture At Rice, no. 26 (1969): 40.
13.Kahn, lecture for the Board of Standards and Planning for the Living Theatre, New York, November 14, 1961, transcript,"Board of Standards and Planning, N.Y. Chapter—ANTA,"Box LIK 57, Kahn Collection.
14."Group Abandons Levy Memorial,New York Times, October 7, 1966. I am grateful to David Strauss for his research report on this project.
15.Letter, Noguchi to Kahn, August 2, 1961,"Levy Memorial Playground," Box LIK 33, Kahn Collection.
16.Letter, David Wisdom (Kahn's office) to Noguchi, January 10, 1963, ibid.
17."Model Play Area for Park Shown,"New York Times, February 5, 1964.
18.A model conforming to this "final version" was photographed by George Pohl on January 21, 1965; Pohl records, Kahn Collection.
19.Letter, Noguchi to Arthur W. Jones, Jr. (Kahn's office), December 3, 1964, "Levy Memorial Playground," Box Llk 33, Kahn Collection.
20.Kahn, interview with Linn.
21."Court Battles and Confusion Over Playground,New York Herald Tribune, February 27, 1965;"Fight Over Park Nearing Climax,New York Times, February 13, 1966;" Group Abandons Levy Memorial.
22.Kahn, quoted in"Kahn Designs a 'on-College,' " Philadelphia Inquirer, March 29, 1966.
23.Ibid.
24.Lines of responsibility are not always made clear in surviving correspondence, and later at least one other developer—Leonard G. Styche and Associates, Incorporated—was also involved; letter, Leonard G. Styche to Kahn, September 1, 1966, "Broadway Church," Box LIK 33, Kahn Collection. I am grateful to Peter S. Reed for his research report on this project.
25.Notes, June 30, 1966, "Broadway Church," Box LIK 33, Kahn Collection; letter, William J. Conklin to Kahn, July 13, 1966, "Broadway United Church of Christ," Box LIK 85, Kahn Collection. Conklin, a noted New York architect who with James Rossant had designed the new town of Reston, Virginia, was then president of the board of trustees for the church.
26.A gray chipboard model of this version was presented but evidently no longer exists; I saw the model when William Conklin brought it back to his office (where I was working at the time) after Kahn had presented it to the board.
27.Kahn, "Talk at the Conclusion of the Otterlo Congress,in New Frontiers in Architecture: CIAM 959 in Otterlo, ed. Oscar Newman (New York: Universe Books, 1961), 214.
28.Letter, Conklin to Kahn, September 19, 1966, "Broadway United Church of Christ," Box LIK 85, Kahn Collection; letter, Styche to Kahn, September 1, 1966, "Broadway Church," Box LIK 33, Kahn Collection.
29.Letters, James A. Austrian (James D. Landauer Assoc., Inc., Real Estate Consultants) to Kahn, March 13,1970; Kahn to Austrian, April 23, 1970; Austrian to Kahn, June 22, 1970; and John R. White (Landauer Assoc.) to Kahn, September 10, 1970; "Saint Peter's Lutheran Church," Box LIK 13, Kahn Collection. Again the church was supportive of Kahn's involvement as architect, but the First National City Bank engaged another architect instead.
30.Letter, Altman to Kahn, July 11, 1966, "Kansas City Office Building Client Correspondence I," Box LIK 39, Kahn Collection. I am grateful to Arnold Garfinkel for discussing this commission with me on several occasions, especially on May 23, 1990, when David B. Brownlee and I interviewed him in his Kansas City office.
31.Meeting notes, January 5, 1967, and letter, Altman to David Polk (Kahn's office), May 8, 1967, "Kansas City Office Building Correspondence," Box LIK 39, Kahn Collection. I am grateful to Peter S. Reed for his research report on this project.
32.Polk, revised interview with Kazumi Kawasaki (1983), reprinted in Louis I. Kahn: Uuomo, il maestro, ed. Alessandra Latour (Rome: Edizioni Kappa, 1986), 95.
33.Minutes of a meeting in the office of Emery Roth, September 19, 1967, "Broadway Church; Komendant's Information; Late Meeting Notes," Box LIK 33, Kahn Collection.
34.A variation of this scheme showed the tower as L-shaped, with two additional columns straddling the outer corner of the church; Heinz Ronner and Sharad Jhaveri, Louis I. Kahn: Complete Work, 1935—1974,2d ed. (Basel and Boston: Birkhauser, 1987), 316-17, BCA.9 and BCA.10.
35.As first claimed by Polk, interview with Kawasaki, 95.
36.Kahn submitted his final invoice the following year; letter, E. J. Sharpe (Kahn's accountant) to Conklin, July 17, 1968, "Broadway United Church of Christ,"Box LIK 85, Kahn Collection.
37.The possibility of a new site was discussed in several letters during the spring and summer of 1970, including Richard Altman to Carles Vallhonrat (Kahn's office), July 9, 1970, "Kansas City Office Building Client Correspondence I," Box LIK 39, Kahn Collection. The original site, on property partly held by Altman, was bounded by Walnut, Grand, and 11th Streets; the new site was bounded by Main, Baltimore, 11th, and 12th Streets.
38.Komendant's scheme is identified as being by Kahn in Ronner and Jhaveri, Complete Work, 321, AOT.24 and AOT.25. Kahn^ final invoice was submitted in December 1973; letter, Wisdom to Garfinkel, December 21, 1973, "Master File," Box LIK 20, Kahn Collection.
39.The six-and-a-half-acre site was located south of Pratt and Light Streets, and the developer was the Hammerman Organization; memorandum, Abba Tor (structural engineer) to file, February 18, 1971, "Engineer's Resumes," Box LIK 12, Kahn Collection; letter, Kahn to I. H. Hammerman/S.L., June 14, 1971, and contract for architectural services, June 18, 1971, "Miscellaneous," Box LIK 11, Kahn Collection. 125 The Forum of the Availabilities By late 1972 the Ballinger Company, Architects and Engineers, was also engaged to collaborate with Kahn; letter, Louis deMoll (vice president, Ballinger) to Thomas Karsten (president, Thomas L. Karsten Associates), November 6, 1972, "BIHP 1/Ballinger," Box LIK 12, Kahn Collection, i am grateful to Joan Brierton for her research report on this project.
40.Kahn, quoted in Ronner and Jhaveri, Complete Work, 393.
41.Abba Tor, "A Memoir,in Latour, Kahn, 127.
42.Letter, I. H. Hammerman II to Kahn, March 13, 1973, "Hammerman Correspondence," Box LIK 12, Kahn Collection.
43.Ronner and Jhaveri, Complete Work, 408-11.
44.Kahn, "Harmony Between Man and Architecture," 23.
45.Kahn was contacted in October 1973; in addition to Tange, the Teheran architect Nader Ardalan was to coordinate local efforts. John Reyward was named as developer. Letter, Kahn to Aaron, October 9, 1973, and undated note, ^Prospective, Tehran,Box LIK 106, Kahn Collection. I am grateful to David Roxburgh for his research report on this project.
46.Letter, Kahn to Farah Pahlavi Shahbanan, November 13, 1973, ibid.
47.As suggested by David Roxburgh. These and other images are contained in "Teheran Studies," Box LIK 106, Kahn Collection.
48.From my class notes, January 1963, master's studio, the University of Pennsylvania.
49.The Fisher house was commissioned in August 1960; agreement, August 23, 1960, "Fisher Residence Box LIK 83, Kahn Collection.
A preliminary, H-shaped scheme, developed between January and April

1961, was left undeveloped; drawings and time sheets, January 5 to April 30, 1962, ibid. Construction of the final scheme, designed between June and December 1963, began in October 1964 and was completed in June 1967; drawings and time sheets, June 4 to December 10, 1963, and contract for construction, October 24, 1964, ibid.; final certificate of payment, June 26, 1967, "Dr. and Mrs. N.J. Fisher Res Certificates of Payment," Box LIK 83, Kahn Collection. Minor additions were made later, including a bridge over the backyard stream in 1969; transmittal, Vincent Rivera (Kahn's office) to Fisher, April 25, 1969, "Dr. Norman Fisher Corres. 1968—1969,Box LIK 69, Kahn Collection. I am grateful to Peter S. Reed, who completed the research report begun by Elizabeth D. Greene Wiley.

50.Oscar Stonorov and Louis I. Kahn, You and Your Neighborhood: A Primer for Neighborhood Planning (New York: Revere Copper and Brass, 1944), n.p.

51.The house was commissioned before May 10, 1971, when plot plans were sent to Kahn together with the Kormans' program; letter, Steven H. Korman to Kahn, May 10, 1971, "Korman Res. Client Correspondence," Box LIK 36, Kahn Collection. I am grateful to Stephen G. Harrison for his research report on this project.

52.Construction began in October 1972 and was nearly completed by November 1973; agreement between owner and builder, October 18, 1972, and site inspection reports, September 28, 1973, "Korman Residence,"Box LIK 36, Kahn Collection.

53.Letter, Herbert Fineman (chairman, Architects/Engineers Committee, General State Authority) to Kahn, November 30, 1972, "Pocono Arts Center Appointment Letter," Box LIK 121, Kahn Collection. Kahn's first drawings carry the date of July 1972. I am grateful to David Roxburgh for his research report on this project.

54.Kahn, quoted in Gerard J. McCullough, "Foes in Legislature Gird to Fight Shapp's Pocono Arts Center Plan," Sunday Bulletin,December 16, 1973, section 5, 3.

55.This complex was fully revealed only as a result of the Second World War, when modern buildings above it were destroyed. Published sources include Frank E. Brown, Roman Architecture (New York: George Braziller, 1961), fig. 18.

56.Letter, Leslie M. Pockell (articles editor, Avant Garde) to Kahn, November 18, 1968, "Avant Garde," Box LIK 69, Kahn Collection.

57.Kahn,undated manuscript prepared in response to November 18, 1968, request, "Avant Garde," Box LIK 69, Kahn Collection.

58.Pattison, interview with David G. De Long, January 29, 1991.

59.Kahn, "1973: Brooklyn," 89.

6. 光，存在的给予者

1.Kahn, "Space and the Inspirations" (lecture, New England Conservatory of Music, Boston, November 14, 1967), L'architecture d'aujourd'hui 40 (February—March 1969): 16.

2.Kahn,"Architecture is the Thoughtful Making of Spaces,Perspecta, no. 4 (1957): 2.

3.Kahn, "The Room, the Street and Human Agreement" (AIA Gold Medal acceptance speech, Detroit, June 24, 1971), AIA Journal 56 (September 1971): 33.

4.Kahn, Architecture: The John Lawrence Memorial Lectures (New Orleans: Tulane University School of Architecture, 1972), n.p.

5.Kahn, unidentified discussion, International Design Conference, "The Invisible City,"Aspen, Colorado, June 1972, in What Will Be Has Always Been: The Words of Louis I. Kahn, ed. Richard Saul Wurman (New York: Access Press and Rizzoli, 1986), 159.

6.Kahn, "Remarks" (lecture, Yale University, October 30, 1963), Perspecta, no. 9/10 (1965): 330.

7.Scully, interview with Alessandra Latour, September 15, 1982, in Louis I. Kahn: Uuomo9 il maestro, ed. Latour (Rome: Edizioni Kappa, 1986), 149.

8.Prown, interview with Alessandra Latour, June 23, 1982, in Latour, Kahn, 137.

9.Meyers, quoted in "Louis I. Kahn, Yale Center for British Art, Yale University, New Haven, Connecticut,"in Hayden Gallery, Massachusetts Institute of Technology, Processes in Architecture: A Documentation of Six Examples, published as Plan, no. 10 (Spring 1979): 34.

10.Kahn, "Law and Rule in Architecture" (lecture, Princeton University, November 29, 1961), typed transcript, "LIK Lectures 1969," Box LIK 53, Louis I. Kahn Collection, University of Pennsylvania and Pennsylvania Historical and Museum Commission, Philadelphia (hereafter cited as Kahn Collection).

11.Kahn, "Remarks," 304.

12.Kahn, "Space and the Inspirations," 14.

13.Kahn, ibid., 13-14.

14.Kahn, "Architecture: Silence and Light" (lecture, Solomon R. Guggenheim Museum, December 3, 1968), in Guggenheim Museum, On the Future of Art (New York: Viking Press, 1970), 21.

15.Kahn, "Talk at the Conclusion of the Otterlo Congress,"in New Frontiers in Architecture: C.I.A.M.'59 in Otterlo, ed. Oscar Newman (New York: Universe Books, 1961), 210.

16.Kahn, quoted in The Notebooks and Drawings of Louis I. Kahn, ed. Richard S. Wurman and Eugene Feldman (Philadelphia: Falcon Press, 1962), n.p.

17.Patricia McLaughlin, " 'How'm I Doing, Corbusier?' An Interview with Louis Kahn," Pennsylvania Gazette 71 (December 1972): 23.

18.Kahn, "I Love Beginnings" (lecture, International Design Conference, "The Invisible City," Aspen, Colorado, June 19, 1972), Architecture + Urbanism, special issue "Louis I. Kahn," 1975, 283-84.

19.Peter Kohane, "Louis I. Kahn and the Library: Genesis and Expression of 'Form,' " Pia 10 (1990): 119-29.

20.Quoted in Rodney Armstrong, "New Look Library at Phillips Exeter Academy,"Library Scene 2 (Summer 1973): 23.

21.Robert Hughes, 66Building with Spent Light,Time 101 (January 15, 1973): 65.

22.Kahn, quoted in "The Mind of Louis Kahn," Architectural Forum 137 (July-August 1972): 77.

23.Kahn, "The Continual Renewal of Architecture Comes from Changing Concepts of Space,Perspecta, no. 4 (1957): 3. 24.Kahn, "Architecture and Human Agreement" (lecture, University of Virginia, April 18, 1972), Modulus, no. 11 (1975): n.p. 143 Light, the Giver of All Presences

25.Kahn, quoted in Israel Shenker, "Kahn Defines Aim of Exeter Design,"New York Times, October 23, 1972, L40.

26.Kahn, quoted in Ada Louise Huxtable, 46New Exeter Library: Stunning Paean to Books,"New York Times, October 23, 1972, L33.

27.Kahn, "Comments on the Library, Phillips Exeter Academy, Exeter, New Hampshire, 1972,? (from unidentified source at Phillips Exeter Academy), in Wurman, What Will Be Has Always Been, 178.

28.Kahn, quoted in William Jordy, "The Span of Kahn: Criticism, Kimbell Art Museum, Fort Worth, Texas; Library, Philips [sic] Exeter Academy, Exeter, New Hampshire,"Architectural Review 155 (June 1974): 334.

29.Patricia Cummings Loud, The Art Museums of Louis I. Kahn (Durham, N.C., and London: Duke University Press, 1989), 103.

30.Ibid., 105-6.

31.Kahn, "Talk at the Otterlo Congress,"213.

32.Kahn, unidentified discussion, International Design Conference, 159.

33."Kahn's Museum: An Interview with Richard F. Brown,Art in America 60 (September-October 1972): 48.

34.Kahn, interview with Jaime Mehta, October 22, 1973, in Wurman, What Will Be Has Always Been, 230.

35.Kahn, quoted in Latryl L. Ohendalski, Kimbell Museum To Be Friendly Home, Says Kahn," Fort Worth Press, May 4, 1969, as quoted in Loud, The Art Museums, 264.

36.Kahn, unidentified discussion, International Design Conference, 159.

37.Kahn, quoted in "Mind of Kahn," 57.

38.Kahn, quoted in "Louis Kahn,"Conversations with Architects,ed.John W. Cook and Heinrich Klotz (New York: Praeger, 1973), 212.

39.Kahn, interview with William Marlin, June 24, 1972, typed transcript, Kimbell Art Museum Files, quoted in Loud, The Art Museums, 156; Kahn, quoted in "Mind of Kahn," 59.

40.Kahn, "I Love Beginnings,"285.

41.Kahn, "The Room," 33. The misquotation is apparently from Wallace Stevens, "Architecture," in Stevens, Opus Posthumous,rev., enl., and corrected ed., ed. Milton J. Bates (New York: Alfred A. Knopf, 1989), 37-39. Alan Filreis brought this poem to my attention. Pattison, interview with David B. Brownlee and Peter S. Reed, December 20, 1990.

42.Kahn, "Space and the Inspirations," 16.

43.Kahn, quoted in Shenker, "Kahn Defines," L40.

44.Ibid.

45.Esther Kahn, remarks at a symposium sponsored by the Architectural League of New York, January 22, 1990.

46.Kahn, quoted in Heinz Ronner and Sharad Jhaveri, Louis I. Kahn: Complete Work, 1935—1974, 2d ed. (Basel and Boston: Birkhauser, 1987), 322.
47.Ibid., 323.
48.Prown, interview with Latour, 141.
49.Kahn, quoted in Susan Braudy, "The Architectural Metaphysic of Louis Kahn: 'Is the Center of a Column Filled with Hope?' ' What is a Wall?'' 'What Does This Space Want To Be? ' " New York Times Magazine, November 15, 1970, 96.
50.Kahn, "Louis I. Kahn: Talks with Students" (lecture and discussion, Rice University, ca. 1969), Architecture at Rice, no. 26 (1969): 14.
51.Prown, interview with Latour, 137, 141.
52.Kahn, quoted in Jules David Prown, The Architecture of the Yale Center for British Art, 2d ed. (New Haven: Yale University, 1982), 43.
53.Scully, interview with Latour, 151.
54.Kahn, "Lecture, Drexel (University) Architectural Society, Philadelphia, PA, 5 November 1968," in Wurman, What Will Be Has Always Been, 27.
55.Ibid., 29.
56.Kahn, quoted in "Memorials: Lest We Forget,Architectural Forum 129 (December 1968): 89.
57.Kahn, "Space and the Inspirations," 15.
58.Kahn, 64Monumentalityin New Architecture and City Planning, ed. Paul Zucker (New York: Philosophical Library, 1944), 577
59.Research assistance for the Roosevelt Memorial, Washington, D.C., was provided by Peter S. Reed. Helene Lipstadt, "Transforming the Tradition: American Architectural Competitions, 1960 to the Present," in The Experimental Tradition: Essays on Competitions in Architecture, ed. Lipstadt (New York and Princeton: Architectural League of New York and Princeton Architectural Press, 1989), 97—98, 158-59.
60.Research assistance for the Roosevelt Memorial, New York City, was provided by David Roxburgh.
61.Liebman, quoted in Paul Goldberger, "Design by Kahn Picked for Roosevelt Memorial Here," New York Times, April 25, 1974, L45.
62.Kahn, "1973: Brooklyn, New York" (lecture, Pratt Institute, Fall 1973), Perspecta, no. 19 (1982): 90.
63.Invoice, October 25, 1973, "Roosevelt Island Xerox Copies of Billing,Box LIK 121, Kahn Collection; schematic plans estimate, May 4, 1973, "Master File 1 May 1973 to 30 June 1973," Box LIK 10, Kahn Collection.
64.Laurie Johnston, "Plans for Memorial at Roosevelt Island Announced During Dedication Ceremony at Site,New York Times, September 25, 1973, L25.
65.Kahn, quoted in Wolf Von Eckardt, "Famed Architect Louis Kahn Dies,"Washington Post, March 21, 1974, C13.
66.Esther Kahn, unidentified interview, in Wurman, What Will Be Has Always Been, 283.
67.Steven and Toby Korman, interview with David B. Brownlee, Julia Moore Converse, and David G. De Long, August 1, 1990.
68.The details of Kahn's itinerary are from a log of the events of March 18 and 19, 1974, maintained by Kathleen Conde, his secretary; Kahn Collection.
69.Tigerman, unidentified interview, in Wurman, What Will Be Has Always Been, 299.
70.Jim Mann, "Police Here Failed to Notify Wife of Kahn's Death," Philadelphia Inquirer, March 21, 1974, 1.
71.Jonas Salk, "An Homage to Louis I. Kahn," L'architecture d'aujourd'hui 45 (May—June 1974): vi.
72.Shepheard, eulogy quoted in Wurman, What Will Be Has Always Been, 304.
73.Vincent J. Scully, "Education and Inspiration," L'architecture d'aujourd'hui 45 (May—June 1974): vi.

建筑篇

1. 耶鲁大学美术馆

1. Letter, Sawyer to A. Whitney Griswold (president, Yale University), January 8, 1951, File 247, Box 27, Griswold (YRG Z-A-16), Presidential Records, Yale University Archives; letter, Sawyer to Kahn, January 8, 1951, "Correspondence with Yale University. Yale Art Gallery," Box LIK 107, Louis I.Kahn Collection, University of Pennsylvania and Pennsylvania Historical and Museum Commission, Philadelphia (hereafter cited as Kahn Collection). Kahn's answer is not preserved in the Kahn Collection, but Sawyer's response to it is; letter, Sawyer to Kahn, February 14, 1951, ibid. On the Yale University Art Gallery, see Patricia Cummings Loud, The Art Museums of Louis I. Kahn (Durham, N.C., and London: Duke University Press, 1989), 52-98.

2. Loud, The Art Museums, 54-55, 89.

3. Alan Shestack, Foreword to The Societe Anonyme and the Dreier Bequest at Yale University: A Catalogue Raisonne, ed. Robert L. Herbert, Eleanor S. Apter, and Elise K. Kenny (New Haven and London: Yale University Press, 1984), vii.

4. On the Goodwin designs, see "The Art Gallery Extension," Bulletin of the Associates in Fine Arts at Yale University 10 (December 1941): 1-3; and "Yale University Gallery to Add to Its Building," Museum News 28 (May 1, 1950): 1.

5. These shops were described in a program addendum as "the slums," and building "up to York Street [was] to get rid" of them; "Design Laboratories and Exhibition Space for Yale University," with accompanying letter, Dillingham Palmer (Douglas Orr's office) to Kahn, April 2, 1951, "Correspondence with Douglas Orr, 1951—1952,Box LIK 107, Kahn Collection.

6. Kahn credited Goodwin for the commitment to modernism; George A. Sanderson, "Extension: University Art Gallery and Design Center," Progressive Architecture 35 (May 1954): 90. Sawyer wrote, however, that he knew Kahn had "not been particularly in sympathy with the existing plans" and that he and others believed that Kahn would find a fresh approach; letter, Sawyer to Kahn, January 8, 1951, "Correspondence with Yale University. Yale Art Gallery,Box LIK 107, Kahn Collection.

7. Sawyer first convened the building committee (John M. Phillips, director of the gallery; Lamont Moore, assistant director; professor Sumner McKnight Crosby; and architect George Howe) on January 6, 1951; "Art Gallery Wing," January 6, 1951, "Correspondence with Yale University. Yale Art Gallery," Box LIK 107, Kahn Collection.

8. Dillingham Palmer was assigned to the building committee and was project architect for Orr thereafter.

9. See Loud, The Art Museums, 59---63.

10. Tyng, interview with Alessandra Latour, in Louis I. Kahn: L'uomo, il maestro,ed. Latour (Rome: Edizioni Kappa, 1986), 49; see also Tyng, "Louis I. Kahn's 'Orier' in the Creative Process," ibid., 285.

11. For illustrations, see Loud, The Art Museums, 65, fig. 2.16, and 67, fig. 2.18.

12. Letter, Sawyer to Kahn, February 14, 1951, "Correspondence with Yale University. Yale Art Gallery," Box LIK 107, Kahn Collection.

13. Sawyer asked for designs of the gallery and physics additions for him to present, along with programs, to the Corporation Committee on Architectural Plans; letter, Sawyer to Orr, May 3, 1951, with copies to Kahn and Saarinen, "Correspondence with Yale University. Yale Art Gallery,"Box LIK 107, Kahn Collection. After approval by the committee in their meeting on June 8, the architectural contract was drawn up, and an agreement between Orr and Kahn, required by Yale, was executed on June 22, 1951; "Yale Art Gallery," Box LIK 84, Kahn Collection.

14. Letter, Sawyer to Palmer, August 27, 1951, "Correspondence with Yale University. Yale Art Gallery, "Box LIK 107, Kahn Collection.

15. See Loud, The Art Museums,67, fig. 2.18.

16. Tyng, "Kahn's 'Order,' " 285. For a model of a wing of the school and a house for Tyng's parents using tetrahedron-octahedron geometry and begun in 1952, see Loud, The Art Museums, 69, figs. 2.22 and 2.23.

17. In Philadelphia Kahn talked with an engineer he respected, Major William H. Gavell, who encouraged him in developing the scheme; Nick Gianopulos, interview with Richard Saul Wurman, in What Will Be Has Always Been: The Words of Louis I. Kahn, ed. Wurman (New York: Access Press and Rizzoli, 1986), 274. Kahn later told Peter Plagens that he had consulted a friend who had built concrete boats during the Second World War; Plagens, "Louis Kahn's New Museum in Fort Worth, Artforum 6 (February 1968): 20.

18."Design Laboratory---Yale University, Description of Structural System, February 1954," "Correspondence with Yale University. Yale Art Gallery,Box LIK 107, Kahn Collection. A model was supplied to Kahn by Panoramic Studios, Philadelphia; invoice, September 25, 1951, "Yale Art Gallery,"Box LIK 107, Kahn Collection.

19. Memorandum of meeting, March 11, 1952, "Correspondence with Yale University. Yale Art Gallery," Box LIK 107, Kahn Collection. Within a month Sawyer described why he thought the "revised ceiling construction was worth the additional cost and the structural complications"; letter, Sawyer to Kahn, April 17, 1952, ibid.

20. Letter, Henry G. Falsey (New Haven building inspector) to Pfisterer, June 18, 1952, "Correspondence with Douglas Orr, 1951---1952," Box LIK 107, Kahn Collection.

21. Pfisterer called the early scheme "fireproofed metal rather than reinforced concrete"; Pfisterer, memorandum on floor system, April 8 ,1952, "Correspondence with Yale University. Yale Art Gallery," Box LIK 107, Kahn Collection. He explained modifications in "Design Laboratory---Yale University, Description of Structural System, February 1954," ibid.

22. Letter, Orr and Kahn to Sawyer, May 8, 1952, "Correspondence with Douglas Orr, 1951---1952," Box LIK 107, Kahn Collection. Estimates for construction were based on drawings dated August 14 and revised September 21, 1951, and April 18, 1952; letter, Palmer to Charles Solomon (Macomber Company), April 25, 1952, ibid. Anne Tyng recalls the interest of the contractor in the concept and the steel he had ready as being of great importance; Tyng, conversation with Patricia Cummings Loud, October 2, 1984.

23. Letter, Pfisterer to Thompson and Lichtner Company, Inc., attention: Miles Claire, July 1, 1952, "Correspondence with Douglas Orr, 1951---1952," Box LIK 107, Kahn Collection. Burton Holmes, technical editor of Progressive Architecture, asked about the August 28 tests and for permission to publish; letters, Holmes to Orr, August 7, 1952, and Orr to Holmes, August 12, 1952, ibid.

24. Letter for bids, Orr and Kahn to possible contractors, March 21, 1952, ibid.

25. Letter, C. Clark Macomber to the editor, "P/A Views,"Progressive Architecture 35 (May 1954): 22, 24.

26. The contractor completed a "punch list" on October 5, 1953; letter, Macomber to Orr's office, attention: Palmer, October 7, 1953, "Correspondence with Douglas Orr, 1952—1953," Box LIK 107, Kahn Collection. Sawyer forwarded the bill for architectural services dated October 14, 1953, to the comptroller; letter, Sawyer to Orr, October 22, 1953, ibid.

27. Sawyer first anticipated opening on October 9, 1953; letter, Sawyer to Sanderson, August 21, 1953, "Correspondence with Yale University. Yale Art Gallery,Box LIK 107, Kahn Collection. Preparations for the gallery opening are illustrated in "A New Building for the Arts," Yale Alumni Magazine 18 (December 1953): 8-13. For critical receptions, see "P/A Views,Progressive Architecture 35 (May 1954): 15-16, 22, 24;Sanderson, "Extension," 88-101, 130-31; Maude K. Riley, "Yale: A Tent in Concrete," Art Digest 28 (March 1, 1954): 13, 25; Boris Pushkarev, "Order and Form: Yale Art Gallery and Design Center Designed by Louis I. Kahn," Perspecta, no. 3 (1955): 47-56; and Vincent J. Scully, "Le Musee des beaux-arts de l'Universit S Yale, New Haven," Museum (UNESCO) 9 (1956): 101-13.

28. Letters, Sawyer to Kahn, June 30 and August 6, 1954; Kahn to Sawyer, August 23, 1954; and Sawyer to Kahn, September 3, 1954; "Correspondence with Yale University. Yale Art Gallery," Box LIK 107, Kahn Collection.

29. Kahn's Gallery at Yale Wins 25-Year Award,AIA Journal 68 (May 1979): 11. For evaluations, see Loud, The Art Museums, 79-92

2. 理查德医学研究所

1.Letter, Norman Topping (vice president for medical affairs, University of Pennsylvania) to Jonathan Rhoads (professor of surgery), October 16, 1956, "Medical Science Building---Miscellaneous," I. S. Ravdin Collection, University of Pennsylvania Archives, Philadelphia (hereafter cited as Ravdin Collection).

2.Letters, Stuart Mudd (professor of medical microbiology) to John Mitchell (dean), October 6, 1954, and Mudd to Mitchell, November 12, 1954; Bulletin 12, Office of the Business Manager, October 15, 1954; "Mitchell, Dean and Office Communications, 1954—1955," Box 25, Medical Microbiology Collection, University of Pennsylvania Archives, Philadelphia (hereafter cited as Microbiology Collection).

3.Letter, Gaylord Harnwell (president) to Mitchell and George Pier sol (dean, graduate medical school), June 11, 1956, "Mitchell, Dean," Box 27, Microbiology Collection; memo from Francis Wood (professor of medicine), December 4, 1958, "Mitchell, Dean and Office Communications, 1958—59," Box 29, Microbiology Collection; letter, Henry R. Pemberton (financial vice president) to Harnwell, January 4,

1957, "Medical Division 1955—1960: RMRB," Box 11227.77, Gaylord Harnwell Collection, University of Pennsylvania Archives, Philadelphia (hereafter cited as Harnwell Collection).

4.The medical research building is not even mentioned in a 1957 brochure sent to attract grants and donors; "The Next Stop Toward a Greater Medical Center of the University of Pennsylvania," 1957 Ravdin Collection.

5.Letter, William Fitts (department of surgery) to John Brobeck (professor of anatomy), March 15, 1956 (Brobeck Collection, in possession of Dr. Brobeck).

6.On the surgery department, see letter, William Blakemore (professor of surgery) to Louis Flexner (professor of physiology), October 1, 1954, "Medical Science Building—Miscellaneous," Ravdin Collection. On the Johnson Foundation, see correspondence, "Johnson Foundation, 1955—1960,Box 11234.94, Harnwell Collection; letter, Britton Chance (director of the foundation) to Alex Pang, November 3, 1986; and University of Pennsylvania School of Medicine course catalogues, 1955—1960.

7.Memo, "Planning Committee Tentative Layout," September 26, 1956, "Medical Science Building—Planning Committee,Ravdin Collection; letter, Thomas Whayne (vice dean, medical school) to Fitts, September 24, 1956, "W 1956—1957,Box 27, Microbiology Collection; Rhoads, interview with Alex Pang, December 11, 1986.

8.See, for example, "MIT Laboratory,"Progressive Architecture 34 (October 1953): 79-91; and R. R. Palmer, Modern Physics Buildings: Design and Function (New York: Reinhold, 1961).

9.Memo from Harnwell, September 21, 1956; letters, David Drab kin (professor of biochemistry) to Harnwell, September 24, 1956, and Ned Williams (professor of medical microbiology) to Harnwell, September 25, 1956; "Medical Division 1955—1960: RMRB," Box 11227.77, Harnwell Collection.

10.Memo from Harnwell, September 21, 1956, "Medical Division 1955—1960: RMRB," Box 11227.77, Harnwell Collection. The committee consisted of many of the same people who had drafted the medical school plan; see letters, Drabkin to Harnwell, September 24, 1956, and Williams to Harnwell, September 25, 1956, ibid.

11.Letter, Harnwell to John Moore (business vice president), February 8, 1957, ibid.; letter, Topping to Rhoads, October 16, 1956, "Medical Science Building—Miscellaneous," Ravdin Collection; Holmes Perkins, interview with Alex Pang, December 9, 1986. Signed contract, February 15, 1957, Box LIK 82, Louis I. Kahn Collection, University of Pennsylvania and Pennsylvania Historical and Museum Commission, Philadelphia (hereafter cited as Kahn Collection).

12.Komendant, interview with Preston Thayer, October 19, 1986.

13.Memo, Mitchell to planning committee and chairmen of departments, May 8, 1957, Brobeck Collection; notes of meetings between Kahn and Chance, May 10 and August 27, 1957, "Johnson Foundation," Box LIK 25, Kahn Collection; memos from Ravdin, undated, May 24, and May 29, 1957, "Medical Science Building—Planning Committee,Ravdin Collection; letters, Harry Morton (professor of microbiology) to Mitchell, May 22, 1957, and Mudd to Mitchell, May 22, 1957, "Mitchell, Dean and Office Communications, 1956—1957," Box 29, Microbiology Collection; notes of meeting with Harrison Surgical, August 2, 1957, "Harrison Surgical," Box LIK 25, Kahn Collection.

14.Memo, Mitchell to planning committee and chairmen of departments, May 8, 1957, and letter, Russell Squires (professor of physiology) to Topping, June 26, 1957, Brobeck Collection; letter, Topping to Rhoads, October 16, 1956, "Medical Science Building—Miscellaneous," Ravdin Collection.

15.Memo, Mitchell to planning committee, August 27,1957, "Medical Science Building—Planning Committee," Ravdin Collection.

16.See drawings 490.DD122, section dated July 22, 1957; and 490.DD21, elevation study dated August 5, 1957; Kahn Collection.

17.Drawings 490.DD14, north elevation, ca. September 1957; 490.DD118-21, undated window sketches; and 490.DD51, elevation dated October 10, 1957; Kahn Collection.

18.Goddard presided over the "rehabilitation" of the biology department in the 1950s; letter, Goddard to Harnwell, September 21, 1953, "Harnwell,G. P.—President," Box 7, David Goddard Collection,University of Pennsylvania Archives, Philadelphia (hereafter cited as Goddard Collection); letter, Goddard to Detlev Bronk (director, Rockefeller Institute), April 11, 1957, "The Rockefeller Institute," Box 7, Goddard Collection.

19.Komendant, interview with Thayer.

20.Drawing 490.DD51, elevation dated October 10, 1957, Kahn Collection.

21.Letters, Mudd to Mitchell, May 22, 1957, and Mitchell to Mudd, May 24, 1957, "Mitchell, Dean··· 1956-57," Box 27, Microbiology Collection; letter, Mudd to Anna Kinnermand (post-doctorate, medical microbiology), May 26, 1959, "K 1958—1959,MMB-29, Microbiology Collection; memo from Ravdin, September 16, 1957, "Medical Science Building—Planning Committee," Ravdin Collection.

22.Letter, Morton to Mitchell, May 22, 1957, "Mitchell, Dean... 1956—57," Box 27, Microbiology Collection. See also August E. Komendant, 18 Years with Architect Louis I. Kahn (Englewood, N.J.: Aloray, 1975), 7-8.

23.Memo, Mitchell to planning committee, August 27, 1957, "Medical Science Building—Planning Committee," Ravdin Collection; memo, Whayne to planning committee, September 9, 1957, Brobeck Collection; memo from Mitchell, September 19, 1957, "U of P Memo of Meetings," Box LIK 25, Kahn Collection; drawing 490.DD47, site plan dated September 5, 1957, Kahn Collection.

24.Letters, Rhoads to Topping, October 7, 1957, and Ravdin to Rhoads, October 8, 1957, "Medical School Building—Miscellaneous," Ravdin Collection; Harry Morton, interview with Alex Pang, November 2, 1986. On the design of the animal tower, see drawing 490.DD89, eastern section of animal tower and laboratory tower dated October 1957, Kahn Collection.

25.Memo from Mitchell, September 8, 1958, "Mitchell, Dean and Office Communication, 1958—1959," MMB-29, Microbiology Collection. Inverviewees who expressed this opinion asked not to be directly cited.

26.Letter, Topping to Rhoads, October 16, 1957, "Medical Science Building—Miscellaneous," Ravdin Collection; letter, Topping to Rhoads and Harnwell, October 25, 1957, and memo from Topping, November 4,

3. 萨尔克生物研究所

1.Salk, interview with David B. Brownlee et al., April 18, 1983, tape recording transcribed by Daniel S. Friedman, Louis I. Kahn Collection, University of Pennsylvania and Pennsylvania Historical and Museum Commission, Philadelphia (hereafter cited as Kahn Collection).

2.Letter, Norman L. Rice (dean, College of Fine Arts, Carnegie Institute of Technology) to Kahn, August 4, 1959, "Carnegie Institute of Technology," Box LIK 65, Kahn Collection.

3.Letter, Kahn to Rice, August 14, 1959, ibid.

4.Salk, interview with Brownlee et al. Salk reiterated this story a year later in the Louis I. Kahn Memorial Lecture, American Institute of Architects, Philadelphia, April 5, 1984, reprinted in part as "Architecture of Reality,"Rassegna 21 (March 1985): 28-29 (from English translation provided in end pages, n.p.).

5.Salk, interview with Brownlee et al.

6.Kahn, hand-corrected typescript, "Voice of America—-Louis I. Kahn Recorded November 19, 1960,"Box LIK 55, Kahn Collection.

7.Kahn, "Louis I. Kahn: Talks with Students," Architecture at Rice, no. 26 (1969): 12.

8.Salk, "Architecture of Reality," n.p.

9.Salk, "Life: Organization and Processes," loose-leaf typewritten note with autograph comments, n.d., "Jonas Salk," Box LIK 107, Kahn Collection.

10.Salk, interview with Brownlee et al.

11.Ibid.

12.Pennsylvania Academy of the Fine Arts, The Travel Sketches of Louis I.

Kahn (Philadelphia: Pennsylvania Academy of the Fine Arts, 1978), 27, pl. 15. References to this region of Italy can be found in the margins of two early drawings (540.4 and 540.10, Kahn Collection) that Kahn executed while developing the first version of his design for Salk. On one Kahn wrote the word "Assisi" under a roster of laboratory rooms; on another he has clearly sketched the ancient Roman viaduct at Spoleto, which is located twenty-five miles south of Assisi.

13.Salk, "Statement on a New Institute: Prepared on Occasion of Proposal of Gift of Land by San Diego, California,"March 15, 1960, photocopy of typescript, Box LIK 107, Kahn Collection.

14.Mary Huntington Hall, "Gift from the Sea," San Diego, February 1962, 41.

15."I look forward to seeing you on your next visit which I understand will be during the first week of February. You may recall that it was just about three years ago then that we first visited La Jolla together"; letter, Salk to Kahn, January 29,1963, Box LIK 107, "Salk Projects—Dr. Jonas E. Salk—Correspondence April 1960-June 1963,Kahn Collection.

16.Esther McCoy, "Dr. Salk Talks About His Institute,Architectural Forum 127 (December 1967): 29.

17.Seventeen small sketches drawn in black ink and crayon on sixteen loose-leaf sheets (Kahn Collection, 540.1.1-.17) indicate that Kahn surveyed the shape and lie of the site, its knolls and ravines, its color ("pinkish ochre"), and the contents of views in the cardinal directions.

18.Drawing 540.7, Kahn Collection.

19.Letter, Kahn to Sibyl Moholy-Nagy, March 7, 1960, "Master File 1960 March 1 through 31, 1960," Box LIK 9, Kahn Collection. March 15, 1960, was the day Salk announced plans for the new institute in San Diego. Salk later noted that the first version was developed by Kahn before the city voted to allocate the property, since it located buildings on land that was retained by the city after negotiations between the Salk Institute, San Diego, and the University of California; Salk, interview with Brownlee et al.

20.Salk, interview with Brownlee et al.

21.Letter, Kahn to O'Connor, with a copy to Salk, September 16, 1960, 339 Salk Institute "Salk—O'Connor & Garber, Attys—Hoffman,Box LIK 107, Kahn Collection. The National Foundation, sponsor of the March of Dimes, was established to support research for the treatment and cure of polio.

22.Letter, Kahn to Jordy, August 1, 1960, Box LIK 9, Kahn Collection.

23.Jan C. Rowan, "Wanting to Be: The Philadelphia School," Progressive Architecture 42 (April 1961): 140—50; "The Institute as Generator of Urban Form," Harvard Graduate School of Design Alumni Association, Fifth Urban Design Conference, April 1961, Box LIK 60, Kahn Collection.

24."Abstract of the Program for the Institute of Biology at Torrey Pines, La Jolla, San Diego," n.d., "Salk Program Notes June 19," Box LIK 27, Kahn Collection (hereafter cited as "Program Abstract"). Accompanying this document is an undated draft in Kahn's hand, presumably the first, and an undated typewritten draft with handwritten corrections by Kahn, presumably the second. The contract between Kahn and the Salk Institute, which was dated July 26, 1961, makes reference to "an abstract of the program for the Owner attached hereto as Exhibit A and made part of …"; letter, Kahn to Salk, August 14, 1961, "Salk—Kahn Architectural Agreement," Box LIK 89, Kahn Collection.

25.Kahn, quoted in Hall, "Gift from tke Sea," 44.

26.Kahn, "Form and Design,Architectural Design 31 (April 1961): 151.

27.Ibid.

28.Kahn, quoted in a conversation with Peter Blake, July 20, 1971, in What Will Be Has Always Been: The Words of Louis I. Kahn, ed. Richard Saul Wurman (New York: Access Press and Rizzoli, 1986), 130.

29.John E. MacAllister, Kahn's project architect at Salk and now senior principal in the firm of Anshen & Allen, Beverly Hills, telephone interview with Daniel S. Friedman, December 18, 1989.

30.Letter, George S. Conn (assistant to the director, Salk Institute), to H. E. White (assistant treasurer and comptroller, National Foundation), May 16, 1963, "Salk—George Conn Correspondence," Box LIK 89, Kahn Collection. Shortly after the excavation contract had been awarded, the construction report notes that a hold was placed on all work on May 25, and that "a complete redesign of the laboratories followed"; two weeks later, at a meeting in Salk's office on June 9, 1962, preliminary schematic designs for a two-building complex with a single garden courtyard were approved; monthly report no. 1, George A. Fuller Co. (job no. 1994), January 31, 1963, Box LIK 27, Kahn Collection.

31.Salk, "Design Program for the Studies," n.d. (received by Kahn's office on August 9, 1962), "Salk Project—Dr. Jonas E. Salk Correspondence, April 1960—June 1963," Box LIK 107, Kahn Collection.

32.The landward diagonal was slightly larger than its seaward twin; this difference permitted Kahn to stagger the opening of the landward bay, as though in a compensatory gesture designed to provide it with an extra foot of view.

33.Fred Langford, Kahn's project architect for concrete production, wrote an impassioned memo to the general contractor that outlined the importance of the character of each of the several types of joints and seams: 46We must make the concrete in this building say "I am expressive of the hands and forms that hold me in place until I could grasp the inner steel and gain the strength and power that ... I must possess to .. . span the laboratories in a single leap, to lift the studies to the grand view of the sea, and still be friendly enough to touch with human hands'"; letter, Langford to Greer Ferver (Ferver & Dorland & Associates, Engineers), "Re: Design of form work》 or concrete," April 15, 1963, "Salk—Dr. August Komendant," Box LIK 89, Kahn Collection.

34."Laboratory 1: Procession of Massive Forms,Architectural Forum 122 (May 1965): 44.

35.Marshall Meyers, "The Wonder of the Natural Thing" (interview with Kahn, August 11, 1972), typewritten transcript, 4-5, "Articles and Speeches," Kahn Collection.

36.Letter, Kahn to Barragan, January 20, 1965, "Salk Project— Barragan, Luis, Landscape Architect," Box LIK 108, Kahn Collection.

37.Letter, Kahn to Barragan, February 8, 1966, ibid.

38.Ibid.; see also telegram, Kahn's office to Barragan, confirming reservations at Hotel del Charro in La Jolla on February 23 and 24, 1966, "Salk Project—Barragan, Luis, Landscape Architect," Box LIK 108, Kahn Collection.

39.Barragan, interview (interviewer and date unknown), in Wurman, What Will Be Has Always Been, 268—69.

40.Mac Allis ter, interview with Friedman.

41.Letter, Kahn to Salk, December 19, 1966, "Salk Gardens—Exedra," Box LIK 26, Kahn Collection.

42.Ibid.

43.The Theodore Gildred Court was named in honor of the trustee of the Salk Institute who donated the funds for its construction.

44.Vincent J. Scully, Louis I. Kahn (New York: George Braziller, 1962), 39.

45.Vreeland, telephone interview with Daniel S. Friedman, March 27, 1990.

46."Program Abstract," under "The Meeting House Group."

47.Hall, "Gift from the Sea," 41.

48.On a sketch of the auditorium (drawing 540.188, Kahn Collection) Kahn wrote, "revolve the entire house with the auditorium to give more room at site entrance and make the religious place out of parallel with the house"; the sketch was made to indicate that the central axes of the auditorium, the meeting house proper, and the water channel of the fountain should not be parallel with one another.

49."Program Abstract," under "Rooms for Temporary Residence."

50.Hall, "Gift from the Sea," 41.

51."Agreement Amending Architect's Agreement Between the Salk Institute for Biological Studies, San Diego, Formerly the Institute for Biology at San Diego, and Louis I. Kahn," August 29, 1963, "Salk—George Conn Correspondence," Box LIK 89, Kahn Collection.

52.Salk, telephone interview with Daniel S. Friedman, December 18, 1989.

53.Drawing 540.22, Kahn Collection. The commission for the new addition has been awarded to Anshen & Allen, Beverly Hills; it is being designed by John MacAllister.

4. 第一唯一神学教堂与主日学校

1.Letter, James Cunningham (chairman, search committee) to Kahn, April 7, 1959, "Building Committee Correspondence—Rochester, April 1959 through December 1960,Box LIK 15, Louis I. Kahn Collection, University of Pennsylvania and Pennsylvania Historical and Museum Commission, Philadelphia (hereafter cited as Kahn Collection).

2.Jean France, "First Unitarian Church, Rochester, New York," pamphlet

(Rochester, 1987). France, an architectural historian at the University of Rochester, has been instrumental in organizing the historical record of the church.

3."Architectural and Building Committee Reminiscences, First Unitarian Church, Rochester, N.Y.," February 28, 1979, tape 1, side 1 (hereafter cited as "Reminiscences"). These tapes, which were compiled by Jean France and include reminiscences by committee members, are in the possession of the First Unitarian Church; copies are in the Kahn Collection. Besides Kahn, the committee corresponded with Frank Lloyd Wright and met with Paul Rudolph, Carl Koch, Eero Saarinen, and Walter Gropius.

4.Letter, Cunningham to Kahn, May 22, 1959, "Building Committee Correspondence, April 1959 through December I960," Box LIK 15, Kahn Collection.

5.Letter, William Neuman (chairman, board of directors) to Kahn, June 1, 1959, ibid. The members of the search committee were Jim Cunningham, Beth Mood, and Jack Bennett, who was soon after replaced by Jean France; "Reminiscences," tape 1, side 1.

6.France, "Reminiscences," tape 1, side 1.

7.A copy of the profile, dated March 19, 1959, was enclosed with a letter, Neuman to Kahn, June 1, 1959, "Building Committee Correspondence, April 1959 through December I960," Box LIK 15, Kahn Collection.

8.The dates for the visit had been set during a telephone conversation between Neuman and Kahn on May 31, 1959; letters, Neuman to Kahn, June 1, 1959, and Kahn to Neuman, June 4, 1959, ibid.

9.Kahn, "Form and Design" Architectural Design 31 (April 1961): 148.

10.Cunningham, "Reminiscences," tape 1, side 1.

11.Kahn, quoted in "Kahn"(interview, February 1961), Perspecta, no. 7 (1961): 15.

12.In 1956 he had received a copy of the book from Wittkower's distinguished student Colin Rowe; letter, Rowe to Kahn, February 7, 1956, Box LIK 65, Kahn Collection.

13.His visit is confirmed by a letter, France to Kahn, July 1, 1959, "Building Committee Correspondence, April 1959 through December 1960," Box LIK 15, Kahn Collection.

14.Stanwood T. Hyde, interview with Robin B. Williams, May 29, 1990. Tapes are in the Kahn Collection.

15.Hyde, interview with Williams. The contract was not signed until August 8, 1959; "Contract and Contract Corres" First Unitarian Society of Rochester, New York," "Rochester I," Box LIK 81, Kahn Collection.

16.Kahn's involvement in the site selection is documented in "Reminiscences," tape 1, side 1.

17.Letter, Helen R. Williams to Kahn, n.d. (received by Kahn December 7, 1959), "Building Committee Correspondence, April 1959 through December 1960," Box LIK 15, Kahn Collection.

18.This can be inferred from a letter, Kahn to Williams, December 30, 1959, ibid., in which Kahn discussed the features of his "revised plans," implying that he had already made a presentation at the only previous meeting, on December 13. That he presented the "first design" there is confirmed by references in the letter to two-story spaces in the towers, a feature represented in the model by the double-height T-shaped windows.

19.France and Cunningham, "Reminiscences," tape 1, side 2.

20.Robert Jonas "Reminiscences," tape 1, side 2.

21.Letter, Kahn to Williams, December 30, 1959, "Building Committee Correspondence, April 1959 through December I960," Box LIK 15, Kahn Collection.

22.Letter, Williams to Kahn, January 8, 1960, ibid. Jonas, in interview with Robin B. Williams, May 29, 1990, identified a further problem: that the "first design" lacked a lobby area in which the congregation could meet before entering the sanctuary.

23.Vincent J. Scully, Louis I. Kahn (New York: George Braziller, 1962), 34, identifies the influence of Wright's Unity Temple upon the building as constructed.

24.Letter, Williams to Kahn, February 28, 1960, "Building Committee Correspondence, April 1959 through December 1960,"Box LIK 15, Kahn Collection.

25.Letter, Williams to Kahn, March 6, 1960, ibid.

26.Jonas, "Reminiscences," tape 1, side 2.

27.Jonas, interview with Williams.

28.Letter, Jonas to Robin B. Williams, May 31, 1990.

29.Ibid.

30.In a letter Helen Williams referred to "the models" of the church, presumably referring to a new model and that of the "first design," as no other models are known to have been made; letter, Williams to Kahn, March 20, I960, "Building Committee Correspondence, April 1959 through December 1960,Box LIK 15, Kahn Collection. A sketch (now in the Kahn Collection, drawing 525.4) datable to this design phase appears to depict a two-building scheme, offering evidence that Kahn briefly considered such an arrangement.

31.This can be deduced from a pair of letters sent by Maurice Van Horn to Kahn. In one he refers to "concrete roof caps"; letter, Van Horn to Kahn, n.d. (received by Kahn March 29, 1960), "Building Committee Correspondence, April 1959 through December 1960,Box LIK 15, Kahn Collection. In the second, Van Horn mentions Kahn's presentation at the March 26 meeting; letter, Van Horn to Kahn, April 2, 1960, ibid.

32.Letter, Van Horn to Kahn, April 2, 1960, ibid.

33.Letter, Van Horn to Kahn, May 2, 1960, ibid. A sketch of one such "roof dome" on the back of this letter confirms that it was the same type as proposed in the second model.

34.Letters, Van Horn to Kahn, July 7 and August 23, 1960, ibid.

35.Letter, Van Horn to Kahn, June 30, 1960, ibid.

36.Letter, Van Horn to Kahn, August 23, 1960, ibid.

37.Ibid.

38.See Komendant's account of his work at the First Unitarian Church in August E. Komendant, 18 Years with Architect Louis I. Kahn (Englewood, N.J.: Aloray 1975), 33-40.

39.Letter, Tim Vreeland (Kahn's office) to Monica Pidgeon (editor, Architectural Design), January 11, 1961, "Master Files, Jan. 1-Feb 28/ 61," Box LIK 9, Kahn Collection.

40.Regarding the acoustics, see letter, William Porter (Kahn's Rochester representative) to office of Bolt Beranek and Newman, March 22, 1961, "Master Files, March 1-May 31, 1961,"Box LIK 9, Kahn Collection. The nine shortlisted contracting firms are named in a letter, Porter to Rochester Builders Exchange, May 17, 1961, "UCRNY— Correspondence, Miscellaneous," Box LIK 15, Kahn Collection.

41.Telegram, Kahn to Van Horn, June 15, 1961,"Building Committee Correspondence 1961," Box LIK 15, Kahn Collection.

42.Letter, Porter to Sanders, June 21, 1961,"Hyland, Robert F. & Sons—Contractor Correspondence—June 1961 to April 1962," ibid. Information on the progress of site preparation is contained in a report, Hyde to Kahn, n.d. (received by Kahn July 7, 1961), "Rochester Project Inspector's Reports from Beginning to 28 Feb 62," ibid. Problems in obtaining building permits delayed construction of the building proper until at least July 31; letter, Porter to Garratt, July 31, 1961,"UCRNY— Correspondence, Miscellaneous,ibid.

43.Komendant, 18 Years, 40.

44.See Kahn,"The Difference between Form and Design," speech delivered to Southern California Chapter, American Institute of Architects, Triennial Awards Banquet, October 11, 1960, typescript, "L.I.K. Lectures," Box LIK 15, Kahn Collection. For a Voice of America Forum Lecture, broadcast on November 21, 1960, Kahn read a revised version of the same talk, retitled "Structure and Form," reprinted as "Form and Design,Scully, Kahn, 114-21.

45.Kahn's well-known account of the design evolution was first published simultaneously in Kahn, "Form and Design," 148, and Jan C. Rowan, 44Wanting to Be: The Philadelphia School," Progressive Architecture 42 (April 1961): 134.

46.Kahn, quoted in Rowan, "Wanting to Be," 134.

47.For a more complete analysis of Kahn's mythologization of his design procedure, see Robin B. Williams, "An Architectural Myth: The Design Evolution of Louis Kahn's First Unitarian Church" (M.A. paper, University of Pennsylvania, 1990).

48.France, "Reminiscences," tape 2, side 2.

49.Ibid. In his original plans Kahn had included a pair of hangings for the front wall representing the synthesis of light; but after seeing the first hangings in place, he decided this wall should remain bare.

50.Dave Tuttle (building committee member), "Reminiscences," tape 2, side 2.

51.Ibid.

5. 布林莫尔学院埃莉诺礼堂

1.Cornelia Meigs, What Makes a College a College (New York: MacmiUan, 1956), 179ff.

2.Ralph Adams Cram, "The Works of Cope and Stewardson," Architectural Record 15 (November 1904): 407-31.

3.Letter, Delanoy to McBride, October 24 [1959], Katharine McBride Papers, Bryn Mawr College, Bryn Mawr, Pennsylvania (hereafter cited as McBride Papers).

4.Letter, Delanoy to McBride, September 28 [1959], McBride Papers. Also see letter, Delanoy to McBride, n.d. (probably October 1959), McBride Papers, where Delanoy says that Neutral trip was rescheduled for the first week of April 1960.

5.Letter, Robert Venturi to Michael J. Lewis, March 21, 1990.

6.Letter, Kahn to Vanna Venturi, April 13, 1960, Box LIK 9, Louis I. Kahn Collection, University of Pennsylvania and Pennsylvania Historical and Museum Commission, Philadelphia (hereafter cited as Kahn Collection).

7.C. Pardee Erdman to McBride, January 15, 1960, McBride Papers.

8."Plans for New Residence Hall," May 5, 1960, 14A, McBride Papers; copy of cover letter, McBride to Kahn, May 24, 1960, McBride Papers.

9."Plans for New Residence Hall."

10.Letter, Kahn to McBride, May 31, 1960, "Bryn Mawr Dormitory," Box LIK 9, Kahn Collection.

11.The schematic room studies include drawings 565.2—11, Kahn Collection. The early idea sketches can be only approximately dated by comparing them with the dated drawings beginning in November 1960. The earliest of these probably include drawings 385.67 and 386.67 at the Museum of Modern Art, New York; and three drawings in the collection of Donnelley Erdman (nos. 1, 4, and 5).

12.Letter, Cooke to Horace Smedley (superintendent of buildings, Bryn Mawr), August 29, 1960, 14A, McBride Papers.

13.Several early studies in Kahn's hand for the interlocking octagonal scheme are known. Among these are two drawings in the collection of Donnelley Erdman (nos. 2 and 5) and a now lost drawing reproduced as fig. 3 in Lynn Scholz, "Architecture Alive on Campus: Erdman Hall," Bryn Mawr Alumnae Bulletin 47 (Fail 1965): 2-9. Scholz reproduces a number of otherwise unknown studies for Erdman. These early studies do not provide clear indications of Kahn's role in the development of the octagonal plan. They may represent variations on Tyng's already well- defined geometric scheme.

14.Tyng, lecture in the Department of the History of Art, University of Pennsylvania, February 22, 1983; Tyng, interview with Michael J. Lewis, December 12, 1989. Tyng enjoyed a good rapport with McBride, who had been dean of Radcliffe College when Tyng was a student there.

15.Polk, interview with Michael J. Lewis, December 15, 1989. Polk was in Kahn's office in 1960—1961, 1962—1963 and 1965—1968.

16.There is indirect evidence of the meeting in a later letter from McBride to the building committee, May 25, 1961, 14A, McBride Papers. Also see memo to members of the building committee, November 11, 1960.

17.Polk, interview with Lewis.

18.Drawings in the collection of Donnelley Erdman (nos. 11 and 12), dated March 20, 1961.

19.Four undated plans in the Bryn Mawr College Archives are almost certainly the drawings from the April 1961 meeting; they show a composition that is transitional between those presented in the November 25, 1960, drawings and the May 23, 1961, set.

20.Letter, McBride to Delanoy, April 5, 1961, McBride Papers. Kahn's submission at this presentation has not been located.

21.Letter, McBride to Delanoy and Gordan, May 25, 1961, 14A, McBride Papers.

22.Both Polk and Tyng identify the May 23 submission as essentially Polk's project; interviews with Lewis.

23.This scheme has been assigned to Tyng by both Polk and Tyng; ibid.

24.Letter, McBride to Delanoy and Gordan, May 25, 1961, 14A, McBride Papers.

25.Perhaps as a diversion, Tyng revised her long-abandoned plan of November 1960, replacing two of its lobes with three interlocking diamonds to house the public spaces; drawing, June 21, 1961, Bryn Mawr College Archives.

26.Drawing, October 1961, Bryn Mawr College Archives; undated drawing owned by Donnelley Erdman (RP 1287).

27.This plan is reproduced and discussed in Alexandra Tyng, Beginnings: Louis I. Kahns Philosophy of Architecture (New York: John Wiley & Sons, 1984), 44-46.

28."Kahn Asserts Architect's Duty Is to Make Institutions Great," The College News 47 (October 25, 1961): 1.

29.Letter, Erdman to McBride, November 8, 1961, McBride Papers.

30.Letter, McBride to Erdman, December 16, 1961, McBride Papers.

31.Tyng and Polk, interviews with Lewis.

32.Ibid. The earliest drawings for the three-diamond scheme are dated December 14, 1961, and provisionally catalogued as drawings B-61-71 and B-61-72, Bryn Mawr College Archives. The rendering of the foliage and the heavy overlay of explanatory pencil sketches both appear to be in Kahn's hand, suggesting that these are the drawings with which the architect first presented the three-diamond scheme to McBride.

33.Polk, interview with Lewis.

34.Submission sets of drawings (with pencil emendations) dated January 26 and April 6, 1962, Bryn Mawr College Archives. Duplicate submission sets of these (and of the following drawings) are also preserved in the Kahn Collection.

35.Submission set of drawings dated March 15, 1962, Bryn Mawr College Archives.

36.Submission set of drawings dated April 6, 1962, Bryn Mawr College Archives.

37.Submission set of drawings dated May 2, 1962, Bryn Mawr College Archives.

38.Letter, Kahn to McBride, May 10, 1962, McBride Papers.

39.Full sets of floor plans were not completed until May 21, 1963, while the section drawings and many construction details are dated January 10, 1964. Full sets of working drawings survive in the Kahn Collection and in the Bryn Mawr College Archives.

40.Memorandum, Dorothy Marshall (dean), Horace Smedley, and Charlotte Howe (director, halls and wardens) to McBride, August 1, 1962, McBride Papers.

41.Letter, Harlyn E. Thompson (committee member) to McBride, June 11, 1963, "Bryn Mawr Dormitory," Box LIK 28, Kalm Collection.

42.Bid documents, Erdman File, McBride Papers.

43.Letter, Kahn to Gertrude Ely (Bryn Mawr class of 1899), July 3,1964, "Ely, Miss Gertrude," Box LIK 28, Kahn Collection.

6. 印度管理学院

1.The importance of the Harvard Business School as a model is highlighted in a 1964 brochure announcing the first session of the school's Program for Management Development, "National Institute of Design," LIK 113, Louis I. Kahn Collection, University of Pennsylvania and Pennsylvania Historical and Museum Commission, Philadelphia (hereafter cited as Kahn Collection). Other Harvard references are contained in "A Base in Cambridge—An Institute in India,Harvard Today, Spring 1963, 27-30; and Kahn, "Remarks" (lecture, Yale University, October 30, 1963), Perspecta, no. 9/10 (1965): 322.

2.Letter, Doshi to G. Holmes Perkins (dean, Graduate School of Fine Arts, University of Pennsylvania), February 25, 1961, "National Institute of Design,Box LIK 113, Kahn Collection.

3.Doshi, interview with Kathleen James, December 20, 1986.

4.Anant, Suhrid, and Manorama Sarabhai, interview with David B. Brownlee and David G. De Long, January 10, 1990; letter, Gautam Sarabhai to Kahn, April 4, 1962, "National Institute of Design," Box LIK 113, Kahn Collection.

5.Program, December 28, 1962, included with office drawings, Kahn Collection. First blueprints, dated April 1969, for Executive Management Center, and site plan, dated February 18, 1961, office drawings, Kahn Collection.

6."Indian Institute of Management, Ahmedabad," Marg 20 (June 1967): 32.

7.Anant Raje, interview with Kathleen James, December 17, 1986.

8.Letters, Satsangi to Bhagwat (National Institute of Design), October 1967 to April 1968, Master Files, Box LIK 10, Kahn Collection, provide the most detailed evidence of the bureaucratic problems that hampered work on the project and of the relationship between the Philadelphia office and the National Institute of Design in Ahmedabad.

9.Heinz Ronner and Sharad Jhaveri, Louis I. Kahn: Complete Work, 1935-1974, 2d ed. (Basel and Boston: Birkhauser, 1987), 208—9, dates some of the preliminary drawings, illustrated as figs. IIM.1-4 and IIM.6, to November 14 and 15, 1962.

10.Letter, Doshi to Kahn, February 26, 1963, "National Institute of Design,Box LIK 113, Kahn Collection, details plans for this visit.

11.Kahn, "Remarks," 324.

12.Office drawings are dated July 14, 1963, and model 0645-M2 was completed according to Doshi's designs. Both are in the Kahn Collection. They are published in Ronner and Jhaveri, Complete Work, 212, IIM.28-36. This version's relationship to the prevailing breezes is described by Kahn, "Remarks," 322.

13.This version is known from undated office drawings and has been published in Ronner and Jhaveri, Complete Work, 214, IIM.37—38.

14.Memo, n.d. (Summer 1963), "National Institute of Design," Box LIK 113, Kahn Collection. The memo contains a reference in Raje's hand that September 1963 is the latest date bricks could be ordered for construction to begin in July 1964.

15.Kahn, "Remarks," 322.

16.Letter, Doshi to Kahn, December 23, 1963, "National Institute of Design," Box LIK 113, Kahn Collection.

17.Kahn, "Remarks," 322.

18.Elevations dated December 15, 1964, office drawings, Kahn Collection.

19.Raje, interview with James.

20.Kahn, quoted in a May 31, 1974 [sic; Kahn died on March 17, 1974], interview conducted in Ahmedabad and supplied by Doshi, in What Will Be Has Always Been: The Words of Louis I. Kahn, ed. Richard Saul Wurman (New York: Access Press and Rizzoli, 1986), 252.

21.Ronner and Jhaveri, Complete Work, 230.

22.Autograph drawings 645.11, 645.52, and 645.119, Kahn Collection.

23.Letter, Kapadia (Philadelphia office) to Thackeray, October 26, 1964, "National Institute of Design,Box LIK 113, Kahn Collection.

24.Letter, Lalbhai (Ahmedabad office) to Kahn, September 3, 1965, ibid.

25.Letter, Doshi to Kahn, April 26, 1966, ibid.

26. Office drawings, April 2, 4, 8, 9, and 11, 1966, Kahn Collection.

27. Office drawing, April 5, 1966, Kahn Collection.

28. Letter, Kapadia to Kahn, November 19, 1968, "IIM 1 January '66 to date, "Box LIK 113, Kahn Collection.

29. Letters, Lalbhai to Kahn, April 18 and 29, 1969, ibid.

30. Letter, Sarabhai to Kahn, May 29, 1969, ibid.; Raje, interview with James.

31. Letter, Raje to Kahn, April 19, 1970, "IIM 1 January '66 to date," Box LIK 113, Kahn Collection, documents Raje's upcoming six-week trip to Philadelphia. Raje, interview with James, said that he worked in part from his experience of other Kahn buildings, and had in his office sets of plans for Erdman Hall at Bryn Mawr College and the library at Phillips Exeter Academy. Both were sent to him by the Philadelphia office; letter, Henry Wilcots (Kahn's office) to Raje, December 2, 1969, "IIM 1 January '66 to date," Box LIK 113, Kahn Collection.

32. Letter, Kahn to Raje, August 13,1969, "Indian Institute of Management," Box LIK 113, Kahn Collection.

33. Raje, interview with James.

34. Building committee notes, August 2, 1963, "National Institute of Design,Box LIK 113, Kahn Collection.

35. Kahn, quoted in Ahmedabad interview, 252.

36. James Bailey, "Louis I. Kahn in India: An Old Order at a New Scaled Architectural Forum 125 (July-August 1966): 63-67, was the first important article devoted to IIM; Yukio Futagawa and Romaldo Giurgola, 44Louis I. Kahn: Indian Institute of Management; Exeter Library,"Global Architecture, no. 35 (1975), is one of the most thorough treatments of the subject.

7. 孟加拉国达卡国民议会大厦

1.The most complete study of the new capital is Florindo Fusaro, Il Parlamento e la nuova capitate a Dacca di Louis I. Kahn 1962/1974 (Rome: Officina Edizioni, 1985).

2.Telegram, CapDap to Kahn, received in Philadelphia August 27, 1962, "Second Capital—Pakistan Cablegrams To/From Kafiluddin Ahmad August 27, 1962 through Nov. 26, 1963,Box LIK 117, Louis I. Kahn Collection, University of Pennsylvania and Pennsylvania Historical and Museum Commission, Philadelphia (hereafter cited as Kahn Collection).

3.Telegram, Kahn to William 0. Hall (Minister Councillor, Pakistan), copy received in Philadelphia September 6, 1962, ibid.

4.Mazharul Islam, conversation with David B. Brownlee and David G. De Long, January 17, 1990.

5.Kahn arrived in Karachi on January 28, 1963, before going on to Dhaka; letter, Pakistan International Airlines to Kahn, January 22, 1963, "Second Capital—Pakistan Travel Only," Box LIK 119, Kahn Collection.

6.Programs, "Second Capital—Pakistan 62-63 Pakistan Public Works Department, (Ahmad, Farqui, Qureshim, Hasan, etc.)," Box LIK 117, Kahn Collection.

7.Letter, J. Huq (Pakistan Public Works Department) to Kahn, February 11, 1963, ibid.

8.A mosque and a prayer hall were both included in the detailed requirements of the National Assembly Secretariat [sic] presented to Kahn on his first trip. It seems that Kahn suggested the mosque be a separate adjoining structure, and he received written approval for this immediately after his visit; ibid. Compare this with Kahn's account of his first visit to Dhaka in Keller Smith and Reyhan Tansal, eds" "The Development by Louis I. Kahn of the Design for the Second Capital of Pakistan at Dacca,Student Publication of the School of Design, North Carolina State College, Raleigh 14 (May 1964): n.p.

9."Requirements for Second Capital at Dacca," "Second Capital— Pakistan 62-63 Pakistan Public Works Department, (Ahmad, Farqui, Qureshim, Hasan, etc.)," Box LIK 117, Kahn Collection.

10.Letter, Ahmad to Kahn, February 6, 1963, ibid.

11.This drawing has not been published previously. For Kahn's account of his early designs for Dhaka, see Smith and Tansal,"The Development of the Design for Dacca."

12.Letter, Kahn to M. G. Siddiqui (Pakistan Public Works Department), September 23, 1969, "PAK PWD Correspondence 1969," Box LIK 117, Kahn Collection.

13.Letter, Kahn to Ahmad, May 16, 1963, "Pakistan Correspondence—Miscellaneous," Box LIK 120, Kahn Collection.

14.Ibid.

15.Ibid.

16.Notes, May 20, 1964, "Lou's Notes 5-20-64, " Box LIK 122, Kahn Collection.

17.Letter, Kahn to Ahmad, May 16, 1963, "Pakistan Correspondence—Miscellaneous," Box LIK 120, Kahn Collection.

18.Ibid.

19.See, for example, letter, A. R. Qureshi (Pakistan Rehabilitation and Works Division) to A. K. Khattak (Pakistan Public Works Department), November 13, 1963, "Second Capital—Pakistan 62-63 Pakistan Public Works Department, (Ahmad, Farqui, Qureshim, Hasan, etc.)," Box LIK 117, Kahn Collection.

20.Telegram, Kahn to Buell, November 18, 1963, "Second Capital— Pakistan Cablegrams to/from Kafiluddin Ahmad August 27, 1962 through Nov. 26, 1963,Box LIK 117, Kahn Collection.

21.Agreement, January 9, 1964, "PAK CAP Contract," Box LIK 116, Kahn Collection. Kahn's fee for work specified in the agreement was $840,000. After Kahn experienced enormous cost overruns, a new agreement was signed on March 28, 1968. This agreement accounted for the increased program, including Presidential Square, South Plaza, and the entrance gate (not built).

22.Letter, Ahmad to Kahn, August 18, 1963, "Second Capital—Pakistan 62—63 Pakistan Public Works Department, (Ahmad, Farqui, Qureshim, Hasan, etc.)," Box LIK 117, Kahn Collection.

23.Letter, Ahmad to Kahn, September 7, 1963, ibid.

24.Telegram, Kahn to Ahmad, January 22, 1964, "PAC—Cablegrams to/from

ADDLCHIEF 1964," Box LIK 117, Kahn Collection.
25."Description of Presidential Square and Gardens," October 8, 1964, "PAKCAP—Correspondence to/from ROYGUS October 8, 1964 thru June 30, 1965," Box LIK 117, Kahn Collection.
26.The open cylinders proved unsatisfactory. They were later covered and the room was air-conditioned.
27.Letter, Ahmad to Kahn, May 26, 1964, "Second Capital—Pakistan Pakistan Public Works Department Correspondence—1964," Box LIK 117, Kahn Collection. This was reiterated in April 1965; letter, Pakistan Public Works Department to AddlChief (Ahmad), with a copy to Kahn, April 4, 1965, ibid.
28.Telegram, Kahn to AddlChief (Ahmad), August 7, 1964, "PAC—Cablegrams to/from ADDLCHIEF 1964,"Box LIK 117, Kahn Collection.
29.Letter, Ahmad to Kahn, September 2, 1964, "Second Capital— Pakistan Pakistan Public Works Department Correspondence—1964," Box LIK 117, Kahn Collection.
30.Statement by Ahmad, November 28, 1964, ibid.
31.Telegram, Vollmer to Kahn, October 6, 1964, "PAC—Cablegrams to/from ROYGUS 10/6/64 thru 12/31/65,Box LIK 120, Kahn Collection.
32.For Komendant's account of the events that led up to his dissociation from the project, see August E. Komendant, 18 Years with Architect Louis I. Kahn (Englewood, N.J.: Aloray, 1975), 75-90.
33.See Kahn's note on the back of a telegram, Kahn to Ahmad, September 9, 1964, "PAC—Cablegrams to/from ADDLCHIEF 1964," Box LIK 117, Kahn Collection.
34.Report, Vollmer to Philadelphia office, received in Philadelphia February 9, 1965, "PAKCAP—Correspondence to/from ROYGUS October 8, 1964 thru June 30, 1965,"Box LIK 117, Kahn Collection.
35.Office drawings, Arch Types Schedule, September 7, 1965, Kahn Collection.
36.Printed statement sent to Vollmer, May 24, 1965, "PAKCAP—Correspondence to/from ROYGUS October 8, 1964 thru June 30, 1965," Box LIK 117, Kahn Collection.
37.Letter, Gus Langford to Henry Wilcots (Philadelphia office), December 5, 1966, "PAC—Correspondence—ROYGUS July 1966 thru December 1966," Box LIK 117, Kahn Collection.
38.Letter, F. Donald Barbaree (Kahn's Dhaka representative) to Wilcots, July 28, 1967, "PAC—Correspondence—to/from GUS June 1967 thru December 1967,Box LIK 117, Kahn Collection.
39.Letter, Kahn to Vollmer, August 25, 1965, "PAKCAP— Correspondence to/from ROYGUS June 30, 1965 thru December 31, 1965," Box LIK 117, Kahn Collection.
40.Ibid.
41.Office drawing NA A44, June 14, 1965, Kahn Collection.
42.The change is apparent in the assembly building model constructed in March 1966, and it was recorded on office drawing NA A44, Kahn Collection, as a revision on July 19, 1966.
43.In June 1966 Fred Langford wrote a report of his experience, later published as "Concrete in Dacca," Mimar, no. 6 (1982): 50—55.
44.Telegram, Gus Langford to Wilcots, February 27, 1967, "PAC—Correspondence—ROYGUS January 1967 thru May 1967," Box LIK 117, Kahn Collection.
45.Kahn, quoted in M. G. Siddiqui, "Philosophy of Ayub Nagar," ca. 1967, "PAC—Entrance Gate—Ayub Nagar All Correspondence," Box LIK 120, Kahn Collection.
46.Hospital agreement, "Ayub Hospital—Contract," Box LIK 122, Kahn Collection. The contract was terminated on May 1, 1970, after completion of the outpatient department; letter, Kahn to Y. A. Khan (Joint Secretary, Ministry of Agriculture and Works, Rehabilitation and Works Division, Islamabad), May 21, 1970, "Hospital PAK PWD Correspondence 11/63-11/70,"Box LIK 123, Kahn Collection.
47.See office drawings dated April 7 and April 29, 1966, Kahn Collection.
48.Letter, Kahn to Siddiqui, December 19, 1966, "PAKCAP— Correspondence PAK PWD 1966—1967," Box LIK 117, Kahn Collection.
49.Letter, Wazid to Wilcots, July 27, 1969, "PAK PWD— Correspondence 1969," Box LIK 117, Kahn Collection.
50.Letter, Wilcots to Don Barbaree, Richard Garfield, and Subodh K. Das (structural engineer), September 15, 1970, "Master File," Box LIK 10, Kahn Collection.
51.Letter, Wilcots to David Wisdom (Kahn's office), August 4, 1970, "PAK CAP Invoices—July '63-Feb '71," Box LIK 122, Kahn Collection.
52.Letter, Wilcots to Gabriele Aggugini (Marelli Aerotecnica), December 29, 1972, "Master File," Box 10, Kahn Collection.
53."Bangladesh Secretariat Program," June 14, 1973, "Original Secretariat Program 14 June 1973 Received from Dacca,Box LIK 119, Kahn Collection. The extensive program is 132 pages long.
54.Reyhan Tansal Larimer (former Kahn associate), interview with Peter S. Reed, September 19, 1990.
55.Both agreements are in "Dacca Secretariat Agreement LIK 1974," Box LIK 119, Kahn Collection.

8. 菲利普·埃克塞特学院图书馆

1.The most complete and accurate study of the evolution of the design, and the most thorough study of the construction, is Jay Wickersham, "The Making of Exeter Library," Harvard Architecture Review, no. 7 (1989) : 138-49.
2.Rodney Armstrong (Exeter librarian), tape-recorded interview with David Carris, April 1982, Louis I. Kahn Collection, University of Pennsylvania and Pennsylvania Historical and Museum Commission, Philadelphia (hereafter cited as Kahn Collection). See also Annette Le Cuyer, "Kahn's Powerful Presence at Exeter" Architecture: The AIA Journal 74 (February 1985): 74.
3.Armstrong, interview with Carris; letters, Armstrong to Kahn, July 14 and September 3, 1965, "The Phillips Exeter Academy. July 1965 through December 1966. All correspondence," Box LIK 6, Kahn Collection.
4."The Phillips Exeter Academy, Exeter, New Hampshire, Program Requirements for the New Library Recommended by the Library Committee of the Faculty,"Rodney Armstrong, Elliot Fish, and Albert Ganley, n.d., 1, ibid.
5.Letter, Armstrong to Kahn, October 28, 1965, ibid.
6.Letter, Day to Kahn, November 16, 1965, ibid.
7.Letters, Armstrong to Kahn, January 31 and May 2, 1966, ibid.
8.Letter, Armstrong to Kahn, March 15, 1966, ibid.
9."Exeter Program," 6, 7, 19, 22.
10.Letters, Armstrong to Louise Badgley (Kahn's secretary), May 2,1966, and Badgley to Armstrong, May 6, 1966, "The Phillips Exeter Academy. July 1965 through December 1966. All correspondence,Box LIK 6, Kahn Collection.
11.Kahn, quoted in John Lobell, Between Silence and Light: Spirit in the Architecture of Louis I. Kahn (Boulder, Colo.: Shambhala, 1979), 100. For an analysis of Kahn's insights into the meaning of the library and a fuller exposition of his sketches for Exeter, see Peter Kohane, "Louis I. Kahn and the Library: Genesis and Expression of 'Form,' " Pia,no. 10 (1990) : 98-131.
12.Kahn, "Comments on the Library, Phillips Exeter Academy, Exeter, New Hampshire, 1972,in What Will Be Has Always Been: The Words of Louis I. Kahn, ed. Richard Saul Wurman (New York: Access Press and RizzoU, 1986), 182.
13.See Kahn, "Space Form Use: A Library,"Pennsylvania Triangle 43 (December 1956): 43—47. In this essay Kahn quoted a section on the Durham library from Russell Sturgis, A Dictionary of Architecture and Building, 3 vols. (New York: Macmillan, 1901), 2:750.
14. Kahn, "Space Form Use," 43.
15.Ibid.
16.Letter, Armstrong to Kahn, May 27, 1966, "The Phillips Exeter Academy. July 1965 through December 1966. All correspondence,"Box LIK 6, Kahn Collection.
17.Letter, Armstrong to Kahn, June 3, 1966, ibid.
18.Ibid.
19.Letter, Armstrong to Kahn, September 20, 1966, ibid.
20.Letter, Armstrong to Kahn, September 21, 1966, ibid.
21.Minutes of meeting, buildings and grounds committee, October 3, 1966, ibid.
22.Letter, Legget to Day, November 7, 1966, ibid.
23.Letter, Armstrong to Day, November 8, 1966, ibid.
24.Letter, Armstrong to Kahn, October 28, 1966, ibid.
25.Letter, George Macomber to Kahn, November 9, 1966, ibid.
26.Letter, Macomber to Kahn, November 10, 1966, ibid.
27.Letter, Day to Kahn, November 14, 1966, ibid.

28.Kahn, lecture in the Lamont Gallery, Phillips Exeter Academy, February 15, 1970, tape recording, Kahn Collection; quoted in"The Mind of Louis Kahn," Achitectural Forum 137 (July—August 1972): 77.

29.Letters, Colin Irving (assistant principal and treasurer, Exeter) to Armstrong, December 5, 1966, and Armstrong to Kahn, December 6, 1966,"The Phillips Exeter Academy. July 1965 through December 1966. All correspondence," Box LIK 6, Kahn Collection.

30.Letters, Armstrong to Kahn, January 26 and April 21, 1967, "The Phillips Exeter Academy, January 13, 1967 through August 1967. All correspondence," Box LIK 6, Kahn Collection.

31.Job meeting notes, meetings of July 17 and August 16, 1968,"Job Meeting Notes. Exeter Dining Hall and Library,"Box LIK 6, Kahn Collection. See Kahn's personal sketches, for example, drawings 710.1 and 710.112, Kahn Collection; and Wickersham,"The Making of Exeter Library," 143.

32.Letter, Armstrong to Kahn, February 7, 1967, "The Phillips Exeter Academy. January 13, 1967 through August 1967. All correspondence, Box LIK 6, Kahn Collection.

33.Letter, Armstrong to Kahn, April 21, 1967, ibid.

34.Letter, Armstrong to David Wisdom (Kahn's office), June 1, 1967, ibid.

35.Letter, Wisdom to Irving, February 6, 1968,"Phillips Exeter Academy—Library. All Correspondence 1/19/68 through current date," Box LIK 6, Kahn Collection; "Progress Estimate for the New Library," Wood and Tower, January 2, 1968, "Estimate Library," Box LIK 4, Kahn Collection.

36.Letter, Wisdom to Irving, February 6, 1968, "Phillips Exeter Academy—Library. All Correspondence 1/19/68 through current date," Box LIK 6, Kahn Collection.

37.Ibid.

38.Letter, Irving to Wilton Scott, Jr. (Kahn's office), March 4, 1968, ibid.

39.Letter, Armstrong to Kahn, March 16, 1968, ibid.

40.Letter, Kahn to Armstrong, April 17, 1968, ibid.

41.Letter, Irving to Wisdom, January 8, 1969, ibid.

42.For a discussion of the construction of the building, see Wickersham, "The Making of Exeter Library," 144-48.

43.These issues are further explored in Kohane, "Kahn and the Library."

9. 金贝尔艺术博物馆

1.Contract, October 5, 1966, Kimbell Art Museum Files, Fort Worth, Texas (hereafter cited as Kimbell Files). Preston M. Geren Associates was resident associate architect. On the Kimbell Art Museum, see In Pursuit of Quality: The Kimbell Art Museum, An Illustrated History of the Art and Architecture (Fort Worth: Kimbell Art Museum, 1987), with essay by Patricia Cummings Loud, "History of the Kimbell Art Museum," 9-95; and Patricia Cummings Loud, The Art Museums of Louis I. Kahn (Durham, N.C., and London: Duke University Press, 1989), 100-169.

2.Minutes of joint meeting of executors of the estate of Kay Kimbell and board of directors, Kimbell Art Foundation, September 15, 1964, Kimbell Art Foundation Archives, Fort Worth.

3.With the view from his building in mind, Johnson proposed a forty- foot height limitation for the new museum when asked by the president of the Amon Carter board of trustees; correspondence file, Kimbell Files.

4.See Brown's "Policy Statement" and "Pre-Architectural Program," June 1, 1966, in In Pursuit of Quality, 317-18, 319-27.

5.Latryl L. Ohendalski,"Kimbell Museum To Be Friendly Home, Says Kahn,"Fort Worth Press, May 4, 1969.

6.After alteration of the interiors of the Yale University Art Gallery addition, Kahn changed his mind about the complete flexibility he created there; Kahn, 66Talk at the Conclusion of the Otterlo Congress,in New Frontiers in Architecture: CIAM'59 in Otterlo, ed. Jurgen Joedicke and Oscar Newman (London: Alec Tiranti, 1961), 213. Yet he respected Brown's wish for flexible space; Kahn, conversation with Brown, October 1966, quoted in Light Is the Theme: Louis I. Kahn and the Kimbell Art Museum, comp. Nell E. Johnson (Fort Worth: Kimbell Art Museum, 1975, 3rd printing 1988), 47.

7.Kahn, interview with Patsy Swank for KERA-TV, Dallas, October 27, 1973, transcript, Box 2, Kimbell Files.

8.Letter, Brown to Kahn, July 12, 1967, "Correspondence with Dr. Richard F. Brown 1, 3.66-12.70," Box LIK 37, Kahn Collection, University of Pennsylvania and Pennsylvania Historical and Museum Commission, Philadelphia (hereafter cited as Kahn Collection).

9.Letter, David Polk (Kahn's office) to Brown, July 13, 1967, ibid.

10.In October 1967 Marshall D. Meyers showed Kahn a book by Fred Angerer, Surface Structures in Building (New York: Reinhold, 1961), which had illustrations of vaults (p. 43), and the selection was made; letters, Meyers to Nell Johnson (assistant curator, Kimbell), August 8 and 18, 1972, "Cycloid," Box 2, Kimbell Files.

11.Kahn, "Space and the Inspirations" (lecture, New England Conservatory of Music, Boston, November 14, 1967), L'architecture d'aujourd'hui 40 (February-March 1969): 15-16.

12.Letter, Brown to Kahn, December 4, 1967, "Correspondence with Dr. Richard F. Brown 1,3.66-12.70," Box LIK 37, Kahn Collection.

13.These are documented in letters, Meyers and Richard Garfield (Kahn9s office) to Brown, and Brown to Meyers, April 5—August 15, 1968, ibid.

14.Letters between the Geren firm and Meyers, October 23—March 4, 1969, "Correspondence with Preston M. Geren 1, 11.11.66—7.21.69 (1.14.70)," Box LIK 37, Kahn Collection; letters between Meyers and Brown and Bowen King (business manager, Kimbell), January 7—April 9, 1969, "Correspondence with Dr. Richard F. Brown 1,3.66-12.70," Box LIK 37, Kahn Collection.

15.Letter, Meyers to T. H. Harden, Jr. (Geren office), March 4, 1969, "Correspondence with Preston M. Geren 1, 11.11.66-7.21.69 (1.14.70), " Box LIK 37, Kahn Collection. See "Lighting Starts with Daylight, Lighting Design: Richard Kelly,Progressive Architecture 54 (September 1973): 82-85; and M. D. Meyers,"Masters of Light: Louis I. Kahn,"AIA Journal 68 (September 1979): 60-62.

16.Letters, A. T. Seymour III (Thos. S. Byrne, Inc., Contractors) to Meyers, February 25, March 9, and March 24, 1969; Brown to Seymour, March 25, 1969; Seymour to Brown, March 28, 1969; Meyers to Seymour, April 18 and 23, 1969; "Correspondence with Preston M. Geren 1,11.11.66—7.21.69 (1.14.70), " Box LIK 37, Kahn Collection. On specific changes and their chronology, see Loud, "History of the Kimbell Art Museum," 50—61.

17.Letter, Seymour to Brown, May 9, 1969,"Thos. S. Byrne Inc., 2.27.69-11.70," Box LIK 37, Kahn Collection.

18."Kahn's Museum: An Interview with Richard F. Brown," Art in America 60 (September-October 1972): 46.

19.Letter, Meyers to Brown, July 10, 1972, "Correspondence with Dr. Richard F. Brown 2, 1.71-Box LIK 37, Kahn Collection. See also various correspondence, July 5-September 5, 1972, "Terra-cotta Pots," Box LIK 37, Kahn Collection.

20.For evaluations, see William Jordy, "The Span of Kahn," Architectural Review 155 (June 1974): 318-42; Lawrence W. Speck, Evaluation: The Kimbell Art Museum,,9 AIA Journal 71 (August 1982): 36-43;" After Architecture: The Kimbell Art Museum,"Design Book Review, no. 11 (Winter 1987): 35-55; and Loud, The Art Museums, 150-60.

21.Brown, "Pre-Architectural Program," 319.

10. 耶鲁大学英国艺术中心

1.Letter, Prown to Kahn, February 19, 1969, "Correspondence with Yale Mellon Office, J. Prown and H. Berg," Box LIK 109, Louis I. Kahn Collection, University of Pennsylvania and Pennsylvania Historical and Museum Commission, Philadelphia (hereafter cited as Kahn Collection). The change of name to the Yale Center for British Art was made at the request of Paul Mellon and took effect after Kahn's death. On the Yale Center, see Patricia Cummings Loud, The Art Museums of Louis I. Kahn (Durham, N.C., and London: Duke University Press, 1989), 172-243.

2.Committee reports were sent to Kahn by Prown with his letter of February 19, 1969, "Correspondence with Yale Mellon Office, J. Prown and H. Berg," Box LIK 109, Kahn Collection.

3.Letter, Prown to Kahn, February 19, 1969, ibid. Prown has mentioned that Barnes suggested he talk with Kahn;"Louis I. Kahn, Yale Center for British Art, Yale University, New Haven, Connecticut,in Processes in Architecture: A Documentation of Six Examples,Hayden Gallery, Massachusetts Institute of Technology, published as a special issue of Plan, no. 10 (Spring 1979): 31; Prown, interview with Alessandra Latour, June 23, 1982, in Louis I. Kahn:

Uuomo, il maestro, ed. Latour (Rome: Edizioni Kappa, 1986), 133.
4.Yale Office of Buildings and Grounds Planning,"Building Design Program, Preliminary, The Paul Mellon Center for British Art and British Art Studies," January 21, 1970, "Mellon l Program Void," Box 112, Kahn Collection.
5.Ibid.
6."The Paul Mellon Center: A Classic Accommodation Between Town and Gown,"Yale Alumni Magazine 35 (April 1972): 30. Prown has said that professor George Kubler, his colleague in art history, wrote Mellon as early as 1967 to suggest including stores in the new building; symposium, "The Art Museums of Louis I. Kahn: Personal Viewpoints," March 3,1990,Yale University.
7.Prown, The Architecture of the Yale Center for British Art, 2d ed. (New Haven: Yale University, 1982), 12-14. See Loud, The Art Museums, 174. Prown deals with his role as client, as well as Yale's as owner and Mellon" as donor, in"0n Being a Client,Society of Architectural Historians Journal 42 (March 1983): 11-14.
8.Statement by Prown, June 5, 1969, "Correspondence with Yale Mellon Office, J. Prown and H. Berg," Box LIK 109, Kahn Collection; Robert Kilpatrick, "Louis Kahn May Design Arts Center,,9 New Haven Register, June 4, 1969, photocopy of clipping received in Kahn's office June 9,1969, ibid. In July Yale's director of buildings and grounds planning referred to the approval of the Corporation Committee; letter, E. W. Y. Dunn, Jr" to Kahn, July 22, 1969, "Correspondence with University of Yale Offices, Buildings and Grounds," Box LIK 110, Kahn Collection. Glipping of the aimouncement of the appointment in New Haven Journal Courier, October 27, 1969, in "Mellon Art Gallery (Yale)," Box LIK 111, Kahn Collection.
9.Kilpatrick gave the range in "Louis Kahn May Design Arts Center." Kahn noted that press announcements set the cost at $6 million; letter, Kahn to Dunn, February 19, 1970,"Master Files, 1969---1973,"Box LIK 10, Kahn Collection.
10.Letter, Prown to Kahn, September 11, 1969, "Correspondence with Yale Mellon Office, J. Prown and H. Berg," Box LIK 109, Kahn Collection. Prown describes their visit to the Phillips Collection in The Architecture, 16.
11."The Mind of Louis Kahn,"Architectural Forum 137 (July---August 1972): 83.
12.Prown, The Architecture, 12.
13.Prown, interview with Latour, 137-39.
14.Heinz Ronner and Sharad Jhaveri, Louis I. Kahn: Complete Work, 1935---1974, 2d ed. (Basel and Boston: Birkhauser, 1987), 381.
15.Drawings dated March 15, 1971, "Mellon, Net Areas, 3-15-71 to 8-16-71," Box LIK 112, Kahn Collection.
16.Prown, Processes in Architecture, 35---36.
17.Letter, Kahn to Mellon, March 31, 1971, "Master Files, 1969---1973," Box LIK 10, Kahn Collection.
18.Prown, The Architecture, 32.
19."Revised Building Design Program, Preliminary," May 6, 1971, "Correspondence with University of Yale Offices, Buildings and Grounds," Box LIK 110, Kahn Collection; "Revised 6 May 71 Mellon Yale Program," Box LIK 111, Kahn Collection.
20.Memorandum, Berg to David Wisdom (Kahn's office), May 21,1971, "Correspondence with Yale Mellon Office, J. Prown and H. Berg," Box LIK 109, Kahn Collection.
21.Letter, Prown to Kahn, June 16, 1971, ibid.
22.For example, letter, Berg to Kahn, September 9, 1971, and memorandums, Berg to Kahn's office, September 30 and October 11, 1971, ibid.
23.The dates for presentations were November 3, 1971, for Mellon in New York, and November 5 and 6, 1971, for the Yale Corporation in New Haven; letter, Berg to Kahn, October 1, 1971, ibid.
24.Drawings for programmed net areas in square feet, and gross area in square feet, dated October 29, 1971, "Mellon, Net Areas, 3-15-71 to 8-16-71, Gross 6-8-71,Box LIK 112, Kahn Collection.
25.On changes and chronology, see Loud, The Art Museums, 196-221.
26.Letter, Theodore R. Burghart (Macomber Co.) to V. Peter Basserman (Office of Buildings and Grounds, Yale), March 13, 1974,"Macomber Correspondence IV, 12-20-73 to 3-25-74,Box LIK 110, Kahn Collection.
27.On their contributions, see Loud, The Art Museums, 227; and accounts by Meyers and Pellecchia in Processes in Architecture, 39---54.
28.Vincent J. Scully,"The Yale Center for British Art,"Architectural Record 161 (June 1977): 95-104; William Jordy,"Kahn at Yale,"Architectural Review 162 (July 1977): 37---44; Martin Filler, 660pus Posthumous,Progressive Architecture 59 (May 1978): 76-81; Michael J. Crosbie, "Evaluation: Monument Before Its Time. Yale Center for British Art, Louis Kahn,"Architecture 75 (January 1986): 64-67. See Loud, The Art Museums, 227-232.
29.Prown, symposium, "The Art Museums of Louis I. Kahn," March 3, 1990.

译后记

马琴

路易斯·康是一位大器晚成的建筑师，当他声名鹊起的时候，已经年逾50。但是这并不影响他成为一名杰出的建筑师和教育家，在那段将近30年的漫长岁月中，康和这个世界一起经历了大萧条、世界大战等诸多的磨砺和苦难，但是他并没有因此而放弃自己的理想。灰暗的日子里，康积极地探索着建筑的真谛，在现代主义的低谷中苦苦地寻求自己和建筑的出路。在他生命的最后20年里，康厚积薄发，终于攀上了事业的高峰，他的作品遍及了全美、中亚、印度和欧洲。他的作品坚实厚重，为材料赋予精神性的品格，综合了古典主义的高度秩序和现代主义的高度理性，并实现了精神上的回归。路易斯·康成功地运用了光的效果，是建筑设计领域中光影运用的开拓者。作为费城学派的领袖，他在建筑史上成功地扮演了承前启后的角色，被美国人奉为继赖特之后的又一位宗师。

但是作为一位承前启后的“过渡人物”，路易斯·康注定不能像开辟“混沌世界”的四位现代主义大师那样，有无数后人顶礼膜拜；他的思想也不可能像20世纪70年代之后各种思潮那样热闹喧嚣。他的建筑实践是特定历史时期的产物，必然具有自己的局限性。但是正如戈德伯格所说：“正是路易斯·康为这一切创造了可能性。”康的努力为他之后的建筑实践贡献了理论和实践的基础，战后的乌托邦、后现代主义、步行城市都可以在路易斯·康那里找到它们的雏形。作为一名思想家、教育家，路易斯·康在理论上对后世的影响尽管不容易被直观地了解，其意义却至为深远。

由戴维·B·布朗宁和戴维·G·德·龙教授编写的《路易斯·康：在建筑的王国中》选取了6篇讲述路易斯·康在不同时期、不同方面的主要文章，详细地介绍了路易斯·康的生平、建筑和哲学。从中我们不仅能看到一位大师辉煌灿烂的成就，还可以看见一位性格略显孤僻的老人磕磕绊绊的一生。本书并没有以评论家的口吻去论述路易斯康的功过成败，而是以叙事性的语言介绍了方案本身，以及方案建设过程的来龙去脉。让读者能够在“建筑诗哲”的光环下，看到一个真实的探索者，这种真实性可以让我们更加客观地看待路易斯·康的建筑实践和理论，以及他老年时隐藏在日渐晦涩的语言后面的建筑真谛。

在路易斯·康不断演变的建筑主题中，有一点明显地区别于其他的现代主义建筑先驱，那就是他把建筑设计看作一种回归，向人类感性心灵起源、向住居的基本含义、向人类活动的最直接表达的回归。这些回溯性的动机，有些指向世俗文明的开端，如“大树下面的学校”；更多的则指向一种模糊的宗教意识、对古典秩序的虔诚和对宇宙法则的敬畏。为此，路易斯·康的设计中没有自然生态主义的随意外观、没有结构理性主义的刻板外表；有的是一分宁静的从容、一分谦逊的尊严，建立在物质功能高度解析（服务空间和被服务空间）基础上的精神综合。于是，跟现代主义开创性的自信背道而驰，路易斯·康选择了类神秘主义的心灵反思，这种神秘主义越到他职业生涯的后期越明显，表现在他对宗教建筑独特的理解和对建筑理论的诗化阐述上。从一种奇妙的个人化视角，路易斯·康为万神庙赋予宗教意味，同样的个人化方式决定了路易斯·康的建筑难于归类，超越于现代建筑主流的纯粹理性，也不同于嫡派传人所倡导的文化这中。在建筑宗教精神化的道路上，路易斯·康是孤独的旅人。

文森特·斯科利说："他是一个孤独的英雄，追寻着一个孤独的目标。"翻译的过程，就像是向这位英雄致敬的过程。几个月的辛苦劳动，让我对这位早已作古的大师有了新的理解和认识，在建筑的道路上，太多的掣肘因素让建筑师们意志消磨、言行不一，路易斯·康以生命谱写的建筑乐章，却充满坦率、真诚和一往无前。这种久违的理想主义，在现代建筑的历史中也仅是昙花一现。翻译的过程让我重新认识路易斯·康和他孤独的事业，并以这种方式再一次表达我的崇敬之情。这里，我要感谢金秋野、万志斌、王又佳、张育南等同仁的大力支持和帮助。同时由于译者的能力和水平有限，书中自然会有很多不足之处，再次也恳请读者给予批评和指正。

2004 年 2 月于北京

这次再版的《路易斯·康：在建筑的王国中（增补修订版）》对之前版本中六章的文字进行修订，并增加了康十个建筑项目的新内容，新增图片数十张。

2017 年 4 月于北京

图书在版编目（CIP）数据

路易斯·康 ：在建筑的王国中 ：增补修订版 ／（美）戴维·B.布朗宁，（美）戴维·G.德龙著 ；马琴译. — 南京 ：江苏凤凰科学技术出版社，2017.9
ISBN 978-7-5537-8459-5

Ⅰ. ①路… Ⅱ. ①戴… ②戴… ③马… Ⅲ. ①康(Kahn，Louis Isadore 1901–1974)–生平事迹②建筑设计–作品集–美国–现代 Ⅳ. ①K837.126.16②TU206

中国版本图书馆CIP数据核字(2017)第158985号

路易斯·康：在建筑的王国中（增补修订版）

著　　者	[美] 戴维·B·布朗宁　[美] 戴维·G·德·龙
译　　者	马　琴
项目策划	凤凰空间/孙　闻
责任编辑	刘屹立　赵　研
特约编辑	孙　闻
出版发行	江苏凤凰科学技术出版社
出版社地址	南京市湖南路1号A楼，邮编：210009
出版社网址	http://www.pspress.cn
总 经 销	天津凤凰空间文化传媒有限公司
总经销网址	http://www.ifengspace.cn
印　　刷	河北京平诚乾印刷有限公司
开　　本	710 mm×1 000 mm　1 / 16
印　　张	24
字　　数	326 000
版　　次	2017年7月第1版
印　　次	2021年2月第3次印刷
标准书号	ISBN 978-7-5537-8459-5
定　　价	98.00元

图书如有印装质量问题，可随时向销售部调换（电话：022-87893668）。